GÉOMÉTRIE

APPLIQUÉE

AU DESSIN LINÉAIRE

À L'ARPENTAGE, AU NIVELLEMENT ET AU LEVER DES PLANS

suivi

DES PRINCIPES DE L'ARCHITECTURE

ET DE LA PERSPECTIVE

À L'USAGE DES ÉCOLES CHRÉTIENNES

TOURS	PARIS
	POUSSIELGUE-RUSAND

ABRÉGÉ

DE

GÉOMÉTRIE

Tout Exemplaire qui ne sera pas revêtu des trois signatures ci-dessous, sera réputé contrefait.

Les Éditeurs,

ABRÉGÉ

DE

GÉOMÉTRIE

APPLIQUÉE

AU DESSIN LINÉAIRE

A L'ARPENTAGE, AU NIVELLEMENT ET AU LEVER DES PLANS

SUIVI

DES PRINCIPES DE L'ARCHITECTURE

ET DE LA PERSPECTIVE

Cet ouvrage, accompagné d'un Atlas de 32 planches, contient 380 figures
insérées dans le texte et 800 problèmes graphiques ou numériques.

A L'USAGE DES ÉCOLES CHRÉTIENNES.

Par F. P. B.

CHEZ LES ÉDITEURS

TOURS	PARIS
A^d MAME ET Cie	Ve POUSSIELGUE-RUSAND
Imprimeurs-Libraires.	Rue Saint-Sulpice.

1854

ABRÉGÉ
DE GÉOMÉTRIE

APPLIQUÉE AU DESSIN LINÉAIRE.

DÉFINITIONS PRÉLIMINAIRES.

1. La Géométrie est une science qui a pour objet la mesure de l'étendue, et l'étude de ses propriétés.

2. On distingue trois sortes d'étendue : l'étendue en longueur, qu'on appelle ligne ; l'étendue en longueur et largeur, qu'on appelle, selon les différents cas, surface, aire ou superficie ; et l'étendue en longueur, largeur et épaisseur ou profondeur, qu'on appelle volume, corps ou solide.

3. Le dessin linéaire est l'art de représenter, par de simples traits, les contours des surfaces et des corps.

4. La base du dessin linéaire est le tracé géométrique.

5. Le tracé géométrique est la partie de la géométrie qui enseigne l'usage du compas, de la règle et de l'équerre pour la construction des figures.

CHAPITRE Ier.

DES LIGNES.

6. Une ligne est une longueur sans largeur ni épaisseur ; on la définit encore, une trace indiquant le passage d'un point à un autre.

7. On appelle points les extrémités d'une ligne. Le point géométrique n'a donc aucune étendue ; on l'exprime par un point physique.

---

1. Qu'est-ce que la Géométrie ? — 2. Combien distingue-t-on de sortes d'étendue ? — 3. Qu'est-ce que le dessin linéaire ? — 4. Quelle est la base du dessin linéaire ? — 5. Qu'est-ce que le tracé géométrique ? — 6. Qu'est-ce qu'une ligne ? — 7. Qu'appelle-t-on points ?

8. On appelle point d'intersection le point commun à deux lignes qui se rencontrent.

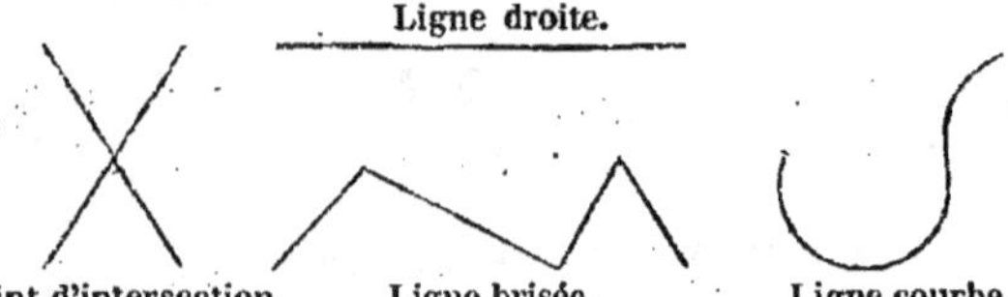

Ligne droite.

Point d'intersection. Ligne brisée. Ligne courbe.

9. La ligne droite est le plus court chemin d'un point à un autre.

10. La ligne brisée est une ligne composée de plusieurs lignes droites.

Une ligne brisée est dite convexe, lorsqu'elle ne peut être rencontrée par une droite quelconque en plus de deux points.

11. La ligne courbe est une ligne dont aucune partie appréciable n'est rigoureusement droite. On peut la considérer comme une ligne brisée, composée d'une infinité de lignes droites infiniment petites que l'on appelle les éléments de la courbe.

12. On trace une ligne droite en faisant glisser une pointe à tracer, le long d'une règle.

Lorsque la distance est plus grande que la longueur de la règle, et que l'on opère sur un tableau, sur un mur, etc., on se sert d'un cordeau ou ficelle, qu'on tend d'un point à un autre, après l'avoir enduit d'une matière colorante. On pince ce cordeau vers son milieu, en l'écartant de la surface, puis on le lâche; il vient frapper la surface dans la position qu'il occupait d'abord, et y trace une empreinte rectiligne.

13. PROBLÈME. — *Vérifiez si une règle est droite.*

Pour vérifier si une règle ABDC est droite, tracez une ligne suivant le bord AB; retournez ensuite la règle sens dessus dessous, comme si AB était une charnière, de manière à lui donner la nouvelle position ABC'C'; tracez de nouveau une ligne suivant le bord AB: si les deux lignes se superposent, on peut être certain que le bord de la règle est en ligne droite; car, il est évident que la moindre courbure serait doublée par l'opération, et deviendrait sensible à l'œil.

Les règles larges et plates sont de beaucoup préférables aux bâtonnets carrés; car ceux-ci se courbent aisément dans tous les sens, par les influences atmosphériques, tandis que des planchettes minces ne peuvent se gauchir que dans le sens des faces, en sorte que les arêtes redeviennent des lignes droites, lorsqu'on appuie la règle sur une surface plane.

14. Une droite est indéterminée de position, lorsqu'on ne connaît qu'un point par où elle doit passer; parce qu'alors on peut placer la règle dans un sens arbitraire, pourvu qu'elle arase le point connu.

15. Une droite est déterminée de position, lorsqu'on connaît deux points par où elle doit passer; parce que, dans ce cas, il faut que la règle, le long de laquelle on la trace, soit ajustée aux deux points, sans qu'on puisse la placer dans un autre sens. Ces deux points sont appelés les conditions de sa détermination.

16. **Mesurer une ligne, c'est chercher combien de fois elle en contient une autre, prise pour terme de comparaison.**

Les lignes tracées sur le papier se mesurent généralement au moyen d'un double décimètre, taillé en biseau, que l'on dispose de manière que son tranchant affleure la ligne à mesurer. On pourrait aussi prendre une ouverture de compas, égale à la longueur de la ligne, et la porter sur le double décimètre. Il suffit d'un peu d'habitude pour déterminer à l'œil les fractions de millimètres avec une approximation suffisante.

17. Lorsqu'on désire apprécier d'une manière rigoureuse des fractions de millimètre, on adapte, le long de la règle qui sert de mesure, une petite règle appelée vernier, qui peut glisser à frottement doux le long de la première; elle porte une longueur de 9 millimètres divisée en dix parties égales.

Représentons, pour plus de clarté, le millimètre par un demi-centimètre. Soit A B la règle, C D le vernier, et supposons qu'on veuille mesurer O H. Amenons l'extrémité C du vernier au point H. Les divisions du vernier valent 0,9 de millimètre; elles ont donc 0,1 de millimètre de moins que celle de la règle : d'où il résulte que les lignes 1, 2, 3, 4, etc., du vernier se rapprochent successivement de 0,1, 0,2, 0,3, 0,4, etc. de millimètre des divisions a, b, c, d, etc., marquées sur la règle; on finira donc par avoir un intervalle égal à zéro. Cet intervalle nul, où se fait la rencontre d'un trait du vernier avec celui de la règle, n'a lieu ici qu'au n° 6, d'où je conclus que O H = 0,6 de millimètre.

18. Rectifier une ligne brisée, c'est tracer une ligne droite dont la longueur égale la somme des diverses lignes dont l'ensemble forme la ligne brisée.

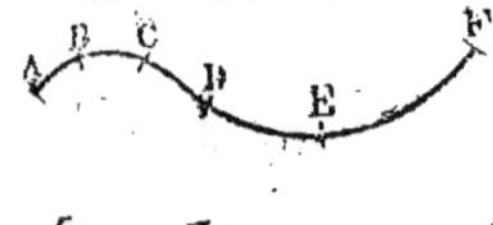

19. Pour rectifier une ligne brisée :

1º On porte sur une même droite, avec le compas, et à la suite les unes des autres, les diverses droites de la ligne brisée;

2º Si l'on se sert du mètre, on mesure toutes les parties de la ligne brisée, puis on trace une droite qui soit égale à leur somme.

20. Rectifier une ligne courbe, c'est tracer une ligne droite dont la longueur égale la somme des petites lignes droites dont on suppose que la courbe est formée.

21. Pour rectifier une courbe, on la décompose à volonté en plusieurs parties qui soient sensiblement en ligne droite, et que l'on porte ensuite sur une même droite, comme pour la ligne brisée.

22. PROPOSITION. — *La ligne droite est plus courte qu'une ligne brisée qui se termine aux mêmes points.*

Ceci est évident, puisque la ligne droite a été définie le plus court chemin pour se rendre d'un point à un autre.

23. PROPOSITION. — *Lorsque deux lignes brisées convexes ont leurs extrémités aux deux mêmes points, la plus grande est celle qui enveloppe l'autre.*

Soient les deux lignes brisées ABC et AOC, prolongeons AO jusqu'en I, on aura : (nº 22)

$$AB + BI > AO + OI \text{ et } OI + IC > OC;$$

additionnant membre à membre ces deux inégalités, on aura :

$$AB + BI + OI + IC > AO + OI + OC,$$

retranchant OI qui est commun aux deux membres, il reste

$$AB + BI + IC > AO + OC \text{ ou } AB + BC > AO + OC;$$

donc, etc.

PROBLÈMES GRAPHIQUES.

PROBLÈME **1.** Tracez des lignes droites ayant pour longueurs : 20 mill., 25 mill., 30 mill., 40 mill., 50 mill.

P. **2.** Tracez, avec la règle, une droite de 40 mill. qui passe par un point donné.

P. **3.** Marquez deux points dont la distance soit de 25 mill., et faites passer, par ces deux points, une droite de 40 mill.

P. **4.** Mesurez, avec le mètre, la longueur d'une table, d'un mur, etc., et exprimez cette longueur en centimètres.

P. **5.** Mesurez, avec le double décimètre, diverses droites

---

tracées sur le papier, ou sur le tableau noir, et exprimez leurs longueurs en millimètres.

N. B. — Résolvez les problèmes qui suivent : 1º avec le compas, 2º avec le double décimètre.

P. 6. Tracez une droite de 25 mill., puis une seconde qui soit le double de la première.

P. 7. Tracez deux droites de 15 mill. et de 25 mill., puis une troisième qui soit leur somme.

P. 8. Tracez deux droites de 40 mill. et de 25 mill., puis une troisième qui soit leur différence.

P. 9. Tracez trois droites ayant pour longueurs 10 mill., 25 mill., 40 mill., puis une quatrième qui soit la différence entre la somme des deux premières et la troisième.

P. 10. Tracez une ligne brisée, composée de trois droites, ayant 12 mill., 15 mill., 20 mill., et rectifiez cette ligne brisée.

CHAPITRE II.

DU CERCLE.

§ I. — DÉFINITIONS.

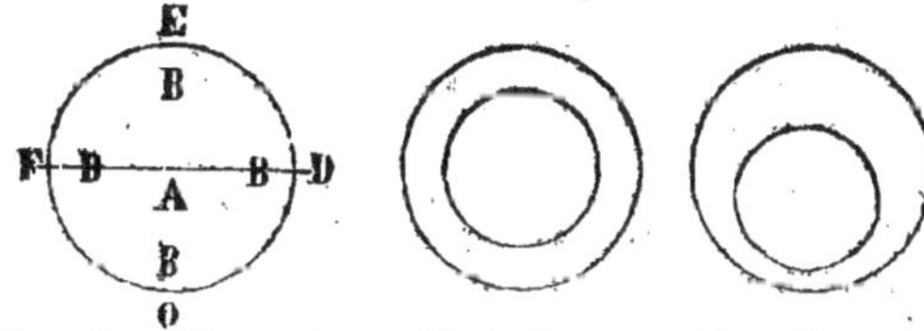

24. La circonférence, ou ligne circulaire, est une courbe dont tous les points sont également éloignés d'un point intérieur qu'on nomme centre.

25. Le cercle est la superficie renfermée par la circonférence ; par extension, on donne quelquefois le nom de cercle à la circonférence même.

26. On appelle circonférences concentriques plusieurs circonférences qui ont le même centre.

27. On appelle circonférences excentriques plusieurs circonférences qui n'ont pas le même centre.

---

24. *Qu'est-ce que la circonférence ?* — 25. *Qu'est-ce que le cercle ?* — 26. *Qu'appelle-t-on circonférences concentriques ?* — 27. *Qu'appelle-t-on circonférences excentriques ?*

28. On appelle circonférences tangentes des circonférences qui n'ont qu'un seul point de commun, qu'on
nomme point de tangence ou de contact.

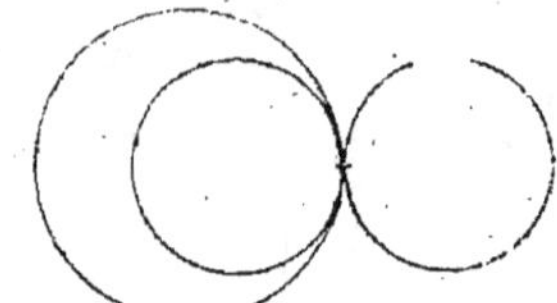

<table>
<tr><td>Arc de cercle.</td><td>Circonférences tangentes.</td></tr>
</table>

29. L'arc est une portion de circonférence, considérée séparément.

30. La circonférence se divise en 360 parties, qu'on
appelle degrés, le degré en 60 minutes, la minute en
60 secondes, etc.

31. On désigne les degrés par un petit zéro placé à droite, un
peu au-dessus du nombre qui les exprime; les minutes se
désignent par un accent; les secondes par deux, etc.; ainsi,
54 degrés 45 minutes 18 secondes s'écrivent 54° 45' 18''.

32. La division du cercle est la base du calcul géométrique; elle sert particulièrement à mesurer les angles et
à déterminer leur valeur.

33. Pour tracer une circonférence sur le papier, on se sert
d'un compas dont une branche est terminée en pointe, tandis
que l'autre est armée d'un crayon ou d'un tire-ligne. On pose la
pointe sèche au point que l'on choisit pour centre, et l'on fait
ensuite tourner la seconde branche autour de la première.

Si les dimensions du cercle dépassent l'écart dont les pointes
du compas sont susceptibles, on se sert d'une règle qui porte
un petit pivot à l'une de ses extrémités, et qui est munie, vers
l'autre, d'une pointe à tracer que l'on fait avancer ou reculer,
au moyen d'une coulisse fixée à l'aide d'une vis de pression.

Sur le terrain, on se sert d'une ficelle fixée au centre par une
de ses extrémités.

PROBLÈMES GRAPHIQUES.

P. 11. Tracez des circonférences avec des ouvertures de compas de 15 et de 20 mill.

P. 12. Tracez deux circonférences concentriques avec des ouvertures de compas de 15 et de 20 mill.

P. 13. Marquez deux points distants de 10 mill., et de ces
points comme centres, tracez deux circonférences excentriques
avec des ouvertures de compas de 15 et de 20 mill.

---

*28. Qu'appelle-t-on circonférences tangentes?—29. Qu'est-ce que
l'arc?—30. En combien de parties se divise la circonférence?—31.
Comment désigne-t-on les degrés? les minutes? les secondes?—32. De
quoi la division du cercle est-elle la base?*

P. 14. Décrivez des arcs avec des ouvertures de compas de 15 et de 20 mill.

§ II. — DES LIGNES CONSIDÉRÉES A L'ÉGARD DU CERCLE.

34. Les principales lignes considérées à l'égard du cercle sont: le rayon, le diamètre, la corde ou sous-tendante, la flèche, la sécante et la tangente.

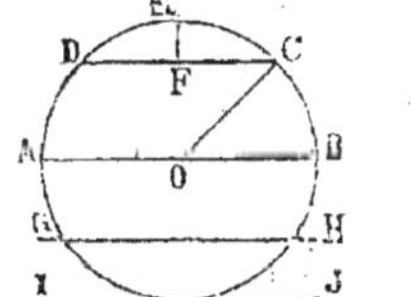

OB \
OC } rayons.
OA /

AB diamètre.

DC corde.

EF flèche.

GH sécante.

IJ tangente.

35. Le rayon est une droite menée du centre à la circonférence.

36. Le diamètre est une droite qui, passant par le centre, se termine, de part et d'autre, à la circonférence.

Le diamètre divise le cercle et la circonférence en deux parties égales.

Il résulte des deux définitions qui précèdent, et de celle du cercle que tout diamètre vaut deux rayons d'un même cercle, et que tous les rayons d'un même cercle sont égaux.

37. La corde est une droite qui joint les deux extrémités d'un arc.

38. La plus grande corde qu'on puisse tracer dans un cercle est le diamètre.

39. La flèche est une droite qui joint le milieu d'un arc au milieu de la corde qui le sous-tend.

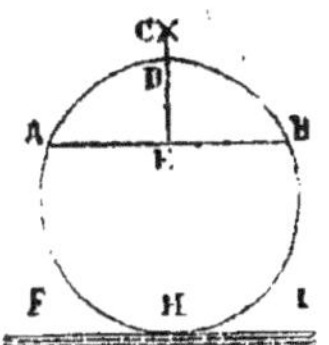

Pour tracer la flèche DE, des extrémités A et B de la corde, décrivez, avec un même rayon, des arcs qui se coupent en C, et, par ce point C et le centre du cercle, menez la flèche DE.

40. La sécante est une droite qui coupe la circonférence.

41. La sécante du cercle diffère de la corde et du diamètre, en ce que ces deux dernières lignes s'arrêtent à la circonférence, tandis que la sécante se prolonge au dehors.

---

34. *Quelles sont les principales lignes considérées à l'égard du cercle? — 35. Qu'est-ce que le rayon? — 36. Qu'est-ce que le diamètre? — 37. Qu'est-ce que la corde? — 38. Quelle est la plus grande corde d'un cercle? — 39. Qu'est-ce que la flèche? — 40. Qu'est-ce que la sécante? — 41. En quoi la sécante du cercle diffère-t-elle de la corde et du diamètre?*

42. La tangente est une ligne droite qui n'a qu'un point de commun avec la circonférence.

43. Le point de contact est le point commun à la tangente et à la circonférence.

44. Pour mener une tangente en un point H (*fig. n° 41*), placez une règle FI qui arase la circonférence au point donné H, et faites glisser une pointe à tracer le long de la règle.

Ce procédé, plus simple que ceux qui seront donnés plus loin, est cependant d'une exactitude aussi rigoureuse. Il est généralement suivi dans la pratique du dessin.

45. PROPOSITION. — *Dans un même cercle ou dans des cercles égaux, des arcs égaux sont sous-tendus par des cordes égales.*

Soient les arcs égaux ABC, EFG; par le point D milieu de l'arc CDE, menons le diamètre DH, et faisons tourner le demi-cercle DGH autour de DH comme charnière, de manière à l'appliquer sur le demi-cercle DAH; l'arc DE couvrira son égal DC, et l'arc EFG son égal CBA. Les deux cordes EG, CA, auront alors les mêmes extrémités et se confondront; donc, etc.

46. PROPOSITION. — *Dans un même cercle ou dans des cercles égaux, un plus grand arc est sous-tendu par une plus grande corde.*

Soit l'arc ABCD, qui est plus grand que l'arc ABC, je dis que la corde AD est plus grande que la corde AC. Menons les rayons OC, OD nous aurons AI+IC $>$ AC, et OI+ID $>$ OD; additionnant membre à membre, nous aurons: AI+IC+OI+ID $>$ AC+OD; supprimons, dans le premier membre, le rayon OI+IC, et, dans le second, le rayon OD, il reste AI+ID ou AD $>$ AC; donc, etc.

Il résulte de cette proposition et de la précédente que *dans un même cercle, ou dans des cercles égaux, deux cordes égales sous-tendent des arcs égaux, et que, si deux cordes sont inégales, la plus grande sous-tend un plus grand arc.*

PROBLÈME GRAPHIQUE.

P. 15. Décrivez une circonférence de 20 mill. de rayon, et tracez : 1° un rayon, 2° un diamètre, 3° une corde, 4° une flèche, 5° une sécante, 6° une tangente.

PROBLÈMES NUMÉRIQUES.

P. 16. Quels sont les diamètres des cercles qui ont pour rayons: 1° 6 m., 2° 10 m., 3° 15 m. 5, 4° 19 m. 25, 5° 27 m. 75?

---

42. *Qu'est-ce que la tangente?* — 43. *Qu'est-ce que le point de contact?*

P. 17. Quels sont les rayons des cercles qui ont pour diamètres: 1º 14 m., 2º 30 m., 3º 45 m. 70, 4º 56 m. 85, 5º 95 m. 95?

§ III. — DE LA TABLE DES CORDES.

47. On désigne sous le nom de table des cordes, un tableau dans lequel, représentant d'une manière générale le rayon d'un cercle par 1, on exprime, en décimales de ce rayon, les longueurs des cordes que sous-tendent des arcs de 1', 2', 3', etc., jusqu'à un arc de 180º, qui n'est autre qu'une demi-circonférence. (Voyez cette table à la fin du volume.)

Toute corde, qui n'est pas diamètre, sous-tend deux arcs, dont l'un est plus grand et l'autre plus petit qu'une demi-circonférence, mais dont la somme égale la circonférence. Dans tous les problèmes relatifs aux cordes, c'est toujours du plus petit arc qu'il s'agit, à moins d'indications contraires. Pour avoir la corde d'un arc plus grand qu'une demi-circonférence, on retranche le nombre de degrés de cet arc de 360º, et l'on cherche, dans les tables, la corde qui répond à la différence.

48. PROBLÈME 1. — *Quelle est, dans les tables, la corde qui sous-tend un arc de 310º.*

360º—310º=50º. Dans la table, la corde de 50º est 0,8452, d'où l'on conclut que la corde des tables, pour 310º, est 0,8452.

49. PROBLÈME 2. — *Quelle est la longueur de la corde qui sous-tend un arc de 24º, dans un cercle de 25 mètres de rayon?*

Je cherche, dans la table, la corde qui répond à un arc de 24º, je trouve 0,4158. Cette fraction m'indique que la corde cherchée égale les 4158 dix-millièmes du rayon; elle égale donc $25 \times 0,4158 = 10$ m. 395, c'est-à-dire que, *pour avoir la longueur de la corde qui sous-tend un arc donné, il faut multiplier le rayon du cercle par la corde indiquée dans les tables.*

50. PROBLÈME 3. — *Quel rayon faut-il donner à un cercle pour qu'une corde de 12 mètres sous-tende un arc de 20º 10'?*

Dans la table, la corde qui répond à un arc de 20º 10' est 0,350; or, d'après ce qui précède, on a:
$$\text{rayon} \times 0,350 = 12 \text{ mètres};$$
$$\text{d'où rayon} = \frac{12}{0,350} = 34 \text{ mètres } 286;$$
donc *pour avoir le rayon du cercle, il faut diviser la longueur de la corde donnée, par la longueur de la corde correspondante, indiquée dans la table.*

51. PROBLÈME 4. — *Quel est le nombre de degrés d'un arc sous-tendu par une corde de 4 mètres 24, dans un cercle qui a 20 mètres de rayon?*

Si l'on connaissait le nombre de degrés de l'arc et, par suite, la corde qui, dans les tables, répond à cet arc, on aurait, d'après ce qui a été dit au premier problème:
$$20 \times \text{corde des tables} = 4,24;$$
$$\text{d'où corde des tables} = \frac{4,24}{20} = 0,2120;$$

on reconnaît, dans la table, que la fraction 0,2120 répoud à un arc de 12°10', c'est la mesure de l'arc cherché; d'où l'on conclut que, *pour avoir les degrés d'un arc, il faut diviser la corde par le rayon du cercle, et chercher, dans les tables, à quel arc répond ce quotient.*

La table des cordes, pages 268-271, ne donne les cordes que de 10° en 10°, ce qui est suffisant pour la pratique. Mais on peut, à l'aide des deux problèmes qui suivent, étendre l'usage de cette table, avec une approximation convenable aux arcs d'un nombre quelconque de degrés et minutes.

52. Problème 5. — *Quelle est, dans les tables, la corde d'un arc de 24° 14'?*

La table donne pour 24° 10', 0,4187, et pour 24° 20', 0,4215. La différence de ces valeurs est 0,0028. Si, pour 10', la différence des deux cordes est 0,0028, il s'agit de déterminer la différence pour 4; d'où la proportion 10 : 4 :: 0,0028 : x; d'où $x = 0,00112$, et par suite la corde de 24° 14' est $0,4187 + 0,00112 = 0,4198$.

53. Problème 6. — *Quel est l'arc dont la corde des tables égale 1,1610?*

Cette corde est comprise entre celle de 70° 50', qui égale 1,1590; et celle de 71°, qui égale 1,1614. La différence de ces deux cordes égale 24, et elle résulte d'une différence de 10' dans les arcs. D'ailleurs, la différence de 1,1610 à 1,1590 est 0,0020; d'où la proportion 0,0024 : 0,0020 :: 10 : x, et $x = \frac{0,0020 \times 10}{0,0024} = 8'$, et par suite l'arc d'une corde de 1,1610 égale $70° 50' + 8' = 70° 58'$.

PROBLÈMES NUMÉRIQUES.

P. 18. Cherchez, dans les tables, les cordes des arcs suivants : 1° 195°; 2° 200°; 3° 275°; 4° 306° 20'; 5° 333° 40'.

P. 19. Quelles sont, dans les tables, les cordes qui sous-tendent des arcs qui égalent les portions suivantes de la circonférence : 1° 1/3; 2° 1/4; 3° 2/5; 4° 5/6; 5° 13/15?

P. 20. Dans un cercle de 14 m. de rayon, quelles sont les longueurs des cordes qui sous-tendent des arcs : 1° de 6°, 2° de 18°, 3° de 35° 20', 4° de 45° 30', 5° de 87° 22'?

P. 21. Quels sont les rayons des cercles dont les cordes, qui sous-tendent un même arc de 56° 40', égalent : 1° 6 m. 25, 2° 11 m. 25, 3° 15 m. 42, 4° 24 m. 20, 5° 32 m. 75?

P. 22. Dans un cercle de 40 mètres de rayon, quels sont les arcs qui seraient sous-tendus par des cordes de : 1° 14 m. 58, 2° 24 m. 38, 3° 27 m. 58, 4° 49 m. 25, 5° 70 m. 40?

P. 23. Quelles sont les cordes des tables qui répondent aux arcs suivants : 1° 30° 15'; 2° 45° 42'; 3° 80° 17'; 4° 112° 12'; 5° 150° 56'?

P. 24. Quels sont les arcs dont les cordes des tables sont les suivantes : 1° 0,7667; 2° 0,9574; 3° 1,0569; 4° 1,8689; 5° 1,9944?

CHAPITRE III.

DES ANGLES.

§ Ier. — DÉFINITIONS ET MESURE DES ANGLES.

54. Un angle est l'ouverture plus ou moins grande de deux lignes qui se rencontrent en un point appelé sommet de l'angle.

55. On appelle côté d'un angle chacune des deux lignes qui, par leur rencontre, forment cet angle.

56. Quand un angle est seul, on le désigne en nommant la lettre du sommet; mais si plusieurs angles ont leur sommet au même point, il faut nommer les trois lettres qui sont affectées à chacun d'eux, en plaçant celle du sommet la deuxième.

57. On nomme rectiligne un angle formé par deux lignes droites, curviligne un angle formé par deux lignes courbes, et mixtiligne un angle formé par une droite et une courbe.

Angle rectiligne.   Angle curviligne.   Angle mixtiligne.

58. La grandeur d'un angle dépend de son ouverture, et non de la longueur de ses côtés, qui sont toujours supposés indéfinis.

59. PROPOSITION: — *Dans le même cercle ou dans des cercles égaux, les angles égaux dont le sommet est au centre interceptent, sur la circonférence, des arcs égaux.*

Soient les angles égaux A O B et C O D; appliquons-les l'un sur l'autre; comme leurs côtés sont égaux, le point A tombera en C, le point B en D, et les deux arcs se confondront en un seul; donc, etc.

---

60. Proposition. — *Deux angles quelconques sont entre eux comme les arcs compris entre leurs côtés, et décrits de leurs sommets, comme centres, avec un même rayon.*

Soient les angles ACB et DOE; décrivons de leurs sommets, avec un même rayon, les arcs AB et DE, que nous mesurerons avec une unité assez petite pour qu'elle soit contenue un nombre exact de fois dans chaque arc, cinq fois dans AB et trois fois dans DE, le rapport $\frac{AB}{DE} = \frac{5}{3}$. Joignons les points de division au sommet, l'angle ACB sera divisé en cinq angles égaux (*n*° 59), et l'angle DOE en contiendra trois; donc le rapport de l'angle ACB à l'angle DOE est $\frac{5}{3}$ comme le rapport de l'arc AB à l'arc DE; donc, etc.

61. *Remarque.* — Dans la mesure des angles, l'unité principale est l'angle droit; en sorte que la mesure d'un angle n'est autre chose que le rapport de cet angle à un angle droit. Or d'après la proposition qui précède, on voit que, pour comparer un angle à l'angle droit, il suffit de comparer l'arc compris entre ses côtés au quart de la circonférence; d'où l'on conclut la définition suivante:

62. La mesure d'un angle est le nombre de degrés et parties de degré de l'arc compris entre ses côtés, et décrit de son sommet comme centre.

Si, par exemple, l'arc AB (*fig. n*° 60) décrit du point C = 68°, on dit que l'angle C est de 60°, la mesure de cet angle sera $\frac{60}{90}$ ou $\frac{2}{3}$.

63. On appelle angle droit celui qui a pour mesure 90° ou le quart de la circonférence, aigu celui qui a moins de 90°, et obtus celui qui a plus de 90°.

Angle droit.   Angle aigu.   Angle obtus.

64. On appelle bissectrice d'un angle, ou simplement bissectrice, la droite qui divise un angle en deux parties égales.

La ligne PF (*fig. n*° 138) est la bissectrice de l'angle EPG, parce qu'elle le divise en deux parties égales.

La bissectrice est le lieu géométrique de tous les points qui sont également éloignés des deux côtés d'un angle.

---

62. *Quelle est la mesure d'un angle?* — 63. *Qu'appelle-t-on angle droit?* — *Qu'appelle-t-on angle aigu?* — *Qu'appelle-t-on angle obtus?* — 64. *Qu'appelle-t-on bissectrice d'un angle?*

§ II. — EMPLOI DU RAPPORTEUR ET MANIÈRE DE COPIER LES ANGLES.

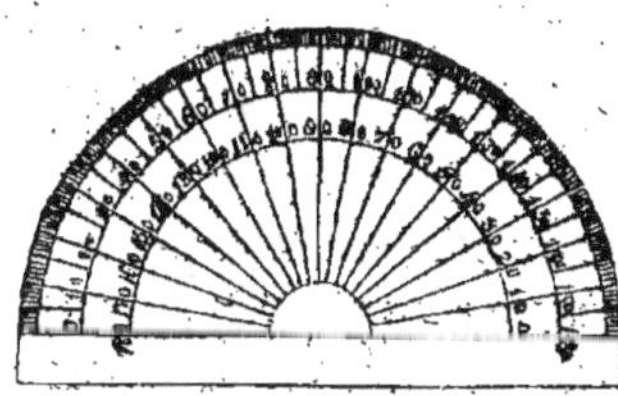

65. Le rapporteur sert à déterminer la mesure des angles. Il se compose d'un demi-cercle en corne ou en cuivre, dont la circonférence, appelée limbe, est divisée en 180 degrés, numérotés de 10 en 10 ou de 5 en 5. Le diamètre de ce demi-cercle se nomme ligne de foi.

66. PROBLÈME 1. — *Mesurez un angle ou un arc à l'aide du rapporteur.*

1° Pour mesurer un angle à l'aide du rapporteur, on place le centre du rapporteur sur le sommet de l'angle qu'on veut mesurer, et son diamètre, ou ligne de foi, sur l'un des côtés. La division du limbe, à laquelle répond l'autre côté de l'angle, détermine sa valeur.

2° Pour déterminer le nombre de degrés d'un arc BD, on joint ses deux extrémités à son centre par les rayons AB, AD, et l'on mesure l'angle A, comme il vient d'être dit. La mesure de cet angle est celle de l'arc.

67. PROBLÈME 2. — *Construisez un angle et déterminez un arc à l'aide du rapporteur.*

1° Pour construire un angle, de 45 degrés, par exemple, à l'aide du rapporteur, on place le centre du rapporteur au point A, et sa ligne de foi sur la droite AB; puis l'on marque, sur le papier, un point D vis-à-vis de la division 45 du limbe, et l'on joint AD; DAB est l'angle demandé.

2° Pour déterminer sur un arc donné ou sur une circonférence, un arc de 45°, par exemple, on mène un rayon AB et l'on fait en A un angle de 45°. Les deux côtés de l'angle déterminent DB pour l'arc demandé.

68. PROBLÈME 3. — *Mesurez un angle à l'aide de la table des cordes.*

Soit à mesurer l'angle A, du sommet, avec un rayon arbitraire, par exemple de 18 millimètres, décrivez l'arc CDB et joignez CB; supposons que CB, mesuré avec le double décimètre, égale 15 mill. Calculez ensuite les degrés de l'arc CDB par la connaissance du rayon AB = 18 mill. et de la corde CB = 15 mill. Ce problème donne pour la corde des tables $\frac{15}{18}$ = 0 mill. 8333. Or, cette corde répond, dans les tables, à un arc de 49° 15', donc l'arc CB et, par suite, l'angle A doit avoir pour mesure 49° 15'.

69. Problème 4.—*Construisez un angle à l'aide de la table des cordes.*

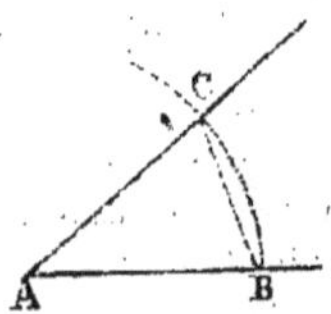

Soit à construire un angle de 40° sur AB au point A, sachant que, dans les tables, la corde qui répond à un arc de 40°, égale 0,684. Du point A, et d'un rayon quelconque, par exemple de 15 millimètres, décrivez un arc de cercle CB. Multipliez 15 mill. par 0,684; le produit égale 10 mill. 26; prenez une ouverture de compas égale à ce produit, et du point B coupez l'arc en C; joignez AC, et vous aurez CAB pour l'angle demandé.

70. *Remarque.*—En prenant le rayon arbitraire AB = 1 décimètre = 100 mill., le produit ci-dessus se réduit à déplacer la virgule de deux rangs vers la droite, dans la corde des tables, ce qui abrége d'autant l'opération.

71. Problème 5.—*Tracez, sur une ligne, en un point donné, un angle égal à un autre.*

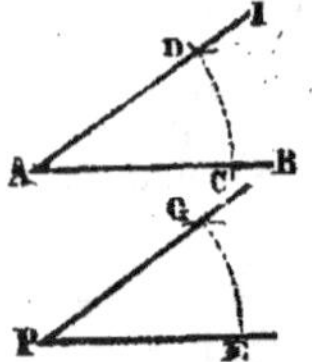

Soit l'angle A, et soit à copier cet angle sur une droite PE en un point donné P; du sommet A, et d'une ouverture de compas arbitraire AC, décrivez l'arc CD; avec la même ouverture de compas à partir du point P, décrivez l'arc GE, portez CD en EG; tirez la ligne PG, et vous aurez l'angle P égal à l'angle donné A.

PROBLÈMES GRAPHIQUES.

N. B.—Dans le tracé des problèmes qui suivent, les côtés des angles auront 40 mill.; les circonférences et les arcs de cercles, 20 mill. de rayon.

P. 25. Tracez à volonté plusieurs angles aigus, et cherchez-en la valeur: 1° avec le rapporteur, 2° avec la table des cordes.

P. 26. Tracez à volonté plusieurs angles obtus, et cherchez-en la valeur : 1° avec le rapporteur, 2° avec la table des cordes.

P. 27. Décrivez des arcs de cercle, et déterminez-en la valeur : 1° avec le rapporteur, 2° avec la table des cordes.

P. 28. Marquez, sur une circonférence, des arcs de cercle, et déterminez-en la valeur en degrés.

P. 29. Tracez : 1° à l'aide du rapporteur, 2° avec la table des cordes, des angles d'une valeur donnée, comme : 24°, 75°, 124°, 34° 20′, 150° 50′.

P. 30. Marquez, sur une circonférence, des arcs de cercle qui aient pour valeur : 30°, 40°, 55°, 60°, 120°.

P. 31. Doublez un angle aigu.

P. 32. Retranchez un angle aigu d'un angle droit.

P. 33. Retranchez un angle aigu d'un angle obtus.

P. 34. Retranchez un angle droit d'un angle obtus.

P. 35. Tracez un angle aigu et copiez-le.

PROBLÈMES NUMÉRIQUES.

P. 36. Quelle est la valeur de l'angle qui vaut trois fois un angle : 1° de 14°, 2° de 17° 12', 3° de 27° 24', 4° de 40° 34', 5° de 45° 40'?

P. 37. Quel est l'angle qui vaut le cinquième d'un angle : 1° de 25°, 2° de 98°, 3° de 117° 25', 4° de 157° 14' 25", 5° de 170° 40' 30"?

P. 38. Quelle est la différence : 1° entre un angle de 24° 36', et un de 38° 40'; 2° entre un de 107° 20' et un autre de 79° 45'?

§ III. — DES ANGLES ADJACENTS ET DES ANGLES OPPOSÉS PAR LE SOMMET.

72. On appelle adjacents les deux angles qui sont formés du même côté d'une droite rencontrée par une autre.

73. On appelle complément d'un angle ce qui lui manque pour former un angle droit.

74. On appelle supplément d'un angle ce qui lui manque pour former deux angles droits.

75. On appelle angles opposés par le sommet deux angles qui ont pour sommet commun le point d'intersection de deux droites, et qui sont situés des deux côtés de chaque droite, leurs ouvertures étant dirigées dans un sens opposé.

76. PROPOSITION. — *La somme de deux angles adjacents est égale à deux angles droits.*

Soient les angles adjacents AOC, COF; du sommet O, avec un rayon arbitraire, décrivez une demi-circonférence ADCF, les deux angles adjacents auront pour mesures les arcs ADC, CEF, dont la somme égale une demi-circonférence ou deux angles droits; donc, etc.

77. PROPOSITION. — *La somme de tous les angles que l'on peut former d'un même côté d'une droite, en leur donnant pour sommet commun un même point de cette droite, est égale à deux angles droits.*

Soient formés au-dessus de AE, à partir du point O, les angles AOB, BOC, COD, DOE. Si, du point O, nous décrivons une demi-circonférence, ces angles auront pour mesures les arcs AB, BC, CD, DE, dont la somme égale une demi-circonférence ou deux angles droits; donc, etc.

---

78. Proposition. — *La somme de tous les angles formés par un nombre quelconque de droites partant d'un même point est égale à quatre angles droits.*

Soient menées à volonté, à partir du point O, les droites O A, O B, O C, O D ; ces droites forment quatre angles qui ont pour mesures les arcs A B, B C, C D, D A dont la somme égale une circonférence ou quatre angles droits ; donc, etc.

79. Proposition. — *Deux angles opposés par le sommet sont égaux entre eux.*

Soient les deux angles A O C, B O D ; à cause de la ligne droite CD, on a AOC + AOD = 2 droits comme adjacents ; à cause de la ligne droite AB, on a BOD + AOD = 2 droits comme adjacents : d'où l'on tire A O C + A O D = BOD + AOD ; retranchant de part et d'autre AOD, il reste AOC = BOD. On démontrerait de même que A OD = COB ; donc, etc.

PROBLÈMES GRAPHIQUES.

N. B. — Tracez les angles avec des droites de 40 mill.

P. 39. Tracez deux droites de 40 mill. qui se croisent en faisant des angles opposés par le sommet de 75°.

P. 40. Tracez à volonté un angle aigu, puis cherchez, avec le rapporteur, le complément de cet angle.

P. 41. Tracez à volonté un angle aigu, et cherchez graphiquement le supplément de cet angle.

P. 42. Tracez à volonté un angle obtus, et cherchez graphiquement le supplément de cet angle.

P. 43. Tracez à volonté deux angles aigus, et cherchez graphiquement le supplément de la somme de ces deux angles.

PROBLÈMES NUMÉRIQUES.

P. 44. Une droite en rencontre une autre en faisant deux angles adjacents dont l'un égale 75°, quelle est la valeur de l'autre ?

P. 45. Quelles sont les valeurs de deux angles adjacents qui sont entre eux comme les nombres 4 et 5 ?

P. 46. Quels sont les compléments des angles : 1° de 24°, 2° de 36° 40', 3° de 45° 52', 4° de 70° 15', 5° 75° 25' ?

P. 47. Quels sont les suppléments des angles : 1° de 42°, 2° de 115°, 3° de 120° 40', 4° de 162° 15', 5° 170° 35' ?

P. 48. D'un même côté d'une droite, on a formé quatre angles ayant un sommet commun : si trois de ces angles ont pour valeurs : 12°, 24° 15', 39° 49', quelle est la valeur du quatrième ?

P. 49. Trois droites qui partent d'un même point forment trois angles, le premier a 145° et le deuxième 170° 40', quelle est la valeur du troisième ?

P. 50. Quelle est la valeur des quatre angles formés par quatre droites qui partent d'un même point, sachant que ces angles sont entre eux comme les nombres 3, 6, 9, 12 ?

P. 51. Quelle est la propriété de la bissectrice : 1° de deux angles adjacents ; 2° de deux angles opposés par le sommet ?

CHAPITRE IV.

DIFFÉRENTES ESPÈCES DE LIGNES DROITES.

§ I. — DÉFINITIONS.

80. On distingue quatre sortes de lignes droites par rapport à leur position : la perpendiculaire, l'oblique, la verticale et l'horizontale.

81. Une perpendiculaire est une ligne droite qui, tombant sur une autre, ne penche ni vers un côté ni vers l'autre de cette même ligne. On la définit encore : une droite qui en rencontre une autre en faisant deux angles adjacents qui sont égaux chacun à un angle droit.

La ligne AB (*fig.* 86) est dite perpendiculaire sur FD.

82. La ligne oblique est une droite qui penche plus vers un côté d'une droite donnée que vers l'autre. On la définit encore : une ligne droite qui en rencontre une autre en faisant deux angles adjacents inégaux.

Les lignes AD, AE, AF (*fig.* 86) sont des obliques à l'égard de FD.

83. La ligne verticale est une droite qui suit la direction d'un fil à plomb.

84. Pour mener une verticale, on commence par se donner une surface verticale, c'est-à-dire, une surface le long de laquelle on peut appliquer un fil à plomb. La trace de ce fil sur le mur est une ligne verticale.

85. La ligne horizontale est une droite qui est dirigée dans le sens de l'horizon ou qui suit le niveau de l'eau dormante. Elle est perpendiculaire à la ligne verticale.

Pour avoir une ligne horizontale, on trace d'abord une ligne verticale (*no* 84), sur laquelle on élève une perpendiculaire en se servant de l'un des procédés qui seront indiqués plus loin, *no* 90 et suivants.

§ II. — PROPRIÉTÉS ET TRACÉ DES PERPENDICULAIRES.

86. PROPOSITION. — *Si d'un point situé hors d'une droite on abaisse une perpendiculaire et diverses obliques :*

1º La perpendiculaire sera plus courte que toute oblique.

---

80. *Combien distingue-t-on de sortes de lignes droites par rapport à leur position ? — 81. Qu'est-ce qu'une perpendiculaire ? — 82. Qu'est-ce que la ligne oblique ? — 83. Qu'est-ce que la ligne verticale ? — 85. Qu'est-ce que la ligne horizontale ?*

2° *Les obliques qui s'écartent également du pied de la perpendiculaire sont égales.*

3° *De deux obliques, celle qui s'écarte le plus du pied de la perpendiculaire est la plus longue.*

Prolongez la perpendiculaire AB d'une quantité BC=BA, et joignez CE, CF; les angles CBD, CBE sont droits comme adjacents aux angles droits ABD, ABE: donc, FD est perpendiculaire sur AC; d'après cela :

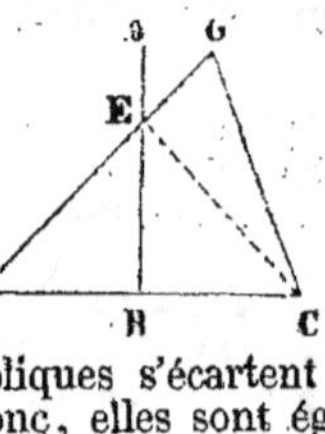

1° Si l'on fait tourner la figure ABE autour de BE comme charnière, il est évident qu'à cause des angles droits en B et de BA=BC, cette figure s'appliquera exactement sur EBC, et l'on aura EC=EA. Or la droite AC est plus petite que la ligne brisée AEC: donc AB, moitié de AC, est plus petit que AE moitié de AEC.

2° Si l'on suppose BD=BE, on reconnaîtra de même par la superposition que AD=AE.

3° La ligne brisée enveloppante AFC est plus grande que la ligne brisée enveloppée AEC : donc, AF moitié de AFC est plus grande que AE moitié de AEC.

87. Remarque.—Il résulte de cette proposition que la perpendiculaire abaissée, d'un point sur une ligne, mesure la vraie distance de ce point à la ligne.

88. Proposition.—*Si l'on élève une perpendiculaire sur le milieu d'une droite : 1° tout point de cette perpendiculaire est également éloigné des deux extrémités de la droite ; 2° tout point, pris hors de cette perpendiculaire, est inégalement éloigné des mêmes extrémités.*

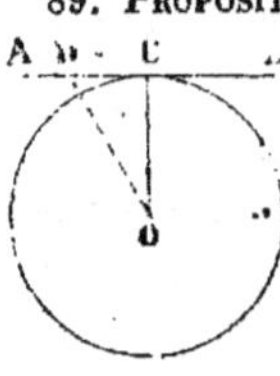

1° D'un point quelconque E, pris sur la perpendiculaire, soient menées les obliques EA, EC; puisqu'on suppose BA=BC, ces obliques s'écartent également du pied de la perpendiculaire; donc, elles sont égales.

2° D'un point O pris hors de la perpendiculaire, menons les droites OA, OC, et joignons EC, nous aurons (*n*° 22) OE+EC > OC : d'où remplaçant EC par son égal EA, on a OE+EA ou OA > OC : donc, le point O est inégalement distant des extrémités A et C.

89. Proposition. — *La perpendiculaire menée à l'extrémité d'un rayon est tangente à la circonférence.*

Car si nous joignons le centre à un point quelconque D, nous aurons une oblique OD qui sera plus grande que la perpendiculaire OC: donc, le point D est en dehors du cercle; la ligne AB n'ayant que le point C de commun avec la circonférence est donc une tangente.

90. PROBLÈME 1. — *Élevez une perpendiculaire au milieu d'une droite donnée.*

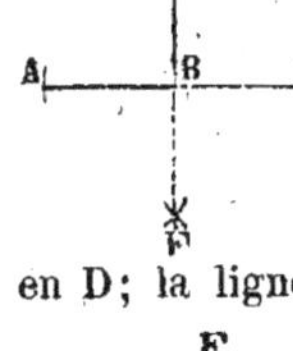

Des extrémités A et B de la droite donnée, et avec une ouverture de compas plus grande que la moitié de la ligne AB, décrivez des arcs de même rayon qui se coupent en D et C, et tirez la droite DE, ce sera la perpendiculaire demandée. Sur le terrain, on se sert de la chaîne, ou d'une ficelle, pour décrire les arcs et mener les perpendiculaires.

91. PROBLÈME 2. — *Élevez une perpendiculaire en un point donné sur une ligne droite.*

Portez, à droite et à gauche du point donné C, deux distances égales CA, CB; puis, des points A et B, décrivez deux arcs de même rayon qui se coupent en D. La droite DC, tirée du point d'intersection D au point donné C, sera la perpendiculaire demandée.

92. PROBLÈME 3. — *Par un point donné hors d'une droite, abaissez une perpendiculaire sur cette ligne.*

Soit E le point donné; par ce point décrivez, avec un rayon suffisamment grand, un arc de cercle qui coupe la droite donnée aux points A et B; de ces points, décrivez d'autres arcs qui se coupent en D; la ligne ED sera la perpendiculaire demandée.

93. PROBLÈME 4. — *Élevez une perpendiculaire à l'extrémité d'une ligne droite.*

Pour élever une perpendiculaire à l'extrémité d'une ligne, on peut employer l'un des quatre procédés suivants :

1° Prolongez la ligne, s'il est possible; du point B, décrivez, d'un même rayon, les arcs A et C; de ces points, avec un même rayon, décrivez d'autres arcs qui se coupent en F et en D; la ligne FD sera la perpendiculaire demandée.

2° Si la ligne donnée AB ne peut être prolongée, de l'extrémité B de la droite donnée AB, et avec un rayon arbitraire BA, décrivez l'arc ADE, portez le rayon AB de A en D et de D en E; des points D et E, avec le même rayon, décrivez deux arcs qui se coupent en F; la droite FB sera la perpendiculaire demandée.

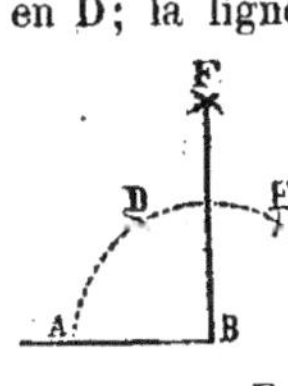

3° Prenez un rayon quelconque BC; de l'extrémité B, décrivez l'arc CD; du point C et avec le même rayon, décrivez l'arc DB, et du point D, toujours avec le même rayon, décrivez un arc en E; joignez les points C et D par la droite CD que vous prolongerez jusqu'à la rencontre de l'arc E, et menez la ligne BE; cette ligne BE sera la perpendiculaire demandée.

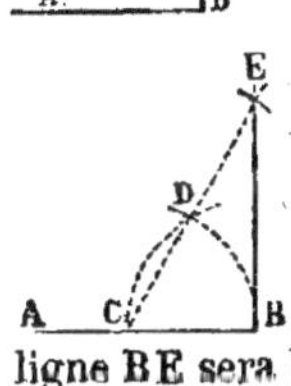

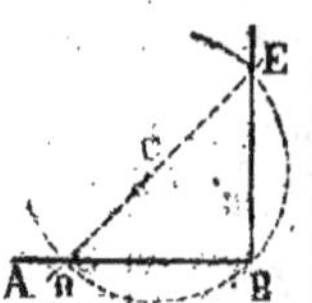

4° Placez la pointe sèche du compas en un point quelconque C, au-dessus de la ligne donnée, et la pointe à tracer à l'extrémité B; décrivez un arc de cercle DBE. Du point D tirez le diamètre DE; le point E, où il rencontre l'arc, indique le passage de la perpendiculaire BE.

94. Problème 5. — *Vérifiez une perpendiculaire.*

Pour vérifier si une droite FD est perpendiculaire sur une autre AB, du point D, et avec un rayon arbitraire, coupez la droite AB aux points A et B; de ces points, et avec un rayon plus grand, décrivez des arcs qui se coupent en F. Si l'intersection se fait sur cette droite FD, elle est perpendiculaire à l'autre, sinon elle lui est oblique.

95. Dans la pratique du dessin, on abrége le tracé des perpendiculaires en se servant de l'équerre. L'équerre est une petite planchette terminée par trois côtés en ligne droite, deux de ces côtés sont perpendiculaires l'un à l'autre; le troisième, qui est le plus grand, est opposé à l'angle droit et se nomme hypoténuse.

96. **Problème 6.** — *Menez des perpendiculaires à l'aide de l'équerre.*

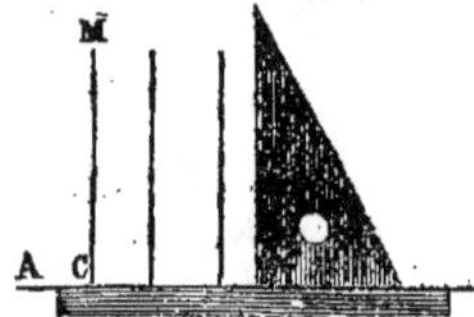

Pour mener des perpendiculaires à l'aide de l'équerre, il faut placer une règle qui arase la ligne donnée, et faire glisser l'un des côtés de l'angle droit de l'équerre contre cette règle; toutes les lignes qu'on tirera le long de l'autre côté seront perpendiculaires à la ligne donnée.

97. **Problème 7.** — *Vérifiez une équerre.*

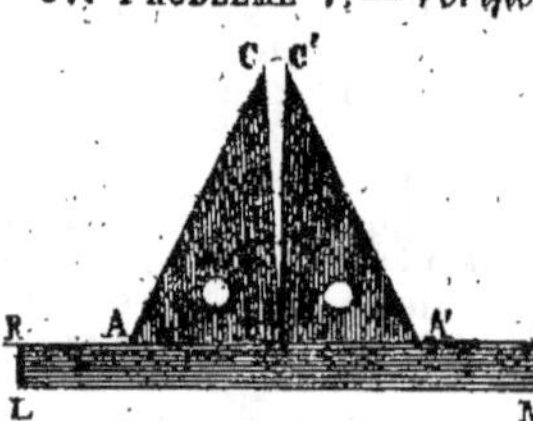

Pour vérifier une équerre, on trace une droite indéfinie R S, contre laquelle on fait affleurer une règle bien droite L M. On place ensuite sur cette règle un des côtés A B de l'angle droit de l'équerre, puis on trace une ligne suivant l'autre côté C B. On retourne ensuite l'équerre sens dessus dessous, autour de C B, comme charnière, de manière à lui donner la nouvelle position A'B'C', et l'on tire une ligne suivant C'B. Si les deux droites se superposent, les deux angles sont égaux, et par suite l'angle de l'équerre est droit. Dans le cas contraire, l'équerre doit être rejetée, car l'angle est aigu ou obtus suivant que C'B tombe à droite ou à gauche de CB. Dans la figure ci-dessus l'angle est aigu.

98. Problème 8. — *Menez des perpendiculaires à l'aide du té.*

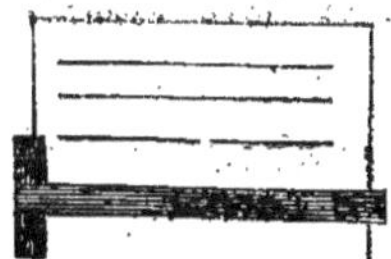

Lorsqu'on veut mener plusieurs perpendiculaires au bord rectiligne d'une surface plane, comme une tablette à dessin, on se sert d'un instrument qui fait à lui seul les fonctions de règle et d'équerre, et qu'on appelle *té* à cause de la lettre dont il rappelle la forme. On peut le considérer comme formé d'une double équerre reposant sur une tête plus épaisse que le corps de l'instrument. Pour mener une perpendiculaire, on applique la tête du *té* contre le bord du panneau, et on fait glisser l'instrument, en le maintenant dans cette position, jusqu'à ce que l'un des côtés de la règle vienne affleurer le point désigné. On se sert de ce côté, comme règle, pour tracer la perpendiculaire.

PROBLÈMES GRAPHIQUES.

N. B. — Dans le tracé des problèmes qui suivent, donnez à toutes les droites une même longueur de 40 mill. et suivez les cotes indiquées dans l'Atlas, *planche 1re*.

P. 52. Cherchez un point qui soit également distant des deux extrémités d'une droite donnée.

P. 53. Elevez une perpendiculaire au milieu d'une droite.

P. 54. Elevez une perpendiculaire sur une droite par un point donné sur cette ligne.

P. 55. Abaissez une perpendiculaire sur une droite, par un point donné hors de cette ligne.

P. 56. Elevez une perpendiculaire à l'extrémité d'une droite qu'on peut prolonger.

P. 57. Elevez une perpendiculaire à l'extrémité d'une droite qu'on ne peut prolonger (de trois manières différentes).

P. 58. Tracez une ligne droite, marquez, au-dessus et au-dessous, des points distants de cette ligne de 15, 18 et 20 mill.

P. 59 Tracez une droite, marquez deux points au-dessus, et cherchez sur cette droite un troisième point qui soit également distant des deux premiers.

P. 60. Tracez une droite, marquez un point au-dessus, et cherchez, sur la droite, deux points qui soient à égale distance du premier.

P. 61. Tracez une droite, et cherchez, sur cette ligne, le point le plus rapproché d'un autre point donné hors de cette ligne.

P. 62. Tracez une droite, marquez un point au-dessus de cette ligne, et mesurez la distance du point à la droite.

P. 63. Marquez deux points, éloignés l'un de l'autre de 30 mill., puis cherchez un troisième point qui soit distant de 25 mill. du premier et de 20 mill. du second.

P. 64. Disposez un tableau noir de manière que sa surface soit verticale.

P. 65. Sur une surface verticale, comme serait celle d'un mur, ou d'un tableau noir, tracez : 1° une ligne verticale, 2° une ligne horizontale.

§ III. — PROPRIÉTÉ DE LA PERPENDICULAIRE ÉLEVÉE SUR LE MILIEU D'UNE CORDE.

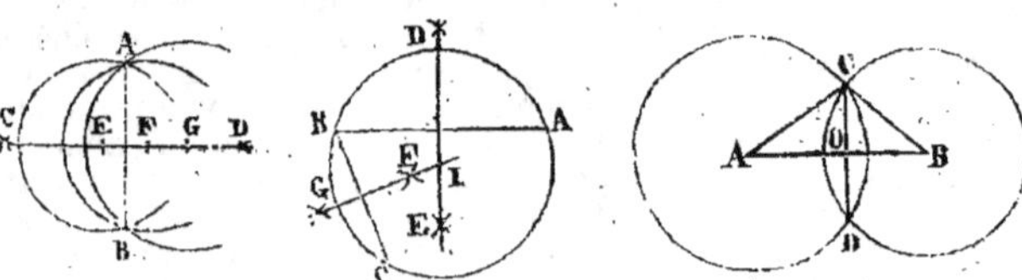

99. PROPOSITION. — *Toute perpendiculaire élevée sur le milieu de la corde d'un arc, passe par le centre du cercle et par le milieu de l'arc.*

En effet, cette perpendiculaire doit passer par tous les points également éloignés des deux extrémités de la corde (n° 88) : donc elle passe par le centre du cercle, et par le milieu de la corde, deux points qui jouissent de cette propriété. On conclut de là :

1° Que les centres E, F, G des divers arcs de cercle qui doivent passer par deux points A et B donnés de position, se prennent à volonté sur la perpendiculaire élevée au milieu de la droite A B qui joindrait les deux points.

2° Que le centre de la circonférence qui doit passer par trois points donnés A, B, C, est l'intersection I des perpendiculaires F G, E D élevées sur le milieu des droites A B, B C qui joindraient ces points.

3° Que si deux circonférences se coupent, la ligne des centres est perpendiculaire sur le milieu de la corde commune.

4° Que si deux circonférences sont tangentes, le point de contact et les deux centres sont en ligne droite, car le point de contact peut être considéré comme la limite d'une corde commune, infiniment petite qui se réduirait à un point.

PROBLÈMES GRAPHIQUES.

P. 66. Dans un cercle de 20 mill. de rayon, cherchez le point milieu d'un arc sous-tendu par une corde de 30 mill.

P. 67. Tracez un cercle de 20 mill. de rayon, et par un point pris à volonté dans ce cercle menez une corde dont ce point soit le milieu.

P. 68. Marquez deux points à 25 mill. de distance, et par ces points faites passer des arcs ayant 15 et 20 mill. de rayon.

P. 69. Marquez trois points à 12, 15 et 20 mill. de distance, puis faites passer une circonférence par ces trois points.

P. 70. Tracez une circonférence dans laquelle une corde de 35 mill. réponde à une flèche de 10 mill.

P. 71. Tracez, avec des rayons de 12 et de 15 mill., deux cercles qui se coupent avec une corde commune de 20 mill.

P. 72. Tracez deux cercles qui se coupent avec une corde commune de 20 mill., les centres étant à 15 mill. de distance.

P. 73. Avec des rayons de 15 et de 10 mill., tracez deux circonférences qui soient tangentes extérieurement.

P. 74. Avec des rayons de 25 et de 15 mill., tracez deux circonférences qui soient tangentes intérieurement.

P. 75. Tracez un cercle de 20 mill. de rayon, marquez un point à 15 mill. du centre et cherchez sur la circonférence : 1° le point le plus rapproché de ce point, 2° le point le plus éloigné.

P. 76. Tracez un cercle de 20 mill. de rayon, menez une horizontale à 35 mill. du centre, et cherchez sur la circonférence : 1° le point le plus rapproché de la droite, 2° le point le plus éloigné.

CHAPITRE V.

DES PARALLÈLES.

§ Ier. — DÉFINITIONS, PROPRIÉTÉ ET TRACÉ.

100. Les parallèles sont des lignes de même espèce, droites ou courbes, qui sont partout également éloignées.

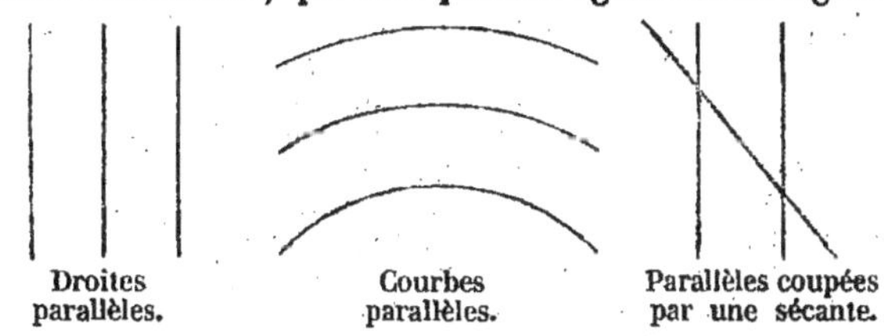

101. On appelle sécante toute droite qui rencontre deux lignes parallèles.

102. PROPOSITION. — *Deux parallèles interceptent sur une circonférence des arcs égaux.*

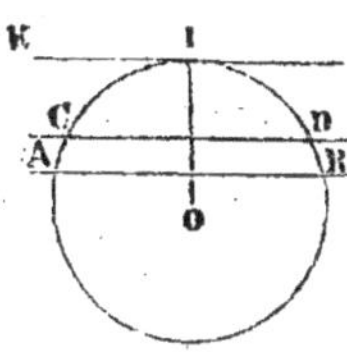

1° Soient les sécantes parallèles AB, CD ; menez le rayon OI perpendiculaire à AB, il le sera aussi à CD, en sorte que le point I est à la fois le milieu des arcs AIB et CID ; on aura donc AI=IB, CI=ID, d'où l'on tire AI—CI=BI—DI ou AC=DB.

---

100. *Qu'est-ce que les parallèles ? —* 101. *Qu'appelle-t-on sécante ?*

2° Soient les parallèles EF, GD dont l'une est une tangente, et l'autre une sécante. Menons au point de contact le rayon OI; ce rayon sera perpendiculaire à la tangente (*n°* 89) et à sa parallèle CD : donc, le point I est le milieu de l'arc CID, et l'on a l'arc CI = DI.

103. **Problème 1.** — *Menez une parallèle à une ligne droite.*

D'un point E pris sur la ligne donnée A B, et avec un rayon arbitraire, décrivez une demi-circonférence, et prenez une distance quelconque A C que vous porterez en BD, puis joignez les points C et D; la ligne CD sera la parallèle demandée.

104. **Problème 2.** — *Par un point donné hors d'une droite, menez une parallèle à cette droite.*

1° Du point donné D comme centre, et avec le plus grand rayon possible, décrivez l'arc BC; du point B, avec le même rayon, tracez l'arc AD. Prenez la distance AD et portez-la de B en C, joignez les points D et C; la ligne DC sera la parallèle demandée.

2° Du point D, abaissez sur A B la perpendiculaire D C, puis sur D C menez, par le point D, la perpendiculaire D E; la ligne DE sera la parallèle demandée. Ce moyen est surtout employé sur le terrain.

3° Voyez un troisième procédé indiqué au *n°* 106.

105. **Problème 3.** — *Menez, à une droite donnée, une parallèle qui en soit éloignée de 9 millimètres.*

Prenez, sur le double décimètre, une ouverture de compas de 9 millimètres, et par deux points C et D, choisis à volonté sur la droite A B, décrivez deux arcs auxquels vous mènerez une tangente commune (*n°* 44); cette tangente sera la parallèle demandée. Ce procédé est généralement employé dans la pratique du dessin.

106. **Problème 4.** — *Menez des parallèles à l'aide de l'équerre.*

Pour mener, à l'aide de l'équerre, des parallèles à une droite donnée, on place l'équerre de manière que l'un des côtés de l'angle droit affleure la droite donnée CM, et on applique une règle contre l'autre côté de l'angle droit. On fait ensuite glisser l'équerre le long de la règle immobile; toutes les lignes que l'on tracera le long du côté droit de l'équerre seront parallèles, à la droite donnée.

107. **Problème 5.** — *Tracez des parallèles à un arc donné.*

Pour mener des parallèles à un arc donné, on décrit, du

même centre, d'autres arcs avec des rayons plus grands ou plus petits que le rayon de l'arc donné.

PROBLÈMES GRAPHIQUES.

N. B.—Dans le tracé des problèmes qui suivent, donnez aux diverses parallèles une longueur de 40 mill.

P. 77. Tracez trois horizontales égales et distantes de 10 mill.

P. 78. Tracez trois verticales égales et distantes de 10 mill.

P. 79. Sur une même droite, tracez deux obliques parallèles et distantes de 10 mill.

P. 80. Tracez une ligne droite, puis menez une parallèle qui en soit éloignée de 40 millimètres.

P. 81. Menez, au-dessus et au-dessous d'une droite, deux parallèles qui en soient éloignées chacune de 40 millimètres.

P. 82. Menez deux parallèles distantes de 12 mill., et par un point intérieur menez une sécante dont la partie comprise entre les parallèles soit de 15 mill.

P. 83. Menez deux arcs parallèles qui aient pour rayons 40 et 50 mill.

P. 84. Marquez, sur une verticale, deux distances de 6 mill., et par les trois points, menez des parallèles avec l'équerre, en employant : 1° un des côtés de l'angle droit, 2° l'hypoténuse.

§ II.—DES ANGLES PAR RAPPORT AUX PARALLÈLES.

108. Deux parallèles, coupées par une sécante, forment huit angles, appelés angles correspondants, angles alternes internes, et angles alternes externes.

109. On appelle angles correspondants deux angles situés du même côté de la sécante, tous les deux au-dessus ou au-dessous des parallèles, et dont l'ouverture est dirigée dans le même sens.

110. On appelle angles alternes internes deux angles situés des deux côtés d'une sécante, à l'intérieur des parallèles et dont l'ouverture est dirigée dans un sens opposé.

111. On appelle angles alternes externes deux angles situés des deux côtés d'une sécante, à l'extérieur des parallèles, et dont l'ouverture est dirigée dans un sens opposé.

---

108. *Que forment deux parallèles coupées par une sécante?*—109. *Qu'appelle-t-on angles correspondants?*—110. *Qu'appelle-t-on angles alternes internes?*—111. *Qu'appelle-t-on angles alternes externes?*

Les angles G et H, O et R, M et S, N et E sont des angles correspondants; M et R, N et H, des angles alternes internes; G et E, O et S, des angles alternes externes (*fig. n° 112*).

112. Proposition. — *Les angles correspondants sont égaux.*

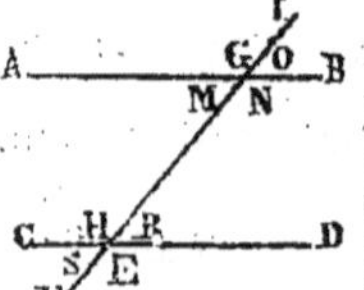

Soient les angles correspondants O et R; nous admettrons comme évident que les lignes AB et CD étant parallèles, la sécante qui les coupe doit être également inclinée à l'égard de l'une et de l'autre. Donc l'angle O=R, et pour la même raison G=H, M=S, N=E; donc, etc.

113. Proposition. — *Les angles alternes internes sont égaux.*

Comparons les deux angles alternes internes M et R, à un même angle O, opposé par le sommet à l'un d'eux, on a M=O comme opposés par le sommet, R=O comme correspondants. Mais les deux angles M et R ne peuvent être égaux chacun à l'angle O, sans être égaux entre eux, donc l'angle M=R; donc, les angles, etc.

114. Proposition. — *Les angles alternes externes sont égaux.*

Soient les angles alternes externes G et E; comparons ces deux angles à un même angle N, opposé par le sommet à l'un d'eux, on a G=N comme opposés par le sommet, E=N comme correspondants; donc G=E; donc, etc.

115. Proposition. — *Deux angles qui ont leurs côtés parallèles et l'ouverture dirigée dans le même sens, sont égaux.*

Soient les angles DEF et ABC ayant leurs côtés parallèles et l'ouverture dirigée dans le même sens, je dis qu'ils sont égaux; en effet, prolongez DE jusqu'en G, on aura DEF= DGC comme correspondants; ABC=DGC pour la même raison; donc DEF = ABC.

116. Proposition. — *Deux angles qui ont leurs côtés perpendiculaires chacun à chacun, sont égaux ou supplémentaires.*

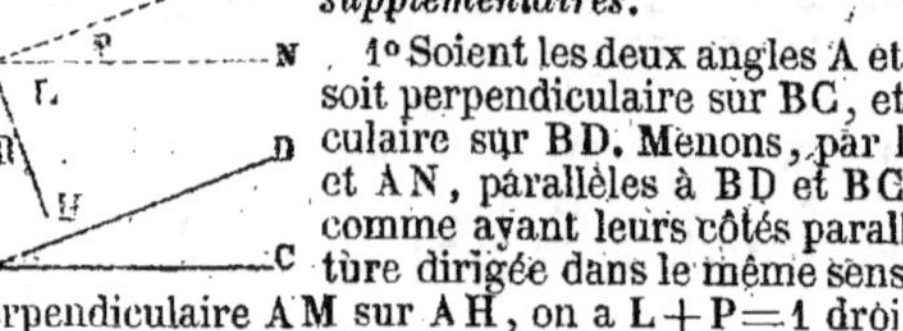

1° Soient les deux angles A et B, tels que AE soit perpendiculaire sur BC, et AH perpendiculaire sur BD. Menons, par le point A, AM et AN, parallèles à BD et BC. L'angle P=B comme ayant leurs côtés parallèles et l'ouverture dirigée dans le même sens. A cause de la perpendiculaire AM sur AH, on a L+P=1 droit; à cause de la perpendiculaire AN sur AE, on a L+R=1 droit; donc L+R =L+P et par suite P=R; donc, etc.

2° Si l'on prolongeait le côté EA, on aurait un angle qui serait supplémentaire de R et par suite de B, et qui aurait ses côtés perpendiculaires à ce dernier angle.

117. Problème 1. — *Par un point donné hors d'une droite, menez une droite qui rencontre la première sous une inclinaison égale à un angle donné.*

Soit à mener, par le point O, une droite qui rencontre A B en faisant un angle égal à M; par un point quelconque C de la droite A B, faites un angle ECB égal à l'angle M; par le point O, menez OD parallèle à EC; la ligne OD sera la droite demandée, car on a ODB=ECB=M.

118. Problème 2. — *Par un point donné hors d'une droite, menez une parallèle à cette droite.*

Par le point donné C, menez à la droite A B une oblique quelconque CD; faites l'angle DCE=à l'angle CDA; la droite FCE sera la parallèle demandée puisque les angles alternes internes ADC, DCE sont égaux.

PROBLÈMES GRAPHIQUES.

N. B. — Résolvez ces problèmes avec des lignes de 40 mill.

P. 85. Coupez deux parallèles par une sécante faisant des angles correspondants qui aient pour valeurs 70°.

P. 86. Sur une droite, menez deux parallèles qui la coupent en faisant des angles alternes externes de 80°.

P. 87. Coupez deux parallèles par une sécante de manière à former des angles alternes externes de 100°.

P. 88. Par un point donné hors d'une droite, menez une seconde droite qui rencontre la première en faisant un angle de 70°.

PROBLÈMES NUMÉRIQUES.

P. 89. Lorsque deux parallèles sont coupées par une sécante, si deux angles alternes internes égalent 47°, quelle est la valeur des angles alternes externes?

P. 90. Quelle est la direction des bissectrices de deux angles correspondants, ou alternes internes égaux?

P. 91. Lorsque deux parallèles sont coupées par une sécante, quelle est la valeur des angles intérieurs d'un même côté?

§ III. — DES ANGLES CONSIDÉRÉS A L'ÉGARD DU CERCLE.

119. Les principaux angles considérés à l'égard du cercle sont: l'angle au centre, l'angle inscrit, et l'angle du segment.

120. On appelle angle au centre, celui qui a son sommet au centre du cercle, et pour côtés deux rayons.

121. On appelle angle inscrit tout angle qui a son sommet sur une circonférence, et dont les côtés sont des cordes.

---

119. *Quels sont les angles considérés à l'égard du cercle?* — 120. *Qu'appelle-t-on angle au centre?* — 121. *Qu'appelle-t-on angle inscrit?*

122. On appelle angle du segment tout angle dont le sommet est sur la circonférence, et dont les côtés sont une corde et une tangente.

L'angle BCF, *fig. n° 123*, est un angle au centre;

Les angles OAP, OBP, *fig. n° 125-1°*, sont des angles inscrits;

L'angle CBA, *fig. n° 127*, est un angle du segment.

123. Proposition. — *L'angle inscrit a pour mesure la moitié de l'arc compris entre ses côtés.*

Soit l'angle inscrit BAD, je dis qu'il a pour mesure la moitié de l'arc BD, compris entre ses côtés. Car si l'on mène par le centre C la ligne EF parallèle à AD, les angles BAD et BCF seront égaux comme correspondants : or, l'angle BCF, ayant son sommet au centre, a pour mesure l'arc BF compris entre ses côtés; mais BF est égal à EA, puisque ces deux arcs sont la mesure de deux angles égaux BCF, ECA; de plus, à cause des parallèles AD, EF, on a EA=FD; donc BF=FD. Donc l'angle BCF a pour mesure la moitié de l'arc BFD, et l'angle BAD, qui lui est égal, a la même mesure; donc, etc.

124. Pareillement l'angle inscrit BAD, a pour mesure la moitié de l'arc BFD compris entre ses côtés; car si l'on mène AF par le centre, on a deux angles inscrits BAF et FAD; le premier a pour mesure la moitié de BF, et le second la moitié de FD, ainsi qu'on vient de le voir; donc l'angle total BAD a pour mesure la moitié de BF, plus la moitié de FD, c'est-à-dire la moitié de BFD.

125. Il résulte évidemment des deux démonstrations qui précèdent :

1° Que tous les angles inscrits OAP, OBP, OCP qui ont leurs sommets à la circonférence, et pour côtés les cordes OA et AP, OB et BP, OC et CP se terminant aux extrémités du même arc OP, sont égaux entre eux; car chacun de ces angles a pour mesure la moitié du même arc OP compris entre ses côtés;

2° Qu'un angle inscrit quelconque CED ou CAD qui a son sommet à la circonférence est droit ou, en d'autres termes, a ses côtés perpendiculaires l'un à l'autre, lorsque ses côtés passent aux extrémités C et D d'un même diamètre CD, parce qu'alors l'angle a pour mesure la moitié d'un arc de 180 degrés ou 90 degrés;

3° Que pour trouver le diamètre d'un cercle dont on ne connaît pas le centre, il faut poser l'équerre sur ce cercle de manière que le sommet de l'angle droit soit en un point quelconque de la circonférence, et marquer les points de cette

---

122. Qu'appelle-t-on angle du segment ?

circonférence, qui répondent aux côtés droits de l'équerre; la droite qu'on tirera de l'un à l'autre sera le diamètre demandé.

126. Remarque. — Le moyen déjà indiqué n° 93-4°, pour élever une perpendiculaire à l'extrémité d'une droite qu'on ne peut prolonger, repose sur la propriété de l'angle inscrit (n° 125-1°).

127. Proposition. — *L'angle du segment a pour mesure la moitié de l'arc sous-tendu par la corde qui forme un de ses côtés.*

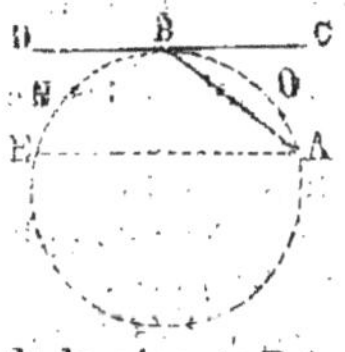

Ainsi l'angle ABC a pour mesure la moitié de l'arc BOA. Pour le démontrer, menons, par le point A, la corde AE parallèle à DC; l'angle du segment CBA = l'angle inscrit BAE, car ces deux angles sont alternes internes à cause des parallèles DC et EA, et de la sécante BA. L'angle inscrit BAE a pour mesure la moitié de BNE; donc CBA a aussi pour mesure la moitié de BNE. Mais les arcs BOA et BNE sont égaux comme interceptés par les parallèles DC et EA; donc l'angle du segment ABC a pour mesure la moitié de l'arc BOA compris entre ses côtés.

128. Problème. — *Sur une droite donnée comme corde, décrivez un segment capable d'un angle donné, c'est-à-dire un segment tel que tous les angles qui y sont inscrits soient égaux à cet angle donné.*

Faites l'angle ABC égal à l'angle donné; élevez OB perpendiculaire à CD au point B et OI perpendiculaire sur le milieu de AB. Du point d'intersection O, avec OB pour rayon, décrivez une circonférence, vous aurez ANEB pour le segment demandé.

En effet, l'angle donné ABC a pour mesure la moitié de l'arc AB, mais tout angle AEB inscrit dans le segment ANEB, a aussi pour mesure la moitié de AB; donc, ces deux angles sont égaux; ce qu'il fallait démontrer.

PROBLÈMES GRAPHIQUES.

N. B. — Résolvez les problèmes qui suivent en traçant les cercles avec un rayon de 20 mill.

P. 92. Faites un angle inscrit quelconque, puis, à l'aide du rapporteur, déterminez: 1° la valeur de cet angle, 2° la valeur de l'arc intercepté. Le premier nombre doit être la moitié du second.

P. 93. Tracez un angle du segment, puis opérez comme dans le problème précédent.

P. 94. Dans trois cercles, faites un angle au centre quelconque, puis faites des angles inscrits qui aient une valeur: 1° moitié moindre, 2° égale, 3° double.

P. 95. Dans trois cercles, tracez un angle inscrit quelconque, puis faites des angles au centre qui aient une valeur: 1° double, 2° égale, 3° deux fois moindre.

P. 96. Dans trois cercles, faites un angle au centre quel-

conque, puis faites des angles du segment qui aient une valeur :
1° moitié moindre, 2° égale, 3° double.

P. 97. Dans trois cercles, tracez un angle du segment quelconque, puis faites des angles au centre qui aient une valeur :
1° double, 2° égale, 3° moitié moindre.

P. 98. Faites un angle inscrit quelconque, puis faites un angle du segment qui lui soit égal et dont le sommet soit à l'extrémité d'un des côtés de l'angle inscrit.

P. 99. Faites un angle du segment quelconque, puis faites un angle inscrit qui lui soit égal.

P. 100. Dans un cercle, faites un angle inscrit qui soit droit.

P. 101. Tracez une horizontale de 40 mill., et faites un angle droit dont les côtés passent par les extrémités de cette ligne.

P. 102. Sur une corde de 35 mill., décrivez un segment capable d'un angle de 60°.

P. 103. Étant donnée une droite de 30 mill., joignez ses deux extrémités par un arc de 100°.

P. 104. Menez deux parallèles de 40 mill., à 20 mill. de distance; marquez sur la parallèle inférieure deux points à 30 mill. de distance, cherchez sur la parallèle supérieure un point tel qu'en le joignant aux deux premiers on forme un angle de 60°.

PROBLÈMES NUMÉRIQUES.

P. 105. Quelle est la mesure des angles inscrits, ou des angles du segment dont les côtés embrassent un arc : 1° de 36°, 2° de 70°, 3° de 121° 10', 4° de 142° 50', 5° de 160° 20' ?

P. 106. Quelle est la valeur de l'arc intercepté par des angles inscrits, ou des angles du segment qui ont pour valeur : 1° 14°, 2° 38°, 3° 72°, 4° 26° 12', 5° 60° 46' ?

P. 107. Quelle est la mesure d'un angle inscrit ou d'un angle du segment dont les côtés embrassent un arc qui égale les $^2/_9$ de la circonférence ?

P. 108. Quel est le rapport d'un angle inscrit à un angle au centre tracés dans le même cercle, sachant que l'arc intercepté par les côtés de l'angle inscrit est les $^2/_3$ de l'arc intercepté par l'angle au centre ?

P. 109. Quelle est la valeur d'un angle inscrit dans un cercle de 20 mill. de rayon, sachant que la corde qui joint les extrémités de ses côtés est de 30 mill. ?

P. 110. Quelle est la longueur de la corde qui joint les extrémités des côtés d'un angle de 50° inscrit dans un cercle de 20 mill. de rayon ?

P. 111. Quelle est la valeur d'un angle du segment dont la corde est de 25 mill. et le rayon du cercle de 20 mill. ?

P. 112. Dans un cercle de 20 mill. de rayon, quelle est la corde d'un angle du segment de 60° ?

P. 113. Quelle est la valeur d'un angle inscrit dans un cercle de 20 mill. de rayon, si les côtés de cet angle ont 35 mill. ?

P. 114. Quelle est la valeur d'un angle inscrit dans un cercle de 20 mill. de rayon, si les côtés ont 20 mill. et 36 mill. ?

CHAPITRE VI.

DIVISION DES LIGNES ET DES ANGLES.

§ Ier.— DIVISION DES LIGNES DROITES.

129. PROBLÈME 1. — *Divisez une droite en deux parties égales.*

Pour diviser une droite en deux parties égales, il suffit d'élever une perpendiculaire sur le milieu de cette droite (n° 90).

130. PROBLÈME 2. — *Divisez une droite en quatre parties égales.*

Divisez-la d'abord en deux parties égales, puis opérez sur chaque moitié comme sur la ligne entière.

On nomme segments les diverses parties AF, FE, EG, GB; et les points F, E, G où la ligne est divisée, se nomment points de section.

131. PROBLÈME 3. — *Divisez une droite en un nombre quelconque de parties égales.*

Soit la droite AB à diviser en cinq parties égales. Prenez une ouverture de compas AC, qui soit à vue d'œil le cinquième de AB, et portez-la cinq fois de suite de A vers B. S'il arrive que l'extrémité de la cinquième division tombe précisément au point B, la division est effectuée; mais en général elle tombe en un certain point situé en deçà ou au delà du point B; soit D ce point; sans déranger la pointe de compas qui se trouve en E, rapprochez l'autre pointe de compas du point B, d'une longueur DI, qui soit, à vue d'œil, le cinquième de DB, et portez cinq fois de suite la longueur EI de A vers B. Avec un peu d'habitude, deux ou trois opérations au plus suffiront pour la résolution du problème. Cette construction n'est qu'un tâtonnement, cependant elle est aussi exacte dans la pratique, et beaucoup plus commode que les procédés géométriques dont il sera parlé plus bas.

Lorsque le nombre des divisions est considérable, l'épaisseur de la pointe du compas présente une chance d'erreur qui se multiplie en même temps que le nombre d'ouvertures de compas à porter. Mais, comme il arrive souvent que ce nombre n'est pas premier, on le décompose en ses divers facteurs, et l'on commence la division par les facteurs les plus élevés. Soit à diviser une droite en 126 parties égales, on a $126 = 7 \times 3 \times 3 \times 2$; on divisera d'abord la ligne donnée en sept parties égales, chacune de ces sept parties en trois, puis chacune de celles-ci en trois, et enfin chacune de ces dernières en deux.

132. On pourrait encore se servir du calcul, pour la division des lignes, de la manière suivante : supposons que l'on ait une longueur de 186 millimètres à diviser en cinq parties égales; le cinquième de 186 mill. égale 37 mill. 2, et l'on a pour la première division 37 mill. 2; pour les deux premières divisions 74 mill. 4; pour les trois premières divisions 111 mill. 6; pour les quatre premières divisions 148 mill. 8; pour les cinq divisions 186 mill. On porte ces longueurs à l'aide d'un double décimètre ; on apprécie à l'œil les fractions de millimètre, ce qui est sans doute une cause d'erreur; mais ce procédé présente l'avantage particulier que les erreurs successives ne s'ajoutent pas.

Ce moyen est le seul qu'on emploie sur le terrain, et toutes les fois que les lignes ont une longueur considérable. On porte alors, avec le mètre, les longueurs successives, comme ci-dessus.

133. Problème 4. — *Divisez une droite en cinq parties égales.*

Soit la droite AB; tirez une ligne indéfinie sur laquelle vous porterez cinq parties égales, prises arbitrairement. Prenez une ouverture de compas égale à leur somme CD, et des points C et D, décrivez des arcs qui se coupent en G. Joignez, par des droites, le point d'intersection G à tous les points de section de CD. Prenez ensuite la longueur de la ligne donnée AB, et portez-la de G en E et de G en F; joignez EF, qui sera égale à AB et se trouvera divisée en cinq parties égales.

134. Problème 5. — *Divisez une droite en sept parties égales, au moyen d'un angle.*

Soit la droite AB; tirez de l'extrémité A, et sous une inclinaison quelconque, une droite AC sur laquelle vous porterez sept fois une même ouverture de compas prise arbitrairement. Joignez la septième division à l'extrémité B de la ligne donnée, puis par les points de division menez des parallèles à CB; ces parallèles diviseront AB en sept parties égales. (*Ces deux derniers procédés sont basés sur des principes expliqués plus loin*, nᵒˢ 359 et 346.)

PROBLÈMES GRAPHIQUES.

P. 115. Partagez des lignes droites de 40 mill. : 1ᵒ en deux parties égales, 2ᵒ en quatre, 3ᵒ en trois, 4ᵒ en six, 5ᵒ en huit.

P. 116. Partagez des droites de 40 mill. en sept parties égales : 1ᵒ au moyen d'un triangle, 2ᵒ au moyen d'un angle.

P. 117. Divisez des droites de 20 centimètres au moyen des facteurs simples et en tâtonnant : 1ᵒ en douze parties égales, 2ᵒ en dix-huit, 3ᵒ en vingt-quatre, 4ᵒ en quarante-huit, 5ᵒ en soixante-douze.

P. 118. Tracez des droites de 40 mill., et divisez-les au moyen du double décimètre : 1ᵒ en trois parties égales, 2ᵒ en quatre, 3ᵒ en cinq, 4ᵒ en six, 5ᵒ en dix.

§ II. — DIVISION DES ARCS.

135. **PROBLÈME 1.** — *Divisez un arc en deux parties égales.*

Soit à diviser en deux parties égales un arc AB dont on ne connaît pas le centre; des extrémités A et B, décrivez des arcs qui se coupent en C et D, et joignez CD; cette ligne coupe l'arc en deux parties égales AE, EB.

Si l'on connaît le centre de l'arc, on cherche seulement le point d'intersection C que l'on joint ensuite au centre (*n*° 99).

136. **PROBLÈME 2.** — *Divisez un arc en quatre parties égales.*

Divisez-le d'abord en deux parties égales A E, E B, puis opérez sur chaque moitié comme sur l'arc entier.

137. **PROBLÈME 3.** — *Divisez un arc en un nombre quelconque de parties égales.*

Le seul procédé vraiment pratique consiste à employer le mode de tâtonnement déjà indiqué pour la ligne droite (*n*° 131).

PROBLÈMES GRAPHIQUES.

P. 119. Divisez des arcs de 20 mill. de rayon: 1° en deux parties égales, 2° en quatre, 3° en trois, 4° en six, 5° en douze.

P. 120. Divisez des arcs de cercle de 20 mill. de rayon, au moyen des facteurs premiers: 1° en quatre parties égales, 2° en six, 3° en huit, 4° en douze, 5° en seize.

§ III. — DIVISION DES ANGLES.

138. **PROBLÈME 1.** — *Divisez un angle en deux parties égales.*

Du sommet P, décrivez un arc EG; des points E et G, décrivez d'autres arcs qui se coupent en F; tirez ensuite la bissectrice PF, et l'angle sera divisé en deux parties égales.

139. **PROBLÈME 2.** — *Divisez un angle en quatre parties égales.*

Divisez l'angle P en deux parties égales FPG, FPE; puis opérez sur chaque moitié comme sur l'angle total.

140. **PROBLÈME 3.** — *Partagez, en deux parties égales, un angle dont on ne peut atteindre le sommet.*

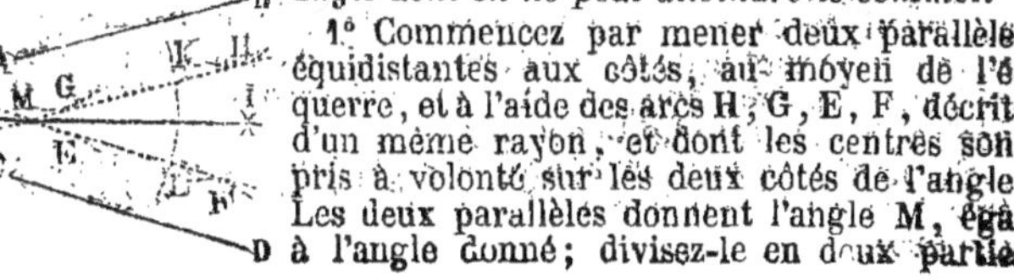

1° Commencez par mener deux parallèles équidistantes aux côtés, au moyen de l'équerre, et à l'aide des arcs H, G, E, F, décrits d'un même rayon, et dont les centres sont pris à volonté sur les deux côtés de l'angle. Les deux parallèles donnent l'angle M, égal à l'angle donné; divisez-le en deux parties

égales, d'après le procédé ci-dessus; la bissectrice IM, prolongée, passerait par le sommet de l'angle donné.

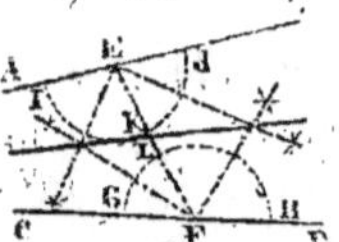

2° Tirez une ligne quelconque EF; partagez
en deux parties égales les quatre angles dont
les sommets sont en F et en E; la droite qui
passe par les points d'intersection des lignes
de division, partage l'angle en deux parties
égales.

En effet ces points d'intersection sont également éloignés de
chacun des côtés AB, CD, et de la sécante EF; donc ils sont
également éloignés des côtés AB, CD, et font partie de la bissectrice cherchée.

PROBLÈMES GRAPHIQUES.

N. B. — Résolvez ces problèmes avec des lignes de 40 mill.

P. 121. Tracez la bissectrice : 1° d'un angle droit, 2° d'un
angle obtus, 3° d'un angle aigu.

P. 122. Divisez un angle aigu en deux parties égales.

P. 123. Divisez un angle droit : 1° en deux parties égales,
2° en quatre parties égales.

P. 124. Divisez un angle obtus : 1° en deux parties égales,
2° en quatre parties égales, 3° en huit parties égales.

P. 125. Déterminez, au moyen de parallèles, la bissectrice
d'un angle dont on ne peut atteindre le sommet.

P. 126. Déterminez, à l'aide d'une sécante, la bissectrice d'un
angle dont on ne peut atteindre le sommet.

§ IV. — DIVISION DE LA CIRCONFÉRENCE.

141. PROBLÈME 1. — *Divisez une circonférence en deux, quatre,
huit, seize, trente-deux, etc., parties égales.*

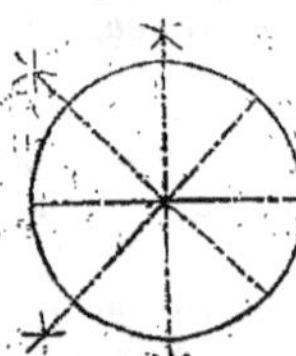

En menant un diamètre quelconque, on divise
la circonférence en deux parties égales; si l'on
mène un second diamètre perpendiculaire au
premier, la circonférence est alors divisée en
quatre parties égales. En continuant de subdi-
viser en deux parties égales les angles formés
par ces deux premiers diamètres, on parvien-
drait à diviser la circonférence en seize, trente-
deux, soixante-quatre, etc., parties égales.

142. PROBLÈME 2. — *Divisez une circonférence en trois, six,
douze, vingt-quatre, quarante-huit, etc., parties égales.*

En portant sur la circonférence une ouverture de compas égale
au rayon du cercle, on a le sixième; deux de ces parties prises
ensemble en sont le tiers, et en partageant chacune des premières
en deux, quatre, huit, on obtient le douzième, le vingt-qua-
trième, le quarante-huitième, etc.

Ce procédé repose sur la propriété que possède le rayon d'être
égal à la corde qui sous-tend un arc de 60° du même cercle
(*n°* 230).

143. Problème 6. — *Divisez une circonférence en un nombre quelconque de parties égales, à l'aide du rapporteur.*

Soit à diviser une circonférence en cinq parties égales, on prend le cinquième de 360° ce qui donne 72°, et l'on fait un angle au centre de 72°. L'arc intercepté entre ses côtés sera l'arc cherché, que l'on reportera ensuite sur la circonférence.

144. Problème 7. — *Divisez une circonférence en un nombre quelconque de parties égales, à l'aide de la table des cordes.*

Soit à diviser en cinq parties égales une circonférence de 15 centimètres de rayon ; le problème revient à chercher la corde qui, dans un cercle de quinze centimètres de rayon, sous-tend un arc égal au $^1/_5$ de la circonférence. Or, le $^1/_5$ de 360° est 72°, et la corde des tables pour 72° est 1,1756. La longueur de la corde cherchée égale donc $150 \times 1,1756 = 176$ mill. 34. On prend, sur le double décimètre, une ouverture de compas égale à 176 mill. 34, puis on la porte cinq fois sur la circonférence.

PROBLÈMES GRAPHIQUES.

P. 127. Tracez une circonférence qui ait pour diamètre une droite de 40 mill.

P. 128. Tracez une demi-circonférence au-dessus d'une ligne horizontale de 40 mill. comme diamètre.

N. B. — Résolvez les problèmes qui suivent sur des circonférences de 20 mill. de rayon.

P. 129. Divisez des circonférences en 2, 4, 8, 16 parties égales.

P. 130. Divisez des circonférences en 6, 3, 12 parties égales.

P. 131. Divisez des circonférences en 5, 7, 9 parties égales : 1° à l'aide du rapporteur, 2° à l'aide de la table des cordes.

P. 132. Divisez des demi-circonférences en 2, 3, 4 parties égales.

P. 133. Divisez des quarts de circonférence en 2, 3, 4, 6 parties égales.

P. 134. Divisez des circonférences de 40 mill. de rayon, à l'aide des facteurs simples et en tâtonnant : 1° en 24 parties égales, 2° en 36, 3° en 48, 4° en 72.

PROBLÈMES NUMÉRIQUES.

P. 135. Quelles sont en degrés, minutes, etc., les valeurs des arcs qui seraient les fractions suivantes d'une circonférence : 1° 1/3, 2° 1/5, 3° 1/9, 4° 1/10, 5° 1/25 ?

P. 136. Quelles sont en degrés, minutes, etc., les valeurs des arcs qui seraient les fractions suivantes d'une demi-circonférence : 1° 1/6, 2° 1/8, 3° 1/10, 4° 1/12, 5° 1/15 ?

P. 137. Dans un cercle de 15 mètres de rayon, quelles sont les longueurs des cordes qui sous-tendent les fractions suivantes de la circonférence : 1° 1/3, 2° 1/8, 3° 1/10, 4° 1/12, 5° 1/15 ?

P. 138. Dans un cercle de 34 m. 70 de diamètre, dites les longueurs des cordes qui sous-tendent les fractions suivantes de la circonférence : 1° 1/3, 2° 1/4, 3° 1/5, 4° 1/6, 5° 1/8.

P. 139. Quels seraient les rayons des cercles dont les cordes qui sous-tendent la cinquième partie de la circonférence auraient: 1° 5 m., 2° 6 m. 50, 3° 24 m. 75, 4° 107 m. 85, 5° 241 m. 15 ?

§ V. — DE L'ÉCHELLE.

145. L'échelle est une ligne droite, ayant un rapport connu avec le mètre, que l'on divise et subdivise de la même manière. Les parties de l'échelle prennent les mêmes noms que les subdivisions correspondantes du mètre.

146. L'échelle sert: 1° à tracer un dessin dont les diverses lignes soient dans un même rapport avec les lignes correspondantes de l'objet représenté; 2° à juger, d'après un dessin, des dimensions réelles d'un objet.

147. PROBLÈME 1.—*Tracez, sur le papier ou sur le tableau noir, des lignes droites qui soient cent fois plus petites que d'autres droites dont les longueurs sont données.*

Soient à tracer des droites qui soient cent fois plus petites que d'autres lignes ayant pour longueurs 5 mètres, 7 mètres, 9 mètres. Prenez pour échelle un mètre ou un double décimètre, représentez le mètre par une longueur cent fois moindre, c'est-à-dire par le centimètre, et tracez des droites de 5 centimètres, 7 centimètres, 9 centimètres.

148. PROBLÈME 2. — *Tracez, des lignes droites qui soient quarante fois plus petites que d'autres droites données.*

Soient à tracer deux lignes qui soient quarante fois plus petites que deux autres lignes ayant pour longueurs 6 décimètres et 2 mètres. On prendra pour unité de l'échelle la 40ᵉ partie d'un mètre, ce qui donne pour cette unité $\frac{1000}{40} = 25$ millimètres. Les lignes ci-dessus, réduites au 40ᵉ, seraient donc représentées par deux droites dont la première égale $25 \times 0,6 = 15$ millimètres, et la seconde égale $25 \times 2 = 50$ millimètres. On les tracera l'une et l'autre à l'aide du mètre ou du double décimètre.

149. S'il y avait à réduire un grand nombre de lignes au 40ᵉ, le procédé ci-dessus serait long et peu commode. Il vaudrait mieux construire une échelle au 40ᵉ, de la manière suivante:

A   B
10 9 8 7 6 5 4 3 2 1 0   2

Portez sur une droite A B, à l'aide du double décimètre, un certain nombre de fois 25 mill., suivant les longueurs des droites à réduire; divisez AO en dix parties égales, pour représenter les décimètres, et numérotez ces diverses divisions comme l'indique la figure. Pour prendre une longueur de 2 m. 30 cent., par exemple, vous mettrez l'une des pointes du compas au n° 2, et l'autre sur la troisième division à gauche du zéro.

150. Lorsque le mètre n'est représenté que par quelques millimètres, il est difficile de diviser cette unité en dix parties

---

égales pour avoir des décimètres. On emploie alors l'échelle des dixièmes qui permet d'estimer des subdivisions très-petites.

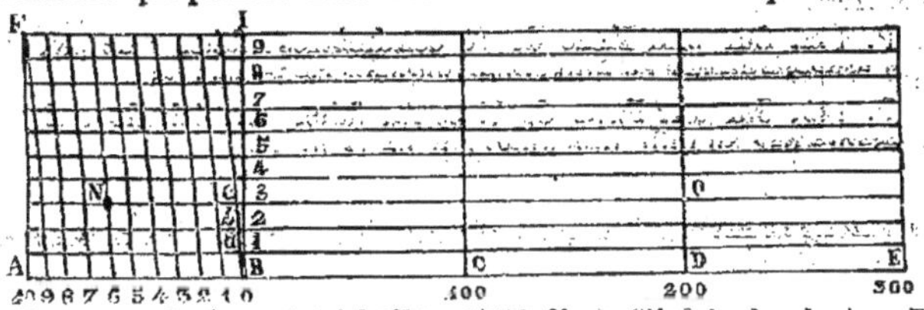

Pour construire cette échelle, portez dix parties égales de A en B et portez AB en BC, CD, DE, etc.; élevez au point A une perpendiculaire, sur laquelle vous porterez dix fois une même longueur arbitraire, et menez des parallèles à AE; tirez ensuite les diverses obliques comme l'indique la figure. Le point B est le 0 de l'échelle, les divisions croissantes $a1$, $b2$, $c3$, etc. expriment 1, 2, 3, etc. unités, les parties égales de AB sont des dizaines, et les distances AB, BC sont des centaines; pour prendre 130 unités, on mettrait le compas de C en 3; pour 263, on le mettrait de O en N, car on a $O3 = 200$, $3c = 3$ et $CN = 60$; d'où $ON = 263$. Si l'on prenait pour unité le décimètre, les divisions croissantes $1a$, $2b$ donneraient 1, 2 décimètres; les divisions de AB seraient chacune 1 mètre, et les longueurs AB, BC, etc., seraient égales à 10 mètres, en sorte que la distance ON qui vaut 263 unités, donne 263 décimètres ou 26 mètres 3 décimètres.

151. PROBLÈME. — *Faites une échelle qui permette de représenter, par une droite donnée, une ligne d'une longueur connue.*

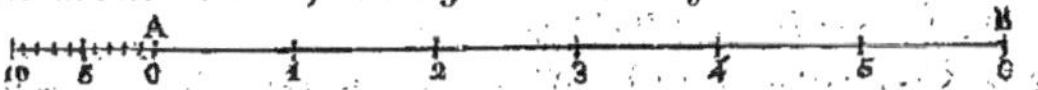

1° Soit à construire une échelle pour un dessin, sachant qu'une longueur de 12 mètres, doit être représentée, sur le papier, par une ligne de 54 millimètres. Tracez une ligne AB de 54 millimètres, que vous diviserez en douze parties égales; reportez en avant du point A, une de ces divisions que vous partagerez en dix parties égales pour avoir des décimètres, et numérotez le tout comme il est indiqué sur la figure.

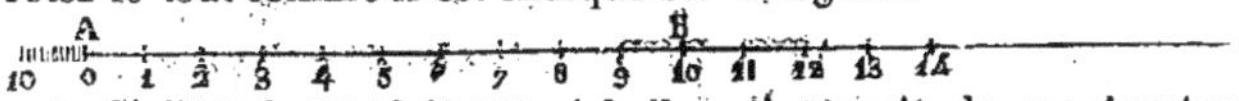

2° Si l'on demandait une échelle qui permît de représenter une longueur de 14 m. 65 par une ligne de 56 mill., on calculerait d'abord la ligne qui doit représenter 10 mètres. On obtient pour cette ligne $\frac{56 \times 10}{14,65} = 38$ mill. 22; on tracerait une ligne droite indéfinie AB, sur laquelle on porterait, à l'aide du double décimètre, une longueur de 38 mill. 22, que l'on diviserait comme ci-dessus, et l'on reporterait ensuite les divisions, sur la ligne indéfinie à gauche du point B, suivant la longueur des droites à réduire.

PROBLÈMES GRAPHIQUES.

P. 140. Sur une ligne de 10 centimètres, faites une échelle au 25e du mètre.

P. 141. Faites une échelle des dixièmes, en représentant le mètre par 3 mill., et séparant de 4 mill. les parallèles horizontales.

P. 142. Sur une ligne de 10 centimètres, faites une échelle qui représente par 60 mill. une longueur de 12 mètres.

P. 143. Sur une ligne de 10 cent., faites une échelle qui représente par 80 mill. une longueur de 14 m. 50.

CHAPITRE VII.

DES SURFACES.

§ 1er. — DÉFINITIONS.

152. On appelle surface toute étendue qui a longueur et largeur sans hauteur ou épaisseur.

153. On appelle surface plane ou plan, une surface sur laquelle on peut appliquer en tous sens une règle bien droite.

154. Une surface courbe est une surface qui n'est ni plane ni composée de surfaces planes.

155. On divise les surfaces courbes en surfaces concaves et en surfaces convexes.

156. Une surface concave est la surface intérieure d'un objet creux, comme l'intérieur d'un timbre.

157. Une surface convexe est la surface extérieure d'un objet relevé en bosse, comme l'extérieur d'un timbre.

158. Un polygone est une surface plane terminée par des lignes droites.

A B; B C,...	Côtés du polygone.
A B C, B C D,...	Angles du polygone.
A, B, C,...	Sommets du polygone.
A B C D E	Périmètre du polygone.
A D, B D	Diagonales du polygone.

159. On appelle côtés d'un polygone les diverses lignes qui limitent ce polygone.

---

152. Qu'appelle-t-on surface? —153. Qu'appelle-t-on surface plane? —154. Qu'est-ce qu'une surface courbe?—155. Comment divise-t-on les surfaces courbes? —156. Qu'est-ce qu'une surface concave?—157. Qu'est-ce qu'une surface convexe?—158. Qu'est-ce qu'un polygone?—159. Qu'appelle-t-on côtés d'un polygone?

160. Les angles d'un polygone sont les angles que forment les côtés du polygone en se joignant deux à deux.

161. Les sommets d'un polygone sont les sommets de ses angles.

162. Le périmètre d'un polygone est la ligne formée par l'ensemble des côtés.

163. On appelle diagonale toute droite joignant des sommets non adjacents dans un polygone quelconque.

164. Un polygone équilatéral est celui qui a tous ses côtés égaux.

165. Un polygone équiangle est celui qui a tous ses angles égaux.

166. On désigne ordinairement un polygone en énonçant le nombre de ses côtés.

167. Les polygones qui ont un nom particulier sont : le triangle ou trilatère, qui a trois côtés ; le quadrilatère, qui en a quatre ; le pentagone, qui en a cinq ; l'hexagone, qui en a six ; l'heptagone, qui en a sept ; l'octogone, qui en a huit ; l'ennéagone, qui en a neuf ; le décagone, qui en a dix ; l'ondécagone, qui en a onze ; le dodécagone, qui en a douze ; le pentédécagone, qui en a quinze ; l'icosigone, qui en a vingt.

§ II. — DES TRIANGLES.

168. Un triangle est un espace renfermé entre trois lignes qui se joignent deux à deux.

169. On appelle côtés d'un triangle chacune des droites qui limitent ce triangle.

170. On distingue trois sortes de triangles par rapport à leurs côtés : le triangle équilatéral, le triangle isocèle, et le triangle scalène.

---

160. Qu'est-ce que les angles d'un polygone? — 161. Qu'est-ce que les sommets d'un polygone? — 162. Qu'est-ce que le périmètre d'un polygone? — 163. Qu'appelle-t-on diagonale? — 164. Qu'est-ce qu'un polygone équilatéral? — 165. Qu'est-ce qu'un polygone équiangle? — 166. Comment désigne-t-on ordinairement un polygone? — 167. Quels sont les polygones qui ont un nom particulier? — 168. Qu'est-ce qu'un triangle? — 169. Qu'appelle-t-on côtés d'un triangle? — 170. Combien distingue-t-on de sortes de triangles par rapport à leurs côtés?

Triangle
équilatéral.

Triangle
isocèle.

Triangle
scalène.

171. Le triangle équilatéral est un triangle dont les trois côtés sont égaux ; on l'appelle aussi équiangle parce que ses angles sont égaux.

172. Le triangle isocèle est un triangle dont deux côtés seulement sont égaux.

173. Le triangle scalène est un triangle dont les trois côtés sont inégaux.

Triangle
rectangle.

Triangle
acutangle.

Triangle
obtusangle.

174. On distingue trois sortes de triangles par rapport à leurs angles : le triangle rectangle, le triangle acutangle et le triangle obtusangle.

175. Le triangle rectangle est un triangle qui a un angle droit.

176. Le triangle acutangle est un triangle dont tous les angles sont aigus.

177. Le triangle obtusangle est un triangle qui a un angle obtus.

178. On appelle hypoténuse le côté opposé à l'angle droit, dans un triangle rectangle.

179. La hauteur d'un triangle est la perpendiculaire abaissée, de l'un quelconque de ses angles, sur le côté opposé, qu'on prolonge, si cela est nécessaire.

---

180. La base d'un triangle est le côté sur lequel le triangle semble appuyé, ou, en d'autres termes, celui sur lequel tombe perpendiculairement la hauteur.

181. PROPOSITION. — *La somme des trois angles d'un triangle égale 180 degrés.*

Soit le triangle ABC; prolongez le côté AC, et menez CG parallèle à AB, l'angle A = l'angle N, comme correspondants, à cause des parallèles AB, CG et de la sécante AH; B = O, comme alternes internes à cause des mêmes parallèles et de la sécante BC; donc, A + B + D = N + O + D = deux angles droits ou 180° (n° 77); donc, etc.

182. Il résulte de cette démonstration :

1° Que si l'on connaît deux angles d'un triangle, on trouve le troisième en retranchant les deux premiers de 180°.

2° Que si deux angles d'un triangle égalent deux angles d'un autre triangle, le troisième de l'un est nécessairement égal au troisième de l'autre.

3° Qu'il ne peut y avoir qu'un angle droit dans un triangle, car il ne reste plus, pour les deux autres, qu'une valeur de 90°.

4° Qu'il ne peut non plus y avoir qu'un seul angle obtus dans un triangle, car il ne reste plus, pour les deux autres, qu'une valeur moindre de 90 degrés.

5° Que les deux angles aigus d'un triangle rectangle valent toujours ensemble 90°, et sont compléments l'un de l'autre.

6° Que chaque angle d'un triangle équilatéral égale le tiers de 180° ou 60°, puisqu'ils sont égaux entre eux.

7° L'angle extérieur BCH formé par le côté BC et le prolongement de AC est égal à la somme des deux angles intérieurs A et B.

183. PROPOSITION. — *Deux triangles sont égaux:*

1° *Lorsqu'ils ont les trois côtés égaux chacun à chacun;*

2° *Lorsqu'ils ont un angle égal compris entre côtés égaux;*

3° *Lorsqu'ils ont un côté égal adjacent à deux côtés égaux.*

Il est évident que dans ces trois cas, les deux triangles peuvent être placés, l'un sur l'autre, de manière à se superposer parfaitement, et qu'ainsi ils sont égaux.

184. PROPOSITION. — *Dans tout triangle un côté quelconque est plus petit que la somme des deux autres, et plus grand que leur différence.*

Soit le côté AC; on a, d'après la propriété de la ligne brisée :

1° $AC < AB + BC$;

2° $AC + AB > BC$,

retranchant AB des deux membres de la deuxième inégalité, il vient $AC > BC - AB$: donc, etc.

---

180. *Qu'est-ce que la base d'un triangle?*

185. Proposition. — *Dans un triangle isocèle les angles opposés aux côtés égaux sont égaux.*

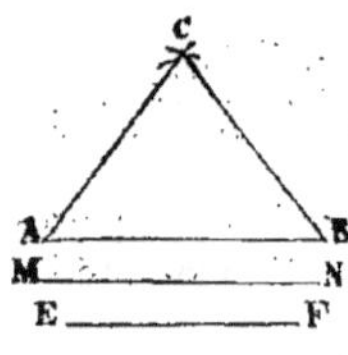

Soit le triangle isocèle ABC; joignez le sommet au milieu D de la base, les deux triangles BDA, BDC auront les trois côtés égaux chacun à chacun; donc, ils sont égaux, et l'angle A égale l'angle C. L'égalité de ces deux triangles démontre cette autre proposition.

La ligne menée du sommet d'un triangle isocèle au milieu de sa base est perpendiculaire à cette base et divise l'angle du sommet en deux parties égales.

186. Problème 1. — *Construisez un triangle équilatéral dont on connaît la longueur de l'un des côtés.*

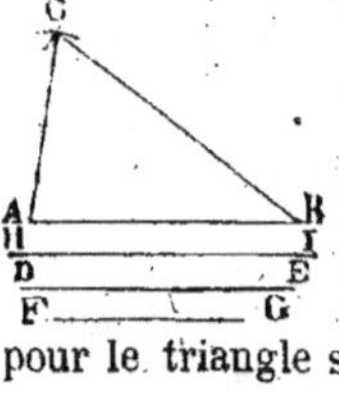

Soit à construire un triangle équilatéral qui doit avoir pour côté une ligne donnée EF; tirez une droite AB égale à EF; des extrémités A et B, et avec un rayon égal à cette ligne, décrivez des arcs qui se coupent en C, et menez les droites AC et CB, vous aurez ACB pour le triangle équilatéral demandé.

187. Problème 2. — *Construisez un triangle isocèle dont on connaît la base, et l'un des côtés égaux.*

Soit à construire un triangle isocèle dont on connaît la base MN et l'un des côtés égaux EF; tirez la ligne AB égale à la base MN; des extrémités A et B, et avec un rayon égal à EF, décrivez des arcs qui se coupent en C, et menez les droites CA et CB; vous aurez ACB pour le triangle isocèle demandé.

188. Problème 3. — *Construisez un triangle scalène dont on connaît la longueur des côtés.*

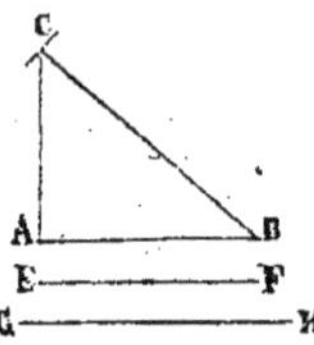

Soient les trois côtés donnés HI, DE, FG; tirez la ligne AB égale à DE; de l'extrémité A, et avec un rayon égal à FG, décrivez un arc en C; de l'autre extrémité B, et avec un rayon égal à HI, décrivez un autre arc qui coupe le premier, et du point d'intersection menez les droites CA et CB, vous aurez ACB pour le triangle scalène demandé.

189. Problème 4. — *Faites un triangle rectangle connaissant un côté de l'angle droit et l'hypoténuse.*

Soient l'hypoténuse égale GH et le côté égale EF; tirez une ligne AB égale au côté EF; élevez au point A une perpendiculaire indéfinie; du point B, et avec une ouverture de compas égale à l'hypoténuse GH, coupez cette perpendiculaire en C; enfin, menez CB, et vous aurez le triangle rectangle ABC.

190. Problème 5. — *Construisez un triangle dont on connaît deux côtés et l'angle qu'ils forment.*

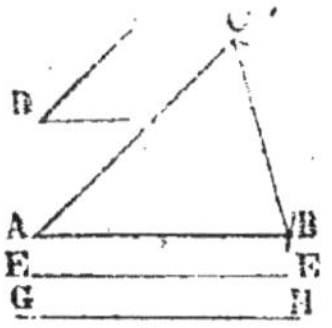

Soit à construire un triangle connaissant deux de ses côtés adjacents EF, GH, et l'angle D qu'ils forment; tirez une ligne AB égale à EF; faites au point A un angle égal à D; portez la longueur GH de A en C, et menez CB; vous aurez ACB pour le triangle demandé.

191. Problème 6. — *Construisez un triangle dont on connaît un côté et les deux angles qui doivent être à ses extrémités.*

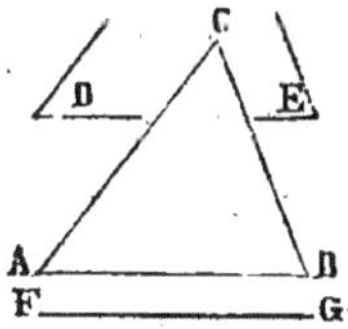

Soient FG le côté donné, D et E les deux angles qui doivent être à ces extrémités; tirez une ligne AB égale au côté donné FG; à l'extrémité A, faites un angle égal à D, et à l'autre extrémité B, un angle égal à E; ces lignes, prolongées jusqu'à leur point de rencontre en C, donnent ACB pour le triangle demandé.

192. Problème 7. — *Construisez un triangle dont on connaît deux côtés et l'angle opposé à l'un d'eux.*

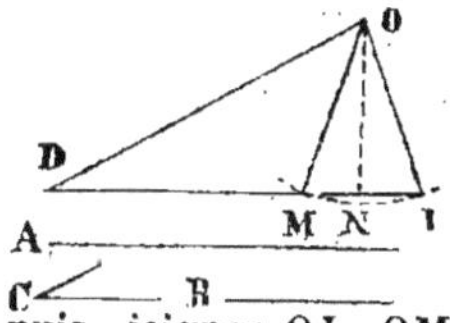

Soient A et B les deux côtés donnés, et C l'angle opposé à B; tracez deux droites indéfinies DO, DI, faisant un angle égal à C, portez A en DO, et du point O comme centre, avec un rayon égal à B, décrivez un arc de cercle MI; puis, joignez OI, OM, vous formerez deux triangles OMD, OID qui rempliront les conditions du problème.

Remarques. — 1° Si le côté donné B était plus petit que la perpendiculaire ON, le problème serait impossible. 2° Le problème est susceptible d'une seule réponse lorsque le côté B est égal à la perpendiculaire ON, ou au côté A, et toutes les fois que l'angle donné est obtus; ou, en d'autres termes, lorsque le triangle est rectangle, isocèle ou obtusangle.

PROBLÈMES GRAPHIQUES.

P. 144. Construisez un triangle équilatéral de 40 mill. de côté.

P. 145. Construisez nn triangle équilatéral dont la somme des trois côtés égale 114 mill.

P. 146. Construisez un triangle rectangle dont les deux côtés de l'angle droit égalent 25 millimètres, et 30 millimètres.

P. 147. Construisez un triangle rectangle dont un côté de l'angle droit égale 30 mill., et l'hypoténuse 50 mill.

P. 148. Construisez, à l'aide de la propriété de l'angle inscrit, un triangle rectangle dont l'hypoténuse soit de 40 mill.

P. 149. Construisez un triangle rectangle dont un côté de l'angle droit égale 26 mill., et l'angle aigu adjacent 40°.

P. 150. Construisez un triangle rectangle dont un côté de l'angle droit égale 30 mill.; et l'angle aigu opposé 55°.

P. 151. Construisez un triangle rectangle dont l'hypoténuse égale 45 mill., et l'un des angles aigus 40°.

P. 152. Construisez un triangle rectangle isocèle dont les côtés égaux soient chacun de 35 mill.

P. 153. Construisez un triangle rectangle isocèle dont l'hypoténuse égale 50 mill.

P. 154. Construisez un triangle isocèle dont la base soit de 24 mill., et les deux côtés égaux chacun de 46 mill.

P. 155. Construisez un triangle isocèle dont la base soit de 22 millimètres, et la hauteur de 33 millimètres.

P. 156. Construisez un triangle isocèle dont la hauteur soit de 35 millimètres, et les côtés égaux chacun de 45 millimètres.

P. 157. Construisez un triangle isocèle dont la base soit de 26 millimètres, et chacun des angles égaux de 50°.

P. 158. Construisez un triangle isocèle dont les côtés égaux soient chacun 20 mill., et l'angle au sommet 55°.

P. 159. Construisez un triangle isocèle dont les côtés égaux soient chacun de 35 mill., et les angles égaux chacun de 70°.

P. 160. Construisez un triangle isocèle dont la hauteur soit de 32 millimètres, et les deux angles égaux chacun de 65°.

P. 161. Construisez un triangle isocèle dont la base soit de 24 mill., et l'angle au sommet de 80°.

P. 162. Construisez un triangle isocèle dont la hauteur soit de 35 millimètres, et l'angle au sommet de 100°.

P. 163. Construisez un triangle isocèle dont l'angle au sommet ait 120°, et les côtés égaux, dont l'un sert de base, chacun 40 mill.

P. 164. Construisez un triangle isocèle dont la somme des trois côtés soit de 110 mill., et la base de 30 mill.

P. 165. Construisez un triangle dont les trois côtés égalent 26 millimètres, 30 millimètres, 42 millimètres.

P. 166. Construisez un triangle dont la base égale 32 millimètres, et les deux angles adjacents égalent 43° et 80°.

P. 167. Construisez un triangle dont la base égale 34 mill., et la hauteur qui tombe aux $^2/_3$ de cette base, égale 15 mill.

P. 168. Construisez un triangle dont deux côtés égalent 35 mill., 32 mill., et l'angle qu'ils comprennent égale 40°.

P. 169. Tracez un triangle obtusangle dont les côtés égalent 30 mill., 25 mill., 50 mill. et marquez la hauteur de ce triangle en prenant successivement pour base chacun des côtés.

P. 170. Construisez un triangle dont deux côtés soient de 26 mill., 40 mill., et l'angle opposé au plus grand côté, de 120°.

P. 171. Construisez un triangle dont deux angles soient de 45° et 75°, et le côté opposé au plus petit angle de 28 mill.

P. 172. Construisez un triangle dont la base égale 50 mill., l'angle à droite 45°, et le côté opposé à cet angle 35 mill. (Dessinez séparément les deux triangles qui satisfont à ce problème.)

P. 173. Dans un triangle dont la base égale 50 mill., l'angle à droite égale 45°; cherchez graphiquement la longueur qu'il faut donner au côté opposé à l'angle, pour que le triangle devienne rectangle, et, par suite, ne soit susceptible que d'une seule réponse.

P. 174. Dans un triangle dont la base égale 50 mill., l'angle à droite égale 45°; cherchez graphiquement la longueur qu'il faut donner au côté opposé à l'angle, pour que le triangle soit isocèle, et, par suite, n'ait qu'une seule réponse.

P. 175. Construisez un triangle obtusangle dont la base égale 35 mill., l'angle à droite de 115°, et le côté opposé à cet angle égale 55 millimètres.

P. 176. Les deux angles aigus adjacents à la base d'un triangle égalent 50° et 70° : 1° trouvez graphiquement l'autre angle aigu, 2° construisez le triangle avec une base de 30 mill.

P. 177. L'un des angles aigus d'un triangle rectangle égale 50° : 1° trouvez graphiquement l'autre angle aigu, 2° construisez le triangle, avec une hypoténuse de 40 mill.

P. 178. L'angle à la base d'un triangle isocèle égale 50° : 1° trouvez graphiquement l'angle du sommet, 2° construisez le triangle sur une base de 24 mill.

P. 179. L'angle au sommet d'un triangle isocèle égale 80° : 1° trouvez graphiquement l'angle à la base, 2° construisez le triangle avec une hauteur de 40 mill.

P. 180. Deux côtés d'un triangle égalent 15 mill. et 25 mill., tracez une ligne qui soit la limite de la plus grande longueur vers laquelle tend le troisième côté sans pouvoir l'atteindre.

P. 181. Deux côtés d'un triangle égalent 15 mill. et 40 mill., tracez une ligne qui soit la limite de la plus petite longueur vers laquelle tend le troisième côté sans pouvoir l'atteindre.

P. 182. Deux côtés d'un triangle égalent 20 mill. et 30 mill., tracez sur une droite, à partir d'un même point, les limites entre lesquelles doit être compris le troisième côté.

N. B. — Résolvez les problèmes qui suivent à l'aide du problème de l'angle du segment (n° 127).

P. 183. Construisez un triangle isocèle dont la base égale 30 mill. et l'angle du sommet 50°.

P. 184. Construisez un triangle dont la base égale 35 mill., l'angle du sommet 65°, et la droite qui joint le sommet au milieu de la base 25 mill.

P. 185. Construisez un triangle dont la base égale 30 mill., la somme des deux autres côtés 70 mill., et l'angle au sommet 50°.

P. 186. Sur une circonférence de 20 mill. de rayon, menez une corde de 35 mill., et cherchez sur cette même circonférence un troisième point dont la somme des distances aux deux extrémités de la corde égale 65 mill.

P. 187. Construisez un triangle dont la base égale 30 millimètres, le rapport des deux autres côtés $^1/_2$, et l'angle au sommet 50°.

P. 188. Construisez un triangle dont la base égale 35 mill., l'angle au sommet 60°, et sa bissectrice 27 mill.

PROBLÈMES NUMÉRIQUES.

P. 189. La somme de deux angles d'un triangle est de 115° 48'; quelle est la valeur du troisième?

P. 190. L'un des angles aigus d'un triangle rectangle égale 51° 17' 25"; quelle est la valeur de l'autre angle aigu?

P. 191. Deux angles d'un triangle scalène ont 47° 58' et 56° 49'; quelle est la valeur du troisième?

P. 192. Un angle d'un triangle a 72° 14'; quelle est la somme des deux autres?

P. 193. Un angle d'un triangle a 54° 20'; quelle est la valeur de chacun des deux autres angles, sachant qu'ils sont entre eux comme 2 : 3?

P. 194. Quelle est la valeur de l'angle à la base d'un triangle isocèle, sachant que l'angle au sommet égale 24° 16'?

P. 195. Quelle est la valeur de l'angle au sommet d'un triangle isocèle, sachant que l'angle à la base égale 72° 24'?

P. 196. Quelle est la valeur de chacun des deux angles aigus d'un triangle rectangle isocèle?

P. 197. Si l'on prolonge l'un des côtés d'un triangle, quelle est la valeur de l'angle extérieur?

P. 198. Avec trois lignes, la première de 50 mill., la seconde de 40, la troisième de 30, peut-on construire un triangle?

P. 199. Quelle est, en millimètres, la plus grande base que l'on puisse prendre pour former un triangle isocèle dont les côtés égaux ont chacun 25 millimètres?

P. 200. Quelle est, en millimètres, la plus petite base que l'on puisse donner à un triangle isocèle dont les côtés égaux ont chacun 30 mill.?

P. 201. Quelle est, en millimètres, la plus petite base que l'on puisse prendre pour former un triangle scalène dont les deux autres côtés ont 30 mill. et 18 mill.?

P. 202. Si l'on exprime la base d'un triangle par un nombre exact de millimètres, on demande combien on peut donner de bases différentes à un triangle dont les deux autres côtés doivent avoir 40 mill. et 24 mill.?

P. 203. Deux côtés d'un triangle scalène ont, l'un 24 mill. et l'autre 36, dans quelles limites se trouve compris le troisième?

§ III. — DES QUADRILATÈRES.

193. On appelle quadrilatères toutes les figures de quatre côtés.

---

193. *Qu'appelle-t-on quadrilatères?*

194. Les quadrilatères ayant un nom particulier sont: le parallélogramme, le carré, le rectangle, le rhombe ou losange, et le trapèze.

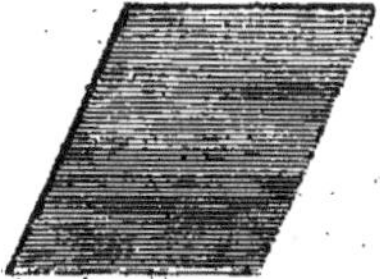
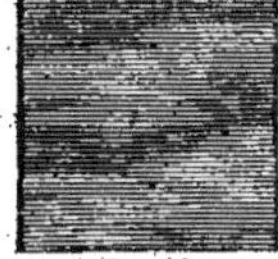

Parallélogramme.   Carré.   Rectangle.

195. Le parallélogramme est un quadrilatère dont les côtés opposés sont parallèles.

Le carré, le rectangle et le losange sont des parallélogrammes.

196. Le carré est un quadrilatère de quatre côtés égaux, formant quatre angles droits.

197. Le rectangle est un quadrilatère dont les quatre angles sont droits, mais dont les quatre côtés ne sont pas égaux entre eux.

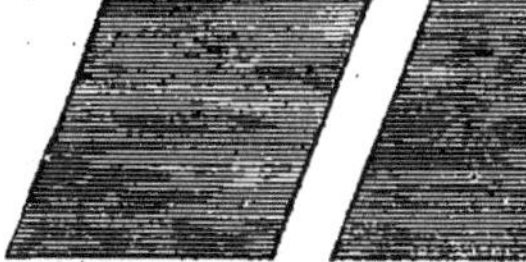
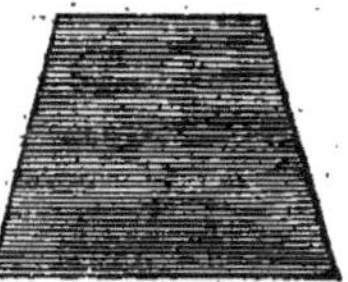

Rhombe ou losange.   Trapèze rectangle.   Trapèze symétrique.

198. Le rhombe ou losange est un quadrilatère dont les quatre côtés sont égaux, mais dont les angles ne sont pas droits.

199. Le trapèze est un quadrilatère dont deux côtés seulement sont parallèles; ces côtés se nomment les deux bases du trapèze.

200. Le trapèze droit ou rectangle est un trapèze qui a un de ses côtés perpendiculaire aux deux bases.

201. Le trapèze symétrique est un trapèze dont les côtés non parallèles sont égaux.

202. Dans tout parallélogramme, ainsi que dans le trapèze, on distingue deux bases, la base inférieure et la base supérieure : la base inférieure est le côté sur lequel la figure paraît posée; la base supérieure est le côté parallèle à la base inférieure.

203. La hauteur d'un parallélogramme quelconque ou d'un trapèze est la perpendiculaire abaissée d'un point quelconque de la base supérieure, sur la base inférieure, qu'on prolonge, si cela est nécessaire.

204. PROPOSITION. — *Les côtés et les angles opposés d'un parallélogramme sont égaux.*

Menez la diagonale AC, les deux triangles ABC, ADC ont le côté commun AC; de plus les côtés du parallélogramme étant parallèles, l'angle BAC=ACD comme alternes internes, l'angle ACB=CAD, pour la même raison; donc, les deux triangles sont égaux et l'on en tire : 1° AB=DC, AD =BC; 2° l'angle B égale l'angle D, et l'angle A, somme des deux angles BAC, CAD, égale l'angle C, somme des deux angles ACB, ACD; donc, etc.

205. PROPOSITION. — *Les portions de parallèles comprises entre parallèles sont égales.*

Cette proposition se démontre absolument de la même manière que la précédente.

206. PROPOSITION. — *Les deux diagonales d'un parallélogramme se coupent en deux parties égales.*

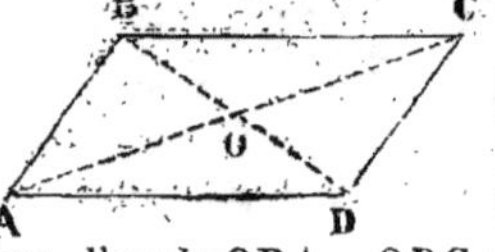

Soient menées les diagonales AC, BD, les triangles AOB, DOC ont les bases AB, DC égales comme côtés opposés d'un parallélogramme; l'angle OAB=OCD comme alternes internes, l'angle OBA=ODC pour la même raison; donc, ces triangles sont égaux (*n*° 189); donc AO=OC, BO=OD; donc, etc.

207. PROPOSITION. — 1° *Les deux diagonales d'un carré ou d'un rectangle sont égales entre elles.*

2° *Les deux diagonales d'un carré ou d'un losange se coupent mutuellement à angles droits et divisent la figure en quatre triangles rectangles égaux.*

Ces propositions se démontrent absolument de la même manière que celle du *n*° 214.

208. PROBLÈME 1. — *Construisez un carré connaissant le côté.*

Ou peut construire le carré d'après les deux procédés suivants :

1° Tracez une droite AB égale au côté donné MN; au point A, élevez une perpendiculaire AD égale à MN (*n*° 93-3°); des points D et B et d'une ouverture de compas égale à MN, décrivez des arcs qui se coupent en C; menez CD, CB, et vous formerez le carré ABCD.

2° Des extrémités A et B de la ligne donnée AB, décrivez des arcs de cercle AGO, BGC; à partir de l'intersection G, avec la même ouverture, coupez l'un des arcs en O; tirez la droite AEO, qui partage GB en deux parties égales GE=EB; à partir du point G, portez GE en GD et GC, et menez BD, AC, CD; ACDB sera le carré demandé.

En effet, on a par construction GA=GB=60°; l'angle inscrit OAB=$\frac{60}{2}$=30°, et par suite EB=30°; d'où GE=60°—30° =30°=EB; et enfin AD=AG+GD=60°+30°=90°, CB= 90° : donc les angles A et B sont droits et la figure est un carré.

209. Problème 2. — *Construisez un carré dont on ne connaît que la diagonale.*

Soit MO la diagonale donnée; croisez perpendiculairement deux lignes indéfinies BN, EC, prenez la moitié de la diagonale donnée, et portez-la, à partir du point A, en AB, AC, AN, AE, puis menez les droites BC, CN, NE, EB; BCNE sera le carré demandé.

209. *bis.* Pour vérifier un carré, il suffit de s'assurer : 1° de l'égalité des côtés, 2° de l'égalité des diagonales.

210. Problème 3. — *Construisez un rectangle dont on connaît deux côtés adjacents.*

Soient donnés les deux côtés adjacents B et S; tirez une droite AB égale à B; élevez en A une perpendiculaire AD égale à S; du point D, et avec une ouverture de compas égale à B, décrivez un arc en C; du point B, et avec la même ouverture de compas, coupez l'arc C; enfin, menez CD, CB.

211. Problème 4. — *Construisez un carré dont on connaît la différence entre la diagonale et le côté.*

Soit P la différence donnée, faites l'angle droit BAD, divisez-le en deux parties égales par la droite AC; portez la différence donnée P de A en E, puis de E en F, et de F en B; AB sera le côté du carré demandé ABCD. Le problème revient à démontrer que le triangle ECB est isocèle, car alors on a CE=CB=AB, et la différence AE de la diagonale au côté est égale à la ligne donnée P. Les triangles AEF et EFB sont isocèles par construction; or, dans le premier, l'angle EAF=45°; donc EFA=45° et AEF=90°; dans le second triangle, l'angle EFB=180—45 =135°; les angles FEB et EBF=chacun $\frac{180°-135°}{2}$=22° 30'.

---

209. *Que faut-il faire pour vérifier un carré ?*

GÉOMÉTRIE. 3

Or, si nous remarquons que les angles FEC et FBC sont droits par construction, on a pour la mesure de chacun des angles CEB et CBE 90 — 22° 30' = 67° 30'; donc, le triangle CEB est isocèle, ce qu'il fallait démontrer.

212. PROBLÈME 5. — *Construisez un rectangle, connaissant les deux diagonales et l'angle qu'elles forment.*

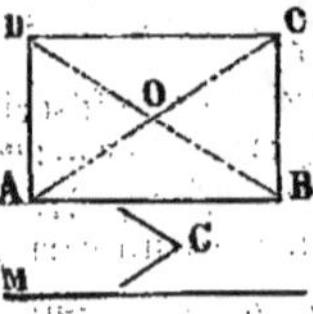

Supposons que les deux diagonales du rectangle égalent chacune une même ligne M, et qu'elles se rencontrent en formant un angle égal à C; croisez deux droites formant un angle AOD égal à l'angle C, et portez la moitié de la diagonale en OA, OB, OC, OD; menez AB, BC, CD, DA; ABCD sera le rectangle demandé.

213. PROBLÈME 6. — *Construisez un rectangle, connaissant la diagonale et un côté.*

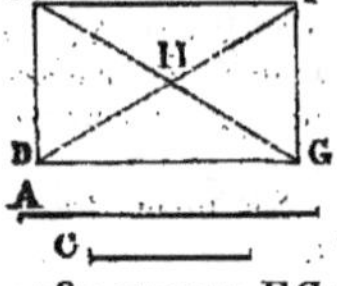

Soit la diagonale égale à A et le côté égal à C; tirez la ligne DE égale à C; élevez aux points E et D deux perpendiculaires indéfinies; des points D et E, avec une ouverture de compas égale à la diagonale donnée, coupez ces perpendiculaires aux points F et G, enfin menez FG; DEFG sera le rectangle demandé.

214. Pour vérifier un rectangle, il suffit de s'assurer : 1° de l'égalité des diagonales; 2° de l'égalité des côtés opposés.

215. PROBLÈME 7. — *Construisez un parallélogramme quelconque* (fig. n° 216).

Menez à volonté deux parallèles AB, DC, et coupez-les par deux autres parallèles obliques AD, BC.

216. PROBLÈME 8. — *Construisez un parallélogramme dont on connaît deux côtés adjacents et l'angle qu'ils comprennent.*

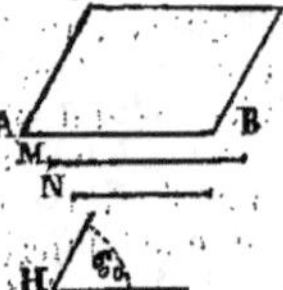

Soient M, N les deux côtés adjacents et H l'angle qu'ils comprennent; tirez AB égale à M; faites au point A un angle = à H; portez N en AD; du point D, et avec une ouverture de compas égale à M, décrivez un arc en C; du point B, avec une ouverture de compas égale à N, coupez l'arc C; et menez DC, CB.

217. Pour vérifier un parallélogramme, il suffit de s'assurer, à l'aide du compas, de l'égalité des côtés opposés ou de vérifier, avec l'équerre, si les côtés opposés sont parallèles.

---

214. *Que faut-il faire pour vérifier un rectangle?* — **217.** *Que faut-il faire pour vérifier un parallélogramme?*

218. Problème 9. — *Construisez un losange quelconque.*

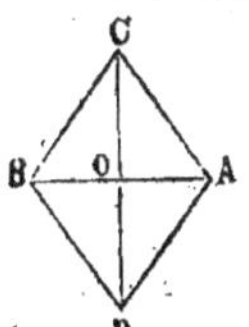

Pour construire un losange, croisez deux perpendiculaires indéfinies, AB et CD; prenez, à partir du point O, OA=OB, OC=OD et menez les lignes AC, CB, BD, DA, et la figure ACBD sera un losange.

219. Pour vérifier un losange, il suffit de s'assurer de l'égalité des quatre côtés.

220. Problème 10. — *Construisez un losange dont on connaît un côté et une des diagonales.*

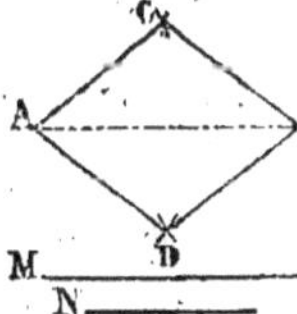

Soit N le côté donné et M la diagonale; tirez AB égale à M; des points A et B, avec une ouverture de compas égale à N, décrivez des arcs qui se coupent en C et en D; menez les lignes AC, CB, BD, DA; ACBD sera le losange demandé.

221. Problème 11. — *Construisez un trapèze symétrique.*

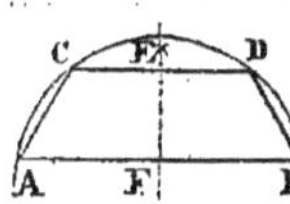

1° Tracez un arc de cercle, puis, dans une direction quelconque, menez deux cordes parallèles AB, CD, et joignez AC, DB.

2° Soit AB la base inférieure du trapèze; élevez au milieu la perpendiculaire EF, menez CD parallèlement à AB, prenez EC=ED, et joignez CA, DB.

PROBLÈMES GRAPHIQUES.

P. 204. Construisez un carré dont la base de 40 mill. soit horizontale.

P. 205. Construisez un carré dont une diagonale de 50 mill. soit verticale.

P. 206. Construisez un carré dont la différence de la diagonale au côté soit de 15 mill.

P. 207. Construisez un rectangle dont les côtés adjacents égalent 15 mill. et 35 mill.

P. 208. Construisez un rectangle dont la base égale 40 mill., et la diagonale 45 mill.

P. 209. Construisez un rectangle dont les deux diagonales, de chacune 45 mill., se croisent sous un angle de 35°.

P. 210. Construisez un parallélogramme dont deux côtés adjacents égalent 22 mill. et 35 mill., l'angle compris 40°, et marquez-en la hauteur en dedans et en dehors.

P. 211. Construisez un parallélogramme dont les deux diagonales de 25 mill. et de 40, se croisent sous un angle de 55°.

P. 212. Construisez un parallélogramme dont deux côtés adjacents ont 35 et 18 mill., et la diagonale correspondante 42.

P. 213. Construisez un losange dont les deux diagonales ont 15 et 30 mill., et marquez-en la hauteur en dedans et en dehors.

---

219. *Que faut-il faire pour vérifier un losange ?*

P. 214. Construisez un losange dont la diagonale horizontale égale 40 mill., et le côté 25 mill.

P. 215. Construisez un losange dont le côté égale 30 mill., et l'angle aigu 60°.

P. 216. Construisez un trapèze dont les deux bases égalent 40 et 25 mill., la hauteur 15, et le côté oblique de gauche 20.

P. 217. Construisez un trapèze dont la base inférieure égale 40 mill., la base supérieure égale 20 mill., la hauteur 15, et la diagonale de gauche à droite 30.

P. 218. Construisez un trapèze rectangle dont la hauteur égale 15 mill., et les deux bases 40 mill. et 25 mill.

P. 219. Construisez un trapèze rectangle dont la base inférieure égale 40 mill., la hauteur 15, et le côté oblique 20.

P. 220. Construisez un trapèze rectangle dont la base inférieure égale 40 mill., la hauteur égale 15 mill., et la petite diagonale 28 mill.

P. 221. Construisez un trapèze rectangle dont la base supérieure égale 18 mill., la hauteur 15, et la grande diagonale 50 mill.

P. 222. Construisez un trapèze symétrique dont les deux bases égalent 40 mill. et 26 mill., et la hauteur 15 mill.

P. 223. Construisez un trapèze symétrique dont les deux bases égalent 40 mill. et 26 mill., et le côté 12 mill.

P. 224. Construisez un trapèze symétrique dont la base inférieure égale 40 mill., l'angle aux deux extrémités de cette base 40°, et la hauteur 15 mill.

P. 225. Construisez un trapèze symétrique dont la base inférieure égale 40 mill., l'angle aux deux extrémités de cette base 40°, et la base supérieure 26 mill.

P. 226. Construisez un trapèze symétrique dont la base inférieure soit de 40 mill., la hauteur de 15, et la diagonale de 30.

P. 227. Tracez un angle de 60° dont un côté soit vertical, menez une horizontale à 10 mill. du sommet, et coupez les côtés de l'angle par une parallèle à l'horizontale, de façon que la partie comprise dans l'angle soit de 30 mill.

P. 228. Tracez un angle de 60°, et par un point pris dans l'intérieur, menez une sécante qui, limitée aux côtés, soit divisée en deux parties égales par le point.

P. 229. Tracez un angle de 60°, et par un point extérieur menez une sécante telle que la partie comprise dans l'angle soit égale à la partie extérieure.

N. B. — Pour simplifier les problèmes relatifs aux quadrilatères, la base est considérée comme premier côté, et les autres sont énoncés en allant de gauche à droite; l'angle situé à gauche de la base est le premier, et la diagonale va de l'angle 1 à l'angle 3.

P. 230. Tracez un quadrilatère dont les quatre côtés soient de 25 mill., 30 mill., 27 mill., 35 mill., et la diagonale de 40 mill.

P. 231. Construisez un quadrilatère dont les quatre côtés soient de 30 mill., 25 mill., 40 mill., 30 mill., et l'angle compris entre les deux premiers côtés de 130°.

P. 232. Construisez un quadrilatère dont les trois premier

côtés égalent 30 mill., 20 mill., 35 mill., et les deux angles formés par ces trois côtés égalent 100° et 70°.

P. 233. Construisez un quadrilatère dont les deux premiers côtés soient de 30 mill., 18 mill., et les trois premiers angles 120°, 60°, 100°.

P. 234. Construisez un quadrilatère dont la base égale 30 mill., les angles de ses deux extrémités 100° et 80°, et les angles que cette base forme avec les deux diagonales croisées qui seraient menées de 1 à 3 et de 4 à 2, de 60° et de 40°.

PROBLÈMES NUMÉRIQUES.

P. 235. Quel est le côté d'un carré dont le contour égale 20 mètres?

P. 236. Quel est le côté d'un losange dont le périmètre égale celui d'un triangle équilatéral de 12 m. de côté?

P. 237. Calculez la base et la hauteur d'un rectangle, dont le périmètre égale 60 mètres, sachant que la hauteur égale les $\frac{2}{3}$ de la base.

P. 238. Quels quadrilatères obtient-on en joignant : 1° les milieux des côtés d'un carré; 2° les milieux des côtés d'un rectangle; 3° les milieux des côtés d'un losange; 4° les milieux des côtés d'un trapèze symétrique; 5° les extrémités de deux diamètres d'un même cercle?

§ IV. — DES POLYGONES RÉGULIERS.

222. Un polygone régulier est celui qui est en même temps équilatéral et équiangle, c'est-à-dire, qui a tous ses côtés et tous ses angles égaux.

223. Un polygone irrégulier est celui qui n'a pas ses côtés et ses angles égaux.

O $\begin{cases}\text{Centre du polygone régulier A B C D E.}\\\text{Centre des cercles inscrit et circonscrit.}\end{cases}$

OB $\begin{cases}\text{Rayon du polygone.}\\\text{Rayon du cercle circonscrit.}\end{cases}$

OF $\begin{cases}\text{Apothème du polygone.}\\\text{Rayon du cercle inscrit.}\end{cases}$

$\begin{matrix}\text{AOD,}\\\text{BOC.}\end{matrix}\begin{cases}\text{Angles au centre du polygone.}\end{cases}$

224. Un polygone inscrit à un cercle est celui dont tous les sommets se trouvent sur la circonférence, ou dont les côtés sont des cordes.

225. Un polygone circonscrit à un cercle est celui dont les divers côtés sont des tangentes à la circonférence.

---

222. *Qu'est-ce qu'un polygone régulier?* — 223. *Qu'est-ce qu'un polygone irrégulier?* — 224. *Qu'est-ce qu'un polygone inscrit?* — 225. *Qu'est-ce qu'un polygone circonscrit?*

Le polygone ABCDE est inscrit au cercle qui a pour rayon OA, et circonscrit au cercle qui a pour rayon OF.

226. Le centre d'un polygone régulier est le point qui est, à la fois, le centre du cercle inscrit, et celui du cercle circonscrit.

227. Le rayon d'un polygone régulier est la droite menée du centre du polygone au sommet de l'un des angles; ou, en d'autres termes, le rayon du cercle circonscrit à ce polygone.

228. L'apothème d'un polygone régulier est la perpendiculaire abaissée du centre sur un des côtés; ou, en d'autres termes, le rayon du cercle inscrit.

229. On appelle angle au centre d'un polygone régulier l'angle formé par les deux rayons menés aux extrémités d'un côté.

230. PROPOSITION. — *Le côté de l'hexagone régulier est égal au rayon du cercle.*

Soit AB le côté de l'hexagone régulier; joignons OA, OB, l'angle au centre AOB = $\frac{360}{6}$ = 60°; la somme des angles OAB et OBA égale 180° — 60° = 120°; les côtés OA et OB sont égaux comme rayons : donc le triangle AOB est isocèle, et les angles OAB et OBA, qui sont égaux entre eux, égalent chacun $\frac{120}{2}$ = 60°. Il en résulte que les trois angles du triangle sont égaux; il en est donc de même des trois côtés, et l'on a AB = AO; donc, le côté de l'hexagone régulier inscrit est égal au rayon du cercle.

231. PROPOSITION. — *La somme de tous les angles intérieurs d'un polygone convexe est égale à autant de fois deux angles droits qu'il y a de côtés moins deux.*

Car tout polygone peut être décomposé en autant de triangles, qu'il a de côtés moins deux (*fig. nº* 158); or les trois angles de tout triangle valent 180°; donc, etc.

232. PROPOSITION. — *On obtient la valeur de l'angle d'un polygone régulier, en divisant la somme de tous ses angles par le nombre de ses côtés.*

Ceci est évident, puisque tous les angles d'un polygone régulier sont égaux, et en même nombre que les côtés; d'où il résulte qu'on *détermine la valeur de l'angle d'un polygone régulier, en divisant la somme totale des degrés de ce polygone par le nombre de ses angles.*

Par exemple, la somme totale de tous les angles d'un décagone régulier égale 2×8 = 16 angles droits, et la valeur de chaque

<hr>

angle $= \frac{16}{10} = 1{,}6 = 1$ angle droit plus $0{,}6$ d'angle droit $= 90 + (90 \times 0{,}6) = 90 + 54 = 144$ degrés.

233. Proposition. — *On obtient la valeur de l'angle au centre d'un polygone régulier, en divisant 360 degrés par le nombre des côtés du polygone.*

Ceci est évident, car tous les angles au centre d'un polygone régulier sont égaux ; leur somme est quatre angles droits ou 360 degrés, et leur nombre est égal à celui des côtés. Par exemple, l'angle au centre du décagone régulier égale $\frac{360}{10} = 36$ degrés.

234. Problème 1. — *Cherchez le centre d'un polygone régulier.*

1° Si le polygone a un nombre pair de côtés, il faut joindre, par une première droite, les sommets de deux angles opposés, puis joindre par une seconde droite, les sommets de deux autres angles opposés ; l'intersection des deux droites est le centre du polygone.

2° Si le polygone a un nombre impair de côtés, comme celui qui est ci-contre, il faut joindre, par une droite, le sommet d'un angle avec le milieu du côté opposé, joindre pareillement le sommet d'un autre angle avec le milieu du côté opposé ; l'intersection des deux droites est le centre du polygone.

235. Problème 2. — *Circonscrivez un cercle à un polygone régulier* (fig. nº 223).

Cherchez le centre du polygone donné, et, d'une ouverture de compas égale à la distance du centre au sommet de l'un des angles, décrivez une circonférence ; elle passera par tous les sommets, et sera circonscrite au polygone.

236. Problème 3. — *Inscrivez un cercle dans un polygone régulier* (fig. nº 228).

Prenez pour rayon l'apothème, décrivez une circonférence qui ait pour tangente chacun des côtés du polygone, elle sera inscrite à ce polygone.

237. Problème 4. — *Inscrivez dans un cercle un polygone régulier, par exemple un pentagone.*

Tracez la circonférence ABCDE avec un rayon quelconque, divisez-la en cinq parties égales, d'après les moyens donnés, nº 143 ou 144, et menez aux points de division les cordes AB, BC, CD, DE, EA ; le polygone ABCDE sera le pentagone inscrit demandé.

238. Problème 5. — *Inscrivez dans un cercle un hexagone régulier.*

Portez sur la circonférence six fois le rayon, et joignez les points de division deux à deux par les cordes AB, BC, CD, DE, EF, FA, vous aurez l'hexagone régulier ABCDEF. Cette construction repose sur la proposition nº 230.

239. Problème 6. — *Construisez un octogone régulier, au moyen d'un carré.*

Construisez d'abord un carré A B C D (n° 208); menez ensuite les diagonales, A C, D B; des points A, B, C, D, avec une demi-diagonale A O pour rayon, décrivez les arcs K F, E H, J G, L I, et menez E L, F G, H I, J K, vous formerez ainsi la figure E F G H I J K L, qui sera l'octogone régulier demandé.

240. Problème 7. — *Construisez un polygone régulier dont on connaît le côté, par exemple un heptagone.*

1° Décrivez une circonférence avec un rayon quelconque O D; divisez-la en sept parties égales; joignez deux points de division B et O par une ligne indéfinie B I; menez, par les points B et O, les rayons D B et D O, dont l'un D B soit prolongé indéfiniment; portez la ligne donnée M, de B en I, et de ce point I menez I K parallèle à D O; vous aurez K B pour le rayon du cercle dans lequel un heptagone régulier inscrit a pour côté la ligne donnée M (n° 378).

2° Si le côté du polygone était donné en millimètres, on pourrait déterminer le rayon du cercle circonscrit à l'aide de la table des cordes.

Soit à construire un pentagone dont le côté = 45 mill., l'arc que sous-tend chaque côté du pentagone = $\frac{360}{5}$ = 72°, la table des cordes donne, pour 72 degrés, 1,175; et pour déterminer le rayon du cercle, on a R × 1,175 = 45; d'où R = $\frac{45}{1,175}$ = 38 mill. 30.

241. Problème 8. — *Circonscrivez à un cercle un polygone régulier, par exemple un hexagone.*

Divisez la circonférence en six parties égales, en portant six fois le rayon, et par les points de division menez des tangentes à la circonférence.

Pour simplifier le tracé des tangentes, on se sert d'une équerre dont un des deux côtés de l'angle droit est placé suivant la corde qui joindrait les deux points G et I, et l'autre glisse le long d'une règle. On fait avancer l'équerre jusqu'à ce qu'elle arase le point H, et l'on trace les tangentes C D, D E, E F, etc.

242. Problème 9. — *Étant donné un polygone régulier inscrit dans un cercle, circonscrivez à ce cercle un polygone régulier ayant ses côtés parallèles au polygone inscrit.*

Divisez en deux parties égales chacun des arcs sous-tendus par les côtés du polygone inscrit donné; et par les points de division, menez des parallèles à ces divers côtés; ces lignes seront des tangentes au cercle et formeront le polygone circonscrit demandé.

PROBLÈMES GRAPHIQUES.

P. 239. Faites un triangle équilatéral de 40 mill. de côté, puis : 1° déterminez le centre de ce polygone, 2° tracez son rayon, 3° tracez son apothème, 4° circonscrivez un cercle à ce polygone, 5° inscrivez un cercle à ce polygone.

P. 240. Tracez un carré de 40 mill. de côté, et opérez comme au problème précédent.

P. 241. Tracez un octogone à l'aide d'un carré de 40 mill. de côté, et opérez comme au problème 239.

N. B. — Résolvez les problèmes qui suivent, en traçant les cercles avec un rayon de 20 millmètres.

P. 242. Inscrivez dans des cercles donnés : 1° un triangle équilatéral, 2° un carré, 3° un pentagone régulier, 4° un hexagone régulier, 5° un heptagone régulier.

P. 243. Circonscrivez à des cercles les polygones indiqués dans le problème 242.

P. 244. Construisez les polygones réguliers suivants, en leur donnant pour côtés une ligne de 30 mill. : 1° un triangle équilatéral, 2° un carré, 3° un pentagone, 4° un hexagone, 5° un octogone.

P. 245. Inscrivez dans deux cercles un polygone régulier quelconque, un hexagone par exemple ; puis circonscrivez un hexagone de manière : 1° que ses côtés aient pour points de contact les sommets du polygone inscrit, 2° qu'ils soient parallèles à ceux du polygone inscrit.

P. 246. Inscrivez dans un cercle un polygone régulier quelconque, un pentagone par exemple ; puis un polygone régulier qui ait un nombre de côtés double.

P. 247. Circonscrivez à un cercle un polygone régulier quelconque, un pentagone par exemple ; puis un polygone régulier d'un nombre de côtés double.

P. 248. Inscrivez à un cercle un polygone régulier d'un nombre pair de côtés, par exemple un hexagone ; puis un polygone régulier ayant moitié moins de côtés.

P. 249. Circonscrivez à un cercle un polygone régulier d'un nombre pair de côtés, par exemple un hexagone ; puis un polygone régulier ayant moitié moins de côtés.

P. 250. Inscrivez un hexagone régulier dans un triangle équilatéral de 40 mill. de côté.

PROBLÈMES NUMÉRIQUES.

P. 251. Quelle est la somme des angles extérieurs d'un polygone quelconque ?

P. 252. Quelle relation existe-t-il entre l'angle au centre et l'angle au sommet d'un polygone régulier ?

P. 253. Quelle relation existe-t-il entre l'angle au centre et l'angle extérieur d'un polygone régulier ?

P. 254. Combien peut-on mener de diagonales à partir d'un même angle dans un polygone de cinq côtés ?

3*

P. 255. Quelle est la somme des angles des polygones : 1° de quatre côtés, 2° de neuf côtés, 3° de douze côtés, 4° de quinze côtés, 5° de vingt côtés?

P. 256. Quel est le nombre de côtés des polygones dont la somme des angles égale : 1° deux angles droits, 2° quatre angles droits, 3° huit angles droits, 4° douze angles droits, 5° vingt-quatre angles droits?

P. 257. Quel est l'angle au centre des polygones réguliers : 1° de trois côtés, 2° de quatre côtés, 3° de cinq côtés, 4° de six côtés, 5° de sept côtés?

P. 258. Quel est l'angle extérieur des polygones réguliers : 1° de huit côtés, 2° de neuf côtés, 3° de dix côtés, 4° de douze côtés, 5° de quinze côtés?

P. 259. Quel est le nombre de côtés des polygones réguliers dont l'angle au centre égale : 1° 20°, 2° 30°, 3° 45°, 4° 60°, 5° 72°?

P. 260. Quelle est la valeur de l'angle formé par deux côtés consécutifs des polygones réguliers : 1° de trois côtés, 2° de cinq côtés, 3° de sept côtés, 4° de dix côtés, 5° de quinze côtés?

P. 261. Quelle est la valeur de l'angle au centre des polygones réguliers dont l'angle formé par deux côtés consécutifs égale : 1° 60°, 2° 90°, 3° 108°, 4° 144°, 5° 150°?

P. 262. Dans un cercle de seize mètres de rayon, quels seraient les côtés des polygones réguliers : 1° de trois côtés, 2° de cinq côtés, 3° de neuf côtés, 4° de dix côtés, 5° de douze côtés?

P. 263. Quels sont les rayons des cercles dans lesquels un pentagone régulier inscrit aurait pour côté : 1° 6 m., 2° 14 m., 3° 24 m., 4° 30 m., 5° 75 m. 25?

CHAPITRE VIII.

APPLICATIONS.

Ce chapitre contient un ensemble d'applications qui reposent sur les principes expliqués dans les chapitres précédents, mais qui n'ont pu être mises à leur place au point de vue géométrique, à cause de la nécessité d'offrir des exercices avec des difficultés graduées.

§ Ier. — DES TANGENTES.

243. PROPOSITION. — *La tangente à un cercle est perpendiculaire au rayon qui aboutit au point de contact* (n° 89).

244. PROPOSITION. — *Le point de contact de deux circonférences tangentes est situé sur une ligne droite qui joint les deux centres* (n° 99-4°).

245. PROPOSITION. — *Le centre d'une circonférence est sur la perpendiculaire élevée au milieu d'une corde* (n° 99).

246. PROPOSITION. — *Lorsque deux circonférences se coupent, la distance des centres est moindre que la somme des rayons et plus grande que leur différence.*

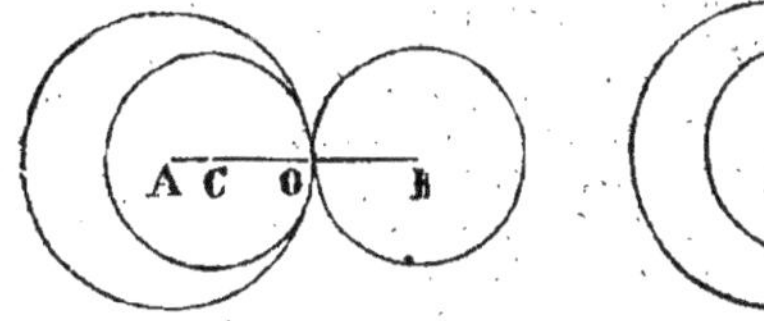

En effet, si l'on joint les centres entre eux et à l'un des points d'intersection C, on formera un triangle ayant pour côtés la distance des centres et les rayons des deux cercles; or, on a vu (*n° 184*) que dans tout triangle un côté quelconque est plus petit que la somme des deux autres et plus grand que leur différence; donc, etc.

247. PROPOSITION. — *Si deux circonférences sont tangentes extérieurement, la distance des centres égale la somme des rayons.*

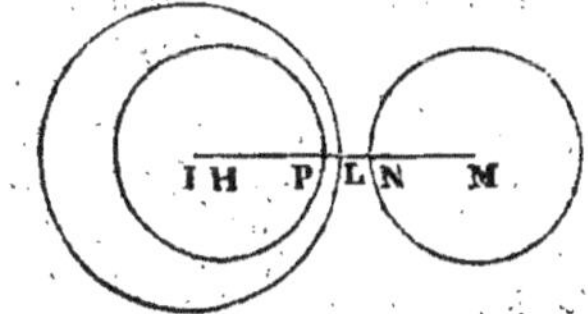

Car le point de contact est sur la ligne des centres et l'on a AB=AO+OB.

248. PROPOSITION. — *Si deux circonférences sont tangentes intérieurement, la distance des centres égale la différence des rayons.*

En effet, le point de contact étant sur la ligne des centres A et C, on a évidemment AC=AO—CO.

249. PROPOSITION. — *Si deux circonférences sont extérieures, la distance des centres est plus grande que la somme des rayons.*

On a évidemment IM—(IL+NM)=LN; donc la distance des centres est plus grande que la somme des rayons.

250. PROPOSITION. — *Si deux circonférences sont intérieures, la distance des centres est plus petite que la différence des rayons.*

Car IH=IL—HP—PL; d'où IH + PL=IL—HP et par suite IH $<$ IL—HP; donc, etc.

251. PROBLÈME 1. — *Menez une tangente à une circonférence par un point pris sur cette circonférence.*

Joignez le point donné, au centre du cercle, par un rayon, et élevez à l'extrémité de ce rayon une perpendiculaire; elle sera la tangente demandée.

252. PROBLÈME 2. — *Menez une tangente à une circonférence par un point donné hors de cette circonférence.*

Joignez le point donné A au centre du cercle par la droite AB; du point D, milieu de AB, et avec un rayon égal à DB, décrivez une circonférence, qui coupe la première aux points C et E; enfin, menez AC, AE; ces

lignes seront les deux tangentes qu'on peut mener du point A
à la circonférence donnée.

253. Problème 3. — *Tracez une circonférence tangente à une droite en un point donné, et qui passe par un autre point aussi donné.*

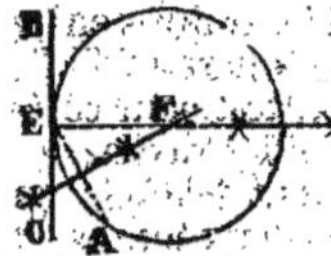

Joignez les deux points donnés E et A par la droite EA; élevez, au point E, sur la droite BC, une perpendiculaire EF; élevez une autre perpendiculaire sur le milieu de EA; du point d'intersection F, avec FE pour rayon, décrivez une circonférence, qui sera tangente à la droite au point donné et qui passera par le point A.

254. Problème 4. — *Menez deux tangentes à deux circonférences, de manière à former un angle.*

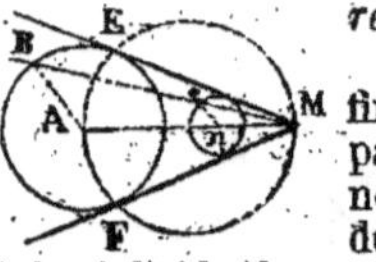

Joignez les centres par une droite indéfinie AM; menez à volonté les deux rayons parallèles AB, nc, et joignez cB, qui donnera le point M pour le point de concours des deux tangentes, EM, FM, qui seront menées à l'aide des points de contact E et F (n° 252).

255. Problème 5. — *Menez, à deux circonférences, deux tangentes qui ne doivent pas être prolongées.*

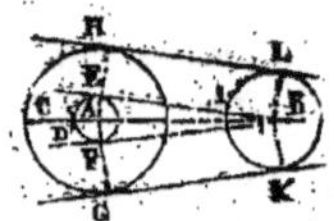

Joignez les centres par une droite indéfinie AB; portez le rayon BI en CD, et tracez le cercle DFE; menez à ce cercle, du centre B, deux tangentes BE, BF (n° 252); menez aux points de contact les rayons AE, AF, prolongés jusqu'à la circonférence extérieure; menez les rayons BL, BK parallèles aux premiers; puis joignez HL, GK, qui seront les tangentes demandées.

256. Problème 6. — *Menez, à deux circonférences, deux tangentes qui se croisent.*

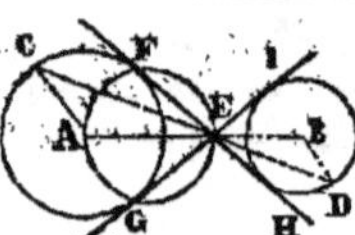

Joignez les centres par la droite AB; menez les rayons parallèles AC, BD, et joignez CD; le point E sera le point d'intersection des deux tangentes. Déterminez comme à l'ordinaire les points de contact F et G; menez les lignes FEH, GEI, ce seront les tangentes demandées.

257. Problème 7. — *Tracez une circonférence tangente à une autre en un point donné, et passant par un point situé hors de cette circonférence.*

Joignez les deux points donnés B et A par une droite BA; joignez également le centre C au point de contact B, par un rayon CB prolongé indéfiniment; élevez une perpendiculaire sur le milieu de BA; du point d'intersection F, avec FB pour rayon, décrivez une circonférence qui sera tangente à la première au point B, et passera par le point A.

258. PROBLÈME 8. — *Tracez une circonférence tangente à une autre en un point donné, et passant de plus par un point situé à l'intérieur de la circonférence.*

Dans le cercle donné, menez au point de contact le rayon BC; joignez CA; élevez une perpendiculaire sur le milieu de CA; enfin, du point d'intersection G avec GC pour rayon, décrivez une circonférence; elle sera tangente à la première au point donné G, et passera par le point donné A.

PROBLÈMES GRAPHIQUES.

P. 264. Menez une tangente à une circonférence de 15 mill. de rayon, par un point pris à volonté sur cette circonférence.

P. 265. Par un point pris à volonté sur une circonférence de 15 mill. de rayon, dont on n'a pas le centre, menez une tangente à cette circonférence.

P. 266. Tracez un cercle de 15 mill. de rayon, marquez un point à 35 mill. du centre, et, par ce point, menez deux tangentes au cercle.

P. 267. Tracez une ligne verticale de 40 mill., et avec un rayon de 20 mill., faites un cercle tangent au milieu de la droite.

P. 268. Tracez une verticale de 40 mill., marquez un point vers son milieu, et un autre en dehors, à environ 15 mill. de son extrémité, puis tracez un cercle tangent à la droite et passant par les deux points donnés.

P. 269. Avec des rayons de 15 et de 6 mill., tracez deux cercles dont les centres soient distants de 30 mill., et menez à ces deux cercles deux tangentes qui se rencontrent de manière à former un angle.

P. 270. Avec des rayons de 12 mill. et de 8 mill., tracez deux circonférences dont les centres soient distants de 30 mill., et menez deux tangentes à ces circonférences.

P. 271. Avec des rayons de 12 mill. et de 8 mill., tracez deux circonférences dont les centres soient distants de 30 mill., et menez à ces circonférences deux tangentes qui se croisent.

P. 272. Menez une circonférence tangente à deux parallèles de 40 mill., distantes de 32 mill.

P. 273. Tracez deux parallèles de 40 mill., à 20 mill. de distance, marquez un point dans l'intervalle qui les sépare, et décrivez une circonférence qui passe par ce point et soit tangente aux deux parallèles.

P. 274. Tracez avec un rayon de 15 mill. une circonférence qui soit tangente intérieurement en un point donné sur une circonférence de 22 mill. de rayon.

P. 275. Tracez une circonférence qui soit tangente intérieurement en un point donné sur une circonférence de 22 mill. de rayon, et qui passe par un point situé dans l'intérieur de cette circonférence.

P. 276. Tracez une circonférence qui soit tangente intérieurement à une circonférence de 22 mill. de rayon, et qui passe par deux points situés dans l'intérieur de cette circonférence.

P. 277. Tracez, avec un rayon de 10 mill., une circonférence qui soit tangente extérieurement en un point donné sur une circonférence de 15 mill. de rayon.

P. 278. Tracez une circonférence qui soit tangente en un point donné sur une circonférence de 15 mill. de rayon, et qui passe par un point donné hors de cette circonférence.

P. 279. Tracez une circonférence qui soit tangente extérieurement à une autre circonférence de 12 mill. de rayon, et qui passe par deux points situés à l'extérieur de cette circonférence.

P. 280. Dans un angle de 50°, inscrivez un cercle dont les points de contact soient sur les côtés, à 35 mill. du sommet.

P. 281. Dans un angle de 60°, inscrivez un cercle dont le rayon soit de 20 mill.

P. 282. Dans un angle de 60°, inscrivez un cercle dont le centre soit sur la bissectrice, à 30 mill. du sommet.

P. 283. Par un point donné hors de la bissectrice d'un angle de 70°, faites passer une circonférence qui soit tangente aux deux côtés.

P. 284. Dans un angle de 50°, décrivez deux cercles tangents entre eux et aux côtés de l'angle, le rayon du premier cercle étant de 6 mill.

P. 285. Tracez une circonférence de 15 mill. de rayon, menez une horizontale à 25 mill. du centre, et menez à la circonférence une tangente parallèle à l'horizontale.

P. 286. Tracez une circonférence de 15 mill., menez une verticale à 20 mill. du centre, et menez, à la circonférence, une tangente perpendiculaire à la verticale.

P. 287. Tracez une circonférence de 15 mill. de rayon, tracez une horizontale à 25 mill. du centre, et menez une tangente qui fasse un angle de 70° avec l'horizontale.

P. 288. Tracez une ligne horizontale de 40 mill., marquez un point à 15 mill. au-dessus de son extrémité, et tracez une circonférence de 20 mill. de rayon, qui soit tangente à la droite et passe par le point donné.

P. 289. Tracez à 20 mill. deux parallèles de 40 mill., que vous couperez vers une extrémité par une sécante, puis décrivez une circonférence tangente à la sécante et aux deux parallèles.

P. 290. Tracez une circonférence de 10 mill. de rayon, menez une horizontale à 25 mill. du centre, et avec un rayon de 20 mill., tracez une seconde circonférence tangente à la première, et qui ait son centre sur l'horizontale.

P. 291. Tracez une circonférence de 10 mill. de rayon, menez une horizontale à 25 mill. du centre, et tracez une seconde circonférence qui touche la première en un point donné, et qui soit tangente à la droite.

P. 292. Tracez une circonférence de 10 mill. de rayon, menez une horizontale à 25 mill. du centre, et tracez une seconde circonférence qui soit tangente à la première, et touche la droite en un point donné.

P. 293. Avec des rayons de 6 mill. et de 12 mill., décrivez deux circonférences dont les centres soient distants de 35 mill., et tracez-en une troisième tangente aux deux autres, et qui touche la première en un point donné.

P. 294. Avec des rayons de 15 mill. et de 10 mill., tracez deux circonférences dont les centres soient distants de 35 mill., et tracez-en une troisième qui soit tangente extérieurement aux deux premières.

P. 295. Avec des rayons de 15 mill. et de 20 mill., tracez deux circonférences qui soient tangentes intérieurement, et tracez-en une troisième qui soit tangente intérieurement aux deux premières.

P. 296. Avec des rayons de 25 mill. et de 20 mill., tracez deux circonférences tangentes intérieurement, et tracez-en une troisième qui soit tangente intérieurement à la première et extérieurement à la seconde.

P. 297. Avec des rayons de 15 mill. et 10 mill., tracez deux circonférences qui soient tangentes extérieurement, et avec un rayon de 20 mill., tracez-en une troisième qui soit tangente intérieurement à la fois aux deux premières.

P. 298. Avec des rayons de 15 mill. et de 10 mill., tracez deux circonférences qui soient tangentes extérieurement, puis tracez-en une troisième qui soit tangente intérieurement à la première et extérieurement à la seconde.

§ II. — RACCORDEMENT DES LIGNES.

259. Le raccordement des lignes est l'art d'unir plusieurs lignes de même espèce ou d'espèces différentes, de manière qu'elles n'offrent ni jarret ni coude aux points de jonction.

260. Le raccordement des lignes est basé sur les deux principes suivants, qui font partie de la théorie des tangentes :

1° Un arc de cercle et une droite se raccordent, lorsque le centre de l'arc est sur une perpendiculaire élevée à la droite, au point de contact ;

2° Deux arcs de cercle se raccordent, lorsque les deux centres et le point de contact sont sur une ligne droite.

261. PROBLÈME 1. — *Décrivez un arc de cercle à l'extrémité d'une droite donnée, et qui se raccorde avec cette ligne.*

A l'extrémité A de la droite donnée, élevez une perpendiculaire AC ; prenez pour centre un point quelconque E sur cette perpendiculaire ; avec un rayon EA, décrivez l'arc de raccord AB.

---

259. *Qu'est-ce que le raccordement des lignes ? —* 260. *Sur quels principes est basé le raccordement des lignes ?*

On voit que ce problème est indéterminé, ou autrement dit, susceptible d'une multitude de réponses, car chaque point de la perpendiculaire peut être le centre d'un arc de raccord.

262. PROBLÈME 2. — *Raccordez un arc de cercle avec une droite, la courbe devant passer par un point donné.*

Joignez, par une droite, l'extrémité B au point donné A, élevez une première perpendiculaire C D au milieu de A B, puis une seconde à l'extrémité B de la ligne E B; du point d'intersection I, avec I B pour rayon, décrivez l'arc de raccord B C A.

263. PROBLÈME 3. — *Raccordez deux droites indéfinies qui vont en convergeant.*

1° Prolongez les deux droites jusqu'à leur rencontre en M; de ce point, et avec un rayon arbitraire, décrivez un arc de cercle qui coupe les droites en deux points C et B, qui seront les points de contact; de ces points, élevez sur les deux lignes données les perpendiculaires D B, D C; du point d'intersection D, avec D B pour rayon, décrivez l'arc de raccord.

2° Si on ne peut prolonger les lignes A B, C D jusqu'à leur point de rencontre, divisez l'angle qu'elles forment en deux parties égales (n° 140) par la droite E F; puis menez A E C perpendiculaire à E F, et A O perpendiculaire à A B. Du point O comme centre avec O A pour rayon, décrivez l'arc A H C qui sera l'arc de raccord.

264. PROBLÈME 4. — *Raccordez deux droites qui vont en convergeant, par un arc de cercle qui soit tangent à une troisième droite donnée.*

Prolongez les droites B E, D H, jusqu'à leur rencontre avec la droite donnée A C; partagez en deux parties égales les angles A et C; du point K, intersection des deux bissectrices, abaissez sur B A et D C les perpendiculaires K H, K E, qui donnent les points de contact H et E; enfin du point K, comme centre, avec K H pour rayon, décrivez l'arc de raccord H F E.

265. PROBLÈME 5. — *Étant donné un arc de cercle, raccordez une droite à cet arc.*

Menez au point de contact A le rayon C A, et élevez à l'extrémité A de ce rayon une perpendiculaire A B, qui sera la droite de raccord, car la droite est tangente au cercle puisqu'elle est perpendiculaire à l'extrémité d'un rayon.

266. Problème 6. — *Étant donné un arc de cercle, raccordez-lui un autre arc, qui passe par un point donné.*

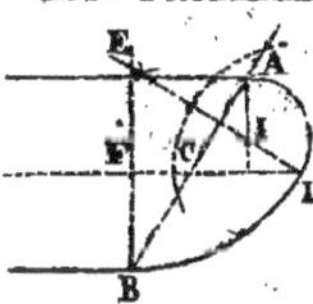

Soient donnés le point B et l'arc qui a pour centre le point C, menez au point de contact le rayon CA prolongé indéfiniment; joignez le point A au point B; élevez une perpendiculaire sur le milieu de AB; du point d'intersection I, avec IA pour rayon, décrivez l'arc de raccord AB.

267. Problème 7. — *Raccordez une droite avec un arc par un autre arc dont le rayon serait donné.*

Soit à raccorder la droite ED avec l'arc APB par un arc dont le rayon = M; tirez à volonté le rayon CA; portez sur son prolongement en AH le rayon donné M; puis du centre C, avec CH pour rayon, décrivez un arc indéfini; par le point E, pris à volonté sur DE, élevez la perpendiculaire EG égale à M. Par le point G, menez, parallèlement à DE, la droite GH, jusqu'à sa rencontre avec l'arc. Le point d'intersection H est le centre de l'arc de raccord. Pour déterminer le point de contact D, abaissez HD perpendiculairement à DE; enfin du point H, avec HD pour rayon, décrivez l'arc de raccord DOA.

268. Problème 8. — *Raccordez des parallèles d'inégales longueurs.*

Aux extrémités A et B, menez les perpendiculaires AI, BE; joignez les points A et B; par le point F, milieu de BE, menez FD parallèlement aux deux lignes données; portez AC de C en D; du point D, abaissez sur AB la perpendiculaire DIE; le point I sera le centre de l'arc AD, et le point E celui de l'arc DB. Car si l'on menait les droites AD, BD : 1° Dans le triangle isocèle CAD l'angle CAD = CDA, mais CAI = CDI comme ayant leurs côtés perpendiculaires, donc CAD — CAI = CDA — CDI ou IAD = IDA, donc IAD est isocèle, et l'on a IA = ID. 2° Dans le triangle isocèle CDB l'angle CBD = CDB, mais CBE = CDE comme ayant leurs côtés perpendiculaires, donc CBD + CBE = CDB + CDE, donc EBD est isocèle, et l'on a ED = EB.

PROBLÈMES GRAPHIQUES.

P. 299. Tracez une horizontale de 30 mill. que vous raccorderez avec un arc de 15 mill. de rayon.

P. 300. Tracez une horizontale de 30 mill. que vous raccorderez avec un arc assujetti à passer par un point donné au-dessus de la droite.

P. 301. Raccordez, par un arc de 15 mill. de rayon, deux droites qui vont en convergeant sous un angle de 60°.

P. 302. Tracez un angle de 60° dont les côtés aient 25 mill., et raccordez les extrémités de ses côtés par un arc.

P. 303. Coupez un angle de 70° par une sécante qui rencontre les côtés à 15 et à 25 mill. du sommet, et raccordez les deux côtés de l'angle par un arc tangent à la sécante.

P. 304. Tracez un arc de 20 mill. de rayon, et raccordez une droite à son extrémité.

P. 305. Tracez un arc de 15 mill. de rayon, et raccordez-lui un second arc de 10 mill., de manière que les deux arcs présentent leur concavité du même côté.

P. 306. Tracez un arc de 15 mill. de rayon, et raccordez-lui un second arc de 10 mill., de manière que les deux arcs présentent leur concavité dans un sens différent, ou, en d'autres termes, que l'ensemble des deux arcs donne la forme de l'S.

P. 307. Tracez un arc de 12 mill. de rayon, et raccordez-lui un second arc assujetti à passer par un point donné du côté du premier, par rapport à la tangente menée au point de raccord.

P. 308. Tracez un arc de 12 mill. de rayon, et raccordez-lui un second arc assujetti à passer par un point donné de l'autre côté du premier, par rapport à la tangente menée au point de raccord.

P. 309. Tracez une circonférence de 15 mill. de rayon, menez une horizontale à 20 mill. du centre, et raccordez la circonférence avec la droite par un arc de 10 mill. de rayon.

P. 310. Menez à 24 mill. de distance deux parallèles de 25 mill., et raccordez-les par une demi-circonférence.

P. 311. Menez à 24 mill. de distance deux parallèles, l'une de 25 mill. et l'autre de 40 mill., puis raccordez-les par deux arcs de cercle.

P. 312. Menez une horizontale de 30 mill., et raccordez ses extrémités à l'aide de deux quarts de cercle de 10 mill. de rayon et d'une demi-circonférence.

P. 313. Avec des rayons de 10 mill. et de 15 mill., tracez deux arcs indéfinis dont les centres soient distants de 35 mill., et raccordez-les par un troisième arc dont le rayon ait 8 mill.

P. 314. Tracez deux verticales distantes de 35 mill., coupez-les vers le haut par une sécante, et raccordez-les par un arc rampant, tangent à la sécante et composé de deux arcs.

§ III. — DES FIGURES CURVILIGNES.

269. On appelle figure curviligne toute surface terminée par une ou plusieurs lignes courbes.

270. Les principales figures curvilignes sont, après le cercle, la spirale, l'ove ou ovoïde, l'ovale, l'anse de panier et l'ellipse.

---

269. Qu'appelle-t-on figure curviligne? — 270. Quelles sont les principales figures curvilignes?

271. La spirale est une ligne qui, en tournant, s'éloigne de son centre.

272. On doit considérer la spirale comme décrite par l'extrémité d'un fil enroulé sur une circonférence, et dont on ferait le développement : c'est pour cette raison qu'on lui donne le nom de développante de cercle. On l'emploie pour la courbure que doivent avoir les dents d'une roue destinée à mouvoir une crémaillère. Dans le tracé de la spirale, on remplace, pour plus de facilité, la circonférence, par un carré, un triangle équilatéral ou tout autre polygone régulier, qui représente d'autant mieux le cercle que le nombre des côtés est plus considérable.

273. L'ove est une courbe qui, par sa configuration, se rapproche de la forme d'un œuf; elle est fréquemment employée en architecture.

274. L'ovale est une courbe formée par des arcs de cercle, et ressemblant à une ellipse.

275. L'anse de panier est la ligne courbe formée par une demi-ovale.

276. L'ellipse est une courbe fermée, telle que la somme des distances de chacun de ses points aux deux foyers est égale au grand axe de l'ellipse.

277. On appelle foyers de l'ellipse deux points situés sur le grand axe, à égale distance du centre, de manière que la somme des lignes menées de ces deux points à un point quelconque de l'ellipse est partout égale au grand axe.

278. On détermine les foyers de l'ellipse en coupant le grand axe par un arc de cercle que l'on décrit de l'extrémité du petit axe, avec un rayon égal au demi-grand axe.

279. Le grand axe d'une ellipse est la droite qui passe par les deux foyers et se termine, de part et d'autre, à l'ellipse.

280. Le petit axe d'une ellipse est la droite, menée perpendiculairement sur le milieu du grand axe, et qui se termine, de part et d'autre, à l'ellipse.

281. Les rayons vecteurs de l'ellipse sont deux droites menées d'un point quelconque de la courbe aux deux foyers; leur somme est partout égale au grand axe.

---

271. Qu'est-ce que la spirale? — 272. Comment doit-on considérer la spirale? — 273. Qu'est-ce que l'ove? — 274. Qu'est-ce que l'ovale? — 275. Qu'est-ce que l'anse de panier? — 276. Qu'est-ce que l'ellipse? — 277. Qu'appelle-t-on foyers de l'ellipse? — 279. Qu'est-ce que le grand axe d'une ellipse? — 280. Qu'est-ce que le petit axe d'une ellipse? — 281. Qu'est-ce que les rayons vecteurs de l'ellipse?

282. PROBLÈME 1. — *Tracez une spirale à l'aide d'un carré.*

Menez les quatre lignes A H, E B, E D, G F, formant un carré à leur naissance. Le point *c* est le centre de l'arc E *b*, le point A le centre de l'arc *b e*, le point G le centre de l'arc *ef*, le point E le centre de l'arc *fg*, le point *c* le centre de l'arc *gh*, le point A le centre de l'arc *h* F, le point G le centre de l'arc F D, le point E le centre de l'arc D B, le point *c* le centre de l'arc B H, etc.

283. PROBLÈME 2. — *Tracez une ovoïde sur une droite donnée.*

Sur la droite donnée A B comme diamètre, décrivez une demi-circonférence A E B; élevez, sur le milieu, une perpendiculaire indéfinie E D; portez C A en C D; par le point D menez les droites A G, B F; des points A et B, comme centres, décrivez les arcs A F, B G; enfin du point D, décrivez l'arc F G, et vous aurez la figure A E B G F pour l'ovoïde demandée.

284. PROBLÈME 3. — *Tracez l'anse de panier, connaissant sa base et sa hauteur.*

Élevez perpendiculairement, sur le milieu de la base A B, la hauteur C D; joignez A D, B D; portez C D en C F; portez A F en D H et D O; sur le milieu de A H et de B O, élevez les perpendiculaires G M et L N, qui vont concourir en un même point E de la hauteur C D prolongée; des points G et L, décrivez les arcs A R, B S, et du point E, l'arc R D S; vous aurez l'anse de panier.

285. PROBLÈME 4. — *Tracez une ovale dont on ne connaît qu'un axe.*

Partagez l'axe donné A B en trois parties égales A K, K H, H B; sur K H construisez deux triangles équilatéraux K F H, K D H, dont vous prolongerez les côtés; des points K et H décrivez les arcs L A C, I B G, et des points F et D, les arcs L G, C I.

Si les deux axes étaient donnés, on se servirait du procédé employé pour l'anse de panier.

286. PROBLÈME 5. — *Dans un losange, tracez une ovale qui soit tangente à ses côtés.*

Soit donné le losange A C B D, menez les diagonales A B, C D; sur le milieu des côtés, élevez les perpendiculaires H K, G K, E L, F L; des points I et J décrivez les arcs H F, E G, et des points K et L, décrivez les arcs H G, F E, et vous aurez l'ovale demandée.

287. Problème 6. — *Tracez l'ellipse.*

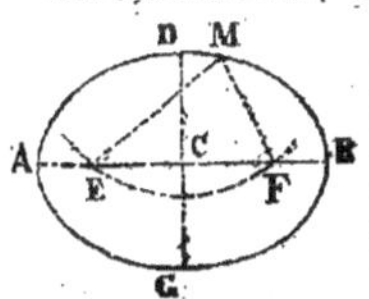

Croisez perpendiculairement et par le milieu les deux axes A B, D G; de l'extrémité D du petit axe, et avec une ouverture de compas égale à la moitié A C du grand axe, coupez le grand axe aux points E et F, qui seront les foyers de l'ellipse; prenez ensuite un fil ou un cordeau dont la longueur égale le grand axe, fixez-en les bouts aux deux foyers E, F; placez une pointe à tracer dans le pli M du cordeau, et décrivez l'ellipse par un mouvement de rotation.

Ce procédé, d'une exécution facile, et qui permet de décrire la courbe d'une manière continue, est basé sur la définition même de l'ellipse. On doit l'employer toutes les fois que l'on désire une ellipse d'une exactitude rigoureuse.

288. Lorsqu'on veut construire, au moyen du compas, une courbe approchant de l'ellipse, on peut se servir, comme pour l'ovale, du procédé donné pour l'anse de panier; mais alors la courbe diffère un peu de l'ellipse, et ne peut jouir complétement des propriétés remarquables pour lesquelles l'ellipse est si fréquemment employée dans les constructions.

289. Problème 7. — *Construisez une ellipse au moyen d'une bande de papier.*

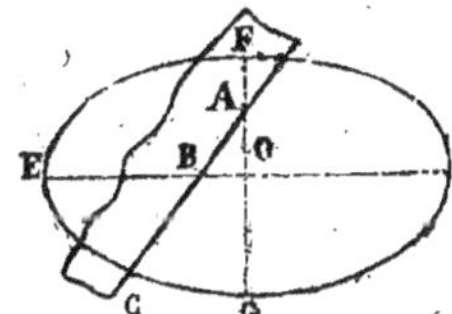

Après avoir tiré la droite D E, égale au grand axe, sur son milieu O élevez une perpendiculaire sur laquelle vous porterez les longueurs O F, O G, égales chacune à la moitié du petit axe donné. Cela fait, marquez un point C sur le bord d'une bande de papier coupée en ligne droite, et portez la longueur du demi-grand axe de C en A, et celle du demi-petit axe de C en B, de sorte que B A exprime la différence des demi-axes. Cette bande étant ainsi préparée, placez le point B sur le grand axe, et le point A sur le petit; la position de C donnera un point de l'ellipse. Vous en aurez autant que vous voudrez en déplaçant successivement la bande de papier, de manière que le point B soit constamment sur E D et le point A sur F G. Lorsque les points obtenus sont assez rapprochés pour bien déterminer le passage de la courbe, on la trace à la main ou à l'aide d'une pièce de raccord, qui porte le nom de pistolet.

PROBLÈMES GRAPHIQUES.

P. 315. Tracez une spirale à l'aide d'un carré de 3 mill. de côté.

P. 316. Tracez une spirale à l'aide d'un triangle équilatéral de 4 mill. de côté.

P. 317. Tracez une spirale à l'aide d'un hexagone de 3 mill. de côté.

P. 318. Tracez une spirale à l'aide d'un carré, telle qu'après deux tours la courbe soit à 32 mill. du point de départ.

P. 319. Tracez une spirale à l'aide d'un triangle équilatéral, telle que la distance parallèle des arcs soit de 15 mill.

P. 320. Tracez une spirale à l'aide d'un hexagone régulier, telle qu'après le premier tour la courbe soit à 30 mill. du point de départ.

P. 321. Tracez une ovoïde sur une droite de 32 mill.

P. 322. Tracez une anse de panier qui ait 50 mill. de base et 20 mill. de hauteur.

P. 323. Tracez une ovale sur une droite de 40. mill.

P. 324. Tracez une ovale ayant pour axes 50 mill. et 36 mill.

P. 325. Tracez une ovale qui soit tangente aux côtés d'un losange, dont les axes égalent 54 mill. et 36 mill.

P. 326. Tracez, avec le compas, par le procédé de l'ovale, une ellipse ayant pour axes 50 mill. et 30 mill.

P. 327. Tracez par points, à l'aide d'une bande de papier, une ellipse ayant pour axes 50 mill. et 30 mill.

P. 328. Cherchez le petit axe d'une ellipse dont le grand axe soit de 50 mill., les foyers à 5 mill. de ses extrémités, et tracez l'ellipse à l'aide de la bande de papier.

P. 329. Tracez, par points, une ellipse dont le petit axe égale 30 mill., et deux rayons vecteurs égalent 36 mill. et 12 mill.

§ IV. — DES MOULURES (*Atlas, pl.* 5).

290. Les moulures sont des parties saillantes qui servent d'ornement à l'architecture.

291. On distingue deux sortes de moulures : les moulures droites et les moulures circulaires.

292. Les moulures droites sont : le filet ou listel, la plate-bande, le larmier, la plinthe, le tailloir et le gorgerin.

293. Le filet ou listel est une moulure carrée et plate.

294. La plate-bande est une moulure large et peu saillante.

295. Le larmier est une moulure large et très-saillante, dont le dessous est souvent creusé en un canal, appelé mouchette, destiné à préserver l'édifice des eaux pluviales.

296. La plinthe est une moulure plate et ordinairement peu saillante.

297. Le tailloir est une moulure carrée et plate qui ne se trouve que dans le chapiteau toscan.

298. Le gorgerin est une moulure plate qui se trouve seulement au-dessus de l'astragale des colonnes toscane et dorique.

299. Les principales moulures circulaires sont : le cavet, la gorge, le congé, la baguette, le tore, le talon, la doucine et la scotie.

---

290. Qu'est-ce que les moulures ? — 291. Combien distingue-t-on de sortes de moulures ? — 292. Quelles sont les moulures droites ? — 293. Qu'est-ce que le filet ou listel ? — 294. Qu'est-ce que la plate-bande ? — 295. Qu'est-ce que le larmier ? — 296. Qu'est-ce que la plinthe. — 297. Qu'est-ce que le tailloir ? — 298. Qu'est-ce que le gorgerin ? — 299. Quelles sont les principales moulures circulaires ?

300. Le cavet est une moulure concave formée d'un quart de cercle. Le centre est placé en dehors et à plomb de sa saillie, le rayon du quart de cercle étant égal à la hauteur de la moulure.

301. La gorge est une moulure creuse et demi-ronde, dont la profondeur égale la moitié de la hauteur.

302. Le congé est un adoucissement en forme d'arc de cercle, qui établit le passage d'une moulure à une autre.

303. La baguette est une moulure saillante, demi-ronde et fort étroite, dont la saillie égale la moitié de la hauteur.

304. Le tore, ou boudin, est une moulure demi-ronde, dont la saillie égale la moitié de la hauteur; elle se trouve au bas de toutes les colonnes.

305. On trace la baguette et le tore en décrivant une demi-circonférence dont le centre est au milieu de la perpendiculaire qui représente la hauteur de la moulure.

306. Le talon est une moulure mi-concave, mi-convexe, formée de deux arcs de cercle.

307. Pour tracer le talon (*Atlas, planche 5, fig. 67*), tirez la ligne AB, divisez-la en deux parties égales AC, CB; des points A, C, B, avec AC pour rayon, décrivez les arcs de cercle CE, AE, BD, CD, puis des points E, D, toujours avec la même ouverture de compas, décrivez les arcs AC, CB.

308. La doucine est une moulure mi-concave, mi-convexe, formée de deux arcs de cercle, comme le talon, mais disposés en sens contraire.

309. On trace la doucine comme le talon, mais on dispose les centres en sens contraires.

310. Le quart de rond, le cavet, le talon, la doucine sont dits renversés lorsque, dans ces moulures, la partie la plus saillante occupe la position inférieure de la figure.

311. On distingue le talon de la doucine en ce que dans le talon, qu'il soit droit ou renversé, la partie la plus saillante est toujours convexe, tandis que dans la doucine elle est concave.

312. La scotie est une moulure creuse formée de plusieurs arcs.

313. On trace la scotie d'après l'un des deux procédés suivants:
1º Si la saillie de la scotie est le tiers de la hauteur, des points B et D (*Atlas, pl. 5, fig. 70*) menez les perpendiculaires GB, DF; prenez BG égale au tiers de la hauteur et menez EGF parallèlement à AB; du point G décrivez l'arc BE, et du point F l'arc ED.

---

300. Qu'est-ce que le cavet? — 301. Qu'est-ce que la gorge? — 302. Qu'est-ce que le congé? — 303. Qu'est-ce que la baguette? — 304. Qu'est-ce que le tore ou boudin? — 305. Comment trace-t-on la baguette et le tore? — 306. Qu'est-ce que le talon? — 307. Que faut-il faire pour tracer le talon? — 308. Qu'est-ce que la doucine? — 309. Comment trace-t-on la doucine? — 310. Quand est-ce que le quart de rond, le cavet, le talon, la doucine, sont dits renversés? — 311. Comment peut-on distinguer le talon de la doucine? — 312. Qu'est-ce que la scotie? — 313. Comment trace-t-on la scotie?

2º Si la saillie n'est pas le tiers de la hauteur, menez les perpendiculaires BF, DHJ (*Atlas, planche* 5, *fig.* 71); partagez la hauteur AC en trois parties égales, et menez, parallèlement à AB, les droites EF, GH; joignez FH; élevez sur le milieu de FH la perpendiculaire JM; joignez JF par la droite indéfinie JFI; du point F, décrivez l'arc BEI, et du point J l'arc IMD.

Dessinez la planche 5 de l'Atlas.

CHAPITRE IX.

EXPLICATION DE QUELQUES PLANCHES DE L'ATLAS.

314. Avant de commencer à dessiner une planche de l'Atlas, on tracera d'abord une ligne au milieu de la feuille, dans le sens de la longueur, et sur le milieu de cette ligne on élèvera une perpendiculaire. Ces deux droites, que nous appelons directrices, serviront de repères pour mener à l'équerre toutes les verticales et les horizontales qui entrent dans la composition d'un dessin.

Comme il est très-important que ces deux directrices soient bien perpendiculaires l'une à l'autre, nous allons indiquer le moyen de les tracer. (*Voyez planche* 1re *de l'Atlas.*) Des coins L et K, I et H, on décrit des arcs qui se coupent en Z et Y. Puis de ces points Z, Y, on décrit d'autres arcs qui se croisent en N et O, et l'on mène les droites MJ, NO, qui sont les directrices demandées.

Après avoir tracé les deux directrices, on construit le cadre, c'est-à-dire le rectangle qui doit renfermer le dessin. Pour cela, des points M et J, ou d'autres pris à volonté sur la ligne de milieu, et avec un rayon de 90 millimètres, on décrit des arcs P et Q, R et S, et posant la règle tangentiellement à ces arcs, on trace les droites PR, QS. Puis, des points N et O, ou d'autres pris à volonté, on décrit, avec un rayon de 120 mill., des arcs X et U, V et T, auxquels on mène les tangentes VX et TU. On trace le cadre extérieur en portant une même distance de 2 mill. à la suite des points Q, P, S, R, et X, V, O, T.

315. PORTE A DEUX VANTAUX ET A PETITS CADRES (Pl. 6). — Une porte est un assemblage de menuiserie destiné à fermer une baie ou une armoire.

Toute porte se compose ordinairement d'un bâti et de panneaux. Le bâti est l'ensemble des montants A, B, et des traverses C, D, E, assemblés à tenons et à mortaises. Les panneaux F se font le plus souvent avec des planches minces, jointes ensemble, qui entrent, à rainure et à languette, dans les bâtis, et les cadres. On appelle cadre l'ensemble des moulures qui entourent les panneaux d'une porte. Une porte est dite à petits cadres lorsque les moulures qui entourent les panneaux sont prises dans l'épaisseur des montants et des traverses. Une porte est à grands cadres lorsque les moulures sont rapportées sur les montants et les traverses. La porte planche 11 est de ce genre.

Tracé. — 1° Tracez les deux directrices J M, N O et le cadre.

2° Construisez l'échelle. Pour cela, vous ferez affleurer le biseau d'un double décimètre le long d'une ligne droite, sur laquelle vous porterez un certain nombre de centimètres, que vous coterez comme l'échelle du modèle.

Il sera très-utile de reporter cette échelle sur le bord d'une bande de papier coupée en ligne droite; on s'en servira pour marquer les diverses cotes du dessin. Les élèves ne sauraient attacher trop d'importance à ces échelles volantes; elles dispensent de l'emploi du compas, ne fatiguent nullement les lignes principales du dessin, et offrent l'inappréciable avantage d'une grande économie de temps.

3° Portez sur les lignes verticales du cadre 1000 mill. en ca, ce, db, df, et menez ab, ef.

4° Déterminez sur les deux lignes horizontales ab, ef les points h, g, i, j, en portant 700 millimètres de chaque côté de la directrice verticale J M, et menez ig, jh.

5° Tracez la baguette aplatie, qui sépare les deux vantaux, en portant 1 mill. de chaque côté de la ligne du milieu J M.

6° Pour les montants, portez 80 mill. en op, qr, gk, mh; reportez ces mêmes distances sur ef, et joignez tous ces points.

7° Tracez de même les traverses C et E. Pour la traverse D, vous porterez 40 millimètres au-dessus et au-dessous de la directrice horizontale C O.

8° Tracez les moulures des cadres en portant 20 mill., comme il est indiqué, sur les droites gk, hm, et reportez ces mêmes distances sur ij et jh.

316. *Remarque.* — Ce dessin ne suffirait pas pour faire connaître la porte de manière à l'exécuter, car beaucoup de ses parties ne sont pas suffisamment définies. Par exemple, on ne voit pas ce que représentent les deux verticales placées entre les montants intérieurs B; on ignore la nature de la moulure qui forme le cadre, ainsi que l'épaisseur du bâti et des panneaux, etc. Pour avoir ces détails, nous avons supposé la porte coupée par un plan horizontal dont la trace est zz; et nous avons dessiné sur une échelle double la surface de la section.

Cette coupe et celles que l'on rencontre sur quelques-uns des premiers exercices n'ont été données que pour l'intelligence du dessin. Les élèves ne seront tenus de copier que celles qui sont sur les exercices d'application aux projections.

Dessinez les exercices 1, 2, 3, 4, du Recueil de planches d'application.

317. **Plancher** (Pl. 7). — Un plancher est un assemblage de pièces de bois ou de fer posées horizontalement, et qui servent à former les séparations des différents étages d'une maison.

Le plancher représenté, planche 7, se compose de deux enchevêtrures B, portées sur les murs A, et qui reçoivent un chevêtre C. Entre ce chevêtre et le mur est disposé un châssis en fer F, formé de bandes nommées trémies, destinées à recevoir l'âtre de la cheminée. Les extrémités des enchevêtrures reçoivent les linçoirs D, et dans l'intervalle de ces différentes pièces sont disposées, parallèlement aux enchevêtrures, les solives de remplissage E.

318. Tracé. — 1° Tracez les deux directrices sv, ab et le cadre.

2° Construisez l'échelle. Pour cela, vous porterez sur une ligne droite trois fois une longueur de 40 millimètres; vous diviserez la première en dix parties égales; vous reporterez une de ces divisions en tête des dix premières, et vous coterez le tout comme l'indique le modèle.

3° Portez, sur la ligne intérieure du cadre, 2 400 millimètres de l'échelle en ac, ad, be, bf, et menez ce, df.

4° Fixez sur ces deux horizontales les points g, h, i, j, en portant 1 900 millimètres de chaque côté de la directrice verticale sv, et menez jg, ih.

5° Portez 400 millimètres sur les deux côtés de chacun des angles g, h, i, j; joignez ces points par des droites; vous formerez le rectangle intérieur des murs.

6° Commencez le tracé du plancher par les enchevêtrures B, B; pour cet effet, vous porterez 450 millimètres des deux côtés de la directrice horizontale ab, et à la suite, 200 millimètres pour l'épaisseur de ces pièces.

7° Tracez le chevêtre C en portant 700 millimètres à partir de la ligne intérieure du mur, puis 200 millimètres, et menant à l'équerre des parallèles à la directrice verticale.

8° Pour les linçoirs D, portez sur la ligne intérieure des murs 1 200 millimètres en st, su, vx, vy; ajoutez 200 millimètres, et joignez tous ces points.

9° Pour les solives de remplissage, portez sur la directrice verticale, au-dessus et au-dessous de chaque enchevêtrure, des distances qui soient alternativement de 150 et de 100 millimètres, comme l'indiquent les cotes du modèle, et par tous ces points vous mènerez, à l'équerre, des parallèles à la directrice horizontale.

10° Terminez par les barreaux de fer de l'extrémité F, que vous tracerez comme les solives de remplissage.

Dessinez les exercices 5, 6, 7 et 8 du Recueil de planches d'application.

319. Porte d'allée (Pl. 8). — Tracez: 1° les deux directrices, le cadre et l'échelle; la base cd; les montants A, A; la traverse inférieure B.

2° La traverse supérieure B devant être placée de manière à donner un carré parfait, prenez une ouverture de compas égale à kl, et portez-la en km, ln; ajoutez une longueur de 70 millimètres, et joignez ces points.

3° Tracez les traverses, placées diagonalement, en portant vers leurs extrémités, perpendiculairement aux diagonales ml, nk, 25 millimètres de chaque côté, comme l'indiquent les cotes.

4° Pour les traverses de remplissage, appliquez une échelle volante le long des diagonales, et, à partir des traverses, portez alternativement des longueurs de 70 et de 50 millimètres; puis, par les points de division, menez à l'équerre des parallèles aux diagonales, de la manière suivante : pour les parallèles qui se terminent à la ligne ml, disposez l'équerre de manière qu'un des côtés de l'angle droit soit le long de kn; appliquez une règle le long du côté de l'angle droit, faites ensuite remonter l'équerre jusqu'au dernier point de division, par lequel vous mènerez une première parallèle;

faites ensuite descendre l'équerre le long de la règle, et tracez une parallèle chaque fois que vous rencontrerez un point de division.

Dessinez les exercices 9, 10, 11, 12, 13, 14, du Recueil de planches d'application.

320. PARQUET DIT A POINT DE HONGRIE (Pl. 9). — Un parquet est une espèce de menuiserie dont on recouvre le plancher des appartements.

Celui de la planche 9 est dit à point de Hongrie; il se compose de planches étroites, nommées alaises, bien corroyées, et jointes ensemble à rainure et à languette. Ces alaises sont clouées sur les solives du plancher obliquement à leur longueur, et sont disposées de telle sorte, qu'une rangée présente une ligne brisée dont toutes les parties, d'égale longueur, offrent une suite d'angles droits successivement saillants et rentrants. On embellit cette espèce de parquet en employant alternativement, pour chaque rangée d'alaises, des bois de diverses nuances. On nomme frises courantes les pièces de bois longues et étroites qui encadrent ce parquet, et qui reçoivent les alaises à rainure et à languette.

321. TRACÉ. — 1º Tracez les deux directrices, le cadre et l'échelle; 2º le rectangle intérieur $abcd$, dont vous prolongerez un peu les côtés pour servir à la construction du rectangle extérieur; 3º le rectangle extérieur; 4º partagez ab, dc, en trois parties égales, et joignez les points; 5º portez gi en gj, gk, hm, hn, et menez les droites jm, kn, que vous prolongerez un peu; 6º appliquez un double décimètre ou une échelle volante le long de jm et de kn, et marquez, sur ces droites et sur leurs prolongements, une même distance de 100 millimètres à partir du point i; 7º par chacun des points de division, menez à l'équerre des parallèles à jm et à kn, comme l'indique le modèle.

Dessinez les exercices 15, 16 et 17 du Recueil de planches d'application.

322. PAN DE BOIS (Pl. 10). — Un pan de bois est un assemblage de pièces de bois, qui remplace un mur dans un édifice. Les intervalles qui existent entre les bois se garnissent de petits moellons ou de plâtras, maintenus entre des lattes; on recouvre le tout d'un enduit en plâtre ou en mortier, qui donne au système l'apparence du mur qu'il remplace.

Les pièces de charpente d'un pan de bois prennent différents noms suivant la place qu'elles occupent et la nature de leurs fonctions. Ainsi on appelle poteaux corniers les pièces verticales C posées aux angles de l'édifice, ou bien encore aux endroits où un pan de refend ou de distribution vient rencontrer une façade; ces poteaux sont maintenus, à leur partie supérieure, par la corniche B. On appelle poteaux de fond la pièce verticale D, qui est au milieu du pan, et qui, avec les poteaux corniers, reçoit les sablières basses E, posées sur les murs de parpeing A; les sablières hautes G, les sablières de chambrée H.

Les poteaux d'huisserie I, reliés par les linteaux M et les entre-toises L, forment les baies des portes et des croisées. Les décharges J sont inclinées en sens contraire les unes des autres, afin de maintenir l'aplomb des pièces principales en les contrebutant. Les tournisses K sont des pièces de remplissage, ainsi que les potelets N. Les rectangles O représentent les bouts des solives vues de champ.

Toutes ces pièces s'assemblent ordinairement à tenons et à mortaises, et les principales sont reliées avec des pièces de fer, appelées : équerres, plates-bandes, étriers.

323. TRACÉ. — 1° Tracez les deux directrices, le cadre, l'échelle ; 2° la ligne de base et sa parallèle ab ; 3° la corniche B ; 4° les poteaux corniers C, C, et le poteau de refend D ; 5° les sablières E, F, G, H ; en portant d'abord toutes les côtes sur les poteaux corniers C, C, afin de pouvoir les tracer à la suite, ce qui économise le temps ; 6° les poteaux d'huisserie J, en portant 500 millimètres sur les sablières E, H en cd, ce, gf, gh, et en ajoutant la largeur des portes et des croisées, qui est d'un mètre, en di, ej, fk, hi ; 7° les tournisses J ; 8° la croix de Saint-André K ; 9° les appuis L, qui sont éloignés de la sablière G de 450 millimètres, et qui ont pour épaisseur 160 millimètres ; 10° les linteaux M, éloignés de 350 millimètres de la sablière F, et dont l'épaisseur égale 160 millimètres ; 11° les potelets N ; 12° les bouts des solives O. On appliquera une échelle volante contre la ligne de base de la corniche, et, à partir de la directrice verticale, on portera, de chaque côté, une première distance de 175 millimètres, puis, à la suite, alternativement, 100 millimètres et 250 millimètres.

Dessinez l'exercice 18 du Recueil de planches d'application.

324. PORTE D'APPARTEMENT (Pl. 11). — 1° Tracez le rectangle $abcd$; 2° la baguette qui sépare les deux vantaux ; 3° les montants A ; 4° les traverses B ; 5° Le bâti terminé, on s'occupera des moulures formant encadrement autour des panneaux ; afin d'abréger, et pour que les moulures soient plus exactes, prenez une petite bande de papier, sur le bord de laquelle vous marquerez toutes les moulures qui composent les cadres ; puis appliquez cette bande de papier sur les côtés des angles p, o, t, s, comme l'indique la figure, aux points o et g, et joignez ces points par des verticales appartenant aux trois panneaux. Dans le panneau du milieu, évitez de tracer les deux lignes de la moulure la plus intérieure. Disposez chaque fois, la bande de papier de manière que la ligne extérieure des moulures soit toujours sur la ligne du bâti. On fera bien de mettre une croix en face de cette ligne sur la bande de papier, afin de ne pas se tromper.

Dessinez les exercices 19, 20, 21, 22 et 23 du Recueil de planches d'application.

325. FERME (Pl. 12). — La toiture d'un édifice se compose de deux parties, le comble et la couverture. Le comble est l'ensemble de la charpente destinée à porter la couverture. La couverture est généralement en tuiles, en ardoises, ou en feuilles de plomb, de cuivre, de zinc. Lorsqu'un comble a peu d'étendue, il est supporté par les murs, qu'on termine alors triangulairement, suivant la pente qu'on veut donner à la toiture. Ces murs se nomment pignons. Lorsque les combles ont une longueur de plus de quatre ou cinq mètres, on dispose, entre les pignons, un ou plusieurs assemblages de charpente appelés *ferme*, et destinés à supporter la couverture.

Une ferme se compose d'un entrait ou tirant B, posé horizontalement sur les murs A , et qui reçoit à ses extrémités les arbalétriers E, dont il empêche l'écartement. Les arbalétriers s'assemblent à leur extrémité supérieure dans le poinçon G, dont l'office est de prévenir la flexion du faux-entrait F. Ce second entrait F est assemblé dans les arbalétriers pour les empêcher de ployer; il est lui-même maintenu par les aisseliers K. Les contrefiches I, assemblées dans le poinçon, servent à raidir les arbalétriers; et la contrefiche J, également assemblée dans le poinçon, remplit la même fonction à l'égard du faitage H. Le faitage est une pièce de bois placée horizontalement à la partie supérieure du comble, et qui règne dans toute la longueur. Les chevrons D s'appuient d'une part sur une pièce de bois appelée plate-forme C, qui pose sur le mur, et de l'autre sur le faitage ; comme ils ont une grande portée , ils sont maintenus par les pannes M, posées sur les arbalétriers, et retenues sur ces derniers par des tasseaux ou chantignolles N. Les coyaux L s'appuient d'une part sur les chevrons , et de l'autre sur le bord de l'entablement, afin de rejeter les eaux pluviales au delà du mur.

326. TRACÉ. — Tracez : 1º la ligne ab parallèlement à la directrice horizontale ; 2º le mur A, que vous couperez à volonté ; 3º le premier entrait B; 4º la plate-forme cf; 5º l'arc dc pour fixer le sommet de la ferme; 6º les chevrons D; 7º les arbalétriers E; 8º l'entrait retroussé F parallèlement à B; 9º le poinçon G et le faitage H; 10º les contrefiches I et J qui doivent être perpendiculaires aux arbalétriers; 11º les aisseliers K.

Dessinez l'exercice 24 du Recueil de planches d'application.

327. CARRELAGE (P. 13). — Le carrelage de la planche 13 s'exécute quelquefois en carreaux de pierre de liais, mais le plus souvent il est en carreaux de terre cuite.

328. TRACÉ. — Tracez : 1º les directrices , le cadre, et l'échelle ; 2º l'hexagone $abcdef$. 3º Prenez les divisions de la droite ad sur le bord d'une bande de papier, et reportez-les sur les deux lignes verticales du cadre, à partir de la directrice horizontale. 4º Prenez les divisions ek, kc, que vous reporterez de même plusieurs fois sur les lignes horizontales du cadre. 5º Menez, par tous ces points, des droites qui seront parallèles aux directrices. 6º Joignez les points d'intersection par des lignes obliques aux côtés du cadre de manière à compléter les hexagones. 7º Prenez à volonté pour côtés du rectangle qui limite le carrelage, quatre parallèles aux directrices.

Dessinez les exercices 25 et 26 du Recueil de planches d'application.

329. CARRELAGE (Pl. 14). — Dans le carrelage de la planche 14, les octogones sont en carreaux de marbre ou de pierre de liais , et les carrés en carreaux de pierre noire.

330. TRACÉ. — 1º Tracez les deux directrices , le cadre, et l'échelle. 2º Formez autant de carrés que vous voulez avoir d'octogones. 3º A l'aide du carré où se croisent les deux génératrices, tracez un octogone comme il a été dit (n° 243). 4º Prenez uw, que vous porterez tout autour du cadre des deux côtés de chaque parallèle aux directrices, ce qui donne les points y, m, x, n... r, q, ...p, o ...s, t ... i, k, j. 5º Joignez ces points par des droites à 45º, comme on le

voit en mo, qs. 6° Choisissez, pour côtés du rectangle qui limite le carrelage, quatre parallèles qui lui donnent une forme symétrique.

Dessinez les exercices 27 et 28 du Recueil de planches d'application.

331. BALCON (Pl. 15). — 1° Menez ab, et marquez les centres c et d. 2° Fixez les rayons des cercles concentriques, et chaque fois que vous aurez tracé une circonférence du point c, vous tracerez de suite celle qui lui correspond de l'autre côté. 3° Menez au cercle extérieur les tangentes i, j, k, l, etc., et une parallèle à chaque tangente qui en soit distante de 15 millimètres. 4° Portez mn en o, r, u, t, q, p, s, v; ajoutez 15 millimètres pour l'épaisseur des barreaux, et tracez le filet qui couronne le balcon. 5° Terminez par les barreaux placés en travers, que vous tracerez à l'aide des diagonales.

Dessinez les exercices 32, 33 et 34 du Recueil de planches d'application.

332. TREILLAGE (Pl. 15). — 1° Tracez l'horizontale ab, puis les montants et les traverses formant le bâti du treillage. 2° Divisez cd en sept parties égales qui seront chacune de 100 millimètres de l'échelle; puis, au-dessus et au-dessous de chaque point de division, portez une même distance de 15 millimètres. 3° De chacun des points c et d, décrivez des demi-circonférences concentriques, passant par tous les points de division marqués sur cd. 4° Les arcs qui, vers les angles e, f, h, g, ne passent pas par cd, se décriront en portant sur les circonférences, menées par les points c et d, les distances que deux barreaux comprennent sur cette circonférence.

Dessinez les exercices 29, 50, 51, 32 du Recueil de planches d'application.

333. GRILLE DE SOUPIRAIL (Pl. 16). — 1° Menez, sur les lignes des cadres, à partir de chaque directrice, une même distance de 520 millimètres, et joignez tous ces points de manière à former 48 carrés égaux; 2° joignez les points d'intersection par des lignes à 45°, qui limiteront les arcs; 3° par les points d'intersection m, n, etc., tracez une circonférence de 10 millimètres de rayon, puis des points q, r, s, t, avec les cotes indiquées sur le modèle, tracez les arcs concentriques, en ayant soin de décrire en même temps tous ceux qui ont un même rayon; 4° tracez le rectangle formant le bâti de la grille.

Dessinez les exercices 35, 36, 37, 38 et 39 du Recueil de planches d'application.

334. VASE MÉDICIS (Pl. 17). — 1° Portez sur la directrice verticale, à partir de la ligne de base, la hauteur des diverses moulures, au moyen d'une échelle volante; marquez tous ces points le plus légèrement possible, afin de ne pas fatiguer la ligne du milieu. 2° Par tous ces points, menez à l'équerre des parallèles à la directrice horizontale, en tâchant, à vue d'œil, de ne les tracer que de la grandeur nécessaire. 3° Portez la saillie de la plinthe qui est 65 millimètres. La saillie du tore est égale à celle de la plinthe. La saillie du filet est donnée par la verticale passant par les centres des circonférences des tores. En prolongeant cette verticale jusqu'à la rencontre de l'horizontale menée aux $^2/_5$ de la hauteur de la scotie, vous aurez le centre du grand arc de cette moulure. Du point a,

moitié de ce rayon, décrivez l'arc *cb*. Le rayon *bd* est donné par la hauteur du quart de rond. Elevez la verticale *dfe*, et décrivez l'arc *fg*, puis le quart de rond qui le termine. Portez la saillie des points *i* et *j* et joignez *i* et *j*. Par les points *o* et *l*, menez *op*, *lm* parallèles à *ij*, puis à l'aide des cotes, menez *pq*, *mn* parallèles à la directrice horizontale; le point *p* sera le centre de l'arc *oq*, et le point *m* celui l'arc *ln*.

Dessinez les exercices 40, 41, 42, 43, 44, 45, 46, 47, 48, 49 *et* 50 *du Recueil de planches d'application.*

CHAPITRE X.

DE LA SIMILITUDE.

§ Ier. — DES LIGNES PROPORTIONNELLES.

335. On appelle lignes proportionnelles des droites dont les longueurs, comparées entre elles ou représentées par des nombres, peuvent former une proportion.

336. Quatre lignes forment une proportion lorsque le rapport de la première à la seconde, est le même que celui de la troisième à la quatrième.

Par exemple, soient les quatre lignes A, B, C, D, telles que l'on ait A = la $\frac{1}{2}$ de B ou $\frac{A}{B} = \frac{1}{2}$; C = la $\frac{1}{2}$ de D ou $\frac{C}{D} = \frac{1}{2}$.

Les deux rapports $\frac{A}{B}$ et $\frac{C}{D}$ étant égaux, il est évident qu'on peut écrire A : B :: C : D. D'ailleurs, d'après les divisions marquées sur ces lignes, on voit qu'on peut les représenter par les nombres 4, 8, 3, 6, qui donnent les deux rapports égaux $\frac{4}{8} = \frac{3}{6}$; et par suite 4 : 8 : 3 : 6; exprimant ces nombres par les lignes, on a A : B :: C : D.

337. Une moyenne proportionnelle à deux lignes données, est une troisième ligne formant les deux moyens d'une proportion dont les deux lignes données forment les extrêmes.

338. Une troisième proportionnelle à deux lignes données, est une troisième ligne formant le quatrième terme d'une proportion dont les deux lignes données forment, l'une, le premier terme, et, l'autre, les deux moyens.

---

335. *Qu'appelle-t-on lignes proportionnelles?* — 336. *Quand est-ce que quatre lignes forment une proportion?* — 337. *Qu'est-ce qu'une moyenne proportionnelle?* — 338. *Qu'est-ce qu'une troisième proportionnelle?*

339. Une quatrième proportionnelle à trois lignes données, est une quatrième ligne formant le quatrième terme d'une proportion dont les lignes données forment les trois premiers termes.

340. Diviser une droite en moyenne et extrême raison, c'est la diviser en deux parties telles, que la plus grande soit moyenne proportionnelle entre la plus petite et la ligne entière.

341. PROPOSITION. — *Lorsque, sur les côtés d'un angle, on prend des parties égales, et que, par les points de division, on mène des lignes parallèles entre elles, ces lignes parallèles comprennent sur l'autre côté des parties égales.*

En effet, par les points D et E, menons D N et E H parallèles à O C. D N $=$ A B comme parallèles comprises entre parallèles; E H $=$ B C pour la même raison. Or A B $=$ B C : donc D N $=$ E H. De plus l'angle N D E $=$ l'angle H E F comme correspondants; N $=$ H, comme ayant leurs côtés parallèles et l'ouverture dirigée dans le même sens; donc les deux triangles D N E, E H F sont égaux, comme ayant un côté égal adjacent à deux angles égaux chacun à chacun, et par suite D E $=$ E F; donc, etc.

Remarque. — Le procédé donné pour la division des lignes n° 134 repose sur la proposition qui précède.

342. PROPOSITION. — *Deux parallèles coupent proportionnellement les côtés d'un angle.*

Soient les deux parallèles D E, A C, qui coupent les deux côtés de l'angle A B C. Mesurons B D et D A à l'aide d'une unité assez petite pour qu'elle soit contenue un nombre exact de fois dans ces deux lignes, par exemple trois fois dans B D, et quatre fois dans D A; le rapport de B D à D A égale donc $\frac{3}{4}$. Par les points de division, menons des parallèles à A C; le côté B D se trouve divisé en sept parties égales : B E contient trois de ces parties, et E C en contient quatre; et par suite le rapport de B E à E C égale $\frac{3}{4}$. Ainsi $\dfrac{BD}{DA} = \frac{3}{4}$ et $\dfrac{BE}{EC} = \frac{3}{4}$. On a donc la proportion B D : D A :: B E : E C. On reconnaît de même que $\dfrac{BD}{BA} = \frac{3}{7}$, $\dfrac{BE}{BC} = \frac{3}{7}$, $\dfrac{DE}{AC} = \frac{3}{7}$. Ce qui donne la proportion

$$BD : BA :: BE : BC :: DE : AC.$$

343. *Remarque.* — Si les longueurs B D, D A, etc., étaient égales à des droites données, la ligne B C serait divisée en parties proportionnelles à ces droites.

PROBLÈMES GRAPHIQUES.

P. 330. Tracez quatre lignes telles qu'elles forment la proportion 2 : 3 :: 4 : 6, sachant que la première égale 15 mill.

P. 331. Tracez trois droites de 10 mill., 20 mill., 30 mill., et divisez une droite de 36 mill. en trois parties qui leur soient proportionnelles.

P. 332. Divisez une droite de 40 mill. en quatre parties qui soient entre elles comme les nombres 1, 2, 3, 4.

P. 333. Divisez une droite de 45 mill. en trois parties, telles que la première égale la moitié de la deuxième, et la deuxième les trois quarts de la troisième.

P. 334. Divisez une droite de 40 mill. en cinq parties égales.

PROBLÈMES NUMÉRIQUES.

P. 335. Quelles sont les longueurs de quatre lignes formant la proportion 2 : 3 :: 4 : 6, sachant que la première égale 15 mill.?

P. 336. Quelles sont les longueurs des segments d'une droite de 36 mill. divisée en parties proportionnelles à trois droites ayant 10 mill., 20 mill., 25 mill.?

P. 337. Quels sont les segments d'une droite de 40 mill. divisée en quatre parties qui soient entre elles comme les nombres 1, 2, 3, 4?

P. 338. Quels sont les segments d'une droite de 51 mill. divisée en trois parties, telles que la première égale la moitié de la deuxième, et le deuxième les trois quarts de la troisième?

§ II. — DES TRIANGLES SEMBLABLES.

344. Les triangles semblables sont des triangles qui ont les angles égaux chacun à chacun, et les côtés homologues proportionnels.

345. On appelle côtés homologues, dans des triangles semblables, ceux qui sont opposés aux angles égaux.

346. On appelle sommets homologues les sommets des angles égaux.

Ainsi, pour que les triangles ABC, abc, (*fig. n° 348*), soient semblables, il faut que l'on ait : 1° $A = a$, $B = b$, $C = c$; 2° $AB : ab :: BC : bc :: AC : ac$. Dans les mêmes triangles, les côtés homologues sont AB et ab; BC et bc, AC et ac; les sommets homologues sont A et a, B et b, C et c.

347. PROPOSITION. — *Toute parallèle à l'un des côtés d'un triangle divise les deux autres côtés en parties proportionnelles.*

Cette proposition se démontre absolument de la même manière que celle du n° 341.

---

344. *Qu'est-ce que les triangles semblables?* — 345. *Qu'appelle-t-on côtés homologues?* — 346. *Qu'appelle-t-on sommets homologues?*

348. PROPOSITION. — *Deux triangles sont semblables lorsqu'ils ont les angles égaux chacun à chacun, ou, en d'autres termes, lorsqu'ils sont équiangles.*

Soient abc et ABC, deux triangles qui ont les angles égaux chacun à chacun, savoir : $a = $A, $b = $B, $c = $C; je dis que les triangles sont semblables, c'est-à-dire qu'ils ont en outre les côtés homologues proportionnels, en sorte qu'on peut écrire : ab : AB :: bc : BC :: ac : AC.

Portons le triangle abc sur le triangle ABC, de manière que les angles égaux b et B se superposent; le côté ba tombera en BD et le côté bc en BE, en sorte que le triangle abc prendra la position DBE. Les angles a et A sont égaux par supposition, ainsi que c et C, on a donc aussi D = A, E = C; et comme ces angles ont la position de correspondants, on doit en conclure que DE est parallèle à AC. Mais en vertu de la proposition précédente, cette ligne parallèle donne BD : BA :: BE : BC :: DE : AC, ou, en remplaçant les côtés du triangle BDE par ceux du triangle abc, ab : AB :: bc : BC :: ac : AC. donc, etc.

349. PROPOSITION. — *Deux triangles sont semblables lorsqu'ils ont les trois côtés proportionnels.*

Soient les deux triangles abc, ABC tels, que l'on ait ab : AB :: bc : BC :: ac : AC, je dis que les deux triangles sont semblables, c'est-à-dire que l'on a en outre $a = $A, $b = $B, $c = $C.

Prenons BD $= ba$, et menons DE parallèle à AC ; les deux triangles BDE et BAC sont semblables comme équiangles, car on a B commun, D = A et E = C comme correspondants. Or je dis que le triangle $abc = $ BDE; en effet, on a, par hypothèse, ab : AB :: bc : BC :: ac : AC; et à cause des triangles semblables BDE, BAC, on a BD : BA :: BE : BC :: DE : AC. Or, dans ces deux suites, les deux premiers rapports sont égaux, puisqu'on a pris BD $= ab$: donc tous les rapports des deux suites sont égaux entre eux. Mais les conséquents sont égaux entre eux, donc il en est de même des antécédents, et l'on a bc = BE et $ac = $ DE. Les triangles abc, BDE, sont donc égaux comme ayant leurs côtés égaux chacun à chacun. Mais BDE est semblable à ABC, donc abc est semblable à ABC; donc, etc.

350. PROPOSITION. — *Deux triangles sont semblables lorsqu'ils ont un angle égal compris entre deux côtés proportionnels.*

Soit l'angle $b = $B, et supposons que l'on ait encore ab : AB :: bc : BC, je dis que les triangles abc, ABC sont semblables. Prenons BD $= ab$. et menons DE parallèle à AC. D = A comme correspondants, E = C pour la même raison : donc les triangles BDE et BAC sont semblables, comme équiangles, et l'on a BD : BA :: BE : BC; mais, par hypothèse, on a ab : AB :: bc : BC. Ces deux proportions ont trois termes égaux chacun à chacun, BC, BA et BD $= ba$: donc le quatrième terme est égal, et l'on a BE $= bc$. Les triangles abc et DBE sont égaux, puisqu'ils ont un angle égal compris entre côtés égaux; mais DBE est semblable à ABC, donc abc est semblable à ABC; donc, etc.

351. PROPOSITION. — *Deux triangles sont semblables lorsqu'ils ont leurs côtés parallèles chacun à chacun.*

Car alors les angles sont égaux deux à deux (n° 115), et les triangles, étant équiangles, sont semblables.

352. PROPOSITION. — *Deux triangles sont semblables lorsqu'ils ont les côtés perpendiculaires chacun à chacun.*

Car alors les angles sont égaux deux à deux (n° 116), et les triangles, étant équiangles, sont, par conséquent, semblables. Il est à remarquer que ce sont les côtés perpendiculaires qui sont homologues, car ils sont opposés aux angles égaux.

353. PROPOSITION. — *Dans le triangle ABC, la bissectrice AD de l'angle CAB, divise la base BC en deux segments BD, DC, proportionnels aux deux côtés AB, AC, en sorte qu'on a la proportion*
$$CD : DB :: CA : AB.$$

Par le point B, menez BE parallèle à AD jusqu'à la rencontre de CA prolongée. Dans le triangle CBE, la droite AD étant parallèle à la base EB, on a la proportion $CD : DB :: CA : AE$; mais le triangle ABE est isocèle, car les parallèles AD, EB donnent $E = n$ comme correspondants, $ABE = m$ comme alternes internes. Or, par construction, $n = m$, donc $E = ABE$, par suite $AB = AE$, et la proportion ci-dessus peut s'écrire
$$CD : DB :: CA : AB; \text{ donc, etc.}$$

354. PROPOSITION. — *Les sécantes menées par le sommet d'un triangle, divisent en parties proportionnelles la base du triangle et toute parallèle à cette base.*

Soit le triangle ABC; je dis que les sécantes BD, BE divisent en parties proportionnelles la base AC et sa parallèle FI.

Les triangles semblables BFG, BAD donnent
$$BG : BD :: FG : AD.$$
Les triangles semblables BGH, BDE donnent la proportion
$$BG : BD :: GH : DE.$$
A cause du rapport commun, on tire $FG : AD :: GH : DE$ (a).
Les triangles BGH, BDE donnent $BH : BE :: GH : DE$.
Les triangles BHI, BEC donnent $BH : BE :: HI : EC$.
A cause du rapport commun, on tire $GH : DE :: HI : EC$.
Comparant cette proportion avec la proportion (a), on a enfin
$$FG : AD :: GH : DE :: HI : EC; \text{ donc, etc.}$$

Remarque. — Si la ligne AC était divisée en parties égales aux points D, E, sa parallèle FI serait aussi divisée en parties égales aux points G, H. C'est sur cette propriété que repose le procédé donné pour la division des lignes n° 133.

355. PROBLÈME 4. — *Par un point donné, menez une droite qui rejoigne le point de concours de deux droites convergentes qu'on ne peut prolonger.*

Par le point donné E, tracez à volonté les droites EF, EG; joignez FG, et menez, à une distance quelconque, IH parallèle à FG; des points I et H, menez IM parallèle à FE, et MH parallèle à EG, ces deux droites se rencontrent en un point M; joignez EM, cette ligne sera la droite demandée.

Car les triangles IMH, EFG sont semblables comme ayant leurs côtés parallèles, et donnent IM : FE :: IH : FG, d'où $\frac{IM}{FE} = \frac{IH}{FG}$. Ces deux rapports sont égaux, quelle que soit la position du point I; donc IM et IH se réduisent à zéro en même temps, ou, en d'autres termes, le point de concours des droites AB, ME, est aussi le point de concours des droites AB, CD.

PROBLÈMES GRAPHIQUES.

P. 339. Faites un triangle qui ait pour base 40 mill., et pour côtés 32 mill., 35 mill., puis faites un triangle semblable qui ait 30 mill. de base.

P. 340. Tracez un triangle qui ait pour côtés 40 mill., 30 mill., 25 mill., et dans l'intérieur faites un triangle semblable dont les côtés soient parallèles, et à 5 mill. de ceux du premier.

P. 341. Faites un triangle qui ait pour côtés 40 mill., 25 mill., 30 mill., prolongez les deux côtés du sommet et faites un triangle semblable dont la base soit moitié moindre.

P. 342. Faites un triangle qui ait pour côtés 40 mill., 25 mill., 30 mill., et faites un triangle semblable qui ait même sommet et dont les côtés soient perpendiculaires à ceux du premier.

P. 343. Divisez, à l'aide du triangle équilatéral, une droite de 40 mill. en trois parties qui soient entre elles comme les nombres 1, 2, 3.

P. 344. Divisez, à l'aide d'un triangle équilatéral, une droite de 41 mill. en cinq parties égales.

P. 345. Tracez deux droites convergentes de 40 mill., et, par un point intérieur, menez une droite qui converge vers le point de concours des deux premières.

§ III. — PROPRIÉTÉ DU CERCLE PAR RAPPORT AUX LIGNES PROPORTIONNELLES.

256. PROPOSITION. — *Deux cordes se coupent toujours en parties réciproquement proportionnelles, c'est-à-dire que les deux parties de l'une forment les extrêmes d'une proportion, et les deux parties de l'autre les moyens.*

Soient les deux cordes AB, CD, je dis que l'on a la proportion AI : ID :: IC : IB.

Joignez AC et BD; dans les triangles AIC, DIB, les angles en I sont égaux comme opposés par le sommet; les angles inscrits A et D sont égaux comme ayant chacun pour mesure la moitié du même arc CB; par la même raison l'angle C=B; donc ces triangles sont semblables, et les côtés homologues donnent AI : ID :: IC : IB; donc, etc.

357. Proposition. — *La perpendiculaire abaissée d'un point de la circonférence sur un diamètre, est moyenne proportionnelle entre les deux segments du diamètre.*

D'un point quelconque C, abaissez la perpendiculaire CD sur le diamètre AB; je dis que l'on a la proportion AD : DC :: DC : DB. Prolongez la perpendiculaire CD jusqu'en E, elle sera partagée en deux parties égales par le diamètre AB, qui lui est perpendiculaire, et l'on aura CD =DE. Mais AB et CE sont deux cordes qui se coupent dans le cercle; on a donc, par la proposition précédente, AD : DE :: DC : DB; ou, en remplaçant DE par son égal DC,

AD : DC :: DC : DB; donc, etc.

358. *Remarque.* — AD : DC :: DC : DB donne $DB = \dfrac{\overline{DC}^2}{AD}$;

d'où le diamètre AB, qui égale DB + AD, égale $\dfrac{\overline{DC}^2}{AD} + AD$;

d'où l'on conclut que, *pour avoir la longueur du diamètre d'une circonférence dont on ne connaît que les dimensions de la corde qui sous-tend l'un de ses arcs, et la longueur de la flèche, il faut diviser le carré de la moitié de la corde par la longueur de la flèche, et ajouter au quotient la longueur de cette flèche.*

359. Proposition. — *Si, par un point pris hors d'un cercle, on mène deux sécantes, ces sécantes seront en raison inverse de leurs parties extérieures, c'est-à-dire que chaque sécante, avec sa partie extérieure, forme, l'une, les extrêmes, l'autre, les moyens d'une proportion.*

Soient menées d'un même point I les deux sécantes IA, IC, je dis que l'on a la proportion

IA : IC :: ID : IB.

Joignez CB et AD; les triangles IDA et IBC ont l'angle I commun; les angles inscrits A et C sont égaux comme ayant chacun pour mesure la moitié du même arc BD; donc ces triangles sont semblables, et les côtés homologues donnent

IA : IC :: ID : IB; donc, etc.

360. Proposition. — *Si, d'un même point pris hors d'un cercle, on mène une sécante et une tangente, la tangente sera moyenne proportionnelle entre la sécante et sa partie extérieure.*

Soient menées du point I la sécante IA et la tangente IC, je dis que l'on a

IA : IC :: IC : IB.

Joignez CB, CA; les triangles ICA, ICB ont l'angle I commun; l'angle inscrit A=l'angle du segment BCI, car ces deux angles ont chacun pour mesure la moitié de l'arc CB; donc ces deux triangles sont semblables, et leurs côtés homologues donnent la proportion

IA : IC :: IC : IB; donc, etc.

361. Problème 1. — *Trouvez une moyenne proportionnelle entre deux lignes données A et B.*

Sur une ligne indéfinie CD, portez A en CE, et B en ED. Sur CD, comme diamètre, décrivez une demi-circonférence. Au point E élevez une perpendiculaire EH terminée à la circonférence; cette perpendiculaire est la moyenne proportionnelle demandée, car (n° 357), on a la proportion CE : EH :: EH : ED; ou, en remplaçant, A : EH :: EH : B.

362. Problème 2. — *Dans un cercle, une flèche de 4 mètres répond à une corde de 24 mètres, quel est le diamètre de ce cercle?*

Le diamètre $= \frac{12 \times 12}{4} + 4 = \frac{144}{4} + 4 = 36 + 4 = 40$ mètres.

363. Problème 3. — *Quelle est la corde qui répond à une flèche de 3 mètres, dans un cercle de 30 mètres de diamètre?*

Dans la figure n° 357, soient AD $=3$ m., AB $=30$ m., on a DB $=$ AB $-$ AD $= 30 - 3 = 27$ m., d'où, appelant x la moitié CD de la corde CE, on a $3 : x :: x : 27$; d'où $x^2 = 27 \times 3 = 81$ m. et $x = \sqrt{81} = 9$ m., d'où enfin la corde CE $= 9 \times 2 = 18$ mètres.

364. Problème 4. — *Trouvez une troisième proportionnelle à deux droites données.*

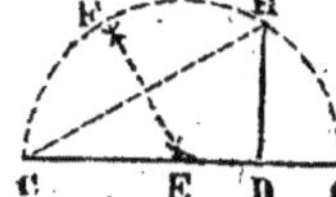

Soient A et B les deux droites données; si nous désignons par x une troisième proportionnelle à ces deux droites, elle doit être telle, que l'on ait la proportion

$$A : B :: B : x.$$

Pour la déterminer, tracez une droite indéfinie CG; portez A en CD, élevez au point D, une perpendiculaire DH égale à B; joignez CH; élevez sur le milieu de CH une perpendiculaire FE; du point E, comme centre, avec EC pour rayon, tracez une demi-circonférence, vous aurez DG pour la troisième proportionnelle demandée : car (n° 357), on a

CD : DH :: DH : DG; ou, en remplaçant, A : B :: B : DG.

365. Problème 5. — *Trouvez une quatrième proportionnelle à trois droites données.*

1° Soient A, B, C les trois droites données, appelant x leur quatrième proportionnelle, elle doit etre telle que l'on ait A : B :: C : x. Croisez à volonté deux droites indéfinies DF, EI, et à partir du point d'intersection O, portez A, de O en E, B de O en D, C de O en F. Faites passer une circonférence par les points D, E, F, vous aurez OI, pour la quatrième proportionnelle; car les cordes DF, EI donnent (n° 356)

EO : DO :: OF : OI, ou, en remplaçant : A : B :: C : OI.

2° Tirez sous un angle quelconque deux droites indéfinies DH, DF; sur DH portez A de D en G, et B de G en H;

sur DF portez C de D en E; joignez GE, et par le point H menez HF parallèle à GE. La ligne EF sera la quatrième proportionnelle demandée : car, les parallèles GE, HF coupent proportionnellement les côtés de l'angle HDF, et l'on a
DG : GH :: DE : EF ou, en remplaçant, A : B :: C : EF.

366. *Remarque.*—Si la seconde et la troisième des lignes données sont égales, le problème se résout encore par ce procédé, mais comme alors les données ne présentent que deux lignes différentes, celle que l'on cherche est dite une troisième proportionnelle aux deux premières.

367 .**Problème 6.**—*Cherchez le diamètre d'un cercle dans lequel on ne peut entrer.*

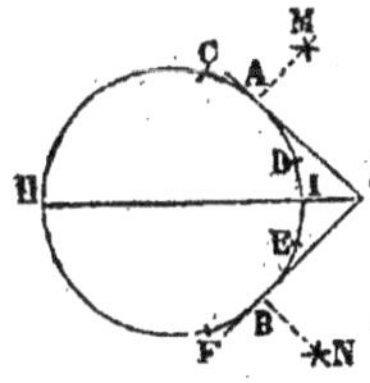

Marquez deux points à volonté A et B sur la circonférence; tracez le prolongement des deux rayons qui aboutissent à ces points; pour cela, portez les distances égales AC, AD, BE, BF; des points C et D, E et F décrivez des arcs de même rayon qui se croisent en M et N; enfin joignez AM, BN. Cela fait, menez aux points A et B deux perpendiculaires prolongées jusqu'à leur rencontre en G; divisez l'angle G en deux parties égales, la bissectrice passe évidemment par le centre. Or, (*n*° 360) on a

$$GH : AG :: AG : GI; \text{ d'où } GH = \frac{\overline{AG}^2}{GI}.$$

Soit AG=12 m., GI=4 m., on a $GH = \frac{12 \times 12}{4} = \frac{144}{4} = 36$, et par suite le diamètre HI = 36 − 4 = 32 mètres.

368. **Problème 7.**—*Divisez une droite en moyenne et extrême raison.*

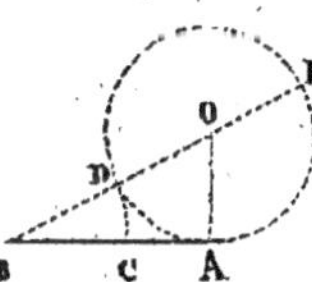

Soit la droite donnée AB; à l'une des deux extrémités A, élevez une perpendiculaire AO égale à la moitié de cette ligne. Du point O, comme centre, avec OA pour rayon, d'écrivez une circonférence; par les points B et O faites passer une droite qui coupera la circonférence aux points D et E. Du point B comme centre, avec BD pour rayon, décrivez l'arc DC, qui coupe la droite donnée au point C, en moyenne et extrême raison.

En effet, les droites BA et BE étant, l'une tangente et l'autre sécante à la circonférence, on a BE : BA :: BA : BD; d'où l'on tire BE − BA : BA :: BA − BD : BD (*a*); remarquons : 1° que BD=BC; 2° que DE=AB, puisque ED est un diamètre et que le rayon OA ou $\frac{ED}{2} = \frac{AB}{2}$; on a donc,

$$BE − BA = BE − DE = BD = BC;$$
$$BA − BD = BA − BC = AC; BD = BC.$$

La proportion (*a*) peut donc s'écrire
$$BC : BA :: AC : BC;$$
où bien, en mettant le second rapport à la place du premier,
AC : BC :: BC : BA; ce qu'il s'agissait de démontrer.

369. Problème 8. — *Inscrivez un décagone régulier dans un cercle, ou, en d'autres termes, divisez une circonférence en dix parties égales.*

Supposons le problème résolu, et soit A B le côté du décagone régulier inscrit; menons O A, O B. Dans le triangle isocèle A O B, l'angle $O = \frac{4}{10} = \frac{2}{5}$ d'angle droit, la somme $A + B = 2$ droits $-\frac{2}{5} = \frac{10}{5} - \frac{2}{5} = \frac{8}{5}$ d'angle droit, et par suite $A = \frac{4}{5}$ d'angle droit, $B = \frac{4}{5}$ d'angle droit. Divisez l'angle B en deux parties égales par la bissectrice B C. Le triangle O C B est isocèle, car on a $O = \frac{2}{5}$ d'angle droit, $m = $ moitié de $B = $ moitié de $\frac{4}{5} = \frac{2}{5}$ d'angle droit. Le triangle C B A = est isocèle, car on a $A = \frac{4}{5}$ d'angle droit, $n = \frac{2}{5}$ d'angle droit; d'où $r = 2$ droits $-\frac{8}{5} = \frac{10}{5} - \frac{6}{5} = \frac{4}{5}$ d'angle droit, c'est-à-dire que $r = A$. Ces triangles isocèles donnent A B = B C = C O; mais (n° 353), on a O B : A B :: O C : C A, ou, en remplaçant, O A : O C :: O C : C A, or O C = A B; donc, *le côté d'un décagone régulier inscrit, ou la corde de la dixième partie de la circonférence, est donné par le plus grand segment du rayon divisé en moyenne et extrême raison.*

370. *Remarques.* — 1° Pour diviser une circonférence en cinq parties égales, on la divise d'abord en dix à l'aide du problème qui précède et l'on joint deux à deux les dixièmes.

2° Pour la diviser en quinze parties égales, on prend, à partir d'un même point, un premier arc égal au sixième de la circonférence (n° 230), puis un second égal au dixième, la différence de ces deux arcs égale le quinzième de la circonférence; car on a : $\frac{1}{6} - \frac{1}{10} = \frac{10}{60} - \frac{6}{60} = \frac{4}{60} = \frac{1}{15}$.

3° Pour calculer le plus grand segment d'une droite divisée en moyenne et extrême raison, il suffit de calculer, à l'aide de la table des cordes (n° 144), le côté du décagone qui serait inscrit dans un cercle ayant pour rayon la droite donnée.

PROBLÈMES GRAPHIQUES.

P. 346. Tracez deux droites de 25 mill., 15 mill., et cherchez-leur une moyenne proportionnelle.

P. 347. Tracez deux droites de 25 mill., 15 mill., et cherchez-leur une troisième proportionnelle : 1° à l'aide d'un cercle, 2° à l'aide d'un angle.

P. 348. Tracez trois droites de 10 mill., 15 mill., 20 mill., et cherchez-leur une quatrième proportionnelle : 1° à l'aide d'un cercle, 2° à l'aide d'un angle.

P. 349. Divisez une droite de 40 mill. en moyenne et extrême raison.

P. 350. Inscrivez un décagone régulier dans un cercle de 20 mill. de rayon.

P. 351. Cherchez graphiquement quelle est la droite qui, divisée en moyenne et extrême raison, donne 25 mill. pour le plus grand segment.

PROBLÈMES NUMÉRIQUES.

P. 352. Quelle est la longueur de la moyenne proportionnelle entre deux lignes qui ont 20 mètres et 45 mètres?

P. 353. Quelle est la longueur de la troisième proportionnelle à deux droites qui ont 10 mètres et 15 mètres?

P. 354. Quelle est la longueur de la quatrième proportionnelle à trois droites qui ont 12 mètres, 16 mètres et 18 mètres?

P. 355. Dans un cercle de 14 mètres de diamètre, quelle est la longueur de la corde menée perpendiculairement au diamètre et à deux mètres de son extrémité?

P. 356. Quel est le diamètre d'un cercle dans lequel une flèche de 4 mètres répond à une corde de 12 mètres?

P. 357. Quelle est la corde qui répond à une flèche de 4 mètres dans un cercle de 10 mètres de rayon?

P. 358. Deux sécantes partent d'un même point extérieur à un cercle; l'une a pour longueur totale 18 mètres et pour segment extérieur 6 mètres, l'autre pour longueur 15 mètres; quel est son segment extérieur?

P. 359. Une sécante et une tangente partent d'un même point; la tangente est de 12 mètres, la partie extérieure de la sécante est de 9 mètres, on demande: 1° la longueur totale de la sécante, 2° la partie de la sécante comprise dans le cercle?

P. 360. Quel est le côté du décagone régulier inscrit dans un cercle de 12 mètres de rayon?

P. 361. Quel est le rayon d'un cercle dans lequel un décagone régulier inscrit a pour côté 9 mètres 27?

§ IV. — DES POLYGONES SEMBLABLES.

371. On appelle polygones semblables les polygones qui ont les angles égaux chacun à chacun, et les côtés homologues proportionnels.

372. On entend par côtés homologues ceux qui sont adjacents aux angles égaux.

373. PROPOSITION. — *Deux polygones semblables peuvent être décomposés en un même nombre de triangles semblables chacun à chacun, et semblablement disposés.*

Soient les polygones semblables $abcde$, ABCDE; menons les diagonales ac, ad, AC, AD; les deux polygones seront décomposés en triangles semblables chacun à chacun. En effet, puisque les deux polygones sont semblables, on a $b = B$, et $ab : AB :: bc : BC$; donc les triangles abc et ABC sont semblables, comme ayant un angle égal compris entre côtés proportionnels.

---

371. *Qu'appelle-t-on polygones semblables?* — 372. *Qu'entend-on par côtés homologues?*

Les deux triangles semblables abc, ABC donnent: 1° $m=M$, et par suite $c-m=C-M$ ou $n=N$; 2° la proportion $bc:BC::ac:AC$; mais la similitude des polygones donne $bc:BC::cd:CD$; et à cause du premier rapport commun, on a $ac:AC::cd:CD$. Donc les deux triangles acd et ACD sont semblables, comme ayant un angle égal compris entre côtés proportionnels, et ainsi des autres; donc, etc.

374. PROPOSITION. — *Si deux polygones sont composés d'un même nombre de triangles semblables et semblablement disposés, ces deux polygones seront semblables.*

Soient les polygones *fig. n°* 373, les triangles semblables donnent: $b=B$, $e=E$, et de plus, comme $g=G$, $h=H$, $i=I$; $m=M$, $N=n$; $r=R$, $s=S$; on a encore $a=A$, $c=C$, $d=D$. D'ailleurs la similitude de ces triangles donne cette suite de rapports égaux, $ab:AB::bc:BC::ac:AC::cd:CD::ad:AD::de:DE::ea:EA$. Mettant à part les rapports qui renferment les côtés des polygones, on a $ab:AB::bc:BC:cd:CD::de:DE::ea:EA$. Donc les deux polygones ont: 1° les angles homologues égaux, 2° les côtés homologues proportionnels; donc ils sont semblables; donc, etc.

375. PROPOSITION. — *Deux polygones* abcdef, ABCDEF *sont semblables lorsque les angles formés par deux côtés homologues quelconques* bc, BC, *avec les côtés et les diagonales qui aboutissent à leurs extrémités, sont égaux chacun à chacun.*

En effet, dans les deux triangles abc, ABC qui répondent aux sommets a et A, les angles abc, ABC sont égaux par supposition ainsi que les angles bca, BCA: donc ces deux triangles sont équiangles, et leurs côtés homologues donnent la proportion $bc:BC::ca:CA$. Les triangles bfc, BFC qui répondent aux sommets suivants f, F sont semblables pour la même raison, et donnent $bc:BC:cf:CF$. Cette proportion ayant un rapport commun avec la précédente, on en conclut $ca:CA::cf:CF$. D'ailleurs, l'angle acf différence des angles acb, fcb, égale l'angle ACF différence des angles ACB, FCB; donc les triangles acf, ACF ayant un angle égal compris entre côtés proportionnels, sont semblables.

On démontrerait de la même manière la similitude des triangles fce, FCE; ecd, ECD. Ainsi les deux polygones se trouvent composés d'un même nombre de triangles semblables chacun à chacun et semblablement disposés; donc ces deux polygones sont semblables; donc, etc. Cette proposition sert de base à la théorie du lever des plans par la planchette.

376. PROPOSITION. — *Les contours ou périmètres des polygones semblables sont entre eux comme les côtés homologues* (fig. n° 373).

En effet, les polygones semblables ABCDE, $abcde$ donnent AB:ab::BC:bc::CD:cd::DE:de::EA:ea; d'où la somme des antécédents AB + BC + CD + DE + EA, ou le périmètre du polygone ABCDE: la somme des conséquents ab

$+bc+cd+de+ea$, ou le périmètre du polygone $abcde$ :: un antécédent quelconque AB : son conséquent ab ; donc, etc.

377. Proposition. — *Deux polygones réguliers d'un même nombre de côtés sont semblables.*

Car : 1° les angles des deux polygones sont égaux, puisque le nombre des côtés est le même de part et d'autre ; 2° les côtés sont évidemment proportionnels puisqu'ils donnent lieu à des rapports identiques ; donc, etc.

378. Proposition. — *Les périmètres de deux polygones réguliers d'un même nombre de côtés sont comme les rayons des cercles circonscrits et aussi comme les rayons des cercles inscrits.*

En effet, les rayons et les apothèmes de ces polygones les décomposent en un même nombre de triangles isocèles semblables, dans lesquels les rayons des cercles inscrit et circonscrit, qui sont homologues, sont dans le même rapport que les côtés du polygone ; donc, etc.

379. Problème 1. *Construisez un polygone semblable et égal à un autre, ou, en d'autres termes, copiez un polygone donné.*

Soit le polygone donné $ABCDE$; décomposez-le en triangles par les diagonales CA, CE, menées d'un même sommet C. Tirez ensuite ab égal à AB ; construisez sur cette droite un triangle acb égal à ACB ; sur ac un triangle ace égal à ACE, et enfin sur ec un triangle ecd égal à ECD. Les deux polygones seront évidemment égaux puisqu'ils sont composés d'un même nombre de triangles égaux et semblablement placés.

380. Problème 2. — *Construisez un polygone semblable à un autre, sur une ligne donnée.*

Soit à construire un polygone semblable à $ABCDE$ sur une ligne ae donnée comme homologue de AE ; menez les diagonales AC, AD ; puis, sur la droite donnée, faites, au point e, l'angle $e = E$, et au point A l'angle $i = I$, vous formerez de cette manière le triangle aed semblable à AED. Construisez de même sur ad, homologue à AD, le triangle adc semblable à ADC, et sur ac, homologue à AC, le triangle abc semblable à ABC. Le polygone $abcde$, ainsi formé, sera semblable à $ABCDE$, car ces deux polygones sont composés d'un même nombre de triangles semblables chacun à chacun, et semblablement disposés.

PROBLÈMES GRAPHIQUES.

P. 362. Faites un triangle équilatéral de 40 mill. de côtés, et faites-en un second dont le périmètre soit moitié moindre.

P. 363. Faites un carré de 20 mill. de côté, puis faites-en un second dont le périmètre soit double.

P. 364. Faites un hexagone régulier de 20 mill. de côté, puis faites-en un second dont le périmètre soit les $^3/_4$ de celui du premier.

P. 365. Faites un octogone régulier à l'aide d'un carré de 20 mill. de côté, puis faites-en un second dont le périmètre égale 4 fois $^1/_4$ celui du premier.

P. 366. Faites un triangle ayant pour côtés 40 mill., 30 mill., 35 mill., et cherchez graphiquement les côtés d'un triangle semblable qui aurait 90 mill. de périmètre.

P. 367. Faites un rectangle dont la base égale 40 mill., la hauteur 25 mill., et construisez graphiquement un rectangle semblable dont le périmètre égale 104 mill.

P. 368. Faites un losange ayant pour diagonales 40 mill. et 25 mill., puis faites-en un second semblable dont le périmètre soit les $^6/_5$ du premier.

P. 369. Faites un trapèze rectangle ayant pour bases 40 mill. et 25 mill., pour hauteur 12 mill., puis faites-en un second semblable dont le périmètre égale 100 mill.

P. 370. Tracez un pentagone dont les côtés, en allant de gauche à droite aient pour longueurs 30 mill., 18 mill., 22 mill., 25 mill., 27 mill., et les deux diagonales menées de l'extrémité gauche du premier côté, l'une 40 mill. et l'autre 45 mill., puis faites un polygone semblable sur une ligne de 20 mill. donnée comme homologue du premier côté.

P. 371. Tracez un hexagone irrégulier dont les côtés aient pour longueurs 30 mill., 27 mill., 18 mill., 20 mill., 32 mill., 22 mill., et les trois diagonales 15 mill., 32 mill., 42 mill., puis faites un polygone semblable dont le périmètre égale 100 mill.

P. 372. Inscrivez un triangle équilatéral dans un cercle de 10 mill. de rayon, et inscrivez à un autre cercle un triangle équilatéral dont le périmètre soit double de celui du premier.

P. 373. Inscrivez un octogone régulier dans un cercle de 20 mill. de rayon, et inscrivez à un autre cercle un octogone régulier dont le périmètre soit les $^4/_5$ de celui du premier.

P. 374. Circonscrivez un carré à un cercle de 15 mill. de rayon, et circonscrivez à un autre cercle un carré dont le périmètre égale 4 fois $^1/_5$ celui du premier.

P. 375. Circonscrivez un hexagone régulier à un cercle de 21 mill., et circonscrivez à un second cercle un hexagone régulier dont le périmètre soit les $^9/_5$ du premier.

PROBLÈMES NUMÉRIQUES.

P. 376. Quel est le rapport des périmètres de deux triangles équilatéraux ayant pour côtés, le premier 10 m. et le second 18?

P. 377. Quel est le rapport des périmètres des carrés ayant pour côtés 5 mètres et 12 mètres?

P. 378. Quel est le rapport des périmètres des pentagones réguliers inscrits dans des cercles ayant pour rayons 15 mill. et 20 mill.?

P. 379. Un triangle a pour côtés 12 m., 25 m., 32 m., quels

seraient les côtés d'un triangle semblable ayant un périmètre trois fois plus grand?

P. 380. Un carré a pour côté 16 m., quel serait le côté d'un carré ayant un périmètre deux fois moindre?

P. 381. Un rectangle a pour base 10 m. et pour hauteur 8 mètres, quelles seraient la base et la hauteur d'un rectangle semblable ayant un périmètre deux fois $^1/_2$ plus grand?

P. 382. Un polygone régulier a 12 mètres 75 pour l'un de ses côtés, quel est le côté homologue d'un polygone semblable, qui aurait un périmètre trois fois plus grand?

P. 383. Un octogone régulier est inscrit dans un cercle de 20 mill. de rayon, quel est le rayon du cercle dans lequel un octogone inscrit a un périmètre double?

P. 384. Un triangle a pour côtés 20 m., 26 m., 30 m., quels sont les côtés d'un triangle semblable dont le périmètre égale 114 mètres?

P. 385. Un rectangle a 15 m. de base et 9 m. de hauteur, calculez la base et la hauteur d'un rectangle semblable dont le périmètre égale 36 m.?

P. 386. Un quadrilatère irrégulier a pour côtés 40 m., 20 m., 25 m., 30 m., et pour diagonale 55 m., calculez les côtés et la diagonale d'un quadrilatère semblable ayant pour périmètre 92 m.?

§ V. — RAPPORT DE LA CIRCONFÉRENCE AU DIAMÈTRE.

381. PROPOSITION. — *Les circonférences sont entre elles comme leurs rayons ou leurs diamètres.*

Car les cercles peuvent être considérés comme des polygones réguliers d'un nombre infini do côtés, ayant pour périmètre une circonférence, et pour lignes homologues les rayons et les diamètres.

382. Il résulte de là que, *pour tracer une circonférence qui soit le double, le triple, etc., d'une circonférence donnée, il faut employer un rayon double, triple, etc.*

383. PROPOSITION. — *Le rapport entre la circonférence et son diamètre est une quantité constante.*

En effet, désignons par C et c deux circonférences et par D et d leurs diamètres, on a, d'après ce qui précède, $C : c :: D : d$; changeant les moyens de place, $C : D :: c : d$; d'où $\dfrac{C}{D} = \dfrac{c}{d}$. Le

quotient $\dfrac{C}{D}$ de la première circonférence par son diamètre, égale

donc le quotient $\dfrac{c}{d}$ de la seconde par son diamètre. Ce quotient, qui est le même pour toutes les circonférences, se désigne ordinairement par la lettre grecque π (*prononcez pi*), en sorte que l'on a $\dfrac{C}{D} = \pi$.

384. *Remarque.* — Les savants ont démontré que le rapport π ne peut pas s'exprimer exactement; leurs travaux ne se sont donc portés que sur la valeur approchée de ce nombre. Le rapport donné par Archimède est $\frac{22}{7}$; celui d'Adrien Métius est $\frac{355}{113}$; enfin des procédés géométriques ont permis de développer ce rapport en une fraction décimale composée de 154 chiffres, approximation bien supérieure aux besoins les plus étendus; ce rapport est $\pi = 3,14159265358.\ldots$

En réduisant ces divers rapports en décimales, on obtient $\frac{22}{7} = 3,14285$; $\frac{355}{113} = 3,1415929$; d'ailleurs $\pi = 3,14159265358\ldots$ Par où l'on voit que le rapport d'Adrien Métius est plus exact que celui d'Archimède, et que l'erreur de ces deux rapports, qui est en plus, est, pour celui d'Adrien Métius, de moins de 1 millionième, et, pour celui d'Archimède, de moins de 1 millième.

L'erreur de l'expression $\pi = 3,1415926\ldots$ est toujours en moins, à cause de ce qu'on supprime, et elle est toujours moindre qu'une unité de l'ordre décimal auquel on s'arrête. Dans la pratique, on prend généralement $\pi = 3,1416$, et on a une valeur plus approchée que le rapport d'Archimède, mais moins approchée que celui d'Adrien. L'erreur est en plus.

385. **Proposition.** — *On obtient la longueur d'une circonférence dont on connaît le rayon ou le diamètre, en multipliant son diamètre par le rapport* 3,1416.

C'est ce que démontre la formule $\dfrac{C}{D} = \pi$; car, en multipliant de part et d'autre par D, on obtient $C = \pi \times D = 3,1416 \times D$.

386. **Problème 1.** — *Quelle est la circonférence qui a pour diamètre 12 mètres ?*

La circonférence égale $\pi \times D = 3,1416 \times 12 = 37$ m. 6992.

387. **Problème 2.** — *Quelle est la longueur d'une circonférence qui a 7 mètres de rayon ?*

Le diamètre égale $7 \times 2 = 14$ mètres.
D'où circonférence égale $3,1416 \times 14 = 43$ m. 9824.

388. **Problème 3.** — *Un ouvrier désire connaître, à moins d'un millimètre près, la longueur d'une circonférence de 3 mètres de diamètre, et il demande combien il doit prendre de chiffres dans la valeur de π.*

Trois mètres $= 3000$ millimètres, et par conséquent un millimètre $= \frac{1}{3000}$ du diamètre.

La circonférence cherchée a pour formule $\pi \times D$; donc, pour avoir cette circonférence à moins d'un millimètre près, il faut multiplier le diamètre donné par π de manière à négliger moins de un trois-millième de ce diamètre. Il suffit donc de prendre, dans la valeur de π, un nombre de chiffres décimaux tel, que la valeur de ce qu'on supprime soit moindre que la fraction $\frac{1}{3000}$; pour cet effet, on s'arrêtera aux *dix-millièmes*; l'on aura $\pi = 3,1415$. La circonférence cherchée $= 3,1415 \times 3 = 9$ mètres 4245.

389. Proposition. — *On obtient le diamètre d'un cercle dont on connaît la circonférence, en divisant cette circonférence par le rapport 3,1416.*

En effet, la circonférence d'un cercle est un produit qui a pour facteurs π et le diamètre; si l'on divise ce produit par l'un des facteurs π, le quotient donnera l'autre facteur, c'est-à-dire le diamètre.

390. Problème. — *Quel est le diamètre d'un cercle dont la circonférence égale 25 mètres 1328 ?*

Ce diamètre $= \dfrac{C}{\pi} = \dfrac{25,1528}{3,1416} = 8$ mètres.

391. Proposition. — *On obtient la longueur d'un arc dont on connaît le nombre de degrés, en multipliant la circonférence dont l'arc fait partie par le rapport entre le nombre des degrés de l'arc et 360°.*

Et en effet, il est évident que, si le nombre des degrés égale le $\frac{1}{3}$, le $\frac{1}{12}$, etc., de 360, la longueur de l'arc égale le $\frac{1}{3}$, le $\frac{1}{12}$, etc., de la circonférence.

392. Problème 1. — *Quelle est la longueur d'un arc de 30° sur une circonférence dont le diamètre est 22 mètres ?*

On a d'abord pour la circonférence $\pi \times 22$.

D'où l'arc de $30° = \pi \times 22 \times \frac{30}{360} = 3,1416 \times 22 \times \frac{1}{12} = \frac{3,1416 \times 22}{12} = 5$ mètres 7596.

393. Problème 2. — *Quel est le nombre de degrés d'un arc de 12 mètres 5664 sur une circonférence de 12 mètres de rayon ?*

La circonférence $= 3,1416 \times 24 = 75$ m. 3984.

D'où le nombre des degrés de l'arc $= 360 \times \frac{12,5664}{75,3984} = 60°$.

PROBLÈMES NUMÉRIQUES.

P. 387. Quelles sont les circonférences des cercles dont les diamètres égalent : 1° 26 m., 2° 46 m. 25, 3° 59 m. 75, 4° 67 m. 75, 5° 224 m. 50 ?

P. 388. Quelles sont les circonférences des cercles ayant pour rayons : 1° 42 m. 25, 2° 67 m. 24, 3° 117 m. 70, 4° 149 m. 70, 5° 160 m. 70 ?

P. 389. Quels sont les diamètres des cercles dont les circonférences égalent : 1° 37 m. 70, 2° 59 m. 69, 3° 76 m. 34, 4° 126 m. 45, 5° 206 m. 25 ?

P. 390. Quels sont les rayons des cercles dont les circonférences égalent : 1° 69 m. 25, 2° 152 m. 12, 3° 227 m. 20, 4° 380 m. 17, 5° 45 m. 20 ?

P. 391. Sur une circonférence de 35 mètres de rayon, quelles sont les longueurs des arcs qui ont pour mesures : 1° 36°, 2° 72°, 3° 80° 15', 4° 115° 22', 5° 276° 40' ?

P. 392. Sur une circonférence de 45 m. 75 de rayon, on demande le nombre de degrés des arcs qui auraient : 1° 25 m, 2° 39 m. 75, 3° 45 m. 15, 4° 82 m. 09, 5° 195 m. 90 ?

P. 393. Quels sont les diamètres des cercles dont les circonférences égalent les périmètres : 1° d'un triangle équilatéral de 6 m. de côté, 2° d'un carré de 7 m. de côté, 3° d'un hexagone régulier de 12 m. de côté, 4° d'un octogone régulier de 18 m. de côté, 5° d'un décagone régulier de 25 m. 25 de côté?

P. 394. Quel est la circonférence d'une pièce de cinq francs, sachant qu'elle a 37 millimètres de diamètre?

P. 395. Quel est le diamètre d'un bassin circulaire dont le contour ou la circonférence égale 75 m. 82?

P. 396. Le diamètre des deux grandes roues d'une locomotive égale 1 m. 75, celui des quatre autres 1 m. 10; on demande combien de tours fait chacune de ces roues dans le trajet de Paris à Orléans, dont la longueur est 122 kilomètres.

P. 397. Le diamètre de l'équateur égale 12754 kilomètres; on demande: 1° la circonférence de l'équateur, 2° l'espace décrit par chacun des points de cette circonférence dans l'intervalle d'une seconde.

P. 398. Deux villes, situées sur le 45° degré de latitude, sont à 6° 15' de distance en longitude; exprimez cette distance en myriamètres, sachant que le rayon du parallèle égale 1450 kilomètres.

P. 399. Paris est situé à une latitude de 48° 50' 12", le rayon terrestre étant de 6367 kilomètres; on demande, pour ce parallèle: 1° son rayon, 2° la valeur d'un degré de longitude?

P. 400. A quelle latitude appartient un cercle parallèle à l'équateur, sachant que son diamètre égale 3000 mètres?

P. 401. Quel est le côté du carré dont le périmètre égale un arc de 36° pris sur une circonférence de 5 mètres de rayon?

P. 402. Quel est le diamètre d'un cercle dont la circonférence égale le périmètre d'un hexagone de 6 m. 5 de côté?

CHAPITRE XI.

TRIANGLE RECTANGLE.

§ Ier. — PROPRIÉTÉ GÉOMÉTRIQUE.

394. PROPOSITION. — *Deux rectangles de même hauteur sont entre eux comme leurs bases.*

Soient les deux rectangles ABCD, BEFC qui ont pour hauteur commune BC, je dis qu'ils sont entre eux comme leurs bases AB, BE. En effet, supposons que les bases soient entre elles comme les nombres 3 et 5, élevez une perpendiculaire à chaque point de division, vous formerez huit rectangles partiels qui seront égaux, car ayant même base et même hauteur, ils peuvent se superposer, le rectangle ABCD contient trois de ces rectangles, et BEFG en contient cinq; donc, ABCD : BEFC :: 3 : 5 ou :: AB : BE; donc, etc.

395. Proposition. — *Tout parallélogramme est équivalent à un rectangle de même base et de même hauteur.*

Soit le parallélogramme ABCD; élevez les perpendiculaires AF, DJ, vous formerez deux triangles égaux AFB, DJC, comme ayant deux angles égaux A et D (*n° 115*), compris entre les côtés égaux AF = DJ, AB = DC: d'où il résulte que le parallélogramme ABCD est équivalent au rectangle AFJD, de même base AD et de même hauteur DJ; donc, etc.

396. Proposition. — *Tout triangle est équivalent en superficie à la moitié d'un parallélogramme de même base et de même hauteur.*

Soit le triangle ABC; menez BD parallèle à AC, et CD parallèle à AB, vous formerez le parallélogramme ABDC, qui a même base AC et même hauteur BE que le triangle ABC. Or les deux triangles ABC et BCD ont leurs trois côtés égaux chacun à chacun: car BC est commun, BD = AC, comme parallèles comprises entre parallèles; CD = AB pour la même raison: donc ces deux triangles sont égaux, et par suite ABC est la moitié de ABDC; donc, etc.

397. Proposition — *Tout triangle est la moitié d'un rectangle de même base et de même hauteur.*

Soient le triangle AEB et le rectangle ABCD qui ont même base AB et les hauteurs égales AD, EH; menons AF parallèle à BE. Le triangle AEB est la moitié du parallélogramme ABEF de même base AB et de même hauteur AD. Le parallélogramme ABEF est équivalent au rectangle ABCD de même base AB et de même hauteur AD = EH; donc le triangle AEB moitié du parallélogramme, est également moitié du rectangle ABCD, de même base et de même hauteur; ce qu'il fallait démontrer.

398. Proposition. — *Si de l'angle droit A d'un triangle rectangle, on mène une perpendiculaire sur l'hypoténuse. 1° Les deux triangles partiels ABC, ABD, seront semblables chacun au triangle total CAD.*

En effet les deux triangles ACB, ACD sont tous deux rectangles l'un en B, l'autre en A; de plus ils ont l'angle C de commun; donc le troisième angle I = D, et les deux triangles sont équiangles et par suite semblables.

On démontrerait de même que ABD est semblable au triangle ACD; d'où il résulte que *les deux triangles partiels* ABC, ABD *sont semblables entre eux, puisqu'ils sont semblables chacun au triangle total* ACD.

On peut du reste le démontrer directement, comme il suit :

Ces deux triangles ABC, ABD ont chacun un angle droit en B ; de plus, C + I = un angle droit à cause de l'angle droit B ; I + O = un angle droit ; donc C + I = I + O ; retranchant I dans les deux membres, il reste C = O ; on aurait de même I = D ; donc les triangles ABC, ABD sont équiangles et par suite semblables.

2° *La perpendiculaire AB est moyenne proportionnelle entre les deux segments de l'hypoténuse.*

En effet, comparons les triangles partiels ABC, ABD, en prenant les côtés homologues opposés aux angles égaux I = D, C = O, nous avons CB : AB :: AB : BD ; donc, etc.

3° *Chaque côté de l'angle droit est moyenne proportionnelle entre l'hypoténuse entière et le segment adjacent.*

En effet, comparons les triangles semblables ACD, ACB, en prenant pour côtés homologues les deux hypoténuses CD, AC, et les côtés CA, CB, opposés aux angles égaux D et I, nous avons CD : CA :: CA : CB. Les deux triangles ADB, ACD donneraient de même CD : AD :: AD : BD ; donc, etc.

399. PROPOSITION. — *Le carré fait sur l'hypoténuse d'un triangle rectangle est égal en superficie à la somme des carrés faits sur les deux côtés de l'angle droit.*

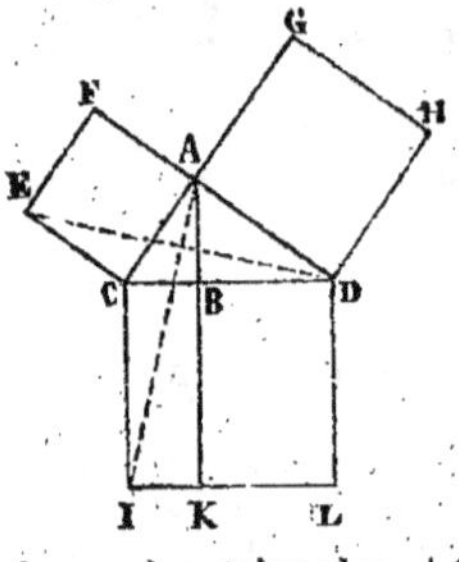

Soit le triangle rectangle CAD, construisez un carré sur chacun des côtés, menez la perpendiculaire ABK, et les diagonales ED, AI. L'angle ACI se compose de l'angle ACD plus de l'angle droit DCI ; l'angle ECD se compose du même angle ACD plus de l'angle droit ECA ; donc, l'angle ACI = ECD. De plus CA = CE comme côtés d'un même carré, CD = CI pour la même raison ; donc, les triangles ACI, ECD sont égaux comme ayant un angle égal compris entre côtés égaux. Le triangle ACI est la moitié du rectangle CBKI qui a même base CI et même hauteur CB, le triangle ECD est la moitié du carré ECAF de même base EC, et de même hauteur CA ; donc, le rectangle CBKI double du triangle ACI est équivalent au carré ECAF double du triangle ECD ; on démontrerait de même que le rectangle BDLK est équivalent au carré ADHG ; mais les deux rectangles CBKI, BDLK composent le carré CDLI fait sur l'hypoténuse ; donc, etc.

400. PROPOSITION. — *Les carrés faits sur les côtés de l'angle droit d'un triangle rectangle sont entre eux comme les segments de l'hypoténuse adjacents à ces côtés.*

Le carré ECAF est équivalent au rectangle CBKI, le carré ADHG est équivalent au rectangle DBKL. Or, les rectangles CBKI, BDKL ayant même hauteur BK sont entre eux comme leurs bases CB, BD ; donc, on a ECAF : ADHG :: CB : BD. Ce qu'il fallait démontrer.

401. On démontrerait de même que *le carré fait sur l'hypoténuse est à chacun des carrés faits sur les côtés de l'angle droit comme l'hypoténuse est au segment correspondant.*

§ II. — USAGE DE LA PROPRIÉTÉ DU TRIANGLE RECTANGLE.

402. PROBLÈME 1. — *Construisez un carré qui soit double d'un carré donné*

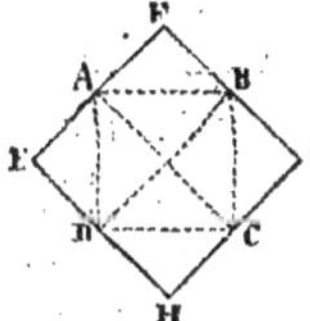

Il suffit de construire un carré EFGH qui ait pour côté la diagonale du carré donné ABCD.

En effet, le triangle rectangle ABC donne $\overline{AC}^2 = \overline{AB}^2 + \overline{BC}^2$. Mais $\overline{AB}^2 = ABCD$ et $\overline{BC}^2 = ABCD$, d'où $\overline{AC}^2$ ou EFGH $=$ ABCD $+$ ABCD $=$ deux fois ABCD. D'ailleurs on voit sur la figure que EFGH se décompose en huit triangles égaux à AED, et que ABCD contient quatre de ces triangles.

403. PROBLÈME 2. — *Construisez un carré qui soit la somme de deux carrés donnés c et b.*

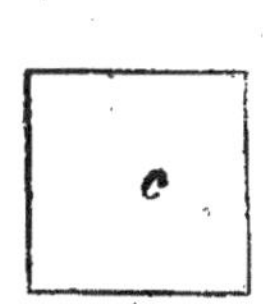 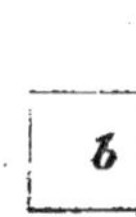 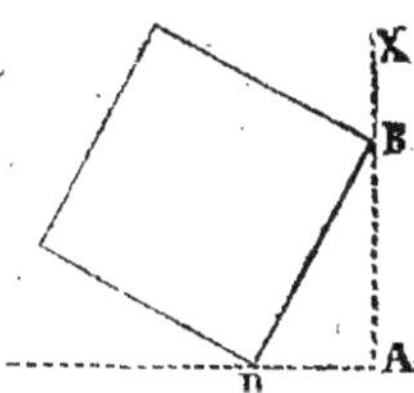

Tracez deux perpendiculaires AO, AX; portez le côté du carré *b* de A en D, et le côté du carré *c* de A en B. Joignez BD, qui sera le côté du carré égal à la somme des deux premiers; car le triangle rectangle BAD donne $\overline{BD}^2 = \overline{AD}^2 + \overline{AB}^2 = b + c$.

404. PROBLÈME 3. — *Construisez un carré qui soit égal à la somme de plusieurs autres carrés donnés.*

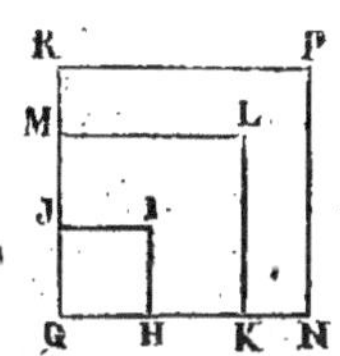 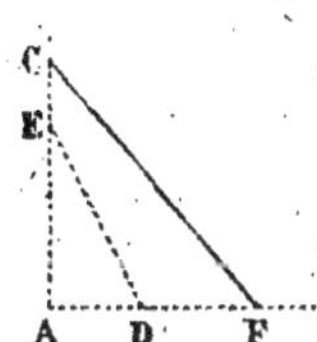 

Soient les carrés donnés GHIJ, GKLM, GNPR; tirez deux perpendiculaires indéfinies AB, AC; portez GH de A en D et GK de A en E; joignez ED, qui serait le côté d'un carré égal en superficie à la somme des deux premiers carrés GHIJ, GKLM; portez ensuite ED de A en F et GN de A en C, et menez CF, qui sera le côté sur lequel vous construirez le carré demandé S. Car les triangles rectangles EAD et CAF donnent :
$$\overline{ED}^2 = \overline{AD}^2 + \overline{EA}^2,$$
$$\overline{CF}^2 = \overline{AF}^2 + \overline{AC}^2 = \overline{ED}^2 + \overline{AC}^2 = \overline{AD}^2 + \overline{EA}^2 + \overline{AC}^2 = $$
$$GHIJ + GKLM + GNPR.$$

405. Problème 4. — *Construisez un carré qui soit la différence de deux carrés donnés.*

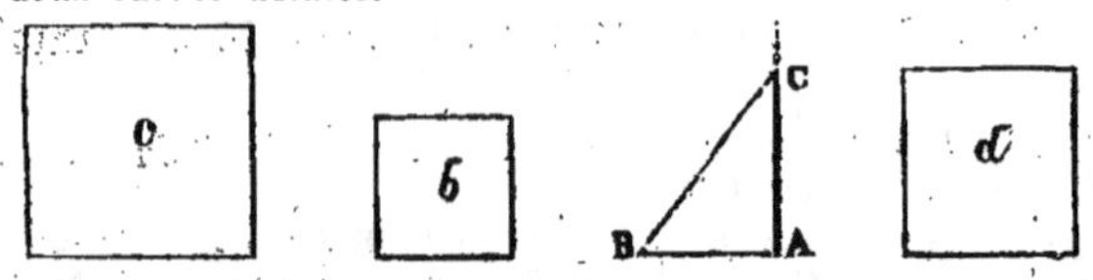

Soit à chercher la différence des deux carrés c et b, tracez deux perpendiculaires indéfinies; portez le côté de b de A en B; du point B, et, avec une ouverture de compas égale au côté de c, coupez AC en C; et vous aurez AC pour le côté du carré d égal à la différence des deux carrés donnés. Car le triangle rectangle CAB donne $\overline{CB}^2 = \overline{AB}^2 + \overline{AC}^2$, ou $c = b + \overline{AC}^2$, retranchant b dans les deux membres, on a $c - b = \overline{AC}^2$.

406. Problème 5. — *Construisez un carré qui soit la moitié d'un autre.*

Il suffit de construire un carré qui ait pour diagonale le côté du carré donné. C'est à quoi l'on arrive très-simplement en traçant les diagonales AC, DB, et leur menant ensuite par les points C et D les parallèles CF, DF; car on a $\overline{CE}^2 + \overline{ED}^2$ ou deux fois ECFD $=$ ABCD, d'où ECFD $=$ la moitié de ABCD; d'ailleurs on reconnaît à l'inspection de la figure que le carré ABCD se décompose en quatre triangles égaux, et que le carré FDEC en contient seulement deux ou la moitié.

407. Problème 6. — *Construisez un carré qui soit une fraction quelconque d'un carré donné.*

Soit à construire un carré qui soit les $^3/_4$ du carré donné N.

1° Sur le côté du carré donné, comme diamètre, décrivez une demi-circonférence; divisez ce diamètre en un nombre de parties égales marquées par le dénominateur 4. A partir d'une des deux extrémités, de A par exemple, prenez le nombre des parties du numérateur 3; élevez la perpendiculaire HF jusqu'à la circonférence, et menez la corde AF, qui sera le côté du carré cherché M.

En effet, si nous menons FB, nous formerons un triangle rectangle AFB, et, en vertu d'une propriété du triangle rectangle (n° 401), on a $\overline{AF}^2 : \overline{AB}^2 :: AH : AB$; ou, en remplaçant, $M : N :: 3 : 4$, ou $\dfrac{M}{N} = \dfrac{3}{4}$.

2° Tracez une ligne indéfinie sur laquelle vous porterez une même longueur choisie à volonté, autant de fois qu'il y a d'unités dans la somme du numérateur et du dénominateur, ici c'est 7 $(3 + 4 = 7)$. Sur l'ensemble AB de ces parties, comme diamètre, décrivez une demi-circonférence; à partir d'une extrémité quelconque B, comptez un nombre de divisions 3 marquées par le numérateur; élevez une perpendiculaire indéfinie D O, et menez les cordes indéfinies D A, D B, qui forment l'angle droit D. Portez le côté du carré donné N en D E; menez E G parallèle à A B, et vous aurez D G pour le côté du carré M, qui doit être les $\frac{3}{4}$ de N. En effet, le triangle rectangle E D G donne (n° 400), $\overline{DG}^2 : \overline{DE}^2 :: FG : FE$. Mais ($n^o$ 354) on a $FG : FE :: OB : OA :: 3 : 4$. Donc la proportion ci-dessus devient $\overline{DG}^2 : \overline{DE}^2 :: 3 : 4$; ou, en remplaçant, $M : N :: 3 : 4$, ou enfin $\frac{M}{N} = \frac{3}{4}$. Ce qu'il fallait démontrer.

408. Problème 7. — *Construisez un carré qui soit à l'égard d'un carré donné dans un rapport marqué par un nombre fractionnaire.*

Soit ce rapport marqué par le nombre $2\frac{3}{5}$; commencez par exprimer ce nombre en une seule fraction $\frac{13}{5}$, puis servez-vous de la deuxième construction indiquée pour le problème qui précède. Si le carré devait être cinq fois plus grand, le rapport serait $\frac{5}{1}$.

409. Problème 8. — *Déterminez la hauteur d'un triangle dont on connaît les trois côtés, mais dont l'intérieur est inaccessible.*

Soit le triangle donné H G M dont l'intérieur est supposé inaccessible.

1° Si le point G est visible dans presque toute l'étendue de H M, cherchez un point N sur H M, de manière que le rayon visuel N G, répondant au sommet G, fasse avec cette ligne un angle droit; retranchez le carré de M N de celui de G M; et la racine carrée du reste déterminera la hauteur G N du triangle.

2° Si le point G n'était visible qu'aux extrémités H et M, on prendrait pour base le plus long côté, et, après l'avoir mesuré, ainsi que les deux autres côtés, on ferait cette proportion : *la base est à la somme des deux autres côtés comme leur différence est à ce qu'il faut retrancher de la base, à partir de l'extrémité adjacente au plus long côté, pour que le milieu du reste soit le point où tombe la perpendiculaire.* Cette perpendiculaire se déterminerait ensuite comme il a été dit ci-dessus.

Pour le démontrer, décrivez la circonférence O M R d'un rayon égal au plus petit côté G M; prolongez H G jusqu'en R, les sécantes H R et H M seront coupées par les arcs concaves et convexes en raisons réciproques (n° 359), et l'on aura

$$HM : HR :: HO : HP \quad (a),$$

Mais $HR = HG + GR = HG + GM$, $HO = HG - GO = HG - GM$,

La proportion (a) ci-dessus peut donc s'écrire

$$HM : HG + GM :: HG - GM : HP.$$

La ligne H P est ce qu'il faut retrancher de la base, à partir du point H, pour que le milieu N du reste soit le point où tombe la perpendiculaire.

Supposons que les côtés du triangle HGM$=20$ m., 15 m., 9 m.; la proportion (a) donne

$$20 : 15 + 9 :: 15 - 9 : HP, \text{ ou } 20 : 24 :: 6 : HP.$$

D'où $HP = \frac{24 \times 6}{20} = 7$ m. 2.

Or $PM = HM - HP = 20 - 7,2 = 12$ mètres 8;

$$NM = \frac{PM}{2} = \frac{12,8}{2} = 6 \text{ mètres } 4.$$

A cause du triangle rectangle GNM, on a évidemment

$$\overline{GN}^2 = \overline{GM}^2 - \overline{NM}^2 = 9^2 - \overline{6,4}^2 = 81 - 40,96 = 40,04;$$

D'où $GN = \sqrt{40,04} = 6$ mètres 32771.

410. PROBLÈME 9. — *Élevez une perpendiculaire à l'extrémité d'une ligne par la propriété du triangle rectangle.*

Portez sur la ligne AB cinq parties égales; du point A, et avec une ouverture de compas égale à trois divisions AE, décrivez un arc en C; de la quatrième division D, et avec un rayon AB égal à cinq divisions, décrivez un autre arc qui coupe le premier; menez AC, elle sera la perpendiculaire demandée.

En effet, AC ayant trois parties, son carré est 9, celui de AD est 16, et leur somme 25; mais le carré de CD est aussi 25; donc l'angle A est droit, et la ligne AC est perpendiculaire.

411. PROBLÈME 10. — *Cherchez le plus grand équarrissage d'une pièce de bois.*

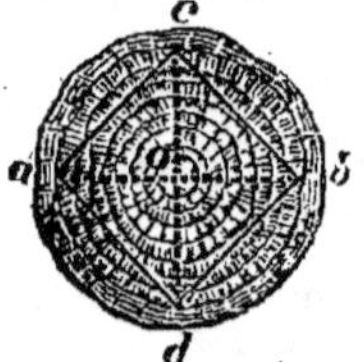

Pour trouver le plus grand équarrissage d'une pièce de bois en chantier, on tire aux deux bouts de la pièce un diamètre vertical, au moyen du fil à plomb, et un autre qui lui soit perpendiculaire au moyen de l'équerre, puis on joint deux à deux les extrémités de ces diamètres en dedans de l'aubier. En joignant le long de la poutre les sommets des deux carrés, on aura les arêtes de la poutre lorsqu'elle sera équarrie.

Si l'on désire déterminer par le calcul le côté du carré, on carre le diamètre du bois parfait (sans l'écorce ni l'aubier), on prend la moitié du résultat, et la racine carrée de cette moitié est le côté du plus grand carré que puisse donner la pièce; car on a (n° 406) $\overline{ac}^2 = \frac{\overline{ab}^2}{2}$, d'où $ac = \sqrt{\frac{\overline{ab}^2}{2}}$. Lorsqu'on ne connaît que la circonférence de la pièce de bois, on cherche le diamètre, dont on retranche 81 mill., puis l'on opère comme précédemment.

412. PROBLÈME 11. — *Cherchez la pièce la plus résistante d'une poutre de bois.*

La pièce la plus résistante que l'on puisse tirer d'une poutre de bois en chantier se détermine de la manière suivante. On tire un diamètre horizontal ab et en dedans de l'aubier, on divise ce diamètre en trois parties égales ac, cd, db; par les points de division c et d, on élève deux perpendiculaires

au diamètre cf, de, l'une au-dessus, l'autre au-dessous; on joint les extrémités des perpendiculaires, ce qui donne $afbe$ pour la base de la pièce demandée. Si l'on désire déterminer les côtés par le calcul, on extrait la racine carrée du tiers et celle des deux tiers du carré du diamètre intérieur (en dedans de l'aubier) : ces racines donnent les côtés af et fb de la pièce. En effet, le triangle rectangle afb donne (n° 401)

1° $\overline{af}^2 : \overline{ab}^2 :: ac : ab :: 1 : 3$, d'où $\overline{af}^2 = \dfrac{\overline{ab}^2}{3}$ et $af = \sqrt{\dfrac{\overline{ab}^2}{3}}$; 2° $\overline{fb}^2 : \overline{ab}^2 :: cb : ab :: 2 : 3$, d'où $\overline{fb}^2 = \frac{2}{3}\overline{ab}^2$ et $fb = \sqrt{\frac{2}{3}\overline{ab}^2}$. Si le diamètre ab égale 24 centimètres, ces valeurs de af et fb deviennent

$$af = \sqrt{\tfrac{24 \times 24}{5}} = 13 \text{ cent. } 8.$$
$$fb = \sqrt{\tfrac{2}{3} \times 24 \times 24} = 19 \text{ cent. } 8.$$

PROBLÈMES GRAPHIQUES.

P. 403. Tracez deux carrés qui aient pour côtés 15 mill. et 25 mill., et cherchez graphiquement un troisième carré qui soit la somme des deux premiers.

P. 404. Construisez trois carrés qui aient pour côtés 15 mill., 20 mill., 25 mill., et cherchez graphiquement un quatrième carré qui soit leur somme.

P. 405. Tracez deux carrés qui aient pour côtés 15 mill., 25 mill., et cherchez graphiquement un troisième carré qui soit leur différence.

P. 406. Tracez un carré de 20 mill. de côté, et cherchez-en d'autres qui égalent : 1° le double du premier, 2° la moitié du premier, 3° les deux tiers du premier, 4° deux fois trois quarts le premier.

P. 407. Tracez trois carrés qui aient pour côtés 15 mill., 20 mill., 25 mill., et cherchez graphiquement un quatrième carré qui soit la différence entre la somme des deux premiers et le troisième.

PROBLÈMES NUMÉRIQUES.

P. 408. Dans le triangle rectangle ACD, *fig. n°* 398, soit AC = 18 m., et AD = 24 m., on demande : 1° CD, 2° CB, 3° BD, 4° AB.

P. 409. Dans le même triangle, soit CB = 9 m., BD = 25 m., on demande : 1° AB, 2° AC, 3° AD, 4° CD.

P. 410. Quelles sont les hypoténuses des triangles rectangles dont les deux côtés de l'angle droit seraient : 1° 10 m. et 15 m.; 2° 12 m. et 18 m.; 3° 24 m. et 20 m.; 4° 9 m. 15 et 11 m. 25; 5° 26 m. 25 et 18 m. 75?

P. 411. Quel est un des côtés de l'angle droit des triangles rectangles ayant les dimensions suivantes : 1° hypoténuse 26 m., côté 10 m.; 2° hyp. 49 m., côté 24 m.; 3° hyp. 60 m., côté 30 m.; 4° hyp. 115 m. 75, côté 75 m. 25; 5° hyp. 222 m. 90, côté 95 m. 85 ?

P. 412. Quelles sont les hauteurs des triangles équilatéraux qui auraient pour côtés : 1° 12 m., 2° 26 m., 3° 47 m., 4° 122 m. 14, 5° 185 m. 90 ?

P. 413. Quelles sont les hauteurs des triangles isocèles qui auraient les dimensions suivantes : 1° base 12 m., côté 26 m.; 2° base 24 m. côté 42 m.; 3° base 17 m. 60, côté 38 m. 70; 4° base 36 m., 40, côté 52 m. 75; 5° base 80 m. 40, côté 72 m. 70 ?

P. 414. Quelles sont les diagonales des carrés qui auraient pour côtés : 1° 9 m., 2° 22 m., 3° 46 m. 75, 4° 124 m. 25, 5° 217 m. 35 ?

P. 415. Quels sont les côtés des carrés qui ont pour diagonales : 1° 6 m., 2° 9 m., 3° 12 m., 4° 26 m. 15, 5° 42 m. 25 ?

P. 416. Quels sont les côtés des carrés qui égalent : 1° les $^2/_3$ d'un carré ayant 12 m. de côté, 2° le tiers d'un autre carré de 15 m. de côté, 3° deux fois $^3/_4$ un carré de 20 m. de côté, 4° cinq fois un carré de 45 m. de côté, 5° six fois $^2/_3$ un carré de 60 m. de côté ?

P. 417. Quelles sont les diagonales des rectangles ayant pour bases et pour hauteurs : 1° 29 m. et 11 m., 2° 46 m. et 25 m., 3° 54 m. 25 et 14 m. 15, 4° 126 m. 45 et 75 m. 75; 5° 198 m. 90 et 125 m. 50 ?

P. 418. Quels sont les côtés des losanges ayant pour diagonales : 1° 6 m. et 10 m., 2° 12 m. et 15 m., 3° 22 m. et 18 m., 4° 34 m. et 26 m., 5° 40 m. 25 et 34 m. 75 ?

P. 419. Quelles sont les apothèmes des hexagones réguliers ayant pour côtés : 1° 5 m., 2° 10 m., 3° 15 m., 4° 25 m., 5° 30 m. 5 ?

P. 420. Quelles seraient les apothèmes des pentagones réguliers inscrits dans des cercles qui auraient pour rayons : 1° 5 m., 2° 10 m., 3° 15 m., 4° 25 m., 5° 30 m. 50 ?

P. 421. Quelles sont les hauteurs des triangles ayant pour côtés : 1° 10 m., 15 m. et 18 m.; 2° 18 m., 22 m. et 26 m.; 3° 32 m., 40 m. et 50 m.; 4° 46 m., 54 et 62 m.; 5° 55 m., 65 m. et 75 m. ?

P. 422. Dans un cercle de 50 m. de rayon, calculez les distances du centre aux cordes ayant les longueurs suivantes : 1° 12 m., 2° 24 m., 3° 30 m., 4° 40 m., 5° 45 mètres.

P. 423. Dans un cercle de 50 m. de rayon, calculez les distances des cordes ayant pour longueurs : 1° 6 m. et 12 m.; 2° 10 m. et 16 m., 3° 14 m. et 30 m., 4° 28 m. et 48 mètres, 5° 30 m. et 45 mètres.

P. 424. Une échelle doit être appliquée à 4 mètres d'un mur, quelle longueur doit-elle avoir pour atteindre à 6 mètres ?

P. 425. A quelle distance d'un mur faut-il appliquer une échelle de 10 m. pour qu'elle atteigne à une hauteur de 6 mètres ?

P. 426. Une échelle de 7 m. 25 est placée à 3 m. 40 du pied d'un mur, à quelle hauteur atteint-elle ?

CHAPITRE XII.

ÉVALUATION DES SURFACES.

§ Ier. — ÉVALUATION DES FIGURES RECTILIGNES.

413. Évaluer une surface, c'est déterminer combien de fois elle contient une autre surface prise pour unité de mesure.

Par exemple, soit l'unité de mesure représentée par le petit carré M, la surface du rectangle A B C D sera exprimée par un nombre qui indiquera combien de fois il contient le petit carré, ou l'unité de mesure.

414. PROPOSITION. — *On obtient la surface d'un rectangle en multipliant sa base par sa hauteur.*

Soit le rectangle A B C D, dont la base A B a 7 mètres, et la hauteur A D, 3 mètres; partageons la hauteur A D en trois parties égales, et la base A B en sept parties égales; puis, par les points de division, menons des parallèles aux côtés, nous décomposerons le rectangle en $7 \times 3 = 21$ carrés égaux de chacun 1 mètre carré; donc, etc.

En représentant par B la base du rectangle et par H sa hauteur, on a $B \times H$ pour la formule de la surface du rectangle.

415. PROPOSITION. — *On obtient la surface d'un carré en multipliant un côté par lui-même.*

Par exemple, un carré de cinq mètres de côtés a pour superficie $5 \times 5 = 25$ mètres carrés. (*Même raisonnement que pour le rectangle.*)

416. PROPOSITION. — *On obtient la surface d'un parallélogramme quelconque en multipliant sa base par sa hauteur.*

En effet, le parallélogramme A B C D est équivalent en superficie au rectangle A F J D, de même base A D et de même hauteur A F; or, la surface du rectangle $= A D \times A F$, donc aussi celle du parallélogramme $= A D \times A F$ ou bien $A D \times D J$.

417. PROBLÈME 1. — *Quelle est la surface d'un parallélogramme dont la base égale 12 mètres et la hauteur égale 4 mètres?*

Je multiplie 12 par 4, le produit 48 indique que la surface du parallélogramme égale 48 mètres carrés.

---

413. Qu'est-ce qu'évaluer une surface? — 414. Comment obtient-on la surface d'un rectangle? — 415. D'un carré? — 416. D'un parallélogramme?

418. PROBLÈME 2. — *Quelle est la hauteur d'un rectangle dont la base égale 7 mètres et la surface 35 mètres carrés ?*

La hauteur cherchée doit être telle, que, multipliée par la base, le produit égale 35 : d'où il résulte que cette hauteur égale $\frac{35}{7} = 5$ mètres.

419. PROPOSITION. — *Tous les parallélogrammes de mêmes bases et de mêmes hauteurs sont égaux entre eux.*

Car leur surface $B \times H$ est exprimée par les mêmes facteurs.

420. PROPOSITION. — *On obtient la surface d'un losange en prenant la moitié du produit de ses deux diagonales.*

Soit le losange ABCD; par les divers sommets, menez des parallèles aux diagonales, vous formerez un rectangle EFGH, évidemment double en surface du losange. Or la surface du rectangle égale $EH \times EF = DB \times AC$; donc celle du losange, qui en est la moitié, égale $\frac{DB \times AC}{2}$; donc, etc.

Remarques. — 1° Comme on divise un produit par deux en divisant l'un de ses facteurs par deux, il en résulte qu'*on obtient la surface d'un losange en multipliant l'une de ses diagonales par la moitié de l'autre.* 2° Si l'on considère le losange comme un parallélogramme, *on obtient sa surface en multipliant sa base par sa hauteur* (n° 414).

421. PROPOSITION. — *On obtient la surface d'un triangle en prenant la moitié du produit de sa base par sa hauteur.*

En effet, le triangle ABC, par exemple, est la moitié du parallélogramme ABDC, qui a même base et même hauteur; or la surface du parallélogramme égale $AC \times BE$, donc celle du triangle, qui en est la moitié, égale $\frac{AC \times BE}{2}$.

Remarque. — Comme on divise un produit par deux lorsqu'on divise l'un quelconque de ses facteurs par deux, il en résulte qu'*on obtient la surface d'un triangle en multipliant la moitié de sa base par sa hauteur; ou bien encore, sa base par la moitié de sa hauteur.*

422. PROBLÈME 1. — *Quelle est la surface d'un triangle dont la base égale 18 mètres et la hauteur 6 mètres ?*

On peut obtenir cette surface de trois manières différentes :

1° $\frac{18 \times 6}{2} = \frac{108}{2} = 54$ mètres carrés;

2° $\frac{18}{2} \times 6 = 9 \times 6 = 54$ mètres carrés;

3° $18 \times \frac{6}{2} = 18 \times 3 = 54$ mètres carrés.

---

423. Problème 2. — *Quelle est la hauteur d'un triangle dont la base égale 24 mètres et la surface 168 mètres carrés?*

La hauteur doit être telle, que, multipliée par la moitié de la base, c'est-à-dire par 12, le produit égale 168; d'où il résulte que cette hauteur $= \frac{168}{12} = 14$ mètres.

424. Proposition. — *Tous les triangles dont les bases et les hauteurs sont égales ont la même superficie.*

Soient les triangles BAC, BDC, BEC, BFC, qui ont une base commune BC et des hauteurs égales AH, DI, EJ, FK; il est évident que leurs surfaces seront égales puisqu'elles sont le produit des mêmes facteurs. Il résulte de là qu'on peut faire prendre différentes formes aux triangles sans que pour cela ils perdent rien de leur superficie.

425. Proposition. — *Pour obtenir la surface d'un triangle dont on connaît les trois côtés, il faut faire la demi-somme des trois côtés, en retrancher séparément chacun des trois côtés, multiplier entre eux la demi-somme et les trois restes, et extraire la racine carrée du produit.*

La démonstration de cette proposition ne peut trouver place dans ces éléments.

426. Problème. — *Quelle est la surface d'un triangle dont les trois côtés égalent 20 mètres, 15 mètres, 9 mètres?*

La demi-somme des côtés égale $\frac{20+15+9}{2} = \frac{44}{2} = 22$;

Les trois restes sont $22-20=2$, $22-15=7$, $22-9=13$;

La surf. du tri. $= \sqrt{22 \times 2 \times 7 \times 13} = \sqrt{4044} = 63$ m. car. 2771.

N. B. — La surface d'un trapèze est susceptible de deux expressions, suivant que l'on connaît: 1° la hauteur et les deux bases, 2° la hauteur et la droite qui joint les milieux des deux côtés non parallèles.

427. Proposition. — *On obtient la surface d'un trapèze en multipliant sa hauteur par la demi-somme des bases.*

Soit le trapèze ABCD; menez la diagonale AC, vous décomposerez le trapèze en deux triangles ABC, ACD. Prolongez AD d'une longueur DE=BC, et joignez CE, les deux triangles ABC, CDE, ont des bases égales BC, DE par construction; de plus les hauteurs AF, CH, sont égales comme comprises entre les bases parallèles: donc ces triangles sont équivalents, et par suite le trapèze ABCD peut être changé en un triangle équivalent ACE. Ce triangle a pour surface sa hauteur CH, multipliée par la moitié de sa base AE; mais AE égale la somme des deux bases du trapèze.

---

427. *Comment obtient-on la surface d'un trapèze?*

Appelons B et b les deux bases du trapèze, h sa hauteur, la formule de la surface du trapèze est $h \times \dfrac{(B + b)}{2}$.

428. PROBLÈME. — *Quelle est la surface d'un trapèze dont les deux bases égalent 26 mètres, 34 mètres, et la hauteur 20 mètres?*

Cette surface $= 20 \times \dfrac{26 + 34}{2} = 20 \times 30 = 600$ mètres carrés.

429. PROPOSITION. — *On obtient la surface d'un trapèze en multipliant sa hauteur par la droite qui joint les milieux des deux côtés non parallèles.*

Par le point O, milieu de la diagonale A C, menons M N parallèle aux deux bases; les triangles semblables A O M et A B C, C N O et C D A donnent A O : A C :: M O : B C et C O : C A :: O N : A D. Mais, par construction, A O $= \dfrac{AC}{2}$, C O $= \dfrac{AC}{2}$; donc on a aussi M O $= \dfrac{BC}{2}$, O N $= \dfrac{AD}{2}$; et par suite M O $+$ O N ou M N $= \dfrac{BC}{2} + \dfrac{AD}{2} = \dfrac{BC + AD}{2}$. Cette ligne M N est donc égale à la demi-somme des bases parallèles B C, A D. Or, si nous remarquons que les triangles semblables ci-dessus donneraient A M $= \dfrac{AB}{2}$, et C N $= \dfrac{CD}{2}$, on en conclut que les points N et M sont les milieux des côtés non parallèles; donc, etc.

430. PROPOSITION. — *On obtient la surface d'un polygone régulier en multipliant son périmètre par la moitié de l'apothème.*

Ceci résulte de ce que l'on peut partager le polygone en autant de triangles égaux que cette figure a de côtés, si l'on mène de son centre des droites aux divers sommets du polygone (*n°* 223). Or la surface de chacun de ces triangles est égale au produit du côté qui lui sert de base par la moitié de l'apothème; donc, etc.

431. PROBLÈME. — *Que faut-il faire pour avoir la surface des polygones irréguliers?*

Pour avoir la surface des polygones irréguliers, on les décompose en triangles, trapèzes, etc., que l'on évalue séparément et dont on fait ensuite la somme. (*Voyez l'arpentage.*)

PROBLÈMES NUMÉRIQUES.

P. 427. Calculez les surfaces des carrés ayant pour côtés : 1° 25 m., 2° 45 m., 3° 55 m., 4° 139 m. 15, 5° 245 m. 85.

P. 428. Calculez les surfaces des rectangles ayant pour bases

---

430. *Comment obtient-on la surface d'un polygone régulier? —* 431. *Que faut-il faire pour avoir la surface des polygones irréguliers?*

et pour hauteurs : 1° B = 25 m., H = 12 m. ; 2° B = 46 m. 70, H = 15 m. 45 ; 3° B = 146 m. 24, H = 75 m. 20 ; 4° B = 206 m. 75, H = 147 m. 24 ; 5° B = 467 m. 35, H = 250 m. 75.

P. 429. Calculez les surfaces des parallélogrammes ayant pour bases et pour hauteurs : 1° B = 40 m. 22, H = 32 m. 75 ; 2° B = 105 m. 75, H = 86 m. 95 ; 3° B = 145 m. 20, H = 127 m. 54 ; 4° B = 235 m. 15, H = 180 m. 35 ; 5° B = 375 m. 75, H = 295 m. 85.

P. 430. Calculez les surfaces des losanges ayant pour côtés et pour hauteurs : 1° Côté = 12 m., H = 6 m. ; 2° C = 20 m., H = 15 m. ; 3° C = 49 m. 24, H = 32 m. 15 ; 4° C = 59 m. 70, H = 41 m. 15 ; 5° C = 75 m. 25, H = 56 m. 78.

P. 431. Calculez les surfaces des triangles ayant pour bases et pour hauteurs : 1° B = 14 m., H = 26 m. ; 2° B = 66 m. 20, H = 74 m. 24 ; 3° B = 94 m. 70, H = 137 m. 09 ; 4° B = 109 m. 21, H = 75 m. 75 ; 5° B = 245 m. 67, H = 123 m. 45.

P. 432. Calculez les surfaces des trapèzes ayant pour hauteurs et pour bases : 1° H = 16 m., B = 24 m. et 36 m. ; 2° H = 20 m. 15, B = 34 m. 25 et 62 m. 49 ; 3° H = 36 m. 20, B = 75 m. 70 et 85 m. 80 ; 4° H = 55 m. 50, B = 106 m. 50 et 134 m. 45 ; 5° H = 70 m. 25, B = 145 m. 75 et 109 m. 25.

P. 433. Calculez les surfaces des losanges ayant pour diagonales : 1° 12 m. et 7 m., 2° 24 m. et 16 m., 3° 47 m. 25 et 17 m. 82 ; 4° 73 m. 15 et 42 m. 20 ; 5° 89 m. 90 et 66 m. 70.

P. 434. Quels sont les côtés des carrés ayant pour superficie : 1° 36 m. car., 2° 81 m. car., 3° 174 m. car., 4° 210 m. car. 25, 5° 507 m. car, 14 ?

P. 435. Quelles sont les bases des rectangles de 19208 m. car., sachant que les hauteurs égalent : 1° 100 m., 2° 224 m., 3° 352 m. 80, 4° 705 m. 60, 5° 940 m. 80 ?

P. 436. On demande les bases des triangles de 28728 m. car., sachant que les hauteurs égalent : 1° 42 m., 2° 76 m., 3° 75 m. 60, 4° 252 m., 5° 1512 m.

P. 437. Quelles sont les surfaces des rectangles dont le périmètre égale 396 m., sachant que les bases et les hauteurs sont entre elles : 1° :: 1 : 3, 2° :: 2 : 3, 3° :: 4 : 5, 4° :: 5 : 6, 5° :: 4 : 7 ?

P. 438. Quelles sont les surfaces des losanges dont la somme des diagonales égale 535 m. 5, sachant que ces diagonales sont entre elles : 1° :: 4 : 5, 2° :: 2 : 7, 3° :: 6 : 11, 4° :: 10 : 11, 5° :: 15 : 20 ?

P. 439. Quelle est la surface d'un trapèze dont la hauteur égale 21 mètres, sachant que les deux bases sont à cette hauteur : : 15 : 7 et :: 5 : 3 ?

P. 440. Dans un trapèze de 170 mètres carrés, on demande la hauteur et les deux bases, sachant que ces deux bases ont pour somme 20 mètres, et qu'elles sont entre elles : : 2 : 3.

P. 441. Quelle est la surface d'un triangle équilatéral inscrit dans un cercle de 6 mètres de rayon ?

P. 442. Quelle est la surface d'un carré inscrit dans un cercle de 9 mètres de rayon ?

P. 443. Quelle est la surface d'un hexagone régulier inscrit dans un cercle de 12 mètres de rayon?

P. 444. Quelle est la surface d'un octogone régulier inscrit dans un cercle de 20 mètres de rayon?

P. 445. Quelle est la surface d'un décagone régulier inscrit dans un cercle de 32 mètres de diamètre?

P. 446. Une salle de 15 mètres de longueur, 7 mètres de largeur et 4 mètres de hauteur doit être mise en couleur; les ouvertures présentent une surface totale de 30 mètres carrés, que faut-il payer au peintre à raison de 1 fr. 50 c. pour les côtés et de 2 fr. 50 c. pour le plafond?

P. 447. La surface d'un appartement qu'on veut tapisser est de 120 m. car.; les rouleaux de papier ont 12 m. sur 0 m. 50 et coûtent chacun 3 fr. 50; on demande: 1° le nombre de rouleaux qu'il faudra employer, 2° le montant de la dépense.

P. 448. Du papier de 4 décimètres de longueur sur 3 décimètres de largeur se vend 0 fr. 45 la main, que doit coûter la main du papier de même qualité qui a 55 cent. de longueur sur 36 cent. de largeur?

P. 449. Combien faut-il de planches de 3 m. 90 de long sur 0 m. 32 de large pour planchéier une salle qui a 16 m. de long sur 8 m. de large?

P. 450. Que doit-on payer pour un lambris de 20 m. 75 de longueur sur 0 m. 75 de hauteur, sachant que la menuiserie vaut 8 fr. 25 le mètre, et la peinture 2 fr. 50?

P. 451. Combien faut-il de carreaux pour recouvrir un plancher de 15 mètres de long sur 6 mètres de large, sachant que ces carreaux ont 0 m. 30 de long sur 0 m. 20 de large?

P. 452. Combien faut-il de pavés de 23 cent. de côtés pour paver une rue qui a 600 mètres de long sur 10 mètres de large?

P. 453. Quelle est la longueur d'un terrain rectangulaire de 525 hectares, si la longueur est de 6 hectom. 25?

P. 454. Quelle est la longueur d'un terrain rectangulaire de 75 hectares 8 ares, si la largeur est de 3 hectom. 4 mètres?

P. 455. Quelle est la longueur d'un appartement dont le plancher payé 11 francs le mètre carré, a coûté 475 fr., si la largeur est de 5 m. 40?

P. 456. On a payé 208 fr. pour le plancher d'un appartement ayant 6 m. 40 de longueur sur 3 m. 25 de largeur, quel est le prix du mètre carré?

P. 457. On a payé 8425 fr. pour un terrain formant un carré de 625 mètres de superficie, quel doit être le côté d'un autre terrain de même nature, formant un carré parfait et qui a coûté 75725 francs?

P. 458. Quelle est la largeur d'une chambre de 72 m. carrés de superficie, sachant que si elle était carrée, elle en aurait 81?

P. 459. Dites quelle est en ares la superficie d'un pré formant un rectangle de 250 de long sur 75 de large?

P. 460. Quelle est en hectares la superficie triangulaire d'un terrain de 650 m. de base sur 400 m. de hauteur?

P. 461. Une prairie de forme triangulaire ayant 530 m. 40 de base sur 248 m. 50 de hauteur, a été vendue sur le pied de 28 fr. 75 cent. les 100 m. carrés. Combien a-t-elle coûté?

P. 462. Un bois taillis formant un rectangle de 638 m. 75 de base sur 216 m. 40 de hauteur, a coûté 5529 fr. 02, quel est le prix des 100 m. carrés?

P. 463. Un terrain formant un trapèze dont la base inférieure est de 75 m. 28, la base supérieure de 60 m. 72, et la hauteur de 46 m., a été vendu 18768 fr.; combien coûtera un terrain de même nature ayant la forme d'un rectangle de 115 m. de base sur 75 m. de hauteur?

P. 464. Combien faudra-t-il payer un terrain ayant la forme d'un rectangle de 184 m. de base sur 72 m. de hauteur, à raison de 3 fr. 80 cent. le mètre carré?

P. 465. Que faut-il payer à un menuisier qui a fait un lambris, haut de 2 m. 50 cent. sur 50 m. 50 de longueur, à raison de 8 fr. 50 cent. le mètre carré?

P. 466. Que faut-il payer à un peintre pour avoir mis en couleur un lambris de 1 m. 50 de hauteur, dans une salle longue de 14 m., large de 10 m., à raison de 2 fr. 50 le mètre carré?

P. 467. Que faut-il payer à un maçon pour avoir récrépi un mur de 5 m. 25 de hauteur sur 55 m. 50 cent. de longueur, à raison de 0 fr. 80 cent. le mètre carré?

P. 468. Que coûte une pièce de drap, longue de 12 m. 50, large de 1 m. 50, à raison de 9 fr. 50 cent. le mètre de longueur?

P. 469. Un peintre a mis en couleur les quatre murs d'un appartement qui a 18 m. de long sur 9 m. 50 de large, et 4 m. 50 de haut; dans cet appartement il y a six croisées, chacune de 2 m. de haut. sur 1 m. 40 de large. Calculez 1° combien le peintre a peint de mètres carrés, et 2° ce qu'on doit lui payer à raison de 3 fr. 50 cent. le mètre carré?

P. 470. Quelle est en ares la surface d'un terrain décomposé en trois triangles dont le premier aurait 15 m. 25 de base sur 12 m. 15 de hauteur; le second 25 m. 10 de base sur 14 m. 6 de hauteur, et le troisième 18 m. 45 de base sur 8 m. 40 de hauteur?

P. 471. Quelle est en hectares la superficie d'un terrain décomposé en trois trapèzes et un triangle, sachant que le premier trapèze a pour bases 24 m. et 36 m. et pour hauteur 13 m.; le second trapèze a pour bases 74 m. et 50 m. et pour hauteur 84 m.; le troisième trapèze a pour bases 124 m. et 94 m. et pour hauteur 146 m.; enfin le triangle a 46 de base sur 24 de hauteur?

P. 472. Un particulier a une propriété formant un trapèze dont les bases sont de 465 m. et 806 m., et la hauteur de 550 m. Dans l'intérieur est un grand bassin circulaire de 45 m. de rayon; on demande: 1° la superficie totale, 2° celle du bassin, 3° celle du terrain à cultiver.

P. 473. Les routes impériales ou de première classe en France ont 15 m. de largeur et forment une longueur totale d'environ 34.500 kilomètres; on demande : 1° la superficie totale de toutes ces routes, 2° le rapport de cette surface totale à celle de la France, sachant que la France égale 528.700 kilomètres carrés.

P. 474. Les routes départementales ou de deuxième classe ont 12 m. de large et forment un parcours d'environ 42.800 kilom.; on demande : 1° la superficie totale de toutes ces routes; 2° leur rapport à la surface totale de la France; et 3° leur rapport à celui des routes impériales.

P. 475. Les chemins de fer de France présentaient en 1853 une longueur totale de près de 4200 kilom., si l'on prend 8 m. pour leur largeur moyenne; on demande : 1° leur surface totale; 2° leur rapport à la surface totale de la France; 3° leur rapport à celui des routes impériales; et 4° leur rapport à celui des routes départementales.

§ II. — ÉVALUATION DES FIGURES CIRCULAIRES.

432. On considère dans le cercle trois parties : le secteur, le segment et la couronne.

433. Le secteur est la partie de la surface du cercle comprise entre un arc et les deux rayons qui aboutissent à ses extrémités.

434. Le segment est la partie de la surface du cercle comprise entre un arc et sa corde.

La surface OABC est un secteur, et la surface MEN un segment.

435. La couronne est une partie de la surface du cercle comprise entre deux circonférences concentriques.

436. La mesure de la surface d'un cercle est susceptible de trois expressions différentes, suivant que l'on connaît : 1° la circonférence et le rayon, 2° le rayon seul, 3° la circonférence seule.

437. PROPOSITION. — *On obtient la surface d'un cercle dont on connaît la circonférence et le rayon, en multipliant la circonférence par la moitié du rayon.*

Car le cercle peut être considéré comme un polygone régulier dont les côtés, infiniment petits, composent la circonférence, et dont l'apothème se confond avec le rayon.

---

438. Problème. — *Quelle est la surface d'un cercle dont la circonférence égale 37 mètres 70, et le rayon 6 mètres?*

Le cercle égale $37,70 \times \frac{6}{2} = 113$ m. car. 10.

439. Proposition. — *On obtient la surface d'un cercle dont on connaît le rayon, en multipliant le carré du rayon par le rapport de la circonférence au diamètre.*

En effet, désignons par R le rayon d'un cercle, la circonférence égale $\pi \times 2\,R$, et par conséquent la superficie du cercle égale $\pi \times 2\,R \times \frac{R}{2}$; d'où prenant la moitié du second facteur et doublant le troisième, on a $\pi \times R \times R = \pi \times R^2$; ce qu'il s'agissait de démontrer.

440. Problème. — *Quelle est la surface d'un cercle dont le rayon égale 6 mètres?*

Le cercle égale $3,1416 \times 6^2 = 3,1416 \times 36 = 113$ m. car. 0976.

441. Proposition. — *On obtient la surface d'un cercle dont on connaît la circonférence, en divisant le carré de la circonférence par quatre fois le rapport.*

En effet, désignons par S la surface d'un cercle, par c sa circonférence, et par r son rayon, on aura (*n° 385*) :

$c = \pi \times 2r$, d'où $r = \dfrac{c}{2\pi}$, et élevant au carré $r^2 = \dfrac{c^2}{4\pi^2}$.

Mettant cette valeur de r^2 dans l'expression $S = \pi\, r^2$, on a
$S = \pi \times \dfrac{c^2}{4\pi^2} = \dfrac{\pi\, c^2}{4\pi^2} = \dfrac{c^2}{4\pi}$, ce qu'il fallait démontrer.

442. Problème. — *Quelle est la surface d'un cercle dont la circonférence égale 12 mètres?*

Le cercle égale $\dfrac{12 \times 12}{4 \times 3,1416} = \dfrac{144}{12,5684} = 11$ m. car. 4591.

443. Proposition. — *On obtient le rayon d'un cercle dont on connaît la surface, en divisant la surface du cercle par π et extrayant la racine carrée du quotient.*

En effet, la surface d'un cercle est un produit qui a pour facteurs π et le carré du rayon; donc si on divise ce produit par l'un des facteurs π, le quotient donnera l'autre facteur, c'est-à-dire le carré du rayon. Il suffira ensuite d'extraire la racine carrée de ce quotient pour avoir le rayon cherché.

444. Problème. — *Quel est le rayon d'un cercle dont la surface égale 452 mètres carrés 3904?*

Le carré du rayon $= \dfrac{452,3904}{3,1416} = 144$ mètres.
Et le rayon $= \sqrt{144} = 12$ mètres.

---

439. *Comment obtient-on la surface d'un cercle dont on connaît le rayon? — **441.** Comment obtient-on la surface d'un cercle dont on connaît la circonférence? — **443.** Comment obtient-on le rayon d'un cercle dont on connaît la surface?*

445. PROPOSITION. — *On obtient la surface d'une couronne en prenant la différence des deux cercles qui lui servent de limite, ou en multipliant π par la différence entre les carrés des deux rayons.*

En effet, il est d'abord évident que la surface de la couronne égale la différence des surfaces des deux cercles. Appelons R et r les deux rayons; on a, pour l'expression de la surface de la couronne : Couronne $= \pi R^2 - \pi r^2$ ou $\pi (R^2 - r^2)$; donc, etc.

446. PROBLÈME 1. — *Quelle est la surface d'une couronne dont les rayons sont 10 mètres et 4 mètres?*

1° Les cercles concentriques qui limitent la couronne égalent :
Le premier $3,1416 \times \overline{10}^2 = 3,1416 \times 100 = 314$ m. car. 16;
Le second $3,1416 \times \overline{4}^2 = 3,1416 \times 16 = 50$ m. car. 2656;
D'où la couronne $= 314,16 - 50,2656 = 263$ m. car. 8944.

2° On aurait encore : couronne $= 3,1416 \times (\overline{10}^2 - 4^2) = 3,1416 \times 84 = 263$ mètres carrés 8944 centimètres carrés.

447. PROBLÈME 2. — *Une couronne dont le petit rayon est 9 m., a pour surface 361 m. car. 284; quel est le grand rayon?*

Le petit cercle $= 3,1416 \times 9^2 = 254$ m. car., 4696.
Le grand cercle $= 254,4696 + 361,2840 = 615$ m. car. 7536.
Rayon du grand cercle $= \sqrt{\frac{615,7536}{3,1416}} = \sqrt{196} = 14$ mètres.

448. PROPOSITION. — *On obtient la surface de l'ellipse en multipliant π par le produit de ses deux demi-axes.*

La démonstration de cette proposition est basée sur des considérations qui ne peuvent trouver place dans ces éléments.

449. PROBLÈME. — *Quelle est la surface d'un parterre ayant la forme d'une ellipse dont les axes sont 40 mètres et 25 mètres?*

L'ellipse $= \pi \times \frac{40}{2} \times \frac{25}{2} = 3,1416 \times 20 \times 12,5 = 785$ m. 40
ou bien $\frac{\pi \times 40 \times 25}{4} = 785$ m. car. 40.

450. PROPOSITION. — *On obtient la surface d'un secteur en multipliant l'arc qui lui sert de base par la moitié du rayon.*

En effet, on peut considérer un secteur comme composé d'une infinité de triangles ayant le centre pour sommet commun, et dont la totalité des bases compose l'arc du secteur.

451. *Remarque.* — *On obtient encore la surface d'un secteur en multipliant la surface du cercle par le rapport de l'angle du secteur à 360 degrés.*

En effet, il est évident que si l'angle du secteur égale $\frac{1}{5}$, $\frac{1}{6}$, etc., de 360°, la surface du secteur égale $\frac{1}{5}$, $\frac{1}{6}$, etc., du cercle.

---

445. *Comment obtient-on la surface d'une couronne?* — 448. *Comment obtient-on la surface de l'ellipse?* — 450. *Comment obtient-on la surface du secteur?*

452. Problème 1. — *Quelle est la surface d'un secteur dont l'angle au centre est de 75°, dans un cercle de 12 m. de rayon?*

L'arc rectifié du secteur $= \dfrac{3,1416 \times 24 \times 75}{360} = $ 15 m. 7080,

D'où surface du secteur $= 15,7080 \times 6 = 94$ m. car. 2480.

Ce problème résolu d'après la seconde formule ci-dessus, donne:

Surface du cercle $= 3,1416 \times \overline{12}^2 = 452$ m. car. 3904;

D'où surface du secteur $= 452,3904 \times \dfrac{75}{360} = 94$ m. car. 2480.

453. Problème 2. — *Quel est l'angle au centre d'un secteur de 9 mètres carrés 4248, dans un cercle de 6 mètres de rayon?*

La surface du cercle $= 3,1416 \times 6^2 = 113$ m. car. 0976;

D'où l'angle du secteur $= 360 \times \dfrac{9,4248}{113,0076} = 30°$.

454. Proposition. — *On obtient la surface d'un segment en multipliant la moitié du rayon par la différence entre l'arc qui lui sert de base, et la moitié de la corde qui sous-tendrait un arc double.*

Soit le segment BEAB, portez l'arc BA en BD; menez les rayons OA, OB; joignez AD; cette ligne, perpendiculaire à OB, sera divisée en deux parties égales au point C; en sorte que l'on aura CA=CD.

La surface du secteur $OAEB = \dfrac{OB}{2} \times AEB$;

La surface du triangle $OAB = \dfrac{OB}{2} \times AC$;

Donc, le segment, qui est la différence entre le secteur et le triangle, a pour surface

$$\left(\dfrac{OB}{2} \times AEB\right) - \left(\dfrac{OB}{2} \times AC\right) = \dfrac{OB}{2}(AEB - AC).$$

Or, AC est la moitié de la corde AD qui sous-tend l'arc AD double de l'arc AEB; donc, etc.

455. Problème. — *Quelle est la surface d'un segment dont la corde égale 48 mètres et la flèche 4 mètres?*

Le diamètre (n° 358) $= \dfrac{24 \times 24}{4} + 4 = 148$; d'où rayon $= 74$.

La corde des tables pour l'arc du segment $= \dfrac{48}{74} = 0,6486$;

L'arc $= 37° 50'$; ou en réduisant en décimales, égale 37° 863;

L'arc rectifié (n° 391) $= \dfrac{3,1416 \times 148 \times 37,833}{360} = 48$ m. 833;

La corde d'un arc double de 75° 40' $= 74 \times 1,2267 = 90$ m. 7758;

La moitié de cette corde égale $\dfrac{90,7758}{2}$ 45 m. 3879;

La surf. du seg. $= \dfrac{74}{2} \times (48,863 - 45,389) = 128$ m. car. 5380.

456. Remarque. — On démontrerait de la même manière qu'on obtient la surface d'un segment plus grand qu'un demi-cercle, en multipliant la moitié du rayon par la somme de l'arc et de la corde qui sous-tendrait un arc égal au double de l'arc donné moins 360°.

---

454. *Comment obtient-on la surface d'un segment?*

457. Problème. — *Quelle est la surface d'un segment de 220 degrés dans un cercle de 20 mètres de rayon ?*

Le double de 220° moins 360° $=440°-360°=80°$.

L'arc rectifié de 220° $=3,1416\times40\times\frac{220}{360}=76$ m. 79.

La corde de 80° $=20\times1,2856=25$ m. 71.

La surface du segment $=20\times\left(\frac{76.79+25.71}{2}\right)=1025$ m. car.

458. Proposition. — *On obtient la surface de l'espace circulaire comprise entre deux cordes parallèles et les arcs qu'elles interceptent, en prenant la différence des segments que déterminent les deux cordes.*

Ceci est évident. On cherche : 1° les degrés des deux arcs au moyen des deux cordes et du rayon, 2° la longueur des deux arcs rectifiés, 3° les cordes qui sous-tendent des arcs doubles, 4° les surfaces des deux segments, 5° leur différence.

459. Proposition. — *On obtient la surface d'un triangle qui a pour base une corde et pour côtés deux rayons, ou, en d'autres termes, la surface du triangle, différence du secteur au segment qui reposent sur le même arc, en divisant par quatre le produit du rayon pour la corde qui sous-tend un arc double.*

Soit le triangle OAB (*fig. n° 454*) dont la base est la corde AB, et qui mesure la différence du secteur OAEB au segment AEBA ; si nous prenons pour base le rayon OB, la surface de ce triangle égale OB $\times\frac{AG}{2}$; mais $\frac{AG}{2}$ est le quart de la corde AD qui sous-tend un arc double de AEB ; donc, etc.

460. Problème 1. — *Quelle est la surface d'un triangle qui repose sur une corde de 18 mètres, dans un cercle de 40 mètres de rayon ?*

La corde dés tables $=\frac{18}{40}=0,45=$ la corde de 26° ;

La corde d'un arc de 52° double de 26° $=0,8767\times40=35$ m. 068 ;

D'où la surface du triangle $=\frac{40\times35.068}{4}=350$ m. car. 68.

461. Problème 2. — *Quelle est la corde sur laquelle repose un triangle de 175 m. car. 95, dans un cercle de 30 m. de rayon ?*

La hauteur du triangle $=\frac{175.95}{30}=5,865$;

La corde double de la base du triangle $=5,865\times4=23,460$;

Cette corde double répond à un arc de $\frac{23.460}{30}=0,782=46°$;

La corde de 23° base du triangle $=30\times0,3987=11$ m. 961.

PROBLÈMES NUMÉRIQUES.

P. 476. Quelles sont les surfaces des cercles dont les rayons égalent : 1° 9 m., 2° 17 m. 22, 3° 27 m. 50, 4° 36 m. 45, 5° 64 m. 32 ?

P. 477. Quelles sont les surfaces des cercles dont les diamètres égalent : 1° 7 m., 2° 13 m. 27, 3° 24 m. 45, 4° 129 m. 75, 5° 180 m. 40 ?

P. 478. Quels sont les rayons des cercles dont les surfaces égalent : 1° 42 m. 25, 2° 68 m. 4760, 3° 242 m. 50, 4° 356 m. 2756, 5° 757 m. 45 ?

P. 479. Quelles sont les surfaces des couronnes qui auraient pour rayons : 1° 12 m. et 15 m., 2° 18 m. et 26 m., 3° 30 m. 15 et 45 m. 25, 4° 57 m. 18 et 75 m. 70, 5° 89 m. 45 et 145 m. 25 ?

P. 480. On demande les grands rayons des couronnes de 115 m. carrés 25, sachant que les petits rayons égalent : 1° 7 m., 2° 9 m. 25, 3° 13 m. 75, 4° 15 m. 05, 5° 20 m. 45.

P. 481. Quelles sont les surfaces des ellipses ayant pour axes : 1° 5 m. et 4 m., 2° 12 m. 14 et 7 m. 25, 3° 17 m. 15 et 7 m. 29, 4° 45 m. 21 et 34 m. 18, 5° 70 m. 40 et 45 m. 65 ?

P. 482. Quels sont les petits axes des ellipses dont la surface = 72 m. carrés 24, et les grands axes : 1° 24 m., 2° 28 m., 3° 36 m., 4° 40 m., 5° 56 m. 25 ?

P. 483. Quels sont les rayons des cercles équivalents en surface à des ellipses ayant pour axes : 1° 26 m. et 12 m., 2° 30 m. et 24 m., 3° 45 m. et 36 m., 4° 52 m. et 42 m., 5° 62 m. 20 et 46 m. 40 ?

P. 484. Dans un cercle de 126 mètres 70 de diamètre, on demande les surfaces des secteurs dont les angles ont pour mesures : 1° 30°, 2° 36°, 3° 42°, 4° 75°, 5° 140° 36' ?

P. 485. Dans un cercle de 15 mètres de rayon, quels sont les angles des secteurs ayant les surfaces suivantes : 1° 75 m., 2° 149 m. 24, 3° 349 m. 85, 4° 526 m. 72, 5° 600 m. 24 ?

P. 486. Quels sont les rayons des cercles dans lesquels un même secteur de 44 mètres carrés répond aux angles suivants : 1° 18°, 2° 45°, 3° 72°, 4° 120°, 5° 140° 30' ?

P. 487. Dans un cercle de 50 mètres de rayon, quelles sont les surfaces des segments ayant pour cordes : 1° 17 m., 2° 24 m., 3° 45 m. 75, 4° 60 m. 20, 5° 70 m. ?

P. 488. Dans un cercle de 25 mètres de rayon, quelles sont les surfaces des segments dont les flèches égalent : 1° 6 m., 2° 13 m. 25, 3° 15 m. 40, 4° 20 m. 20, 5° 25 m. 25 ?

P. 489. Quelles sont les surfaces des cercles circonscrits : 1° à un triangle équilatéral de 6 m. de côté, 2° à un carré de 7 m. de côté, 3° à un pentagone de 9 m. de côté, 4° à un hexagone de 10 m. de côté, 5° à un octogone de 18 m. de côté ?

P. 490. Quelles sont les surfaces du cercles inscrits dans les mêmes polygones ?

P. 491. Dans un cercle de 42 m. de rayon, quelles seraient le surfaces des triangles ayant leurs sommets au centre et pour bases des cordes de : 1° 12 m., 2° 24 m., 3° 30 m., 4° 36 m. et 5° 72 m. ?

P. 492. Dans un cercle de 50 m. de rayon, quelles sont les cordes sur lesquelles reposent des triangles qui, ayant leurs sommets au centre, ont pour surfaces : 1° 635 m. car. 40, 2° 705 m. car., 3° 1059 m. car., 4° 1588 m. car., 5° 2000 m. car. ?

P. 493. Dans un cercle de 50 mètres de rayon, quelles sont les surfaces des espaces compris entre des cordes ayant : 1° 6 m. et 15 m., 2° 24 m. et 30 m., 3° 30 m. et 35 m., 4° 30 m. et 40 m., 5° 20 m. et 90 m. ?

P. 494. Quelle est en cent. car. la surface de l'une des face d'une pièce de cinq francs, sachant qu'elle a 37 mill. de diamètre

P. 495. Quelle est la surface d'un bassin circulaire dont le rayon égale 12 mètres?

P. 496. Quelle est la surface d'un bassin circulaire dont le contour égale 75 mètres?

P. 497. Dans un terrain ayant la forme d'un carré de 45 m. de côté, on veut creuser un bassin qui occupe le 1/5 de la surface, quel en sera le rayon?

P. 498. Quelle est la superficie du vitrail semi-circulaire d'une porte à plein-cintre, dont la largeur est de 2 m. 75?

P. 499. Quel est le diamètre d'un parterre circulaire qui occupe le quart de la surface d'un jardin, ayant la forme d'un rectangle de 24 m. de base sur 16 m. de hauteur?

P. 500. Quelle est la surface d'un parterre elliptique dont les axes sont de 24 m. et de 18 mètres?

P. 501. Quelle est la surface d'un bassin elliptique qui serait inscrit dans un rectangle de 30 m. de base sur 20 m. de hauteur?

P. 502. Quelle est la surface de l'équateur, sachant qu'il a pour diamètre 12,754 kilomètres?

P. 503. Quelle est la superficie du petit cercle de la terre, correspondant au 49° de latitude nord, sachant qu'à cette latitude, la valeur de chaque degré de longitude est de 73,169 mètres?

P. 504. Dans une feuille de ferblanc ayant 80 cent. de longueur sur 60 cent. de largeur, combien peut-on percer de trous de 4 cent. de rayon si les circonférences doivent être tangentes, et quelle est en décim. carrés la surface des espaces restants?

P. 505. Dans une feuille de fer-blanc ayant 60 cent. de longueur sur 40 cent. de largeur, combien peut-on retirer de circonférence de 5 cent. de rayon?

P. 506. Dans une feuille de fer-blanc ayant 80 cent. de longueur sur 50 cent. de largeur, combien peut-on retirer d'ellipses tangentes, ayant pour axes 5 cent. et 4 cent., et quelle est, en décim. carrés, la surface des espaces restants?

P. 507. Dans une feuille de fer-blanc de 80 cent. de longueur sur 70 cent. de largeur, combien peut-on retirer de couronnes ayant pour diamètres 8 cent. et 10 centimètres?

P. 508. Quelle est la surface de la bordure d'un parterre circulaire, sachant que le diamètre extérieur du parterre est de 18 m. 40, et la largeur de la bordure de 0 m. 80?

P. 509. Le diamètre extérieur d'un bassin circulaire est de 15 m. 50 cent., la largeur de la bordure de 0 m. 90; on demande : 1° la surface de la bordure; 2° combien on paiera pour la faire revêtir en pierres de taille, à raison de 10 fr. 80 cent. le mètre carré.

P. 510. Quelle largeur faut-il donner à la bordure d'un bassin circulaire de 12 m. de rayon, pour que la bordure ait même surface que le bassin?

P. 511. On veut faire couvrir en fer-blanc la bordure d'un puits dont le diamètre est 1 m. 30 cent. Si cette bordure est large de 0 m. 65, combien dépensera-t-on, à raison de 10 fr. 50 cent. le mètre carré?

P. 512. On a fait une porte cochère cintrée, la partie carrée a 4 m. 50 de largeur et 6 m. 20 cent. de longueur; le cintre forme un demi-cercle parfait ayant la largeur de la porte pour diamètre. On paie le menuisier à raison de 45 fr. le mètre carré; le peintre à 4 fr. 25 le mètre carré pour l'extérieur, qui doit être bronzé, et 3 fr. le mètre carré pour l'intérieur. Combien coûtera cette porte, s'il faut payer 125 fr. pour les ferrements?

CHAPITRE XIII.

DES FIGURES SEMBLABLES.

§ Ier. — PROPRIÉTÉS GÉOMÉTRIQUES.

462. Proposition. — *Les surfaces de deux triangles semblables sont entre elles comme les carrés de deux côtés homologues.*

Soient les deux triangles semblables ABC, abc. Je dis que l'on a $\dfrac{ABC}{abc} = \dfrac{\overline{AB}^2}{\overline{ab}^2}$; c'est-à-dire que, pour avoir le rapport des deux surfaces, il faut prendre le rapport des carrés de deux côtés homologues.

En effet, abaissons les perpendiculaires BD, bd, les triangles rectangles ABD, abd, ont l'angle aigu A$=a$; donc ces triangles rectangles sont équiangles, et par conséquent semblables.

Les triangles proposés ABC, abc donnent AC : ac :: AB : ab.

Les triangles rectangles ABD, abd donnent BD : bd :: AB : ab.

Multiplions terme à terme ces deux proportions, nous aurons :
$$AC \times BD : ac \times bd :: \overline{AB}^2 : \overline{ab}^2.$$

Divisons par deux les deux termes du premier rapport,
$$\frac{AC \times BD}{2} : \frac{ac \times bd}{2} :: \overline{AB}^2 : \overline{ab}^2.$$

Or $\dfrac{AC \times BD}{2}$ et $\dfrac{ac \times bd}{2}$ sont les surfaces des triangles ABC et abc, on peut donc écrire, ABC : abc :: $\overline{AB}^2 : \overline{ab}^2$, ou $\dfrac{ABC}{abc} = \dfrac{\overline{AB}^2}{\overline{ab}^2}$; donc, etc.

463. *Remarque.* — Les triangles semblables A B C, abc donnent A B : ab :: B C : bc :: A C : ac; élevant au carré on a
$$\overline{AB}^2 : \overline{ab}^2 :: \overline{BC}^2 : \overline{bc}^2 :: \overline{AC}^2 : \overline{ac}^2 ,$$
On a donc d'une manière générale
$$\frac{ABC}{abc} = \frac{\overline{AB}^2}{\overline{ab}^2} = \frac{\overline{BC}^2}{\overline{bc}^2} = \frac{\overline{AC}^2}{\overline{ac}^2}.$$

464. **Proposition.** — *Les surfaces de deux polygones semblables sont entre elles comme les carrés des côtés homologues.*

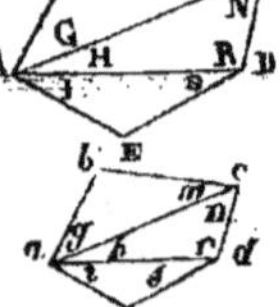

Soient les polygones semblables A B C D E et $abcde$. Décomposons-les en triangles semblables par des diagonales partant des sommets homologues A, a. Ces triangles semblables donnent, d'après la proposition qui précède,

(a) A B C : abc :: $\overline{BC}^2$: $\overline{bc}^2$.

(b) A C D : acd :: $\overline{CD}^2$: $\overline{cd}^2$.

(c) A D E : ade :: $\overline{DE}^2$: $\overline{de}^2$.

Les côtés homologues de ces polygones semblables donnent:

(d) A B : ab :: B C : bc :: C D : cd :: D E : de :: E A : ea;

élevant au carré tous les termes de cette suite, on a:

(e) $\overline{AB}^2 : \overline{ab}^2 :: \overline{BC}^2 : \overline{bc}^2 :: \overline{CD}^2 : \overline{cd}^2 :: \overline{DE}^2 : \overline{de}^2 :: \overline{EA}^2 : \overline{ea}^2$.

Il résulte de cette dernière suite de rapports, que les seconds rapports des proportions (a) (b) (c) sont tous égaux; il en est donc de même des premiers, et l'on a

(f) A B C : abc :: A C D : acd :: A D E : ade;

Cette dernière proportion donne, en faisant la somme des antécédents et celle des conséquents,

(g) A B C + A C D + A D E : $abc + acd + ade$ :: A B C : abc

Ou   (h) A B C D E : $abcde$ :: A B C : abc.

Or, si nous remarquons que le rapport $\overline{BC}^2 : \overline{bc}^2$ est commun à la proportion (a) et à la suite (e), on en conclut que A B C : abc égale tous les rapports de la suite (e), on peut donc écrire

A B C D E : $abcde$ :: $\overline{AB}^2 : \overline{ab}^2 :: \overline{BC}^2 : \overline{bc}^2 :: \overline{CD}^2 : \overline{cd}^2$
:: $\overline{DE}^2 : \overline{de}^2 :: \overline{EA}^2 : \overline{ea}^2$; donc, etc.

465. **Proposition.** — *Les surfaces de deux polygones réguliers d'un même nombre de côtés sont entre elles comme les carrés des rayons des cercles circonscrits et inscrits.*

Car ces deux polygones sont semblables, et les côtés homologues étant dans le même rapport que les rayons des cercles circonscrits et inscrits (n° 378), il est évident que les carrés des côtés sont aussi dans le même rapport que les carrés des rayons des cercles circonscrits et les carrés des rayons des cercles inscrits; donc, etc.

466. Les cercles étant des figures semblables, sont donc entre eux comme les carrés de leurs diamètres ou de leurs rayons. On peut le démontrer directement de la manière suivante:

Désignons par O et o deux cercles dont les rayons seraient R et r, les diamètres D et d. On a O $= \pi$ R^2 et $o = \pi r^2$; d'où il résulte la proportion $O : o :: \pi R^2 : \pi r^2$. Divisant les deux termes du second rapport par π, $O : o :: R^2 : r^2$. On a évidemment $R : r :: D : d$; d'où $R^2 : r^2 :: D^2 : d^2$; d'où enfin $O : o :: R^2 : r^2 :: D^2 : d^2$, ce qu'il fallait démontrer.

467. Il résulte des propositions précédentes que, si sur deux lignes données dont l'une serait double, triple, etc., de l'autre, on construit deux figures semblables, la plus grande aura un périmètre deux fois, trois fois plus grand, etc., et une surface quatre fois, neuf fois plus grande, etc. Par exemple, soit le triangle ABC; si l'on double les côtés AC, CB, et qu'on joigne ED, on formera un triangle semblable ECD, construit sur un côté double CD. Or par construction le périmètre CD+DE+EC est évidemment double du périmètre CB+BA+AC, tandis que la surface est quadruple, puisqu'elle se compose de quatre triangles égaux à ABC. On le démontrerait de même d'un carré, d'un rectangle, etc.

468. *Remarque.*— Si l'on calcule les surfaces des divers polygones réguliers, en leur donnant l'unité pour côté, on obtient les surfaces suivantes :

Le triangle	= 0,4330.		L'octogone	= 4,8384.
Le carré	= 1.		L'ennéagone	= 6,1818.
Le pentagone	= 1,7205.		Le décagone	= 7,6942.
L'hexagone	= 2,5981.		Le dodécagone	= 11,1962.
L'heptagone	= 3,6339.		Le pentédécagone	= 17,6424.

469. PROBLÈME 1.— *Quelle est la surface d'un triangle équilatéral de 12 mètres de côté?*

Appelons S la surface cherchée, on a (n° 464) la proportion

$$S : 0,4330 :: 12 \times 12 : 1; \text{ d'où } S = \overline{12}^2 \times 0,4330;$$

D'où l'on conclut que, *pour avoir la surface d'un polygone régulier dont on connaît le côté, il faut multiplier le carré de ce côté par le nombre de la table.*

470. PROBLÈME 2.— *Quel est le côté d'un hexagone régulier de 1039 mètres carrés 24?*

Appelons x le côté de l'hexagone, il doit être tel que l'on ait $x^2 \times 2,5981 = 1039,24$; d'où $x^2 = \frac{1039,24}{2,5981} = 400$ et $x = \sqrt{400} = 20$ mètres;

D'où l'on conclut que, *pour avoir le côté d'un polygone régulier dont on connaît la surface, il faut diviser cette surface par le nombre de la table et extraire la racine carrée du quotient.*

PROBLÈMES NUMÉRIQUES.

P. 513. Quel est le rapport des surfaces de deux triangles équilatéraux ayant pour côtés, le premier 10 mètres, et le second 18 mètres?

P. 514. Quel est le rapport des surfaces de deux carrés ayant pour côtés, le premier 5 mètres, et le second 12 mètres?

P. 515. Quel est le rapport des surfaces de deux cercles ayant pour rayons, le premier 4 mètres, et le second 10 mètres?

P. 516. Quel est le rapport des surfaces de deux pentagones réguliers inscrits dans des cercles qui ont pour rayons 20 mill. et 10 mill.?

P. 517. Quel est le rapport des surfaces de deux octogones réguliers qui ont pour rayons des cercles circonscrits, le premier 15 mill., et le second 25 mill.?

P. 518. Quelle est la surface d'un losange dont les diagonales sont doubles de celles d'un autre losange qui a 60 m. car.?

P. 519. Quelle est la surface d'un carré dont les côtés sont deux fois moindres que ceux d'un autre carré qui a 100 mètres carrés?

P. 520. Quelle est la surface d'un cercle dont le rayon est trois fois plus grand que celui d'un autre cercle qui a 40 mètres carrés?

P. 521. Un triangle a pour côtés 12 mètres, 25 mètres, 32 mètres, quels seraient les côtés d'un triangle semblable ayant une surface quatre fois plus grande?

P. 522. Un carré a pour côté 18 mètres, quel serait le côté d'un carré double en surface?

P. 523. Un rectangle a pour base 12 mètres et pour hauteur 5 mètres, quelles seraient la base et la hauteur d'un rectangle semblable ayant une surface trois fois plus grande?

P. 524. Un cercle a 12 mètres de rayon, quel est le rayon d'un cercle ayant une surface cinq fois plus grande?

P. 525. Un polygone irrégulier a pour un de ses côtés une longueur de 25 mètres 15, on demande le côté homologue d'un polygone semblable ayant une surface six fois plus grande.

P. 526. Un polygone a pour un de ses côtés une longueur de 7 mètres, on demande le côté homologue d'un polygone semblable ayant une surface deux fois moindre.

P. 527. Quelle est la surface d'un trapèze dont les côtés sont trois fois moindres que ceux d'un autre trapèze ayant pour surface 324 mètres carrés?

P. 528. Quel est le côté d'un triangle équilatéral équivalent en surface à la somme de trois autres triangles équilatéraux ayant pour côtés 10 mètres, 15 mètres, 25 mètres?

P. 529. Quel est le rayon d'un cercle équivalent en surface à la somme de quatre cercles ayant pour rayons 6 mètres, 9 mètres, 12 mètres, 15 mètres?

P. 530. Quel est le côté d'un hexagone régulier égal à la différence de deux hexagones réguliers qui ont pour côtés 12 mètres et 6 mètres?

P. 531. Quel est le rayon du cercle dans lequel un triangle équilatéral inscrit est quadruple en surface du triangle équilatéral inscrit dans un cercle de 12 mill. de rayon?

P. 532. Quelles sont les surfaces : 1° d'un pentagone de 10 m. de côté, 2° d'un heptagone de 12 m. de côté, 3° d'un octogone de 15 m. de côté, 4° d'un décagone de 20 m. de côté, 5° d'un pentédécagone de 25 m. de côté ?

P. 533. Quels sont les côtés : 1° d'un triangle équilatéral de 1 m. car. 732, 2° d'un pentagone de 15 m. car. 4845, 3° d'un octogone de 120 m. car. 96, 4° d'un décagone de 769 m. car. 42, 5° d'un dodécagone de 1612 m. car. 2528 ?

P. 534. Quelles sont les surfaces : 1° d'un triangle de 15,25 de côté, 2° d'un carré de 18,45 de côté, 3° d'un hexagone de 25,40 de côté, 4° d'un ennéagone de 30,55 de côté, 5° d'un dodécagone de 28,30 de côté ?

P. 535. Quels sont les côtés : 1° d'un carré de 1686 m. car., 2° d'un hexagone de 12862 m. car., 3° d'un heptagone de 6728 m. car., 4° d'un ennéagone de 1369 m. car., 5° d'un pentédécagone de 2625 m. car. ?

P. 536. Combien faut-il de pavés, ayant la forme d'un hexagone de 0 m. 08 de côté, pour paver un appartement de 6 m. 50 cent. de longueur sur 4 m. 72 de largeur ?

P. 537. Combien faut-il de pavés, ayant la forme de triangles équilatéraux de 0 m. 15 de côté, pour paver un appartement de 4 m. 38 de longueur sur 2 m. 75 de largeur ?

P. 538. Il a fallu 1236 pavés, ayant la forme de triangles équilateraux de 16 centimètres de côté, pour paver un appartement, combien en aurait-il fallu s'ils n'avaient eu que 12 cent. de côté ?

P. 539. Il a fallu 1854 pavés, de forme hexagonale ayant 8 centimètres de côté, pour paver un appartement, combien en aurait-il fallu s'ils avaient eu 1 décimètre de côté ?

P. 540. On a recouvert un appartement, ayant 0 m. 35 de longueur sur 6 m. 85 de largeur, avec des hexagones et des losanges de 0 m. 10 de côté, combien en faudra-t-il de chaque espèce, sachant que le nombre des losanges est égal à celui des hexagones ?

P. 541. On veut recouvrir un appartement ayant 6 m. de long sur 4 m. 25 de large, avec des octogones et des carrés de 0 m. 12 cent. de côté, combien en faudra-t-il de chaque espèce, sachant que le nombre des octogones est égal à celui des carrés ?

P. 542. On doit recouvrir un appartement, ayant 5 m. 45 cent. de long sur 3 m. 50 cent. de large, avec des hexagones et des triangles équilatéraux de 0 m. 12 cent. de côté, combien en faudra-t-il de chaque espèce, sachant que le nombre des triangles est double de celui des hexagones ?

P. 543. On doit recouvrir un parquet de 8 m. 75 cent. de longueur sur 6 m. 50 de largeur avec des dodécagones et des triangles de 0 m. 08 cent. de côté, combien en faudra-t-il de chaque espèce, sachant que le nombre des triangles est double de celui des dodécagones ?

P. 544. On a payé, à raison de 15 fr. le cent, des pavés hexa-

gonaux avec lesquels on a parqueté un appartement, dont le
pavage a coûté 825 fr.; quelle est la longueur de cet appartement, sachant que la largeur est de 7 m. 22 et que les pavés
ont 0 m. 08 de côté?

§ II. — MANIÈRE DE CONSTRUIRE LES FIGURES SEMBLABLES DANS UN RAPPORT DONNÉ.

471. PROBLÈME 1. — *Construisez un polygone semblable à un autre, mais plus grand ou plus petit, dans une proportion quelconque.*

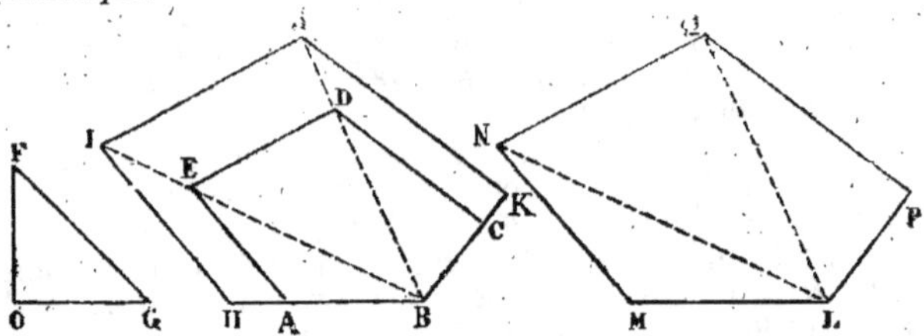

Soit à construire un pentagone qui soit double du pentagone
donné ABCDE. Les contours des figures semblables étant entre
eux comme les carrés de leurs côtés homologues, il est évident
qu'on ne doit pas donner à la nouvelle figure des côtés doubles
de ceux de la première, car elle aurait une surface quadruple.
Il faut la construire avec des côtés choisis de telle sorte, que
le carré de chacun d'eux soit le double du carré de son homologue dans la figure donnée. Mais (n° 380) il suffit de connaître un seul côté de la nouvelle figure pour pouvoir la
construire. Cherchons donc un côté quelconque, par exemple
le côté homologue à AB; pour cet effet, déterminons (n° 402)
le côté d'un carré double en surface du carré qui serait fait
sur AB. Sur les deux côtés de l'angle droit O portons AB, et
joignons FG, qui sera le côté cherché. Si l'on veut se servir
de la figure ABCDE pour construire le nouveau polygone, il
faudrait prolonger BA, BC et les diagonales BE, BD, porter
FG de B en H, mener HI parallèle à AE, IJ parallèle à ED
et JK parallèle à DC; ce qui donne BHIJK pour le pentagone
demandé.

Si l'on voulait construire la figure à part, il faudrait prendre
LM = FG, faire un triangle LMN semblable à EAB; sur NL,
un triangle NLO semblable à EBD, et sur OL, un triangle
OLP semblable à DBC; ce qui donne le polygone LMNOP
semblable au polygone ABCDE et double de ce polygone;
car on a LMNOP : ABCDE :: $\overline{LM}^2$: $\overline{AB}^2$ :: 2 : 1.

472. PROBLÈME 2. — *Construisez un polygone semblable au polygone ABCDE et qui en soit les $^4/_5$.*

Commencez par déterminer un côté quelconque de la nou-

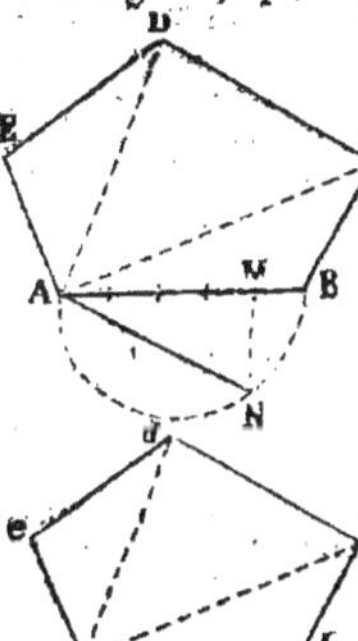

velle figure, par exemple le côté homologue à AB. Le côté doit être tel, que son carré égale les $\frac{4}{5}$ du carré qui serait fait sur AB. Pour résoudre cette première partie du problème servez-vous du procédé n° 407-1°. Divisez AB en cinq parties égales, et décrivez une demi-circonférence sur cette ligne, comme diamètre; à la quatrième division, élevez la perpendiculaire MN et menez la corde AN, qui sera le côté homologue cherché. Le polygone $abcde$ se construit sur $ab = AN$ au moyen des triangles abc, acd, ade, semblables à ABC, ACD, ADE, et l'on a

$$abcde : ABCDE :: \overline{ab}^2 : \overline{AB}^2 :: 4 : 5;$$

donc $abcde$ est les $\frac{4}{5}$ de ABCDE.

473. PROBLÈME 3. — *Etant données deux ou plusieurs figures semblables, on demande d'en construire une autre qui leur soit semblable, et égale à leur somme?*

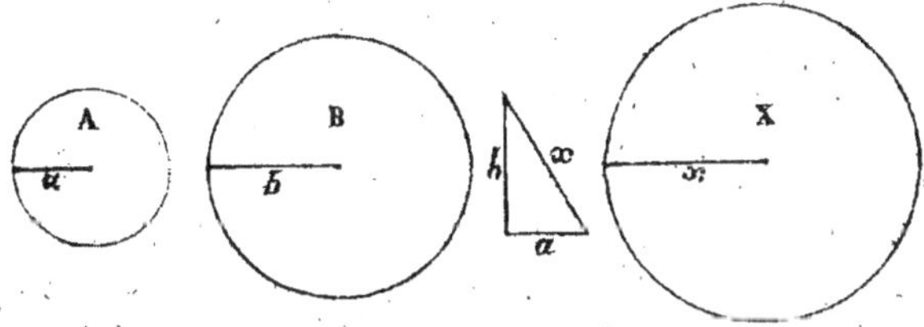

Il faut d'abord chercher une ligne dont le carré égale la somme des carrés d'un côté homologue pris dans chacune de ces figures, puis sur cette ligne homologue construire (n° 380) une figure semblable à l'une quelconque des figures données. Par exemple, soient A et B les surfaces de deux cercles donnés, a et b leurs rayons; soit X un cercle qui doit être égal en surface aux deux premiers, et x son rayon qu'il s'agit de déterminer, je dis que l'on doit avoir $x^2 = a^2 + b^2$.

En effet, comparons A et B, puis X et B, nous avons

(a) $A : B :: a^2 : b^2$ (b) $X : B :: x^2 : b^2$

Dans la première proportion ajoutons chaque conséquent à son antécédent, nous aurons :

(c) $A + B : B :: a^2 + b^2 : b^2$

Or $A + B = X$, la proportion (c) peut donc s'écrire

(d) $X : B :: a^2 + b^2 : b^2$.

Les proportions (b) et (d) ont trois termes communs, donc le quatrième terme est le même de part et d'autre; ce qui donne $x^2 = a^2 + b^2$; c'est-à-dire que, pour avoir un cercle qui soit la somme de deux autres, il faut choisir un rayon dont le carré soit la somme des carrés faits sur les deux autres rayons. Ce rayon est donc donné par l'hypoténuse d'un triangle rectangle, dont les deux côtés de l'angle droit sont respectivement égaux aux rayons des deux cercles donnés.

Si l'on voulait tracer un cercle dont la surface fût égale à la surface de trois autres cercles, il faudrait chercher un rayon dont le carré fût égal à la somme des carrés des rayons donnés. On se servirait de la propriété du triangle rectangle (n° 404). On opèrerait de même pour additionner ou soustraire d'autres figures semblables données.

PROBLÈMES GRAPHIQUES.

P. 545. Tracez un triangle équilatéral de 25 mill. de côté, puis faites-en d'autres dont les surfaces soient : 1° quatre fois plus grandes, 2° deux fois plus grandes, 3° six fois plus grandes, 4° deux fois moindres, 5° quatre fois moindres.

P. 546. Tracez un cercle de 25 mill. de rayon, puis d'autres qui aient des surfaces : 1° trois fois plus grandes, 2° cinq fois plus grandes, 3° deux fois $^1/_2$ plus grandes, 4° trois fois moindres, 5° cinq fois moindres.

P. 547. Tracez un triangle isocèle ayant 30 mill. de base et 20 mill. de hauteur, puis faites-en d'autres semblables qui soient dans les rapports donnés, problème 545.

P. 548. Tracez un triangle ayant pour côtés 30 mill., 25 mill., 20 mill., puis faites-en d'autres semblables et qui soient dans les rapports donnés, problème 546.

P. 549. Tracez un parallélogramme qui ait pour hauteur 15 mill., pour côtés adjacents 40 mill. et 20 mill., puis faites-en d'autres semblables qui soient : 1° $^1/_2$ du premier, 2° les $^2/_3$, 3° les $^3/_4$, 4° les $^4/_5$, 5° les $^5/_6$.

P. 550. Tracez un rectangle de 30 mill. de base sur 15 de hauteur, puis faites-en d'autres semblables ayant des surfaces : 1° une fois $^1/_2$ plus grandes, 2° deux fois $^2/_3$ plus grandes, 3° trois fois $^1/_3$ plus grandes, 4° quatre fois plus grandes, 5° trois fois moindres.

P. 551. Tracez un losange ayant pour diagonales 40 mill. et 30 mill., puis faites-en d'autres semblables et dont les surfaces soient : 1° une fois $^1/_3$ plus grandes, 2° deux fois plus grandes, 3° une fois $^1/_2$ moindres, 4° trois fois moindres, 5° quatre fois moindres.

P. 552. Tracez un trapèze rectangle ayant pour base 30 mill. et 20 mill. et pour hauteur 15 mill.; puis faites-en un second semblable et dont la surface égale trois fois celle du premier.

P. 553. Tracez un hexagone régulier de 20 mill. de côté, puis faites-en un second dont la surface soit les $^4/_5$ de celle du premier.

P. 554. Tracez un pentagone régulier inscrit dans un cercle de 20 mill. de rayon, puis faites-en un second dont la surface soit double de celle du premier.

P. 555. Tracez un quadrilatère irrégulier ayant pour côtés 30 mill., 20 mill., 25 mill., 15 mill., et pour diagonale 32 mill., puis faites-en d'autres semblables et qui aient une surface : 1° deux fois $^1/_2$ plus grande, 2° deux fois $^1/_2$ moindre.

P. 556. Tracez deux triangles équilatéraux ayant pour côtés 35 mill., 20 mill., puis tracez-en d'autres qui soient : 1° la somme des deux premiers, 2° leur différence.

P. 557. Tracez trois cercles ayant pour rayons 10 mill., 15

mill., 20 mill., puis décrivez-en d'autres qui soient : 1° la somme des trois premiers, 2° la différence entre la somme des deux premiers et le troisième.

P. 558. Tracez deux rectangles semblables ayant pour bases et pour hauteurs : 1° 30 mill. et 15 mill., 2° 24 mill. et 12 mill., puis faites-en un troisième semblable aux deux premiers qui soit leur somme.

P. 559. Tracez deux losanges semblables ayant pour diagonales : 1° 40 mill. et 20 mill., 2° 30 mill. et 15 mill., puis faites-en un troisième semblable aux deux premiers et qui soit égal à leur différence.

P. 560. Tracez trois hexagones réguliers ayant pour côtés 10 mill., 15 mill., 20 mill., puis faites-en un quatrième dont la surface soit la différence entre la somme des deux premiers et le troisième.

§ III.—MANIÈRE DE CALCULER LES CÔTÉS D'UN POLYGONE DONNÉ LORSQUE SES CÔTÉS SONT DANS UN RAPPORT CONNU.

474. On peut, à l'aide des propositions n°s 462, 464, 465, arriver, d'une manière assez simple, à la solution d'un certain nombre de problèmes qui, sans ce secours, ne pourraient se résoudre que par l'algèbre.

475. PROBLÈME 1. — *On demande la base et la hauteur d'un rectangle dont la surface est de 726 mètres carrés, sachant que la hauteur égale les $^2/_3$ de la base.*

Calculons la surface d'un rectangle semblable, choisi à volonté, qui aurait, par exemple, 2 mètres de hauteur et 3 mètres de base. (*Afin de simplifier nous avons choisi pour la base le dénominateur de la fraction, et pour hauteur le numérateur.*)

La surface de ce rectangle semblable $= 2 \times 3 = 6$ mètres. Appelons b la base du rectangle donné, on a, $6 : 726 :: \overline{3}^2 : b^2$; d'où $b^2 = \frac{726 \times \overline{3}^2}{6} = \frac{726 \times 9}{6} = 1089$, et $b = \sqrt{1089} = 33$; d'où $h = 33 \times \frac{2}{3} = 22$. Ainsi la base est 33 et la hauteur 22. On reconnaît en effet : 1° que $22 =$ les $\frac{2}{3}$ de 33, 2° que $33 \times 22 = 726$.

Quelquefois, en discutant l'opération arithmétique qui donne la surface, on arrive d'une manière encore plus simple et plus expéditive à la connaissance des dimensions que l'on cherche.

476. PROBLÈME 2. — *Cherchez la base et la hauteur d'un triangle de 144 m. car., sachant que la hauteur est le double de la base.*

$144 =$ la base $\times$ la $^1/_2$ de la hauteur $=$ la base $\times$ la base; d'où l'on tire base $= \sqrt{144} = 12$ m. et hauteur $= 12 \times 2 = 24$ m.

PROBLÈMES NUMÉRIQUES.

P. 561. On demande la base et la hauteur d'un rectangle dont la surface est de 243 mètres carrés, sachant que la base égale 3 fois la hauteur.

P. 562. Calculez la base et la hauteur d'un rectangle de 243 mètres carrés, sachant que la base est le tiers de la hauteur.

P. 563. Calculez la base et la hauteur d'un rectangle de 120 m. car., sachant que le rapport de la base à la hauteur est de 3 $^4/_5$.

P. 564. Quelles sont les deux diagonales d'un losange dont la surface est de 350 mètres carrés, sachant que l'une de ces diagonales est les $\frac{4}{7}$ de l'autre?

P. 565. On demande la base et la hauteur d'un triangle dont la surface est de 486 m. car., sachant que la base égale les $^3/_4$ de la hauteur.

P. 566. Quels sont les trois côtés d'un triangle rectangle dont la surface est de 72 mètres carrés, sachant que les deux côtés de l'angle droit sont égaux entre eux?

P. 567. On demande la base et la hauteur d'un triangle de 98 m. car., sachant que la base égale la hauteur?

P. 568. Sachant qu'un hexagone régulier se compose de six triangles équilatéraux égaux entre eux ayant chacun pour côté le rayon du cercle, on demande quel est le rayon du cercle dans lequel un hexagone régulier inscrit a pour surface 62 mètres carrés 352 centimètres carrés.

P. 569. Calculez la hauteur et les bases d'un trapèze de 225 m. car., sachant que la hauteur égale la demi-somme des bases et que la base supérieure est les $^2/_3$ de la base inférieure?

P. 570. Calculez la hauteur et les bases d'un trapèze de 100 m. car., sachant que la hauteur égale $^4/_5$ de la somme des bases et que la base supérieure est $^4/_5$ de la base inférieure.

CHAPITRE XIV.

DES FIGURES ÉQUIVALENTES.

§ Ier. — DÉFINITIONS.

477. On appelle figures égales, deux figures semblables qui, étant appliquées l'une sur l'autre, coïncident dans toute leur étendue; tels sont deux cercles dont les rayons sont égaux, deux rectangles qui ont même base et même hauteur.

478. On appelle figures équivalentes, des figures dissemblables qui ont la même surface; tels sont un rectangle et un parallélogramme de même base et de même hauteur.

---

477. *Qu'appelle-t-on figures égales?* — 478. *Qu'appelle-t-on figures équivalentes?*

§ II. — TRANSFORMATION DES POLYGONES.

479. Problème 1. — *Changez un pentagone en un quadrilatère de même superficie ?*

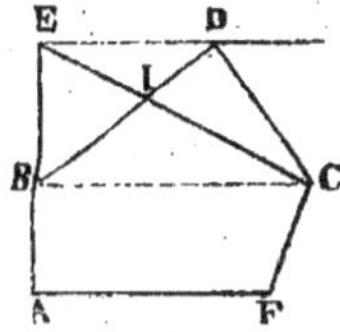

1° Prolongez un des côtés A B du pentagone, menez D E parallèle à la diagonale B C, et du point de rencontre E menez E C, qui détermine le quadrilatère A B E C F, équivalent au pentagone donné. En effet, les triangles B E C et B D C sont équivalents, car ayant une base commune B C, ils ont aussi des hauteurs égales, puisque les sommets E et D sont sur une droite E D parallèle à B C; mais si, de chacun de ces triangles, on ôte la partie commune B I C, les restes B E I et D C I seront aussi équivalents : donc la figure A B I C F sera autant augmentée par l'addition du triangle B E I qu'elle a été diminuée par la suppression du triangle D I C : donc, le quadrilatère A B E C F est équivalent au pentagone donné.

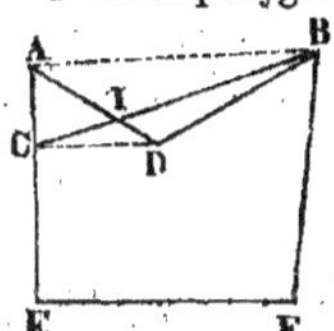

2° Si le polygone avait un angle rentrant, il faudrait joindre les angles saillants A et B, mener par l'angle rentrant D la parallèle C D, et par le point C la ligne C B, qui détermine le quadrilatère B C E F, équivalent au pentagone donné; en effet, les triangles A C D et C B D sont équivalents, car, ayant une base commune C D, ils ont aussi même hauteur, puisque les sommets A et B sont sur une droite A B parallèle à C D. Mais si de chacun on ôte la partie C I D, qui est commune, les triangles restants A C I et B I D seront aussi équivalents, et le polygone B F E C A D sera autant augmenté par B I D qu'il a été diminué par A I C; donc le quadrilatère B F E C B est équivalent au pentagone donné.

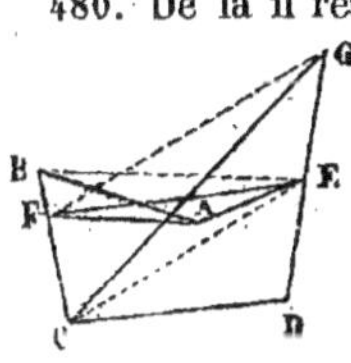

480. De là il résulte : 1° qu'on peut réduire un polygone quelconque à un triangle en lui faisant perdre successivement un de ses côtés, jusqu'à ce qu'ils soient réduits à trois. Soit le polygone A B C D E; pour lui faire perdre le côté A E, joignez les points B et E; menez A F parallèle à cette diagonale; enfin tirez E F, et vous aurez C D E F équivalent au premier polygone. Pour supprimer le côté E F, prolongez d'abord le côté D E indéfiniment et joignez les points C et E; menez F G parallèle à C E jusqu'à la rencontre du prolongement de D E, tirez C G, et le triangle C G D est équivalent au polygone donné.

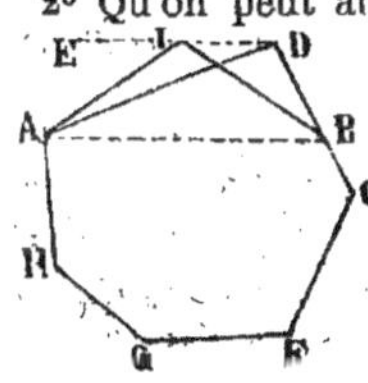

2° Qu'on peut augmenter le nombre des côtés d'un polygone quelconque en lui conservant la même superficie. Par exemple, supposons qu'on veuille donner un côté de plus à l'hexagone A D C F G H; pour cela joignez par une diagonale l'angle A à un point B pris à volonté sur le côté D C; par le point D menez E D parallèle à A B, et d'un point quelconque I, pris sur cette parallèle, tirez les lignes A I et IB, le polygone AIBCFGH sera équivalent au premier en superficie et aura un côté de plus. On pourrait, par des opérations analogues, augmenter indéfiniment le nombre des côtés.

§ III. — TRANSFORMATION DES FIGURES EN D'AUTRES DE MÊME SUPERFICIE.

481. PROBLÈME 1. — *Faites un triangle rectangle équivalent en surface à un triangle donné.*

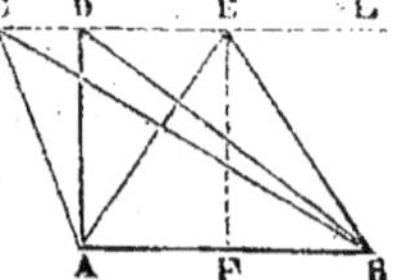

Soit ACB le triangle donné, menez CL parallèle à la base AB, élevez la perpendiculaire AD et joignez DB. Le triangle rectangle DAB est équivalent en surface au triangle donné ACB, comme ayant même base et même hauteur.

482. PROBLÈME 2. — *Faites un triangle isocèle équivalent en surface à un triangle donné* (fig. n° 481).

Soit ACB le triangle donné, menez CL parallèle à la base AB; sur le milieu de cette base, élevez la perpendiculaire FE et joignez EA, EB; vous formerez le triangle isocèle AEB, équivalent au triangle donné ACB, comme ayant même base AB et même hauteur EF.

483. PROBLÈME 3. — *Faites un triangle rectangle équivalent en surface à un rectangle donné.*

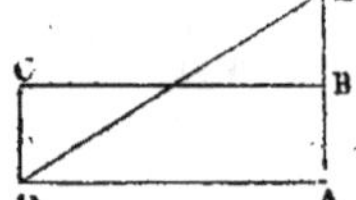

Soit le rectangle donné ABCD; prolongez la hauteur AB, et portez BA en BE; puis joignez ED. Le triangle rectangle AED est équivalent au rectangle donné, car ils ont l'un et l'autre pour surface $AD \times AB$.

484. PROBLÈME 4. — *Faites un triangle rectangle équivalent en surface à un losange donné.*

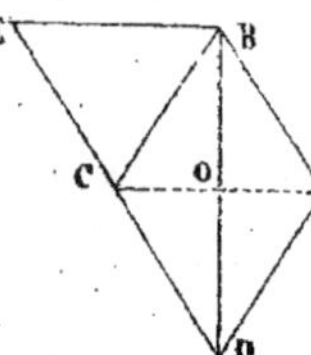

Soit le losange ABCD; menez BE parallèle à la diagonale AC, et prolongez DC; vous formerez le triangle rectangle DBE équivalent au losange, car le losange a pour surface $BD \times OC$, et le triangle DBE a pour surface $BD \times \dfrac{BE}{2}$; or $\dfrac{BE}{2} = OC$; car le parallélogramme ABEC donne BE = AC; d'où l'on tire $\dfrac{BE}{2} = \dfrac{AC}{2} = OC$; donc la surface du triangle rectangle DBE égale celle du losange donné ABCD.

485. PROBLÈME 5. — *Faites un triangle équivalent en surface à un trapèze donné.*

Soit le trapèze ABCD; prolongez AD, prenez DE = BC, et joignez AC, CE. Les deux triangles CDE, ABC sont équivalents, comme ayant même base et même hauteur, car DE = BC et CG = AF; donc le triangle ACE est équivalent en surface au trapèze donné ABCD.

486. Problème 6. — *Faites un triangle rectangle équivalent en surface à un trapèze donné* ABCD (fig. n° 485).

Servez-vous d'abord du problème précédent pour former le triangle ACE, équivalent au trapèze ; élevez ensuite la perpendiculaire, AF et joignez FE ; vous formerez le triangle rectangle FAE équivalent au triangle ACE, et par conséquent aussi équivalent au trapèze ABCD.

487. Problème 7. — *Faites un triangle équivalent en surface à un polygone régulier.*

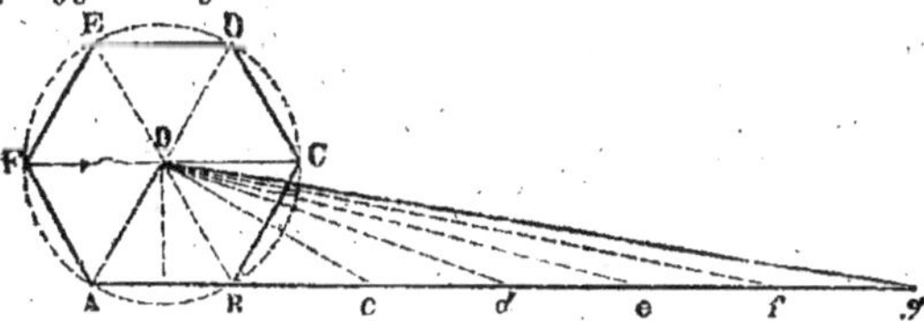

Soit l'hexagone régulier ABCDEF ; prolongez AB, et portez sur Ag six fois AB ; joignez OA, Og ; le triangle Aog est équivalent au polygone donné, car ils se composent l'un et l'autre de six triangles équivalents comme ayant des bases égales et même hauteur.

488. Problème 8. — *Faites un triangle rectangle équivalent en surface à un cercle donné.*

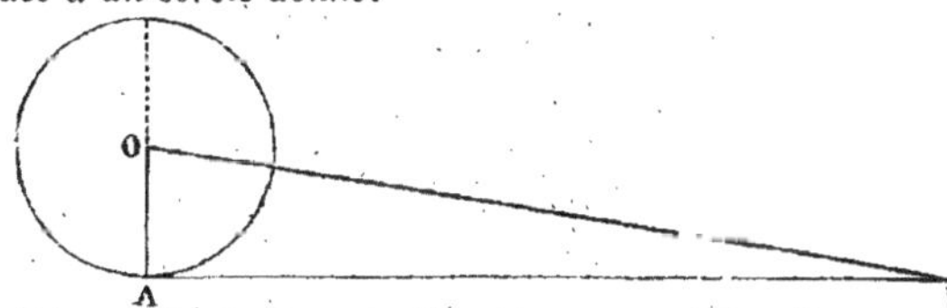

Soit le cercle O, dont le diamètre = 32 millimètres ; sa circonférence = $3,1416 \times 32 = 100$ mill. 5312 ; à l'extrémité A d'un rayon quelconque, élevez une perpendiculaire, sur laquelle vous porterez une longueur AB = 100 mill. 5312, et joignez OB ; le triangle rectangle AOB est équivalent en superficie au cercle donné ; en effet, le cercle a pour surface : circonférence$\times\dfrac{\text{rayon}}{2} =$ $100,5312 \times \dfrac{OA}{2}$; le triangle AOB $=$ AB$\times\dfrac{OA}{2} = 100,5312 \times \dfrac{OA}{2}$; donc les deux surfaces sont équivalentes.

489. Problème 9. — *Faites un carré équivalent en surface à un rectangle donné.*

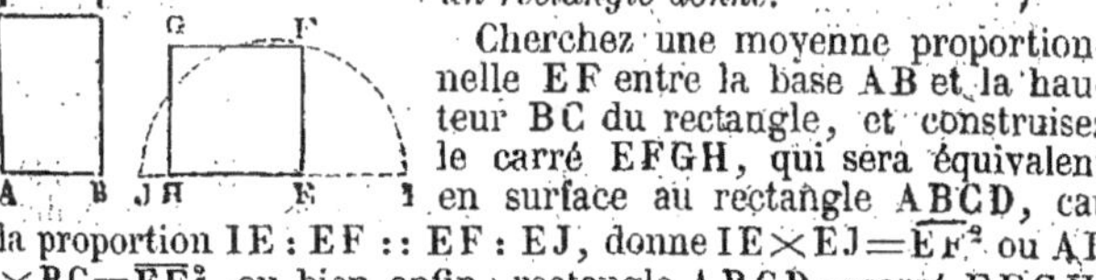

Cherchez une moyenne proportionnelle EF entre la base AB et la hauteur BC du rectangle, et construisez le carré EFGH, qui sera équivalent en surface au rectangle ABCD, car la proportion IE : EF :: EF : EJ, donne IE$\times$EJ $=$ EF^2 ou AB $\times$ BC $= \overline{EF}^2$, ou bien enfin : rectangle ABCD $=$ carré EFGH.

490. PROBLÈME 10. — *Faites un carré équivalent en surface à un triangle donné.*

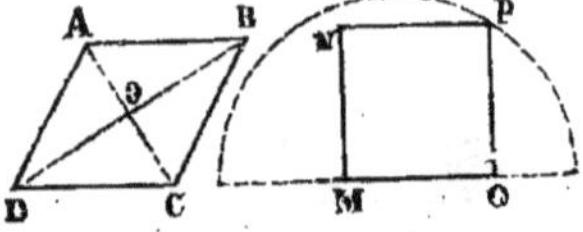

Cherchez une moyenne proportionnelle MN entre la base AC et la moitié DE de la hauteur DB, puis construisez le carré MNOP, qui est équivalent au triangle ABC. La démonstration est la même que celle du problème précédent.

491. PROBLÈME 11. — *Faites un carré équivalent en surface à un losange donné.*

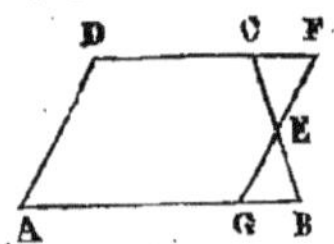

Cherchez une moyenne proportionnelle OP entre l'une des diagonales BD et la moitié CO de l'autre diagonale, et construisez le carré MNPO.

492. PROBLÈME 12 — *Faites un rectangle équivalent en surface à un parallélogramme donné.*

Prolongez CB, et menez les perpendiculaires AF, DJ, vous formerez le rectangle AFJD, équivalent en surface au parallélogramme ABCD, car les deux triangles AFB et DJC sont égaux, n° 395.

493. PROBLÈME 13. — *Faites un parallélogramme équivalent en surface à un trapèze donné.*

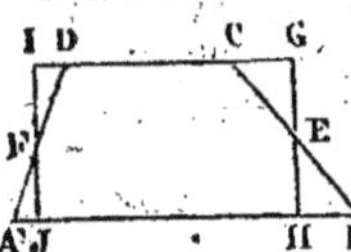

Prolongez DC, et par le point E, milieu de CB, menez GF parallèle à AD. Dans les deux triangles GEB et CEF, EB=EC, par construction; les angles en E sont égaux comme opposés par le sommet; de plus B=C comme alternes internes; donc ces deux triangles sont égaux (n° 183-3°), et par suite le parallélogramme AGFD est équivalent au trapèze ABCD.

494. PROBLÈME 14. — *Faites un rectangle équivalent en surface à un trapèze.*

Par les milieux E et F des deux côtés non parallèles, abaissez sur les bases les perpendiculaires GH, IJ, et vous aurez le rectangle IJHG, équivalent au trapèze donné; car on démontrerait, comme ci-dessus, que les triangles CEG, HEB sont égaux entre eux, ainsi que les triangles IFD et AFJ.

495. PROBLÈME 15. — *Sur une droite donnée faites un rectangle équivalent en surface à un carré.*

Soient M le côté du carré donné, N la droite donnée, et X la largeur du rectangle qu'il s'agit de déterminer; on doit avoir $N \times X = M \times M$, ce qui donne $N : M :: M : X$. Le problème revient donc à chercher une troisième proportionnelle à la droite donnée et au côté du carré.

Pour la déterminer, sur une droite indéfinie, portez N en OR, élevez une perpendiculaire RS = M, élevez une autre perpendiculaire TV sur le milieu de la droite qui joindrait OS, et du point T, avec TO pour rayon, décrivez une demi-circonférence qui détermine RP pour la troisième proportionnelle demandée (*n° 364*); élevez sur N une perpendiculaire X = RP, et achevez le rectangle EFGH, qui sera équivalent au carré donné; la proportion

$$N : M :: M : X$$

donne N $\times$ X = $\overline{M}^2$, ce qu'il fallait démontrer.

496. PROBLÈME 16. — *Sur une droite donnée faites un rectangle équivalent en surface à un rectangle donné.*

Soient donnés la droite FG et le rectangle ABDC : 1° Prolongez les côtés AB, CD, AC et BD du rectangle à réduire; portez de B en E la longueur du côté donné FG; du point E tirez la droite ED jusqu'à ce qu'elle rencontre en H le prolongement de AC; menez EI parallèle à BJ, HI parallèle à CL, le rectangle DLIJ est celui qu'on demande. En effet, la diagonale EH partage le grand rectangle AEIH en deux triangles égaux AEH, EHI, mais les triangles CDH et HJD sont égaux; il en est de même des triangles BDE et DEL : si donc, de chacun des grands triangles, on ôte ces parties égales, les restes ABDC et DLIJ seront équivalents.

2° Appelons X le côté cherché, on doit avoir FG $\times$ X = AB $\times$ BD, ce qui donne la proportion FG : AB :: BD : X. X est donc une quatrième proportionnelle aux trois droites FG, AB, BD. On la détermine comme il a été dit n° 365. Faites un angle quelconque RMO, portez FG en MN, AB en MS, BD en NO; joignez SN et menez OR parallèle à SN; vous aurez SR pour la quatrième proportionnelle cherchée, qui, avec FG, formera le rectangle DLIJ, équivalent au rectangle donné ABDC.

497. PROBLÈME 17. — *Faites un rectangle équivalent en surface à un losange donné.*

Soit le losange donné ABCD; par les points B et D, menez BE et DF parallèles à la diagonale AC, et par le point C menez EF parallèle à la diagonale BD, vous formerez le rectangle BEFD, équivalent en surface au losange ABCD, car l'un et l'autre ont pour surface BD $\times$ OC.

498. PROBLÈME 18. — *Etant donné un carré, construisez un rectangle équivalent dont la somme de deux côtés adjacents soit égale à une ligne donnée.*

Sur la ligne donnée AB, comme diamètre, décrivez une demi-circonférence; à l'extrémité A élevez une perpendiculaire indéfinie, sur laquelle vous porterez le côté AI du carré donné; menez IF parallèle à AB, et abaissez la perpendiculaire FE. Les deux segments AE, EB seront l'un la hauteur, l'autre la base du rectangle demandé; car leur somme égale AB, et la moyenne proportionnelle FE donne AE : EF :: EF : EB, d'où $AE \times EB = \overline{EF}^2$.

Remarque. — Pour que le problème soit possible, il faut que la parallèle rencontre la demi-circonférence, ce qui exige que le côté du carré ne dépasse pas la moitié de la ligne donnée.

499. Problème 19. — *Faites un rectangle dont les côtés aient une différence donnée, et qui soit équivalent en surface à un carré aussi donné.*

Sur la différence donnée AB, comme diamètre, décrivez une demi-circonférence; au point B, menez une tangente BC égale au côté du carré; par le point C et le centre O, menez la sécante CD, vous aurez CD et CE pour la base et la hauteur du rectangle demandé. Car 1° la différence de ces deux côtés est égale au diamètre ED ou AB, et 2° la sécante CD et la tangente CB donnent la proportion CE : CB :: CB : CD, d'où $CE \times CD = \overline{CB}^2$.

500. Problème 20. — *Tracez un cercle équivalent en surface à une couronne donnée.*

Menez à volonté le rayon AB, et par le point B la tangente CD; puis du point B comme centre, avec BC pour rayon, décrivez un cercle dont la surface sera équivalente à la couronne donnée. En effet, joignez AC, le cercle a pour surface $\pi \times \overline{BC}^2$, or la couronne a pour surface $\pi \left(\overline{AC}^2 - \overline{AB}^2 \right)$; mais le triangle rectangle CBA donne $\overline{BC}^2 = \overline{AC}^2 - \overline{AB}^2$. Ainsi les produits qui donnent ces deux surfaces se composent des mêmes facteurs, donc ces surfaces sont équivalentes.

501. Problème 21. — *Tracez un carré équivalent en surface à un cercle donné.*

Le cercle ayant pour surface le produit de sa cironférence par la moitié du rayon, ce problème devrait se réduire à prendre une moyenne proportionnelle entre ces deux facteurs. Mais, on démontre que la rectification de la circonférence ne peut s'effectuer par aucune opération graphique rigoureuse. Ce moyen général de quadrature ne peut donc s'appliquer au cercle, et l'on est conduit à se servir du calcul, ou à chercher quelque solution approchée.

Soit r le rayon d'un cercle et c le côté d'un carré équivalent, on a, pour la surface du cercle, πr^2; d'où $c^2 = r^2 \pi$ et $c = \sqrt{r^2 \pi}$ $= \sqrt{r^2} \times \sqrt{\pi} = \sqrt{r^2} \times \sqrt{3,14159265358} = r \times 1,7724538$; c'est-à-dire que, *pour obtenir le côté du carré équivalent à un cercle, il faut multiplier le rayon par le nombre constant 1,7724538...* Si par exemple le rayon a 5 mètres, le côté du carré équivalent sera $5 \times 1,7724538... = 8$ mètres 862269.

Le procédé graphique suivant donne une approximation à moins d'une demi-unité du cinquième ordre décimal.

Soit le cercle BDAF, menez un diamètre AB, et, à son extrémité B, la tangente indéfinie BC; prenez ON égale $\frac{1}{6}$ du rayon OB. Du point N, avec un rayon double du diamètre AB, coupez la tangente au point C; joignez CA, qui coupe la circonférence au point D, la corde BD sera le côté du carré équivalent au cercle.

Afin de simplifier, prenons le rayon pour unité, nous aurons :

$$ON = \tfrac{1}{6}; \quad BN = \tfrac{7}{6}, \quad AB = 2, \quad CN = 4.$$

Le triangle rectangle CBN donne :

$$\overline{BC}^2 = \overline{CN}^2 - \overline{BN}^2 = \left(4^2 - \tfrac{7}{6}\right)^2 = 16 - \tfrac{49}{36} = \tfrac{576}{36} - \tfrac{49}{36} = \tfrac{527}{36}.$$

Le triangle rectangle CAB donne :

$$\overline{AC}^2 = \overline{AB}^2 + \overline{BC}^2 = 4 + \tfrac{527}{36} = \tfrac{144}{36} + \tfrac{527}{36} = \tfrac{671}{36}.$$

Mais l'angle D est droit comme inscrit dans un demi-cercle. Les deux triangles rectangles ADB, BAC qui ont l'angle A commun sont donc semblables, et l'on a la proportion :

BD : AB :: CB : CA, ou en élevant au carré

$$\overline{BD}^2 : \overline{AB}^2 :: \overline{CB}^2 : \overline{CA}^2, \text{ et en remplaçant}$$

$$\overline{BD}^2 : 4 :: \tfrac{527}{36} : \tfrac{671}{36}, \text{ ou } \overline{BD}^2 : 4 :: 527 : 671;$$

D'où $\overline{BD}^2 = \dfrac{4 \times 527}{671} = \dfrac{2108}{671}$ et $BD = \sqrt{\dfrac{2108}{671}} = 1{,}7724502\ldots$

Or, si dans la valeur de c trouvée ci-dessus par le calcul, $c = r \times 1{,}7724538\ldots$ on fait $r = 1$, on a $c = 1{,}7724538\ldots$ Cette valeur trouvée par le calcul est exacte jusqu'au dernier chiffre 8... Or, la valeur de BD n'en diffère que de 0,0000036, donc l'erreur que l'on commet en prenant BD pour le côté du carré équivalent au cercle est moindre qu'une demi-unité du cinquième ordre décimal. Théoriquement parlant, l'erreur serait moindre qu'un demi-millimètre pour un cercle de 100 mètres de rayon.

502. PROBLÈME 22. — *Rectifiez le quart d'une circonférence.*

Cherchez, à l'aide du problème qui précède, le côté du carré équivalent en superficie au cercle donné, abaissez la perpendiculaire DL (*fig. n° 501*); BL sera le quart de la circonférence rectifiée.

En effet, le triangle rectangle BDA donne (*n° 398-3°*) :

BL : BD :: BD : AB; d'où $AB \times BL = \overline{BD}^2$ (a);

Mais $\overline{BD}^2$ est équivalent au cercle, en sorte qu'on a :

$\overline{BD}^2 = $ circonf. $\times \tfrac{1}{2}$ rayon $= $ circonf. $\times \tfrac{1}{4}$ du diamètre, ou bien

$\overline{BD}^2 = $ diamètre $\times \tfrac{1}{4}$ de la circonf. $= AB \times \tfrac{1}{4}$ de la circonférence;

Mettant cette dernière valeur de $\overline{BD}^2$ dans l'égalité (a), on a :

$AB \times BL = AB \times \tfrac{1}{4}$ de la circonférence;

Donc $BL = \tfrac{1}{4}$ de la circonférence, ce qu'il fallait démontrer.

PROBLÈMES GRAPHIQUES.

P. 571. Faites un triangle équilatéral de 40 mill. de côté, et sur la même base construisez les triangles suivants qui lui soient équivalents : 1° un triangle isocèle, 2° un triangle rectangle.

P. 572. Faites un triangle dont les côtés soient de 30 mill., 36 mill., 40 mill., et sur la même base construisez les triangles suivants qui lui soient équivalents : 1° un triangle rectangle, 2° un triangle isocèle.

P. 573. Faites un triangle dont les côtés soient de 30 mill., 32 mill., 40 mill., et faites les figures suivantes équivalentes : 1° un parallélogramme, 2° un rectangle, 3° un trapèze quelconque, 4° un carré.

P. 574. Tracez un rectangle de 40 mill. de base sur 20 mill. de hauteur, et construisez graphiquement les figures suivantes qui lui soient équivalentes : 1° un triangle quelconque, 2° un triangle rectangle, 3° un triangle isocèle, 4° un parallélogramme, 5° un trapèze quelconque, 6° un trapèze symétrique, 7° un trapèze rectangle, 8° un carré, 9° un autre rectangle dont la base égale 30 mill.

P. 575. Tracez un losange dont les deux diagonales égalent 30 mill., 20 mill., et construisez graphiquement chacune des figures suivantes qui lui soient équivalentes : 1° un triangle rectangle, 2° un triangle isocèle, 3° un rectangle, 4° un trapèze quelconque, 5° un trapèze symétrique, 6° un trapèze rectangle, 7° un carré.

P. 576. Tracez un trapèze symétrique dont les deux bases égalent 40 mill., 20 mill., la hauteur 15 mill., et construisez les figures suivantes qui lui soient équivalentes : 1° un triangle, 2° un triangle rectangle, 3° un triangle isocèle, 4° un parallélogramme, 5° un rectangle, 6° un carré.

P. 577. Inscrivez un hexagone régulier dans un cercle de 15 mill. de rayon, et construisez les figures suivantes qui lui soient équivalentes : 1° un triangle, 2° un triangle rectangle, 3° un triangle isocèle, 4° un parallélogramme, 5° un rectangle, 6° un carré.

P. 578. Tracez un carré de 30 mill. de côté, et construisez graphiquement les figures suivantes qui lui soient équivalentes : 1° un triangle quelconque, 2° un triangle rectangle, 3° un triangle isocèle, 4° un parallélogramme, 5° un rectangle, 6° un trapèze quelconque, 7° un trapèze symétrique, 8° un trapèze rectangle.

P. 579. Tracez un carré de 35 millimètres de côté, et faites un rectangle équivalent dont la somme de deux côtés adjacents soit de 60 millimètres.

P. 580. Tracez un carré de 15 mill., et faites un losange équivalent dont l'une des diagonales égale 40 mill.

P. 581. Tracez un parallélogramme dont deux côtés adjacents soient de 35 mill., 20 mill., l'angle qu'ils comprennent de 60°, et construisez chacune des figures suivantes qui lui soient équivalentes : 1° un triangle quelconque, 2° un triangle rectangle, 3° un triangle isocèle, 4° un rectangle, 5° un trapèze quelconque, 6° un trapèze symétrique, 7° un trapèze rectangle, 8° un carré, 9° un autre parallélogramme de même base, 10° un autre parallélogramme dont la base soit de 35 millimètres.

P. 582. Tracez un carré de 30 mill. de côté, et faites un rectangle équivalent dont la différence de deux côtés adjacents soit de 25 mill.

P. 583. Tracez une couronne dont les rayons soient 20 mill., 16 mill., et tracez un cercle équivalent en surface.

P. 584. Tracez un cercle de 15 mill. de rayon, et construisez graphiquement les figures suivantes qui lui soient équivalentes : 1° une couronne quelconque, 2° une couronne dont le grand rayon égale 20 mill., 3° une couronne dont le petit rayon égale 9 mill., 4° un carré.

P. 585. Tracez un cercle de 15 mill. de rayon, et rectifiez graphiquement : 1° le quart de la circonférence, 2° la demi-circonférence, 3° la circonférence entière.

PROBLÈMES NUMÉRIQUES.

P. 586. Quelle est la hauteur d'un triangle qui a 12 mètres de base, et qui est équivalent à un autre triangle dont la base est de 20 mètres et la hauteur de 6 mètres ?

P. 587. Quelle est la base d'un triangle isocèle de 20 mètres de hauteur, et qui est équivalent à un triangle rectangle dont les côtés de l'angle droit sont 18 mètres et 30 mètres ?

P. 588. Quelle est la hauteur d'un triangle dont la base égale 16 mètres, sachant que ce triangle est équivalent à un cercle de 11 mètres de diamètre ?

P. 589. Quels sont les côtés des carrés équivalents en surface :

1° A un triangle dont la base est de 16 mètres et la hauteur de 12 mètres ;

2° A un triangle équilatéral dont le côté est de 12 mètres ;

3° A un rectangle dont la base est de 15 mètres et la hauteur de 10 mètres ;

4° A un losange dont les deux diagonales égalent 7 mètres et 17 mètres ;

5° A un trapèze dont la hauteur est de 9 mètres et les deux bases l'une de 14 mètres, l'autre de 19 mètres.

P. 590. Sur une même base de 15 mètres, quelles sont les diverses hauteurs qu'il faudrait prendre pour construire des rectangles équivalents en surface :

1° A un triangle ayant 25 m. de base et 18 m. de hauteur ;

2° A un carré de 30 mètres de côté ;

3° A un autre rectangle dont la base est de 17 mètres et la hauteur de 12 mètres ;

4° A un losange dont les deux diagonales sont 12 mètres et 8 mètres ;

5° A un cercle dont le rayon est de 8 mètres ?

P. 591. Quelles hauteurs faut-il donner à des trapèzes ayant chacun pour bases 6 m. et 10 m., s'ils doivent être équivalents :

1° A un carré de 10 mètres de côté ;

2° A un rectangle dont la base égale 9 m. et la hauteur 6 ;

3° A un autre trapèze dont les bases sont de 7 mètres et de 19 mètres et la hauteur de 4 mètres ;

4° A un losange ayant pour diagonales 15 m. et 12 m.;

5° A un cercle de 12 mètres de rayon?

P. 592. On a une série de losanges ayant une même diagonale de 50 mètres, on demande la seconde diagonale de chacun de ces losanges, sachant qu'ils sont équivalents:

1° A un triangle isocèle dont la base est de 30 mètres et les deux côtés égaux chacun de 25 mètres;

2° A un carré de 25 mètres de côté;

3° A un rectangle dont la base égale 18 m. et la hauteur 7 m.;

4° A un autre losange dont les deux diagonales ont 15 m. et 14;

5° A un trapèze dont la hauteur est de 6 mètres, et les deux bases parallèles de 11 mètres et de 18 mètres;

P. 593. Calculez les rayons des cercles équivalents en surface:

1° A un triangle rectangle dont les deux côtés de l'angle droit sont 11 mètres et 17 mètres;

2° A un carré de 47 mètres de côté;

3° A un rectangle dont la base égale 11 m. et la hauteur 7;

4° A un losange dont les deux diagonales égalent 15 m. et 25;

5° A un trapèze dont la hauteur est de 5 mètres, et les deux bases de 15 mètres et de 20 mètres.

§ IV. — DIVISION DES SURFACES.

503. PROBLÈME 1. — *Divisez un parallélogramme en un nombre quelconque de parties égales, en cinq par exemple.*

Divisez les deux bases en cinq parties égales et joignez deux à deux les points de division, les cinq figures qui en résultent sont égales entre elles comme ayant même base et même hauteur. Il en serait de même pour le trapèze.

504. PROBLÈME 2. — *Divisez un triangle en un nombre quelconque de parties égales, par exemple en trois, par des droites partant d'un même sommet.*

Soit à diviser le triangle ACB en trois parties égales, par des droites partant du sommet C et se rendant à la base AB.

Partagez la base en trois parties égales et joignez les points de division au sommet, vous aurez trois triangles équivalents comme ayant même base et même hauteur.

505. PROBLÈME 3. — *Divisez un triangle en un nombre quelconque de parties égales, par exemple en trois, par des parallèles à la base.*

Sur un côté quelconque CB, comme diamètre, décrivez une demi-circonférence CHIB; divisez CB en trois parties égales, et par les points de division élevez les perpendiculaires MH, NI; du point C, comme centre, décrivez les arcs HF, IG; tirez les lignes DF, EG parallèles à AB. Le triangle se trouve divisé en trois parties équivalentes dont l'une est un triangle CDF, et les autres sont deux trapèzes DFGE, EGBA.

Pour reconnaître l'exactitude de ce procédé, nous allons démontrer que le triangle CDF est le tiers du triangle total CAB. Les triangles semblables CDF, CAB donnent la proportion
$$CDF : CAB :: \overline{CF}^2 : \overline{CB}^2.$$
Dans le triangle rectangle CHB, on a la proportion
$$\overline{CH}^2 : \overline{CB}^2 :: CM : CB :: 1 : 3,$$
Ou, puisque CH=CF, $\overline{CF}^2 : \overline{CB}^2 :: 1 : 3$.

Remplaçons dans la première proportion le rapport $\overline{CF}^2 : \overline{CB}^2$ par son égal 1 : 3, elle devient CDF : CAB :: 1 : 3. On démontrerait de même que l'on a CEG : CAB :: 2 : 3. Ainsi CDF=le tiers de CAB, CEG=les deux tiers de CAB; donc DFGE = le tiers de CAB, et par suite EGBA égale le tiers de CAB, ce que d'ailleurs on pourrait démontrer directement.

506. Problème 4. — *Partagez un trapèze en un nombre quelconque de parties égales, par exemple en trois, par des parallèles aux bases.*

Prolongez les côtés AD, BC jusqu'à leur rencontre au point O; décrivez une demi-circonférence sur OD comme diamètre; du point O comme centre, avec OA pour rayon, décrivez l'arc AF, et abaissez sur OD la perpendiculaire FE. Partagez ED en trois parties égales, par les points de division élevez les perpendiculaires GH, JK, et décrivez du point O les arcs HI, KL; enfin, menez à la base DC les parallèles IM, LN qui décomposent le trapèze donné ABCD en trois trapèzes équivalents ABMI, IMNL, LNCD.

En effet, si l'on joignait les points F, H, K aux deux extrémités O et D, on formerait des triangles rectangles à l'aide desquels on démontrerait, comme pour le triangle (*n°* 505) que l'on a

$$OAB : ODC :: OE : OD \quad \text{ou} \quad \frac{OAB}{ODC} = \frac{OE}{OD}$$

$$OIM : ODC :: OG : OD \quad \text{ou} \quad \frac{OIM}{ODC} = \frac{OG}{OD}$$

$$OLN : ODC :: OJ : OD \quad \text{ou} \quad \frac{OLN}{ODC} = \frac{OJ}{OD}$$

On a d'ailleurs évidemment $\dfrac{ODC}{ODC} = \dfrac{OD}{OD}$

Retranchons membre à membre les deux premières égalités, on a
$$\frac{OIM}{ODC} - \frac{OAB}{ODC} = \frac{OG}{OD} - \frac{OE}{OD} \quad \text{ou} \quad \frac{OIM - OAB}{ODC} = \frac{OG - OE}{OD}. \quad \text{Or,}$$
OIM−OAB=ABMI et OG−OE=EG; donc, en remplaçant, on a enfin $\dfrac{ABMI}{ODC} = \dfrac{EG}{OD}$.

La deuxième et la troisième égalités donnent:

$$\frac{OLN-OIM}{ODC} = \frac{OJ-OG}{OD} \quad \text{ou} \quad \frac{IMNL}{ODC} = \frac{GJ}{OD}.$$

Enfin, les deux dernières égalités donnent:

$$\frac{ODC-OLN}{ODC} = \frac{OD-OJ}{OD} \quad \text{ou} \quad \frac{LNCD}{ODC} = \frac{JD}{ED}$$

Or, $\frac{EG}{OD} = \frac{GJ}{OD} = \frac{JD}{OD}$; donc, $ABMI = IMNL = LNCD$, et par suite chacun de ces trapèzes est le tiers du trapèze donné $ABCD$.

Si le point de concours O des deux côtés non parallèles était trop éloigné, il faudrait opérer sur la plus grande base, comme on l'a fait sur le côté OD; décrivez sur DC une demi-circonférence, menez à AD la parallèle BP, et décrivez l'arc PU; abaissez la perpendiculaire UY, divisez YC en trois parties égales, élevez les perpendiculaires QV, SX, décrivez les arcs VR, XT, menez à AD les parallèles RM, TN, enfin menez à DC les parallèles IM, LN.

507. PROBLÈME 5. — *Partagez un cercle en trois parties égales par des circonférences concentriques.*

Les cercles étant entre eux comme les carrés de leurs rayons, on doit avoir $\overline{AD}^2 = \frac{1}{3}\overline{AB}^2$ et $\overline{AC}^2 = \frac{2}{3}\overline{AB}^2$. Si l'on veut une construction géométrique, on déterminera les rayons AC, AD (*n°* 407). Mais en général il est plus simple de se servir du calcul. Soit $AB = 2$ mètres, on aura $AD = \sqrt{\frac{1}{3}\times 2^2} = \sqrt{\frac{1}{3}\times 4} = \sqrt{1,3333} = 1\text{ m},15$; $AC = \sqrt{\frac{2}{3}\times 2^2} = \sqrt{\frac{2}{3}\times 4} = \sqrt{2,6666} = 1\text{ m. }63$.

508. PROBLÈME 6. — *Partagez un cercle en parties équivalentes, par exemple en trois, par des demi-circonférences ayant leurs centres sur un même diamètre.*

Divisez le diamètre AB en trois parties égales, puis décrivez au-dessus et au-dessous de ce diamètre, des demi-circonférences ayant respectivement pour diamètres AC, AD, DB, CB. Le cercle se trouve alors divisé en trois espaces circulaires équivalents. En effet, puisque les cercles sont entre eux comme les carrés des diamètres, il en est de même des demi-cercles, en sorte que, si l'on pose $AEC = a$, on a $AFD = 4\,a$, $ANB = 9\,a$, $DHB = a$, $CGB = 4\,a$, $AMB = 9\,a$.

D'où il résulte que

$$AEC \ldots\ldots\ldots\ldots\ldots = a, \quad AMBGC = 9\,a - 4\,a = 5\,a.$$
$$AECDF = 4\,a - a = 3\,a, \quad CGBHD = 4\,a - a = 3\,a.$$
$$AFDBN = 9\,a - 4\,a = 5\,a, \quad DHB \ldots\ldots\ldots = a.$$

Faisant la somme des deux espaces situés sur une même ligne horizontale dans le tableau ci-dessus, on obtient enfin

$$AEC + AMBGC \text{ ou } AMBGCE = a + 5\,a = 6\,a,$$
$$AECDF + CGBHD \text{ ou } AECGHBDF = 3\,a + 3\,a = 6\,a,$$
$$AFDBN + DBH \text{ ou } AFDHBN = 5\,a + a = 6\,a;$$

donc ces trois espaces sont équivalents.

509. Problème 7. — *Divisez un polygone quelconque en parties équivalentes par des lignes brisées partant des deux sommets A et E.*

Par les divers sommets B, C, D, F, G, H, menez à travers le polygone des parallèles dans une direction quelconque; divisez chaque parallèle en trois parties égales, et joignez entre eux les points de division et les sommets A, E. Les triangles extrêmes, ainsi que les trapèzes intermédiaires, sont tous divisés en trois parties équivalentes : donc il en est de même de leur somme, ou du polygone donné.

510. *Remarque.* — Pour appliquer le procédé ci-dessus à la division d'une figure curviligne, il suffirait de rapprocher assez les parallèles pour que les arcs du pourtour pussent être assimilés à des lignes droites.

PROBLÈMES GRAPHIQUES.

P. 594. Tracez un rectangle de 40 mill. de base, sur 20 mill. de hauteur, et divisez-le en quatre parties égales.

P. 595. Tracez un parallélogramme dont deux côtés adjacents égalent 40 mill., 20 mill., l'angle compris 40°, et divisez-le en trois parties égales.

P. 596. Tracez un trapèze rectangle dont la hauteur égale 15 mill., les deux bases 40 mill., 25 mill., et divisez-le en cinq parties égales.

P. 597. Tracez un triangle équilatéral de 40 mill. de côté, et divisez-le en quatre parties égales par des droites partant du sommet.

P. 598. Tracez un triangle isocèle de 40 mill. de base sur 25 mill. de hauteur, et divisez-le en quatre parties égales par des droites partant du sommet.

P. 599. Tracez un triangle équilatéral de 45 mill. de côté, et divisez-le en quatre parties égales par des parallèles à la base.

P. 600. Tracez un triangle rectangle dont les deux côtés de l'angle égalent 30 mill. et 15 mill., et divisez-le en quatre parties égales par des parallèles à l'hypoténuse.

P. 601. Tracez trois trapèzes rectangles dont la hauteur égale 20 mill., les deux bases 40 mill. et 15 mill., et divisez-les en quatre parties égales, par des parallèles aux bases, en opérant : 1° sur le côté perpendiculaire; 2° sur le côté oblique; 3° sur la grande base.

P. 602. Tracez un hexagone régulier de 20 mill. de côté, et divisez-le en trois parties égales, par deux lignes brisées partant de deux sommets opposés.

P. 603. Tracez un cercle de 20 mill. de rayon, et divisez-le graphiquement en trois parties égales par des circonférences concentriques.

P. 604. Tracez un cercle de 20 mill. de rayon, et divisez-le en cinq parties égales à l'aide de demi-circonférences ayant leurs centres sur un même diamètre.

P. 605. Tracez un cercle de 20 mill. de rayon, et divisez-le en cinq parties égales par des lignes courbes partant des extrémités d'un même diamètre.

CHAPITRE XV.

DES PLANS.

511. Un plan est une surface sur laquelle on peut appliquer en tout sens une règle bien droite.

512. Il résulte des définitions de la ligne droite et du plan, qu'une droite est tout entière dans un plan, lorsqu'elle y a deux de ses points.

513. PROPOSITION. — *Trois points non en ligne droite, appartiennent à un même plan, et en déterminent la position.*

Joignons deux de ces points par une ligne droite, et imaginons un plan passant par cette droite et tournant autour d'elle. Il finira par rencontrer le troisième point. Dès lors le plan sera fixé, ou, autrement dit, déterminé de position.

514. PROPOSITION. — *L'intersection formée par deux plans est une ligne droite.*

En effet, prenons à volonté deux points sur cette intersection et joignons-les par une ligne droite. Cette droite sera nécessairement à la fois dans les deux plans, puisqu'elle passe par deux points qui appartiennent aux deux plans, donc elle est leur intersection même.

515. Une ligne est perpendiculaire sur un plan lorsqu'elle ne penche ni vers un côté, ni vers l'autre de ce plan.

516. Il suit de là : 1° que cette droite AB est perpendiculaire à toutes les droites BE, BO, BC, qu'on mène dans le plan à partir du pied B : car, s'il y avait une de ces droites à laquelle elle ne fût pas perpendiculaire, elle pencherait d'un côté ou de l'autre de cette droite, et par conséquent du même côté par rapport au plan.

2° Que deux lignes perpendiculaires à un plan sont parallèles entre elles comme étant perpendiculaires à la fois à la droite qui joindrait les pieds de ces deux perpendiculaires.

---

517. On appelle angle dièdre l'inclinaison plus ou moins grande de deux plans qui se rencontrent.

L'angle BAC, formé par la rencontre de deux plans GH et GO, est un angle dièdre.

518. Tout angle dièdre se mesure à l'aide de l'angle rectiligne, que l'on obtient en menant, dans les deux plans, deux perpendiculaires en un même point de l'arête commune.

519. On appelle plans parallèles des plans qui ne peuvent jamais se rencontrer à quelque distance qu'on les imagine prolongés.

520. PROPOSITION. — *Les intersections de deux plans parallèles par un troisième plan sont parallèles.*

Car si les intersections venaient à se rencontrer, il en serait de même des plans, qui alors ne seraient pas parallèles; donc, etc.

CHAPITRE XVI.

DES SOLIDES.

§ Ier. — DÉFINITIONS.

521. On appelle solide ou corps tout ce qui réunit longueur, largeur et épaisseur.

Parmi les solides, on distingue les polyèdres et les corps ronds.

522. POLYÈDRES. — On appelle polyèdre, tout solide terminé par des faces planes.

523. On appelle arête d'un polyèdre la ligne formée par l'intersection commune de deux faces adjacentes.

524. Les polyèdres se divisent en polyèdres réguliers et en polyèdres irréguliers.

525. Un polyèdre régulier est un solide dont toutes les faces sont des polygones réguliers égaux entre eux, et dont tous les angles solides sont aussi égaux entre eux.

526. Un angle solide est l'espace compris entre plusieurs plans qui se coupent en un même point

---

527. Un polyèdre irrégulier est un solide dont toutes les faces ne sont pas des polygones réguliers égaux entre eux, et dont les angles solides sont inégaux.

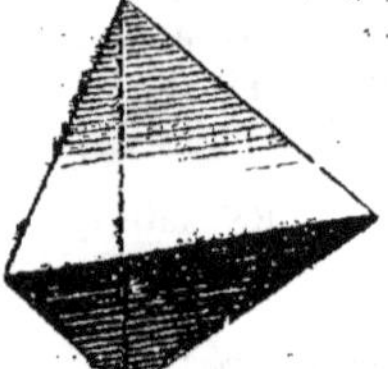
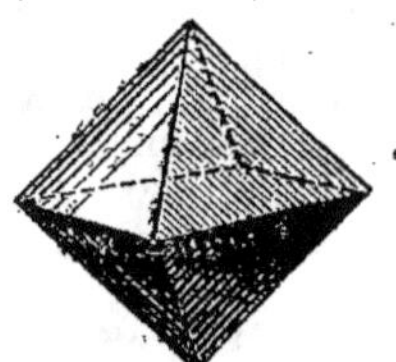
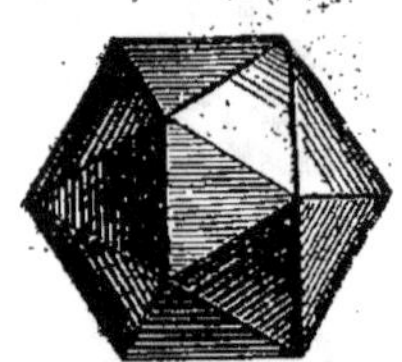

Tétraèdre régulier.   Octaèdre régulier.   Icosaèdre régulier.

528. Les polyèdres réguliers sont au nombre de cinq : trois formés avec des triangles équilatéraux : le tétraèdre, l'octaèdre, l'icosaèdre ; un avec des carrés, l'hexaèdre ou cube ; et un avec des pentagones, le dodécaèdre.

529. Le tétraèdre est un solide dont la surface présente quatre triangles équilatéraux.

530. L'octaèdre est un solide dont la surface présente huit triangles équilatéraux.

531. L'icosaèdre est un solide dont la surface présente vingt triangles équilatéraux.

532. L'hexaèdre ou cube est un solide dont la surface présente six carrés égaux.

533. Le dodécaèdre est un solide dont la surface présente douze pentagones réguliers.

Hexaèdre ou cube.   Dodécaèdre régulier.

534. Les principaux polyèdres irréguliers sont le prisme et la pyramide.

535. Le prisme est un solide dont les côtés sont des parallélogrammes, et les bases deux polygones égaux et parallèles.

536. Un prisme est droit quand ses arêtes latérales sont perpendiculaires aux bases.

---

537. Un prisme est oblique quand ses arêtes latérales ne sont pas perpendiculaires aux bases.

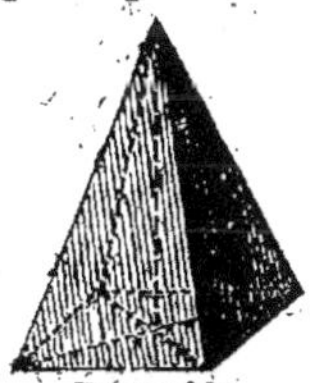

538. La hauteur d'un prisme est la distance de ses deux bases, ou la perpendiculaire abaissée d'un point quelconque de la base supérieure sur la base inférieure, qu'on prolonge s'il est nécessaire.

Prisme obl., AB haut.

539. Un prisme triangulaire, quadrangulaire, pentagonal, hexagonal, etc., est un prisme qui a pour base un triangle, un quadrilatère, un pentagone, un hexagone, etc.

540. Le parallélipipède est un prisme dont les bases sont des parallélogrammes.

541. Le parallélipipède est droit lorsque les arêtes sont perpendiculaires sur la base.

542. Un parallélipipède rectangle est un parallélipipède droit dont la base est un rectangle.

543. La pyramide est un solide formé par plusieurs plans triangulaires partant d'un même point, qui en est le sommet, et terminés aux différents côtés d'un polygone qui lui sert de base.

Parallélip. droit.

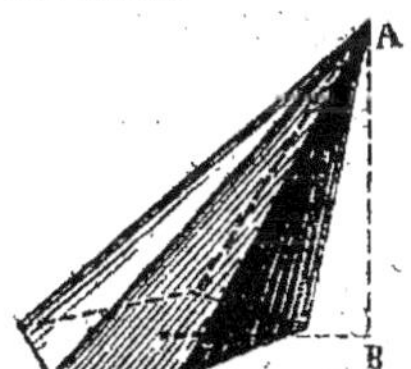

Pyramide droite.

Pyramide oblique, AB hauteur.

Pyramide tronquée.

544. La hauteur d'une pyramide est la perpendiculaire abaissée du sommet sur le plan de la base, qu'on prolonge s'il est nécessaire.

545. Une pyramide est régulière lorsque la base est un

---

537. Quand est-ce qu'un prisme est oblique? — 538. Quelle est la hauteur d'un prisme? — 539. Qu'est-ce qu'un prisme triangulaire, quadrangulaire, etc.? — 540. Qu'est-ce que le parallélipipède? — 541. Quand est-ce que le parallélipipède est droit? — 542. Qu'est-ce qu'un parallélipipède rectangle? — 543. Qu'est-ce que la pyramide? — 544. Quelle est la hauteur de la pyramide? — 545. Quand est-ce qu'une pyramide est régulière?

polygone régulier et que la hauteur tombe sur le centre de la base.

546. L'apothème d'une pyramide régulière est la perpendiculaire abaissée du sommet sur un des côtés de la base.

547. Une pyramide triangulaire, quadrangulaire, pentagonale, etc., est une pyramide qui a pour base un triangle, un quadrilatère, un pentagone, etc.

548. Une pyramide tronquée ou tronc de pyramide est ce qui reste d'une pyramide quand on en retranche la partie supérieure, par un plan. Si la section est parallèle à la base, la pyramide est dite tronquée parallèlement à la base; si elle est oblique, la pyramide est dite tronquée obliquement.

549. Corps ronds. — Les corps ronds dont s'occupe la géométrie élémentaire sont : le cylindre, le cône et la sphère.

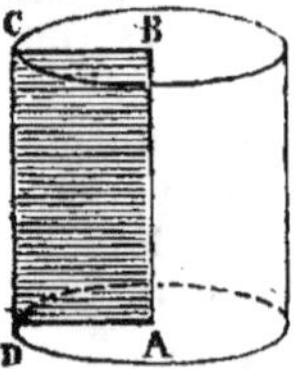

DC génératrice.
AB axe.

Cylindre droit.

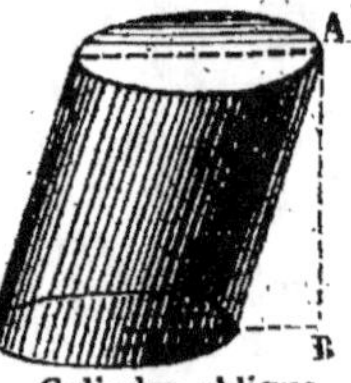

Cylindre oblique.
AB hauteur.

550. Un cylindre droit est un solide produit par la révolution d'un rectangle qu'on imagine tourner sur un de ses côtés.

551. On appelle bases du cylindre les cercles égaux décrits par les bases du rectangle générateur.

552. L'axe du cylindre est la droite qui joint les centres des deux bases, ou, en d'autres termes, le côté autour duquel tourne le rectangle générateur.

553. La génératrice ou côté du cylindre est la droite qui, dans le mouvement de rotation du rectangle, se meut parallèlement à l'axe et décrit la surface convexe du cylindre.

---

546. Qu'est-ce que l'apothème d'une pyramide régulière? — 547. Qu'est-ce qu'une pyramide triangulaire, quadrangulaire, etc.? — 548. Qu'est-ce qu'une pyramide tronquée? — 549. Quels sont les corps ronds dont s'occupe la géométrie élémentaire? — 550. Qu'est-ce qu'un cylindre droit? — 551. Qu'appelle-t-on bases du cylindre? — 552. Qu'est-ce que l'axe du cylindre? — 553. Qu'est-ce que la génératrice ou côté du cylindre?

554. Un cylindre est droit quand l'axe est perpendiculaire aux bases.

555. Un cylindre est oblique quand l'axe est oblique aux bases. Dans ce cas, le cylindre ne peut pas être produit par la révolution d'un rectangle.

556. La hauteur d'un cylindre est la distance de ses deux bases, ou la perpendiculaire abaissée d'un point de la base supérieure sur le plan de la base inférieure, qu'on prolonge s'il est nécessaire. Dans le cylindre droit, la hauteur se confond avec l'axe.

557. Le cône droit est un solide produit par la révolution d'un triangle rectangle tournant sur un des côtés de l'angle droit.

558. La base du cône est le plan circulaire sur lequel repose le cône.

559. L'axe du cône est la droite qui joint le sommet au centre de la base.

560. La génératrice ou côté du cône est l'hypoténuse qui, dans le mouvement du triangle rectangle, décrit la surface latérale du cône.

561. Un cône est droit lorsque l'axe est perpendiculaire au plan de la base.

562. Un cône est oblique lorsque l'axe est oblique au plan de la base. Dans ce cas, le cône ne peut pas être produit par la révolution d'un triangle rectangle.

563. La hauteur du cône est la perpendiculaire abaissée du sommet sur le plan de la base, qu'on prolonge s'il est nécessaire. Dans le cône droit, la hauteur se confond avec l'axe.

564. Un cône tronqué ou tronc de cône est ce qui reste d'un cône quand on en retranche la partie supérieure par un plan. Si la section est parallèle de la base, le cône est dit tronqué parallèlement à la base; si elle est oblique, le cône est dit tronqué obliquement.

565. Un tronc de cône droit à bases parallèles peut être consi-

---

554. *Quand est-ce qu'un cylindre est droit?* — 555. *Quand est-ce qu'un cylindre est oblique?* — 556. *Quelle est la hauteur d'un cylindre?* — 557. *Qu'est-ce que le cône droit?* — 558. *Qu'est-ce que la base du cône?* — 559. *Qu'est-ce que l'axe de cône?* — 560. *Qu'est-ce que la génératrice ou côté du cône?* — 561. *Quand est-ce qu'un cône est droit?* — 562. *Quand est-ce qu'un cône est oblique?* — 563. *Quelle est la hauteur du cône?* — 564. *Qu'est-ce qu'un cône tronqué?* — 565. *Comment peut être considéré un tronc de cône droit à bases parallèles?*

déré comme produit par le mouvement d'un trapèze rectangle tournant autour du côté perpendiculaire aux deux bases.

566. On appelle sections coniques les intersections d'un cône droit par un plan :

Cercle.   Triangle isocèle.

1º Toute section faite par un plan perpendiculaire à l'axe est un cercle ;

2º Toute section faite par un plan mené suivant l'axe est un triangle isocèle.

Toute section faite par un plan oblique à l'axe est ou une ellipse, ou une parabole, ou une hyperbole.

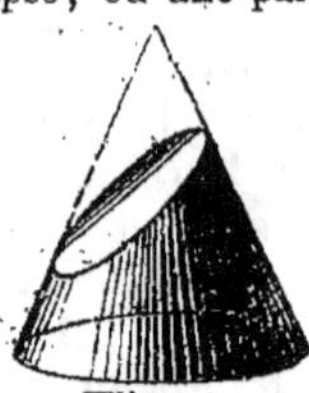
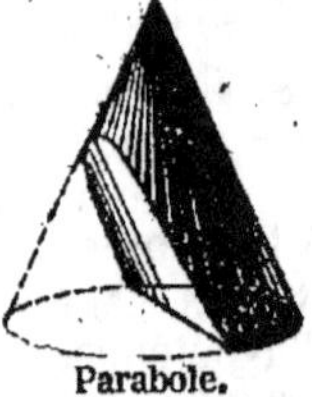

Ellipse.   Parabole.   Hyperbole.

Pour distinguer ces trois sections on mène, suivant l'axe, un plan perpendiculaire au plan donné, il coupe la surface du cône suivant deux génératrices ;

3º Si le plan donné coupe les deux génératrices la section est une ellipse ;

4º Si le plan donné coupe une génératrice et est parallèle à l'autre, la section est une parabole ;

5º Si le plan donné coupe une génératrice et n'est pas parallèle à l'autre, la section est une hyperbole.

567. La sphère est un solide terminé par une surface

Petit cercle.

Grand cercle.

courbe dont tous les points sont également éloignés d'un point intérieur qu'on appelle centre. On la définit encore : un solide produit par la révolution d'un demi-cercle tournant autour de son diamètre.

568. Le rayon de la sphère est une ligne droite menée du centre à un point de la surface.

569. Le diamètre ou axe de la sphère est une droite passant par le centre et terminée de part et d'autre à la surface.

---

566. *Qu'appelle-t-on sections coniques?* — 567. *Qu'est-ce que la sphère?* — 568. *Qu'est-ce que le rayon de la sphère?* — 569. *Qu'est-ce que le diamètre ou axe de la sphère?*

570. On appelle pôles d'un cercle de la sphère, les extrémités du diamètre de la sphère perpendiculaire au plan de ce cercle.

571. En coupant la sphère par un plan, on obtient toujours un cercle.

572. On appelle grand cercle de la sphère toute section qui passe par le centre de la sphère, et petit cercle toute section qui n'y passe pas.

573. Les parties principales de la surface de la sphère sont : la zone, la calotte et le fuseau sphérique.

574. Une zone est une partie de la surface de la sphère comprise entre deux cercles parallèles.

575. La calotte sphérique est une partie de la surface de la sphère comprise entre deux plans parallèles dont l'un est tangent à la sphère. Le solide qu'elle enveloppe se nomme segment extrême.

576. Le fuseau sphérique est une partie de la surface de la sphère comprise entre deux demi-grands cercles qui se terminent à un diamètre commun.

577. Les parties principales du volume de la sphère sont : le segment à deux bases, le segment extrême, le coin ou onglet sphérique, et le secteur.

578. Le segment sphérique à deux bases est une partie de la sphère comprise entre deux plans parallèles, ou, autrement dit, le solide enveloppé par la zone.

579. Le segment extrême est une partie de la sphère comprise entre deux plans parallèles dont l'un serait tangent à la sphère, ou, autrement dit, le solide enveloppé par la calotte.

---

570. Qu'appelle-t-on pôles d'un cercle de la sphère? — 571. Qu'obtient-on en coupant la sphère par un plan? — 572. Qu'appelle-t-on grand cercle et petit cercle de la sphère? — 573. Quelles sont les parties principales de la surface de la sphère? — 574. Qu'est-ce qu'une zone? — 575. Qu'est-ce que la calotte sphérique? — 576. Qu'est-ce que le fuseau sphérique? — 577. Quelles sont les parties principales du volume de la sphère? — 578. Qu'est-ce que le segment sphérique à deux bases? — 579. Qu'est-ce que le segment extrême?

580. La hauteur de la zone ou du segment est la distance des deux plans parallèles.

581. Le coin ou onglet sphérique est une partie solide de la sphère comprise entre les plans de deux demi-grands cercles qui se terminent à un diamètre commun. Il a pour base le fuseau sphérique.

582. Le secteur sphérique est une partie de la sphère ayant la forme d'un cône à base convexe. Son sommet est au centre de la sphère, et sa base est une calotte sphérique.

PROBLÈMES GRAPHIQUES.

P. 606. Dessinez un cube de 45 mill. de côté, dont la base est représentée par un parallélogramme, dont deux côtés adjacents égalent 45 mill., 20 mill., et l'angle aigu qu'ils comprennent 45°.

P. 607. Dessinez un parallélipipède droit de 45 mill. de hauteur et dont la base est représentée par un parallélogramme dont deux côtés adjacents égalent 66 mill., 20 mill., et l'angle aigu qu'ils comprennent 45°.

P. 608. Dessinez un parallélipipède oblique de 45 mill. de hauteur et dont la base est représentée par un parallélogramme dont deux côtés adjacents égalent 65 mill., 20 mill., et l'angle qu'ils comprennent de 35°. La hauteur tombe à 10 mill. de la base.

P. 609. Dessinez un prisme droit de 50 mill. de hauteur et dont la base est représentée par un triangle isocèle de 40 mill. de base et de 25 mill. de côté.

P. 610. Dessinez un prisme oblique de 50 mill. de hauteur et dont la base est représentée par un triangle ayant pour côtés 40, 30, et 18 mill., sachant que l'inclinaison des arêtes latérales est de 60 degrés.

P. 611. Dessinez un prisme droit de 50 mill. de hauteur et dont la base est représentée par un pentagone ayant pour côtés 25, 10, 20, 20, 10 mill., et pour diagonales 18 mill., 30 mill.

P. 612. Dessinez un cylindre droit de 50 mill. de hauteur et dont les bases sont représentées par une ellipse ayant pour axes 40 mill. et 12 mill.

P. 613. Dessinez un cylindre oblique à bases parallèles de 50 mill. de hauteur et dont les bases sont représentées par une ellipse ayant pour axes 40 mill., 12 mill. Les côtés font avec le grand axe un angle de 65°.

P. 614. Dessinez un cône droit de 50 mill. de hauteur, la base étant représentée par une ellipse dont les axes ont 45 et 12 millimètres.

P. 615. Dessinez un cône oblique de 50 mill. de hauteur

---

580. *Quelle est la hauteur de la zone ou du segment?* — 581. *Qu'est-ce que le coin ou onglet sphérique?* — 582. *Qu'est-ce que le secteur sphérique?*

et dont la base est représentée par une ellipse ayant pour axes 45 mill. et 12 mill.; l'un des côtés étant perpendiculaire à la base.

P. 616. Dessinez un cône oblique de 50 mill. de hauteur et dont la base est représentée par une ellipse ayant pour axes 45 mill. et 12 mill. La hauteur tombe à 5 mill. de la base.

P. 617. Dessinez un tronc de cône droit de 30 mill. de hauteur et dont la base inférieure est représentée par une ellipse ayant pour axes 50 mill. et 15 mill., et la base supérieure par une ellipse ayant pour axes 30 mill. et 10 mill.

P. 618. Dessinez un tronc de cône droit, à bases non parallèles, de 30 mill. de hauteur, la base inférieure étant représentée par une ellipse dont les axes égalent 50 mill. et 15 mill.; et la base supérieure par une ellipse dont les axes égalent 30 mill., 10 mill. Le grand axe de la base supérieure fait un angle de 20° avec une parallèle au grand axe de la base inférieure, menée par le centre de l'ellipse supérieure.

P. 619. Dessinez une pyramide triangulaire droite de 50 mill. de hauteur, et dont la base est représentée par un triangle isocèle ayant 40 mill. de base et 30 mill. de côté.

P. 620. Dessinez une pyramide quadrangulaire droite de 50 mill. de hauteur, et dont la base est représentée par un parallélogramme dont deux côtés adjacents égalent 40 mill., 15 mill., et l'angle qu'ils comprennent égale 40°.

P. 621. Dessinez une pyramide triangulaire oblique de 50 mill. de hauteur et dont la base est représentée par un triangle ayant pour côtés 40 mill., 20 mill., 25 mill., l'axe faisant avec la verticale un angle de 30°.

P. 622. Dessinez un tronc de pyramide droite à bases parallèles de 40 mill. de hauteur, sachant que la base inférieure est représentée par un triangle isocèle ayant pour côtés 40 mill. et 25 mill., et que le plus grand côté de la base supérieure égale 30 mill.

P. 623. Dessinez une pyramide triangulaire de 50 mill. de hauteur, dont une arête soit perpendiculaire à la base, laquelle serait un triangle, ayant pour côtés 40 mill., 20 mill., 30 mill., puis coupez cette pyramide par un plan parallèle à la base, à une distance de 30 mill.

§ II — DÉVELOPPEMENT DE LA SURFACE DES SOLIDES.

583. PROBLÈME. — *Tracez le développement de la surface d'un cube de 8 millimètres de côté.*

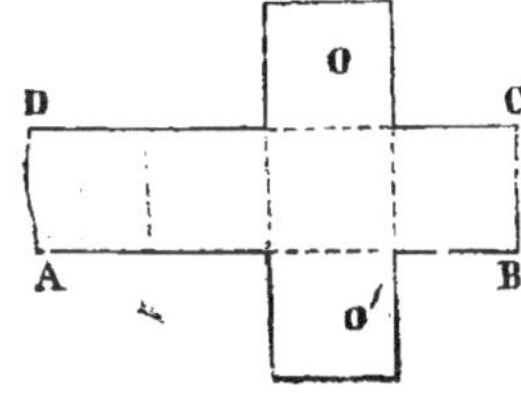

Surface latérale. — Portez, sur une droite A B, quatre fois une même longueur de 8 mill., égale à l'arête du cube; construisez sur cette base un rectangle ABCD de 8 mill. de hauteur; élevez des perpendiculaires aux points de division de la base; vous décomposerez le rectangle AB

CD en quatre carrés qui donneront le développement des quatre faces latérales du cube.

Surface totale. — Sur les deux bases du développement d'une même face latérale, construisez deux carrés égaux à cette face O et O', pour avoir les bases du cube. La figure résultante aura la forme d'une croix.

584. Problème. — *Tracez le développement de la surface d'un prisme hexagonal droit de 10 mill. de hauteur et dont la base a 5 mill. de côté.*

Surface latérale. — Portez, sur une droite AB, six fois une même longueur de 5 mill., et sur cette base de 30 mill. construisez un rectangle ABCD de 10 mill. de hauteur; enfin élevez des perpendiculaires aux points de division de la base, pour avoir le développement des six faces latérales du prisme.

Surface totale. — Sur les deux bases du développement d'une même face latérale construisez, en dehors du rectangle, deux hexagones réguliers O et O' de 5 mill. de côté, pour avoir les bases du prisme.

585. Problème. — *Tracez le développement de la surface d'un cylindre droit de 10 mill. de hauteur, et dont la base est un cercle de 5 mill. de rayon.*

Surface latérale. — Tracez un rectangle ABCD de 10 mill. de hauteur, dont la base AB égale $3{,}1416 \times 10 = 31$ mill. 4...

Surface totale. — Ajoutez à ce rectangle deux cercles O et O' de 10 mill. de rayon, que vous décrirez tangentiellement aux deux bases, en deux points qui se correspondent perpendiculairement, pour donner plus de grâce à la figure.

586. Problème. — *Tracez le développement de la surface d'une pyramide régulière dont l'arête est de 15 mill., et la base un hexagone de 6 mill. de côté.*

Surface latérale. — Tracez un arc indéfini AC avec un rayon de 15 mill. égal à l'arête de la pyramide, portez sur cet arc six cordes de 6 mill., égales au côté de la base; et menez des rayons aux extrémités des cordes; vous aurez le secteur polygonal BAC pour le développement des six faces latérales de la pyramide.

Surface totale. — 1er *Procédé.* Sur la base du développement d'une face latérale, construisez un hexagone régulier O qui ait cette base pour côté.

2e *Procédé.* Sur la base du développement de chaque face latérale, construisez un triangle équilatéral qui ait cette base pour côté. L'ensemble de ces triangles donne la surface de l'hexagone qui sert de base.

3e *Procédé.* Tracez un hexagone régulier de 6 mill. de côté pour avoir la base de la pyramide, et sur chaque côté de cet hexagone, comme base, construisez des triangles isocèles de 15 mill. de côté, qui donneront le développement des faces latérales.

587. Problème. — *Tracez le développement d'un tronc de pyramide triangulaire droite, dont l'arête du tronc est de 15 mill., le côté du triangle de la base inférieure de 8 mill., et celui du triangle de la base supérieure de 3 mill.*

Surface latérale. — Commencez par chercher l'arête de la pyramide supposée entière. Pour cet effet construisez un trapèze symétrique E ayant pour côté 15 mill., pour bases 8 mill. et 3 mill.; ce trapèze est égal à l'une des faces du tronc. Prolongez les deux côtés égaux jusqu'à leur point de concours, vous reconnaîtrez que l'arête totale égale 24 mill., et la partie enlevée 9 millimètres.

Tracez ensuite deux arcs concentriques avec des rayons de 24 mill. et de 9 mill., égaux, l'un à l'arête de la pyramide totale, l'autre à l'arête de la pyramide enlevée; tracez un rayon quelconque se terminant au grand arc. A partir de ce rayon, portez, sur le grand arc, trois cordes de 8 mill., égales au côté de la base inférieure, et sur le petit arc, trois cordes de 3 mill.; joignez les extrémités correspondantes des cordes des deux arcs, vous aurez le développement des trois faces latérales.

Surface totale. — 1er *Procédé.* Sur les deux bases du développement d'une même face latérale, construisez deux triangles équilatéraux qui aient ces bases pour côtés.

2e *Procédé.* Tracez un triangle de 8 mill. de côté pour avoir la base inférieure, et sur chaque côté de ce triangle, comme base inférieure, construisez des trapèzes symétriques dont l'autre base égale 3 mill., et les côtés 15 mill.; vous aurez le développement des faces latérales; à l'extrémité de l'une de ces faces tracez un triangle équilatéral de 3 mill. de côté pour avoir la base supérieure.

588. Cône. — Le développement de la surface latérale d'un cône droit donne un secteur circulaire dont le rayon égale la génératrice du cône, et l'arc égale la circonférence rectifiée de la base du cône. On obtient le nombre de degrés du secteur, en multipliant 360° par le rapport du rayon de la base à la génératrice ou côté.

589. Problème. — *Tracez le développement de la surface d'un cône droit dont le côté égale 15 mill. et le rayon de la base 4 mill. 5.*

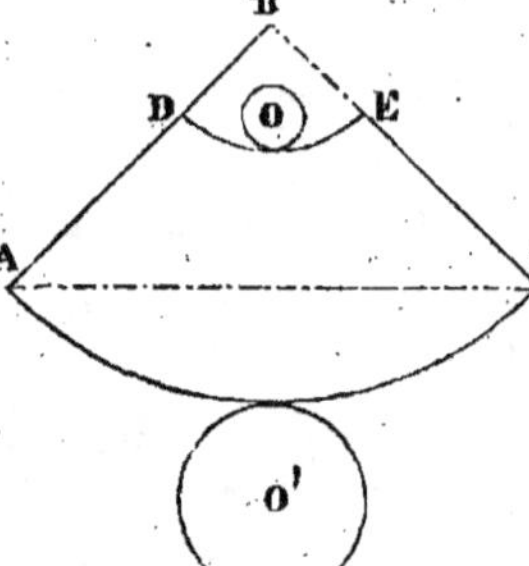

Surface latérale. — L'angle du secteur égale $360° \times \frac{4,5}{15} = 108°$; la corde des tables $= 1,618$; celle du secteur $= 15 \times 1,618 = 24$ mill. 27.

Tracez un arc indéfini avec un rayon de 15 mill. égal au côté du cône, portez sur cet arc une corde de 24 mill. 27, joignez les deux extrémités de cette corde par deux rayons, vous aurez le secteur BAC qui est le développement de la surface latérale du cône.

Surface totale. — Ajoutez un cercle de 6 mill. de rayon tangent à l'arc de secteur, en un point quelconque.

590. Problème. — *Tracez le développement d'un tronc cône droit dont le côté égale 16 mill., le diamètre de la base supérieure 4 mill., et celui de la base inférieure 12 mill.*

Surface latérale. — On commence par chercher le côté du cône entier. Pour cela on suppose le tronc du cône coupé par un plan passant par l'axe; la surface de section donne un trapèze symétrique ayant pour côtés 16 mill., pour bases 4 mill. et 12 mill. En opérant comme pour la pyramide, on reconnaîtrait que l'arête totale égale 24 mill. et la partie enlevée 8 mill.; et que l'angle du secteur égale $360 \times \frac{6}{24} = 90°$ dont la corde des tables est de 1,4142.

Tracez deux arcs concentriques avec des rayons de 24 mill. et de 8 mill., égaux, l'un à l'arête de la pyramide totale, l'autre à l'arête de la pyramide enlevée; portez sur l'arc extérieur une corde de $24 \times 1,4142 = 34$ mill. 8, et joignez deux rayons aux extrémités de cette corde; le trapèze circulaire qui en résulte est le développement de la surface convexe du tronc de cône.

Surface totale. — Tracez deux cercles de 2 mill. et de 6 mill. de rayon, tangents aux points milieux des deux arcs du trapèze circulaire.

591. Sphère. — La surface de la sphère n'est pas développable d'une manière rigoureuse; mais, si on la décompose en fuseaux, on arrive facilement à la développer avec une approximation qui peut être très-utile pour la construction des ballons.

592. Problème. — *Tracez le développement de la surface d'une sphère de 22 mill. de diamètre.*

La circonférence d'un grand cercle $= 3,1416 \times 22 = 69$ mill. 1152, dont le quart $= 17,28$.

Tracez trois droites parallèles de 69 mill. 1152, distantes de $\frac{69.1152}{4} = 17$ mill. 28; divisez la droite du milieu en 12 par-

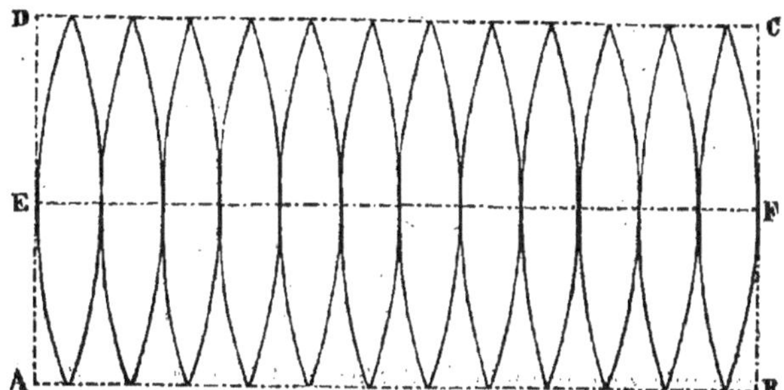

ties égales; sur le milieu de chaque division, élevez une perpendiculaire jusqu'aux deux autres parallèles, et joignez les extrémités de chaque perpendiculaire par deux arcs de cercle.

593. Polyèdres. — La surface des polyèdres réguliers est rigoureusement développable.

594. Problème. — *Tracez le développement d'un tétraèdre régulier de 30 millimètres de côté.*

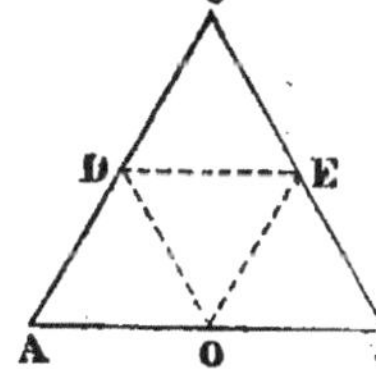

Construisez un triangle équilatéral A B C, ayant pour côté $12 \times 2 = 24$ mill.; joignez les milieux des côtés par les droites O E, O D, D E qui donneront quatre triangles équilatéraux de 12 mill. de côté, pour le développement des quatre faces du tétraèdre.

595. Problème. — *Tracez le développement d'un octaèdre de 12 millimètres de côté.*

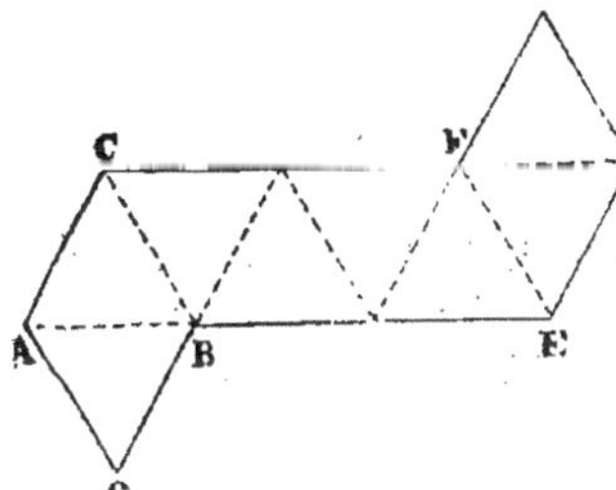

Construisez un triangle équilatéral A B C de 12 mill. de côté, prolongez la base A B, et par le sommet menez une parallèle à la base. Portez le côté du triangle deux fois sur le prolongement de la base de B en E, trois fois sur la parallèle de C en D, et joignez tous ces points par des droites, qui seront parallèles aux côtés du triangle; enfin faites un triangle A O B au-dessous du premier A B C, et un autre F I D sur la dernière division F D de la parallèle. Le développement se composera de huit triangles équilatéraux, égaux chacun au premier.

596. PROBLÈME. — *Tracez le développement d'un icosaèdre régulier de 12 mill. de côté.*

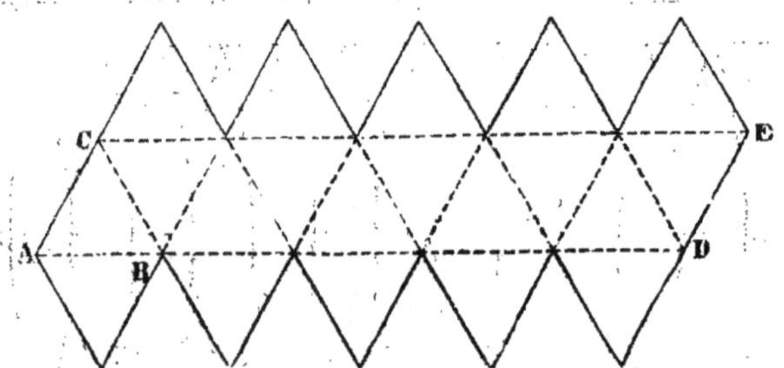

Construisez un triangle équilatéral ABC de 12 mill. de côté, prolongez la base, et, par le sommet, menez une parallèle à la base ; portez le côté du triangle quatre fois sur le prolongement de la base de B en D, cinq fois sur la parallèle de C en E, joignez tous ces points par des droites que vous prolongerez de manière à former cinq triangles équilatéraux au-dessus de la parallèle, cinq au-dessous du prolongement de la base, en sorte que le développement présentera vingt triangles équilatéraux.

597. PROBLÈME. — *Tracez le développement d'un dodécaèdre régulier de 8 mill. de côté.*

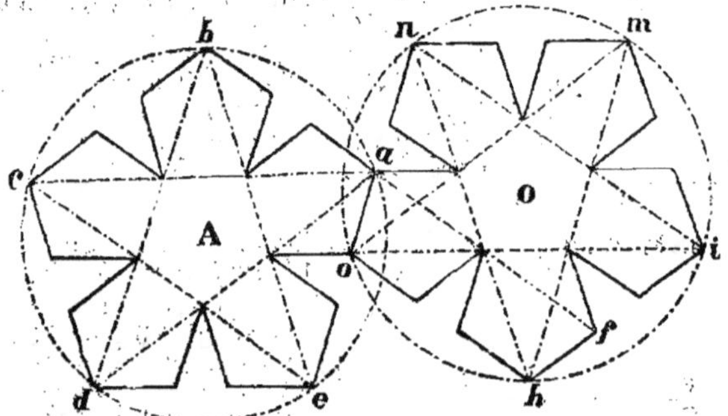

Tracez un pentagone A de 8 mill. dont vous prolongerez les côtés ; tracez la circonférence $abcd$; joignez ab, bc, cd, de, ea ; à partir des points a, b, c, d, e, portez à droite et à gauche le côté du pentagone A, et joignez ces points deux à deux.

Cela fait, prolongez oa, et portez ab en on ; par les points o, n faites passer une circonférence $onmih$ qui ait même rayon que la première $abcde$, divisez cette circonférence en cinq parties égales, en portant cinq fois on, et joignez on, nm, mi, ih, ho, om, oi, nh, ni, puis terminez cette nouvelle figure comme la première.

P. 624. Tracez le développement de la surface latérale d'un cube de 20 mill. de côté.

P. 625. Tracez le développement de la surface totale d'un cube de 20 mill. de côté.

P. 626. Tracez le développement de la surface latérale d'un parallélipipède droit dont la hauteur est de 60 mill., et la base un carré de 10 mill. de côté.

P. 627. Tracez le développement de la surface latérale d'un parallélipipède droit de 60 mill. de hauteur, et dont la base est un rectangle ayant pour côtés adjacents 15 mill. et 10 mill.

P. 628. Tracez le développement de la surface totale d'un parallélipipède droit dont la hauteur est de 60 mill., et la base un rectangle ayant pour côtés adjacents 8 mill. et 12 mill.

P. 629. Tracez le développement de la surface latérale d'un prisme triangulaire droit de 60 mill. de hauteur, et dont la base est un triangle équilatéral de 10 mill. de côté.

P. 630. Tracez le développement de la surface totale d'un prisme triangulaire droit de 60 mill. de hauteur, et dont la base est un triangle équilatéral de 10 mill. de côté.

P. 631. Tracez le développement de la surface totale d'un prisme droit de 60 mill. de hauteur, et dont la base est un hexagone régulier de 10 mill. de côté.

P. 632. Tracez le développement de la surface latérale d'un cylindre droit de 60 mill. de hauteur, et dont la base est un cercle de 12 mill. de rayon.

P. 633. Tracez le développement de la surface totale d'un cylindre droit de 60 mill. de hauteur, et dont la base est un cercle de 10 mill. de rayon.

P. 634. Tracez le développement de la surface latérale d'un tronc de cône droit, dont la génératrice a 70 mill., et les rayons des bases 40 mill. et 30 mill.

P. 635. Tracez le développement de la surface latérale d'un cône droit dont la génératrice égale 60 mill., et le rayon de la base égale 10 mill.

P. 636. Tracez le développement de la surface totale d'un cône droit dont la génératrice a 60 mill., et le rayon de la base 10.

P. 637. Tracez le développement de la surface totale d'un cône droit dont la hauteur égale 50 mill., et le rayon de la base 30 mill.

P. 638. Tracez le développement de la surface latérale d'un tronc de cône droit dont le côté est de 30 mill., et les rayons des bases de 10 et de 15 mill.

P. 639. Tracez le développement de la surface totale d'un tronc de cône droit dont le côté est de 30 mill., et les rayons des bases de 6 mill. et de 15 mill.

P. 640. Tracez le développement de la surface latérale d'une pyramide régulière de 40 mill. de côté, et dont la base est un triangle équilatéral de 20 mill. de côté.

P. 641. Tracez le développement de la surface totale d'une pyramide régulière dont l'arête est de 40 mill., et la base un carré de 20 mill. de côté.

P. 642. Tracez le développement de la surface totale d'une pyramide régulière dont l'arête est de 40 mill., et la base un hexagone régulier de 20 mill. de côté.

P. 643. Tracez le développement de la surface latérale d'un tronc de pyramde droit dont l'arête est de 40 mill., la base inférieure un carré de 20 mill. de côté, et la base supérieure un carré de 5 mill. de côté.

P. 644. Tracez le développement de la surface totale d'un tronc de pyramide régulier dont l'arête est de 40 mill., la base inférieure un hexagone régulier de 20 mill. de côté, et la base supérieure un hexagone régulier de 5 mill. de côté.

P. 645. Tracez, en fuseaux, le développement de la surface d'une demi-sphère de 20 mill. de rayon.

P. 646. Tracez, en fuseaux, le développement de la surface d'une sphère dont le rayon a 20 mill.

P. 647. Tracez le développement de la surface totale d'un tétraèdre régulier de 20 mill. de côté.

P. 648. Tracez le développement de la surface totale d'un hexaèdre régulier de 20 mill. de côté.

P. 649. Tracez le développement de la surface totale d'un octaèdre régulier de 20 mill. de côté.

P. 650. Tracez le développement de la surface totale d'un dodécaèdre régulier de 20 mill. de côté.

P. 651. Tracez le développement de la surface totale d'un icosaèdre régulier de 20 mill. de côté.

§ III. — SURFACES DES SOLIDES.

598. PROPOSITION. — *On obtient la surface totale d'un hexaèdre ou cube, en multipliant par 6 le carré de l'une de ses arêtes.*

Ce solide a six faces égales, donc pour en avoir la surface totale, il faut prendre six fois la superficie de l'une d'elles.

599. PROBLÈME 1. — *Quelle est la surface d'un cube de 12 mètres de côté?*

Cette surface $= 12 \times 12 \times 6 = 864$ mètres carrés.

600. PROBLÈME 2. — *Quel est le côté d'un cube dont la surface totale égale 384 mètres carrés?*

La superficie d'une face $= \frac{384}{6} = 64$ mètres carrés.

D'où le côté du cube $= \sqrt{64} = 8$ mètres.

---

598. *Comment obtient-on la surface totale d'un hexaèdre ou cube?*

601. PROPOSITION. — *On obtient la surface latérale d'un prisme droit, en multipliant sa hauteur par le périmètre de sa base.*

En effet, on obtient de cette manière, par une seule opération, la somme des rectangles dont se compose la surface latérale du prisme.

602. PROBLÈME 1. — *Quelle est la surface latérale d'un parallélipipède rectangle ayant 3 mètres de longueur, 4 de largeur et 5 de hauteur?*

Le périmètre de la base égale $(3 \times 2) + (4 \times 2) = 14$ mètres.
D'où la surface latérale $= 14 \times 5 = 70$ mètres carrés.

603. PROBLÈME 2. — *Quelle est la largeur d'un parallélipipède rectangle dont la surface latérale égale 196 mètres carrés, la longueur 9 mètres et la hauteur 7 mètres?*

Le périmètre de la base $= \frac{196}{7} = 28$ mètres.
Le double de la longueur $= 9 \times 2 = 18$ mètres.
D'où le double de la largeur $= 28 - 18 = 10$ mètres.
Et par suite la largeur $= \frac{10}{2} = 5$ mètres.

604. PROPOSITION. — *On obtient la surface latérale d'un prisme oblique, en multipliant une arête par le contour d'une section faite perpendiculairement à cette arête.*

Car le contour d'une section, faite perpendiculairement à une arête, donne la somme des hauteurs des parallélogrammes dont se compose la surface latérale d'un prisme oblique.

605. PROPOSITION. — *On obtient la surface latérale d'un cylindre droit, en multipliant sa hauteur par la circonférence de sa base.*

Car le cylindre peut être considéré comme un prisme dont le polygone de la base a un nombre infini de côtés.

606. PROBLÈME 1. — *Quelle est la surface d'un tuyau ayant 0 mètre 20 de rayon et 6 mètres de longueur?*

La circonférence de la base $= 3,1416 \times 0,40 = 1$ m. 25664.
D'où surface du cylindre $= 1,25664 \times 6 = 7$ m. car. 53984.

607. PROBLÈME 2. — *Quel est le diamètre de la base d'un tuyau dont la surface égale 5 m. car. 65488 et la longueur 6 mètres?*

La circonférence de la base $= \frac{5,65488}{6} = 0$ mètre 94248.
D'où diamètre de la base $= \frac{0,94248}{3,1416} = 0$ mètre 30.

608. PROPOSITION. — *On obtient la surface d'un cylindre oblique, en multipliant son côté par une section faite perpendiculairement à l'axe.*

Car le cylindre oblique peut être considéré comme un prisme oblique dont le polygone de la base a un nombre infini de côtés.

---

601. *Comment obtient-on la surface latérale d'un prisme droit?* — 604. *D'un prisme oblique?* — 605. *Comment obtient-on la surface latérale d'un cylindre droit?* — 608. *D'un cylindre oblique?*

609. Proposition. — *On obtient la surface latérale d'une pyramide régulière, en multipliant la moitié de son apothème par le périmètre de la base.*

En effet, de cette manière on obtient, par une seule opération, la somme des triangles dont se compose la surface latérale de la pyramide.

610. Proposition. — *On obtient la surface latérale d'un cône droit, en multipliant la moitié de son côté par la circonférence de sa base.*

Car le cône peut être considéré comme une pyramide dont le polygone de la base a un nombre infini de côtés, en sorte que sa surface se compose d'une infinité de triangles dont les bases forment la circonférence, et dont la hauteur commune est égale au côté du cône.

611. Problème 1. — *Quelle est la surface latérale d'un cône droit qui a 3 mètres de diamètre et 5 mètres de côté?*

La circonférence de la base $= 3{,}1416 \times 3 = 9$ m, 4248.

D'où surface latérale du cône $= 9{,}4248 \times \frac{5}{2} = 23$ m. car. 5620.

612. Problème 2. — *Quelle est la surface latérale d'un cône droit qui a 9 mètres de rayon et 12 mètres de hauteur?*

Il est évident que le côté du cône est l'hypoténuse d'un triangle rectangle, dont les deux côtés de l'angle droit seraient l'un la hauteur, et l'autre le rayon de la base (fig. nº 557).

Appelons C ce côté, on a

$C^2 = \overline{12}^2 + 9^2 = 144 + 81 = 225$ mètres.

D'où le côté $= \sqrt{225} = 15$ mètres.

La circonférence de la base $= 3{,}1416 \times 18 = 56$ mètres 5488.

D'où surf. latérale du cône $= 56{,}5488 \times \frac{15}{2} = 424$ m. car. 116.

613. Problème 3. — *Quel est le rayon de la base d'un cône qui a pour côté 10 mètres et pour surface latérale 94 m. car. 248?*

La circonférence de la base égale $\frac{94{,}248}{5} = 18$ mètres 8496.

Le diamètre de la base égale $\frac{18{,}8496}{3{,}1416} = 6$ mètres.

D'où le rayon égale $\frac{6}{2} = 3$ mètres.

614. Proposition. — *On obtient la surface latérale d'une pyramide régulière tronquée, en multipliant la hauteur de l'une des faces par la demi-somme des périmètres des bases.*

Car cette surface se compose d'une série de trapèzes égaux, ayant même hauteur, et dont l'ensemble des bases forme les périmètres des bases de la pyramide tronquée.

615. La mesure de la surface latérale d'un tronc de cône est susceptible de trois expressions, suivant que l'on connaît, 1º le

---

côté et les rayons des bases, 2° le côté et le rayon de la circonférence qui serait décrite à égale distance des bases, 3° la hauteur de la perpendiculaire élevée sur le milieu du côté jusqu'à l'axe.

616. PROPOSITION. — *On obtient la surface latérale d'un tronc de cône droit, en multipliant son côté par la demi-somme des circonférences des bases.*

Car un tronc de cône peut être considéré comme un tronc de pyramide dont les bases seraient des polygones réguliers d'un nombre infini de côtés.

617. PROBLÈME 1. — *Quelle est la surface latérale d'un tronc de cône dont le côté égale 0 mètre 7, le rayon de la base supérieure 0 mètre 3, et celui de la base inférieure 0 mètre 95 ?*

La circonf. de la base supérieure $= 3,1416 \times 6 = 18$ décim. 8496.

La circonf. de la base infér. $= 3,1416 \times 19 = 59$ décim. 6904.

D'où surf. conv. $= 7 \times \frac{18,8496 + 59,6904}{2} = 86$ décim. c. 8652.

618. PROBLÈME 2. — *La surface d'un tronc de cône est 94 décim. car. 248, le côté 6 décimètres, et le rayon de la base supérieure 2 décimètres, quel est le rayon de la base inférieure ?*

La demi-somme des circonférences des bases $= \frac{94,248}{6} = 15,708$.

La somme des circonférences des bases $= 15,708 \times 2 = 31,416$.

La circonférence de la base supérieure $= 3,1416 \times 4 = 12,5664$.

La circonférence de la base inférieure $= 31,416 - 12,5664 = 18,8496$.

Le diamètre de la base inférieure $= \frac{18,8496}{3,1416} = 6$.

Le rayon de la base inférieure $= \frac{6}{2} = 3$ décimètres.

619. PROPOSITION. — *On obtient la surface latérale d'un tronc de cône droit, en multipliant son côté par la circonférence décrite à égale distance des deux bases.*

Soit le trapèze ABCD, qui, par son mouvement de rotation autour de CB, décrit le tronc de cône. On a, par la démonstration du trapèze,

$$EO = \frac{AB + DC}{2}.$$

Multiplions les deux membres par $2\,\pi$;

$$2\,\pi\,EO = \frac{2\,\pi\,AB + 2\,\pi\,CD}{2};$$

Mais $2\,\pi\,EO$, $2\,\pi\,AB$, $2\,\pi\,CD$, désignent les circonférences qui ont pour rayons EO, AB, CD; donc la circonférence qui a pour rayon EO est la demi-somme des circonférences des deux bases, et l'on a, *surf. du tronc de cône* $=$ *circonf.* $EO \times DA$, en désignant par circonférence EO celle qui a pour rayon EO.

620. PROPOSITION. — *On obtient encore la surface latérale d'un tronc de cône droit, en multipliant sa hauteur par la circonférence qui aurait pour rayon la perpendiculaire élevée sur le milieu du côté jusqu'à l'axe.*

Par le point O, milieu de AD, menons OE perpendiculaire à

---

616. 619. 620. *Comment obtient-on la surface latérale d'un tronc de cône droit ?*

CB, et OH perpendiculaire à AD; menons DM perpendiculaire à AB. Les deux triangles HOE et ADM, ayant leurs côtés perpendiculaires, sont semblables, et donnent la proportion
$$EO : DM :: OH : AD;$$
d'où faisant les produits des moyens et des extrêmes, on a
$$EO \times AD = OH \times DM.$$
Or DM = CB; on peut donc écrire l'égalité ci-dessous
$$EO \times AD = OH \times CB.$$
Multiplions les deux membres par 2π, on a évidemment
$$2\pi \, EO \times AD = 2\pi \, OH \times CB;$$
ou bien, circonférence $EO \times AD =$ circonférence $OH \times CB$. Mais, d'après la proposition précédente, le premier membre de cette équation est l'expression de la surface du tronc de cône; donc il en est de même du second.

621. *Remarque.* — Les deux formules précédentes sont vraies, quelque petite que soit la base supérieure; elles le sont donc encore lorsque cette base se réduit à zéro, et sont, par conséquent, applicables au cône entier.

622. PROPOSITION. — *On obtient la surface formée par une portion de polygone régulier ABCD, tournant autour d'un rayon AO, en multipliant la circonférence du cercle inscrit dans le polygone, par la projection (1) AG du contour ABCD sur le rayon AO.*

Abaissons sur l'axe les perpendiculaires BE, CF, DG; abaissons également du centre O, sur le milieu de chaque côté, les perpendiculaires Om, On, Or. La surface formée par ABCD se compose du cône formé par AB et des troncs de cônes formés par les côtés consécutifs BC, CD. Et (*n*os 620 *et* 621), on a

(2) Surface AB = circonférence $Om \times AE$.

Surface BC = circonférence $On \times EF$.

Surface CD = circonférence $Or \times FG$.

Faisant la somme et remarquant que circonférence $Om =$ circonférence $On =$ circonférence Or, on obtient

Surface ABCD = circonférence $Om \times (AE + EF + FG)$, ou
Surface ABCD = circonférence $Om \times AG$; donc etc.

623. PROPOSITION. — *On obtient la surface formée par un arc tournant autour d'un diamètre, en multipliant la circonférence dont l'arc fait partie, par la projection de l'arc sur ce diamètre.*

Car l'arc peut être considéré comme une portion de polygone

---

622. *Comment obtient-on la surface formée par une portion de polygone régulier tournant autour d'un rayon?* — 623. *Comment obtient-on la surface formée par un arc tournant autour d'un diamètre?*

(1) On appelle projection d'une droite CD sur une autre AO, donnée de position, la portion FG comprise entre les pieds des perpendiculaires abaissées des points D et C sur la droite AO.

(2) Ces expressions surface AB, surface BC, désignent les surfaces formées par les lignes AB, BC.

régulier dont les côtés sont infiniment petits, en sorte que la circonférence inscrite au polygone n'est autre que la circonférence de l'arc donné.

624. Proposition. — *On obtient la surface d'une sphère, en multipliant son diamètre par la circonférence d'un grand cercle.*

En effet, la sphère est formée par la révolution d'un demi-grand cercle autour de son diamètre, et la projection du demi-grand cercle sur le diamètre est évidemment égale à ce diamètre.

La circonférence d'un grand cercle $= 2\,\pi\,r$; d'où, multipliant ce grand cercle par le diamètre ou par $2\,r$, on a

Surf. de la sphère $= 2 \times \pi \times r \times 2 \times r = 2 \times 2 \times \pi \times r \times r = 4\,\pi\,r^2$.

625. Remarque. — La formule $4\,\pi\,r^2$ indique que *la surface de la sphère égale quatre fois celle d'un grand cercle*; ceci est évident, puisque la surface d'un grand cercle égale $\pi\,r^2$ (n° 439).

626. Problème 1. — *Quelle est la surface d'une boule dont le rayon égale 25 centimètres ?*

Circonférence d'un grand cercle $= 3{,}1416 \times 0{,}50 = 1{,}5708$.

D'où surface de la sphère $= 1{,}5708 \times 0{,}50 = 0$ m. car. 7854.

On aurait encore pu trouver cette surf. de la manière suivante :

La surf. d'un grand cercle $= 3{,}1416 \times \overline{0{,}25}^2 = 0$ m. car. 19635.

D'où surface de la sphère $= 0{,}19635 \times 4 = 0$ m. car. 7854.

627. Problème 2. — *Quel est le rayon d'une sphère dont la surface égale 314 décimètres carrés 16 ?*

1° La surface de quatre grands cercles $= 314$ décim. car. 16.

La surface d'un grand cercle $= \dfrac{314{,}16}{4} = 78$ décim. car. 54.

Le carré du rayon $= \dfrac{78{,}54}{3{,}1416} = 25$ décimètres.

D'où rayon $= \sqrt{25} = 5$ décimètres.

2° La formule de la sphère donnerait $4\,\pi\,r^2 = 314$ décim. car. 16.

D'où $r^2 = \dfrac{314{,}16}{4\,\pi} = \dfrac{314{,}16}{4 \times 3{,}1416} = 25$ décim. carrés.

Et enfin $r = \sqrt{25} = 5$ décimètres.

628. Proposition. — *On obtient la surface d'une zone ou d'une calotte sphérique, en multipliant sa hauteur par la circonférence d'un grand cercle.*

En effet, la zone et la calotte sont formées par la révolution d'un arc de grand cercle tournant autour d'un diamètre, et la projection de l'arc sur le diamètre est la hauteur de la zone ou de la calotte sphérique; donc, etc.

629. Problème 1. — *Sur une sphère de 5 mètres de rayon, quelle est la surface d'une calotte de 2 mètres de hauteur ?*

La circonférence d'un grand cercle $= \pi \times 10 = 31$ mètres 416;

D'où surface de la calotte $= 31{,}416 \times 2 = 62$ m. car. 8320.

---

624. *Comment obtient-on la surface d'une sphère ?* — 628. *Comment obtient-on la surface d'une zone ou d'une calotte sphérique ?*

630. Problème 2. — *Quelle hauteur faut-il donner à une zone prise sur une sphère de 9 mètres de rayon, pour que sa surface égale 169 mètres carrés 6464?*

La circonf. d'un grand cercle $= 3,1416 \times 18 = 56$ m. 5488;

D'où hauteur de la zone $= \frac{169,6464}{56,5488} = 3$ mètres.

631. Proposition. — *On obtient la surface d'un fuseau sphérique, en multipliant la surface de la sphère par le rapport de l'angle du fuseau à 360 degrés.*

En effet, il est évident que la surface du fuseau est le $^1/_3$, le $^1/_4$, etc., de la sphère, suivant que l'angle qui lui sert de mesure est le $^1/_3$, le $_1/_4$, etc., de 360 degrés; donc, etc.

632. Problème 1. — *Quelle est la surface convexe d'un fuseau de 80 degrés, dans une sphère de 5 millimètres de rayon?*

La surface de la sphère $= 4 \times 3,1416 \times 5^2 = 314$ m. car. 16.

Et la surface du fuseau $= 314,16 \times \frac{80}{360} = 69$ m. car. 8133.

633. Problème 2. — *Quel est l'angle d'un fuseau sphérique dont la surface a 104 m. car. 72, et le rayon de la sphère 10 m.?*

La surface de la sphère $= 4 \times 3,1416 \times \overline{10^2} = 1256$ m. car. 64.

Et l'angle du fuseau $= 360 \times \frac{104,72}{1256,64} = 360 \times \frac{1}{12} = 30°$.

634. Remarque. — Pour avoir la surface des corps irréguliers, on procède de la manière suivante. S'ils sont terminés par des faces planes, on évalue chaque face séparément, et l'on fait la somme pour avoir la surface des corps; s'ils sont terminés par des faces courbes, on les décompose en faces assez petites pour qu'on puisse les regarder comme planes. On les évalue séparément, leur total est la surface du corps.

PROBLÈMES NUMÉRIQUES.

P. 652. Quelle est la surface d'un cube de 5 mètres de côté?

P. 653. Un parallélipipède rectangle a 3 mètres de longueur, 5 mètres de largeur et 8 mètres de hauteur, on demande : 1° la surface latérale du parallélipipède, 2° la surface totale des deux bases, 3° le côté d'un cube qui aurait la même surface totale que le parallélipipède.

P. 654. La surface latérale d'un parallélipipède rectangle de 7 mètres de hauteur, égale 63 mètres carrés, quel est le périmètre de la base?

P. 655. Quelle est la surface latérale d'un prisme droit dont le périmètre de la base égale 7 mètres et la hauteur 2 mètres 25?

P. 656. Quelle est la hauteur d'un prisme droit dont la surface latérale est de 104 mètres carrés, sachant que la base est un pentagone régulier de 2 mètres 6 de côté?

P. 657. On veut tapisser une chambre dont la longueur est de 9 m. 25, la largeur de 4 m. 75, et la hauteur de 9 m. 80; les ouvertures non tapissées présentent une surface totale de 12 m. car. 25; la tapisserie est par rouleaux d'un demi-mètre de largeur sur 12 m. de longueur; combien faudra-t-il acheter de ces rouleaux, et quelle sera la dépense au prix de 3 fr. 75 le rouleau?

P. 658. Quelle est la surface latérale d'un cylindre de 4 mètres de diamètre et de 8 mètres 75 de hauteur?

P. 659. Le rayon de la base d'un cylindre est de 0 m. 35, la hauteur égale deux fois le diamètre de la base; on demande: 1° la surface latérale du cylindre, 2° la surface totale des bases.

P 660. La surface de la base d'un cylindre est 3 m. carrés 08, on demande la surface latérale du cylindre, sachant que la hauteur égale trois fois le rayon de la base.

P. 661. Quelle est la surface latérale d'un cylindre, sachant que le rayon de la base est de 2 mètres 8, et que la hauteur est les $^5/_8$ de la circonférence de la base?

P. 662. Quelle est la surface latérale d'une pyramide régulière pentagonale, sachant que chaque côté de la base est de 5 m. 25 et l'apothème de 6 m. 66?

P. 663. Quelle est la surface totale d'un tétraèdre régulier de 4 mètres de côté?

P. 664. Le côté de la base d'une pyramide quadrangulaire régulière est de 5 mètres, on demande la surface latérale de cette pyramide, sachant que l'apothème est de 8 mètres.

P. 665. Chaque arête d'une pyramide régulière hexagonale a 5 mètres, on demande la surface latérale de cette pyramide, sachant que le côté de l'hexagone est de 8 mètres.

P. 666. La hauteur d'une pyramide régulière est de 8 mètres, on demande la surface latérale, sachant que le côté de l'hexagone de la base est de 6 mètres.

P. 667. La surface latérale d'une pyramide triangulaire régulière est de 48 mètres carrés, on demande la longueur de l'arête, sachant que l'apothème égale 6 mètres.

P. 668. Quelle est la longueur de l'arête d'un tétraèdre régulier dont la surface totale égale 36 mètres carrés?

P. 669. La surface latérale d'une pyramide hexagonale régulière est de 180 mètres carrés; si le côté de la base est de 6 mètres, on demande: 1° l'apothème, 2° la hauteur de la pyramide.

P. 670. Quelles sont les hauteurs des cônes ayant les dimensions suivantes: 1° génératrice 12 m., et rayon 4 m.; 2° gén. 15 m., r. 5 m.; 3° gén. 20 m., r. 6 m.; 4° gén. 24 m., r. 10 m.; 5° gén. 50 m., r. 15?

P. 671. Quelles sont les génératrices des cônes ayant les dimensions suivantes: 1° hauteur 5 m., rayon 4 m.; 2° h. 7 m., r. 3 m.; 3° h. 8 m., r. 4 m.; 4° h. 10 m., r. 6 m.; 5° h. 20 m., r. 12 mètres?

P. 672. Quels sont les rayons des cônes ayant les dimensions suivantes: 1° génératrices 6 m., hauteur 5 m.; 2° gén. 9 m., h. 6 m.; 3° gén. 10 m., h. 7 m.; 4° gén. 12 m., h. 8 m.; 5° gén. 20 m., h. 10?

P. 673. Quelle est la surface latérale d'un cône droit dont le côté égale 4 m. 50, et la circonférence de la base 6 m. 25?

P. 674. Quelle est la surface latérale d'un cône droit dont le rayon de la base égale 1 mètre 40, et le côté les $\frac{1}{4}$ de la circonférence de cette base?

P. 675. Quelle est la surface latérale d'un cône droit dont la hauteur est de 3 m. 25, et le rayon de la base 1 m. 25?

P. 676. Quelle est la surface latérale d'un cône droit dont la hauteur égale 5 m. 25, et la circonférence de la base 4 m. 62?

P. 677. Quelle est la surface latérale d'un cône droit dont la hauteur est de 4 mètres, et le côté de 5 mètres?

P. 678. Le rayon de la base d'un cône droit est de 2 m. 10, son côté est égal aux $\frac{4}{5}$ de la circonférence de la base, on demande: 1° la surface latérale du cône, 2° la hauteur du cône.

P. 679. Quelle est la surface latérale d'un cône de 8 m. de côté, si le diamètre de la base est double de la hauteur?

P. 680. Quelle est la circonférence de la base d'un cône dont la surface latérale a 28 mètres carrés et le côté 7 mètres?

P. 681. Quel est le côté d'un cône droit dont la surface latérale est de 30 m. carrés 80, et le rayon de la base de 2 mètres 10?

P. 682. Quelle est la surface latérale d'un tronc de cône droit à bases parallèles dont le côté est de 2 m. 6, et les rayons des deux bases de 1 m. 4 et 2 m. 1?

P. 683. Quelle est la surface d'un tronc de cône, sachant que le côté est de 6 mètres, et que la somme des circonférences des bases parallèles est de 8 m. 48?

P. 684. Quelle est la surface latérale d'un tronc de cône ayant pour côté 3 mètres, et pour rayons des deux bases parallèles 2 m. 1 et 2 m. 8?

P. 685. Quelle est la surface latérale d'une cuve dont le diamètre du fond est de 2 m. 10, celui de l'ouverture de 2 m. 30, et le côté de 3 m. 84?

P. 686. Quel est le rayon de la base inférieure d'un tronc de cône droit dont la surface latérale égale 42 mètres carrés 5, le côté 1 m. 95, et le rayon de la base supérieure 1 m. 4?

P. 687. Quel est le côté d'un tronc de cône dont la surface latérale égale 12 m. carrés 26, et les rayons des deux bases 1 m. 71 et 2 m. 20?

P. 688. Quelle est la surface latérale d'un tronc de pyramide triangulaire à bases parallèles, sachant que les trois côtés de la base inférieure égalent 2 m., 3 m., 4 m. 25, les côtés correspondants de la base supérieure ont 0 m. 95, 1 m. 20, 2 m. 10, et les hauteurs des trois trapèzes sont 5 m., 6 m., 6 m. 45?

P. 689. Quelle est la surface d'un tronc de pyramide régulière de sept côtés, à bases parallèles, sachant que les deux polygones des bases ont pour côtés 1 m. 64 et 1 m., et que les sept trapèzes de la surface latérale ont pour hauteur 2 m. 25?

P. 690. Une sphère a 3 m. 08 de rayon, on demande: 1° la circonférence d'un grand cercle, 2° la surface de cette sphère.

P. 691. Quelle est la surface d'une sphère dont la circonférence d'un des grands cercles égale 4 m. 84?

P. 692. Quel est le rayon d'une sphère dont la surface égale 6 mètres carrés 16?

P. 693. Quel est le diamètre d'une sphère dont la circonférence d'un des grands cercles est de 9 m. 25?

P. 694. Quelle est la circonférence d'un grand cercle d'une sphère de 12 mètres carrés?

P. 695. Quelle est la surface intérieure et extérieure d'une sphère creuse de 0 mètre 035 d'épaisseur, sachant que le diamètre extérieur égale 1 m. 05?

P. 696. Le globe terrestre pouvant être considéré comme une sphère d'un rayon de 636 myriamètres 62, on demande d'exprimer, en myriamètres carrés, la surface de la terre.

P. 697. Quelle est en décimètres la surface d'un boulet de 10 cent. de rayon?

P 698. Quelle est l'épaisseur d'une sphère creuse dont les surfaces intérieure et extérieure égalent 3 m. car. et 8 m. car. 12?

P. 699. Quelle est la surface convexe d'une calotte sphérique de 0 m. 65 de hauteur, sachant que la circonférence d'un grand cercle égale 5 mètres?

P. 700. Quelle est la surface d'une calotte sphérique de 0 m. 8 de hauteur, sachant que le rayon de la sphère est de 2 m. 10?

P. 701. Quelle est la surface convexe d'un segment de sphère compris entre deux plans parallèles qui sont à 1 m. 25, sachant que le rayon de la sphère est de 3 m. 50?

P. 702. Une sphère dont la surface est de 78 m. carrés 54, a été coupée par un plan aux $\frac{2}{3}$ de son rayon à partir du centre, on demande quelles sont les surfaces convexes des deux parties de la sphère ainsi partagée.

P. 703. Exprimez, en myriamètres, la surface de chaque zone glaciale, sachant : 1º que chaque zone forme une calotte sphérique qui a pour hauteur 52 myriamètres 65, 2º que le rayon terrestre égale 636 myriamètres 62.

P. 704. Exprimez, en myriamètres, la surface de la zone torride, sachant que son épaisseur, ou la distance des deux plans des tropiques, est de 507 myriamètres.

P. 705. La surface d'une calotte sphérique est de 2 m. carrés 85, on demande la surface totale de la sphère, sachant que la hauteur de sa calotte est de 0 m. 45.

§ IV. — VOLUME DES SOLIDES.

635. Mesurer le volume d'un corps c'est déterminer combien de fois il contient un autre corps pris pour unité de mesure.

636. On peut simplifier un certain nombre de démonstrations relatives aux solides par le principe suivant, que l'on peut admettre comme évident: *deux solides compris entre deux plans parallèles sont équivalents lorsque, ayant des bases équivalentes, bien qu'elles puissent être de formes différentes, les deux hauteurs sont infiniment petites.*

En effet, si les hauteurs sont infiniment petites, les deux

---

635. *Qu'est-ce que mesurer le volume d'un corps?* — 636. *Comment peut-on simplifier un certain nombre de démonstrations relatives aux solides?*

solides se réduisent à leurs bases, et par conséquent sont équivalents si ces bases sont équivalentes.

637. PROPOSITION. — *Deux prismes, deux pyramides, deux cylindres sont équivalents en volume, quand ils ont des bases équivalentes et même hauteur.*

En effet, disposons deux parallélipipèdes, deux cylindres, etc., de telle sorte que leurs bases soient dans deux plans parallèles. Si on les coupe par un plan parallèle aux bases, les sections seront respectivement égales aux bases, et par conséquent elles seront équivalentes entre elles.

Cela posé, supposons que l'on mène, parallèlement aux bases, un nombre de plans assez considérable pour que les deux solides soient partagés en tranches infiniment minces, ces tranches seront équivalentes, puisque leurs bases le sont, d'après le principe ci-dessus. Comme les deux solides ont même hauteur, il en résulte qu'on peut les décomposer en un même nombre de tranches équivalentes; donc les deux solides sont équivalents entre eux.

638. PROPOSITION. — *Tout parallélipipède se décompose en deux prismes triangulaires équivalents.*

Menons un plan suivant deux arêtes latérales opposées, nous décomposerons le parallélipipède en deux prismes triangulaires qui auront pour hauteur commune celle du parallélipipède, et dont les bases seront égales comme moitié d'un même parallélogramme; donc ces deux prismes sont équivalents.

639. PROPOSITION. — *On obtient le volume d'un parallélipipède rectangle, en faisant le produit des trois arêtes qui aboutissent à un même sommet.*

Soit le parallélipipède rectangle AG. Supposons que AB = 5 mètres, BF = 4 mètres, et CB = 7 mètres. Divisons AB en cinq parties égales, et par les points de division menons des plans perpendiculaires à AB; divisons BF en quatre parties égales, et par les points de division menons des plans perpendiculaires à BF; divisons BC en sept parties égales, et par les points de division menons des plans perpendiculaires à CB. Le parallélipipède rectangle se trouvera ainsi décomposé en cubes ayant 1 mètre de côté, dont le nombre est évidemment marqué par le produit $5 \times 4 \times 7 = 140$; donc, etc.

640. Remarque. — Le produit 5×4 ou AB $\times$ BF exprime la surface de la base du parallélipipède, puisque cette base est un rectangle. On voit donc qu'*on obtient le volume d'un parallélipipède rectangle en multipliant la surface de sa base par la hauteur.*

---

637. *Quand est-ce que deux prismes, deux pyramides, deux cylindres sont équivalents en volume?* — 638. *Comment se décompose tout parallélipipède?* — 639. *Comment obtient-on le volume d'un parallélipipède rectangle?*

641. Proposition. — *On obtient le volume d'un parallélipipède quelconque, droit ou oblique, en multipliant sa base par sa hauteur.*

Car un parallélipipède quelconque est équivalent en volume à un parallélipipède rectangle de même base et de même hauteur.

642. Problème 1. — *Quel est le volume d'air contenu dans une salle rectangulaire qui a 12 mètres 75 de longueur, 7 mètres de largeur, et 3 mètres 80 de hauteur?*

Le volume demandé est celui d'un parallélipipède dont les dimensions sont 12 m. 75, 7 m, 3 m. 80. Ce volume $= 12,75 \times 7 \times 3,80 = 339$ mètres cubes 150.

643. Problème 2. — *Dans le stère, la largeur entre les montants est un mètre, si les bûches ont, comme à Paris, 1 mètre 14, quelle doit être la hauteur des montants pour que le volume égale 1 mètre cube.*

La pile de bois est un parallélipipède ayant une largeur de 1 mètre, une longueur de 1 m. 14, et une hauteur x telle, que le produit des trois dimensions égale 1 mètre cube. On a donc $1,14 \times 1 \times x = 1$; d'où $x = \frac{1}{1,14} = 0$ mètre 877, pour la hauteur des montants.

644. Proposition. — *On obtient le volume de l'hexaèdre ou cube, en faisant le produit de l'une de ses arêtes prise trois fois comme facteur.*

Car un hexaèdre ou cube n'est autre chose qu'un parallélipipède rectangle dont toutes les arêtes sont égales.

645. Problème. — *Quel est le volume d'un bloc de marbre dont la forme est celle d'un cube de 5 décimètres de côté?*

Ce volume égale $5 \times 5 \times 5 = 225$ décimètres cubes.

646. Proposition. — *On obtient le volume d'un prisme triangulaire, droit ou oblique, en multipliant sa base par sa hauteur.*

Désignons par B la base du prisme triangulaire, par H sa hauteur, son volume est la moitié de celui d'un parallélipipède qui, ayant même hauteur H, aurait une base double, 2 B. Or le volume de ce parallélipipède est $2 B \times H$, donc le volume du prisme triangulaire, qui en est la moitié, a pour mesure $\frac{2 B \times H}{2}$ on $B \times H$, c'est-à-dire le produit de sa base par sa hauteur; donc, etc.

647. Proposition. — *On obtient le volume d'un prisme quelconque, droit ou oblique, en multipliant sa base par sa hauteur.*

Car un prisme quelconque peut être décomposé en autant de prismes triangulaires de même hauteur qu'on peut former de triangles dans le polygone qui lui sert de base.

---

641. *Comment obtient-on le volume d'un parallélipipède quelconque, droit ou oblique?* — 644. *De l'hexaèdre ou cube?* — 646. *D'un prisme triangulaire, droit ou oblique?* — 647. *D'un prisme quelconque?*

Soient B, B', B'', les bases de ces prismes triangulaires, on aura pour la somme de leurs volumes (B×H) + (B'×H) + (B''×H), ou (B+B'+B''+....)×H; mais B+B'+B'' est la base du prisme; donc, etc.

648. Problème. — *Quel est le volume d'un bloc de pierre de 0 mètre 6 d'épaisseur, dont la forme est celle d'un prisme droit ayant pour base un quadrilatère irrégulier de 2 m. car. 70 ?*

Ce volume égale $2,70 \times 0,6 = 1$ mètre cube 620 décim. cubes.

649. Proposition. — *On obtient le volume d'un cylindre droit ou oblique, en multipliant sa base par sa hauteur.*

Car le cylindre peut être considéré comme un prisme dont la base serait un polygone régulier d'un nombre infini de côtés.

650. Problème 1. — *Quelle est la capacité d'un bassin ayant une forme cylindrique, dont le rayon de la base égale 12 mètres et la hauteur 2 mètres?*

La surface de la base égale $3,1416 \times \overline{12}^2 = 452$ m. car. 3904.
D'où vol. du cylindre égale $452,3904 \times 2 = 904780$ litres 8.

651. Problème 2. — *Un réservoir cylindrique contient 169 mètres cubes 6464, la hauteur a 6 mètres; quel est le rayon de la base?*

La surface de la base $= \frac{169.6464}{6} = 28$ m. car. 2744;
Le carré du rayon de la base $= \frac{28,2744}{3,1416} = 9$ mètres;
Enfin le rayon $= \sqrt{9} = 3$ mètres.

652. Proposition. — *On obtient le volume d'une enveloppe cylindrique, en multipliant la surface de la couronne qui lui sert de base par sa hauteur.*

Car cette opération revient évidemment à prendre la différence des deux cylindres qui comprennent cette enveloppe.

653. Problème 1. — *Quel est le volume d'une enveloppe cylindrique dont la hauteur égale 6 mètres, et les rayons des bases 2 mètres et 2 mètres 50 ?*

La couronne de la base $= 3,1416 \times (\overline{2,50}^2 - \overline{2}^2) = 7$ m. car. 0686.
D'où volume de l'enveloppe $= 7,0686 \times 6 = 42$ m. cub. 4116.

654. Problème 2. — *On veut qu'une enveloppe cylindrique de 5 mètres de hauteur, ait 109 mètres cubes 956; quel est le rayon extérieur de la base, si le rayon intérieur égale 3 mètres?*

La base de l'enveloppe $= \frac{109.956}{5} = 21$ m. car. 9912.
La surface du cercle intérieur $= 3,1416 \times \overline{3}^2 = 28,2744$.
La surface du cercle extérieur, comprenant la couronne et le cercle intérieur, $= 21,9912 + 28,2744 = 50$ m. car. 2656.
Le carré du rayon du cercle extérieur $= \frac{50,2656}{3,1416} = 16$.
D'où enfin le rayon du cercle extérieur $= \sqrt{16} = 4$ mètres.

---

649. *Comment obtient-on le volume d'un cylindre?* — 652. *Comment obtient-on le volume d'une enveloppe cylindrique?*

655. Proposition. — *Tout prisme triangulaire se décompose en trois pyramides triangulaires équivalentes.*

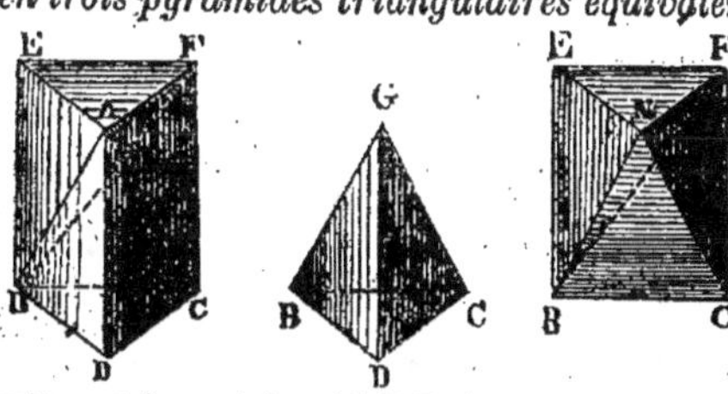

Soit le prisme triangulaire ABDCFE; si de l'angle A on mène
aux angles B et C des droites AB, AC, et qu'on fasse passer un
plan par ces droites, on détachera une pyramide triangulaire
ABDC, que l'on voit représentée à part en GBDC, et qui a même
base et même hauteur que le prisme. Cette pyramide enlevée, il
restera un solide ABCFE que l'on peut considérer comme une
pyramide quadrangulaire dont le sommet est en A et qui a pour
base le parallélogramme EBCF. Tirez la diagonale BF et menez
un plan suivant BAF, ce plan partagera la pyramide quadrangulaire en deux pyramides triangulaires ABEF, ABCF, qui
sont équivalentes comme ayant pour bases les triangles égaux
BEF, BFC, et pour hauteur commune la perpendiculaire abaissée du point A sur le plan BEFC. Mais la pyramide ABEF peut
être considérée comme ayant pour sommet le point B et pour
base la base supérieure AEF du prisme. Elle a donc même base
et même hauteur que le prisme, elle est donc équivalente à la
première pyramide ABDC, et par suite les trois pyramides
sont équivalentes; donc, etc.

656. Proposition. — *On obtient le volume d'une pyramide triangulaire, droite ou oblique, en multipliant sa base
par le tiers de sa hauteur.*

Car une pyramide triangulaire est le tiers d'un prisme triangulaire de même base et de même hauteur.

657. Proposition. — *On obtient le volume d'une pyramide quelconque, droite ou oblique, en multipliant sa base
par le tiers de sa hauteur.*

En effet, toute pyramide à base polygonale peut se décomposer
en autant de pyramides triangulaires de même hauteur que le
polygone qui lui sert de base contient de triangles. Or, chacune
de ces pyramides a pour mesure le tiers du produit de sa base
par sa hauteur; donc, la somme de toutes ces pyramides a pour
mesure le tiers du produit de la somme de leurs bases par leur
hauteur commune, c'est-à-dire le produit de la base de la pyramide polygonale donnée par le tiers de la hauteur.

---

655. *Comment se décompose tout prisme triangulaire?* — 656. *Comment obtient-on le volume d'une pyramide triangulaire droite ou oblique?* — 657. *D'une pyramide quelconque?*

658. PROBLÈME. — *Quel est le volume d'un obélisque, présentant la forme d'une pyramide quadrangulaire dont la hauteur est de 12 mètres et la base un carré de 0 mètre 80 de côté?*

La surface de la base $= 0,80 \times 0,80 = 0$ mètre carré 64.

D'où le volume de l'obélisque $= \dfrac{0,64 \times 12}{3} = 2$ m. cub. 560.

659. PROPOSITION. — *On obtient la hauteur totale d'une pyramide tronquée, à bases parallèles, en multipliant la hauteur du tronc de pyramide par un côté quelconque de la base inférieure, et divisant ce produit par la différence qui existe entre ce côté et son homologue dans la base supérieure.*

Soit la pyramide tronquée ABCD, je dis que l'on a $AP = \dfrac{pP \times BC}{BC - bc}$. En effet, les triangles semblables ABC, Abc, donnent AB : Ab :: BC : bc. Par l'arête AB et la hauteur AP faisons passer un plan qui coupera les bases parallèles suivant deux droites BP et bp parallèles; les triangles semblables ABP, Abp donnent AB : Ab :: AP : Ap. Cette proportion et la précédente ayant un rapport commun, on en conclut BC : bc :: AP : Ap; d'où en vertu d'une propriété connue des proportions, on a BC — bc : BC :: AP — Ap : AP. Mais AP — Ap = pP; donc, en remplaçant, on a, BC — bc : BC :: pP : AP; d'où l'on tire $AP = \dfrac{pP \times BC}{BC - bc}$; donc, etc.

660. PROBLÈME. — *Quel est le volume d'un tronc de pyramide droit, à bases parallèles, sachant que la hauteur du tronc égale 15 décimètres, et que les bases sont des carrés ayant pour côtés 9 décimètres et 4 décimètres?*

La hauteur totale de la pyramide $= \dfrac{15 \times 9}{9 - 4} = 27$ décim.

La hauteur de la pyramide enlevée $= 27 - 15 = 12$ décim.

La surface de la base inférieure $= 9 \times 9 = 81$ déc. car.

La surface de la base supérieure $= 4 \times 4 = 16$ déc. car.

Le volume de la pyramide totale $= \dfrac{81 \times 27}{3} = 729$ déc. cub.

Le volume de la pyramide enlevée $= \dfrac{16 \times 12}{3} = 64$ déc. cub.

Et enfin le volume du tronc $= 729 - 64 = 665$ déc. cub.

661. PROPOSITION. — *On obtient le volume d'un tronc de pyramide à bases parallèles, en multipliant le tiers de sa hauteur par la somme de ses bases et d'une moyenne proportionnelle entre ces mêmes bases.*

(Voyez, pour la démonstration, Legendre, Sonnet, etc.)

Le problème du n° 660, résolu d'après cette formule, donne:

La base inférieure $= 9 \times 9 = 81$ décim. car.

La base supérieure $= 4 \times 4 = 16$ décim. car.

---

659. *Comment obtient-on la hauteur totale d'une pyramide tronquée?* — 661. *Comment obtient-on le volume d'un tronc de pyramide?*

La moyenne proportionnelle des bases $= \sqrt{81 \times 16} = 36$ m. car.

Le volume du tronc $= \frac{15}{6} \times (81 + 16 + 36) = \frac{15}{6} \times 133 = 665$ décimètres cubes.

661 bis. PROPOSITION. — *On obtient le volume d'un prisme triangulaire tronqué, en multipliant la surface de sa base par le tiers de la somme des trois perpendiculaires abaissées des sommets opposés sur cette base.*

Par les points E, I, G, faisons passer un plan, il détachera une pyramide triangulaire IEFG qui aura pour base EFG et pour hauteur la perpendiculaire abaissée du point I. Cette pyramide enlevée, il reste une pyramide quadrangulaire IEGLH, qui se décompose en deux pyramides triangulaires IEHG, ILHG; tirons HF, la pyramide IEHG et la pyramide FEHG sont équivalentes comme ayant même base EHG et même hauteur, puisque les sommets I et F sont sur une droite IF parallèle à la base. Or la pyramide FEHG peut être considérée comme ayant pour base EFG et pour hauteur la perpendiculaire abaissée du point H. Pour la troisième pyramide IGHL, tirons LE, LF, les deux pyramides IGHL, FGEL ont pour bases des triangles équivalents GHL, GEL comme ayant même base LG et même hauteur; de plus les sommets I et F de ces deux pyramides sont sur une droite IF parallèle à la base; donc ces deux pyramides sont équivalentes. Mais la pyramide FGEL peut être considérée comme ayant pour base EFG et pour hauteur la perpendiculaire abaissée du point L. Le prisme donné se décompose donc en trois pyramides qui sont équivalentes à trois pyramides ayant pour base chacune la base EFG du prisme, et pour hauteurs les perpendiculaires abaissées sur cette base des sommets opposés H, I, L; donc, etc.

661 ter. Remarque. — On peut à l'aide de la proposition qui précède, calculer le volume d'un tas de pierres tel qu'on le trouve sur les routes.

1° Lorsque le tas de pierres est terminé supérieurement par une arête EF, laquelle est plus courte que AB et DC, on cherche le milieu O de EF, et par ce point on fait une coupe qui soit perpendiculaire à EF. Le triangle HOL est la base de deux prismes triangulaires tronqués HOLBEC et HOLAFD. Ces prismes sont égaux. La base HLO a pour mesure $HL \times \frac{1}{2}OP$ ou AD multiplié par la moitié de la hauteur du tas. Le prisme HOLBEC a pour mesure $\frac{1}{2}HL \times OP \times \frac{1}{3}(HB + OE + LC)$. Les deux prismes étant égaux, leur volume sera double de celui de HOLBEC, il sera donc $\frac{1}{2}HL \times OP \times \frac{1}{3}(2HB + 2OE + 2LC)$ ou $\frac{1}{2}HL \times OP \times \frac{1}{3}(AB + EF + DC)$ ou $\frac{1}{6}AD \times OP (AB +$

EF + DC) ou le $\frac{1}{6}$ du produit de la somme des trois arêtes multipliées par la largeur du tas et par sa hauteur.

2° Si le tas de pierres avait la forme ci-contre, qui est celle d'un pétrin, d'un fossé, d'un ponton ou bateau plat, etc., on opèrerait de la manière suivante :

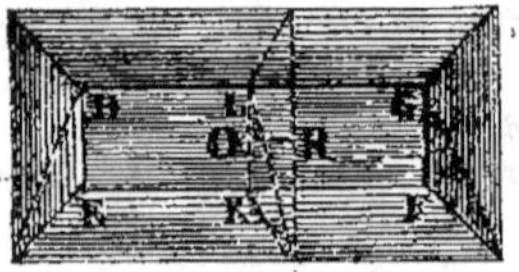

On imagine une coupe perpendiculaire aux arêtes AB, CD, EF, HG, en leur milieu, on obtient ainsi deux prismes tronqués égaux dont la base commune est le trapèze IKLP. Si suivant les arêtes opposées AB, HG on fait passer un plan, chacun de ces prismes sera partagé en deux prismes triangulaires tronqués. Le prisme IKLAEH a pour mesure $IKL \times \frac{1}{3}(AI + EK + HL)$. Le prisme ILPAHD a pour mesure $ILP \times \frac{1}{3}(AI + HL + DP)$. Mais $EK + HL = 2EK$ et $AI + DP = 2AI$. $IKL = \frac{1}{2}KL \times OR$ et $ILP = \frac{1}{2}IP + OR$. Les deux prismes triangulaires ont donc ensemble pour mesure $\frac{1}{2}KL \times OR \times \frac{1}{3}(AI + 2EK) + \frac{1}{2}IP \times OR \times \frac{1}{3}(HL + 2AI)$. Pour avoir le volume total, il suffit de doubler ce résultat en supprimant le facteur $\frac{1}{2}$ ce qui donne :

$$KL \times OR \times \frac{1}{3}(AI + 2EK) + IP \times OR \times \frac{1}{3}(HL + 2AI)$$

ou $$\frac{KL \times OR \times (AI + 2EK) + IP \times OR \times (HL + 2AI)}{3}$$

ou $$\frac{KL \times OR \times \left(\frac{AB}{2} + EF\right) + IP \times OR \times \left(\frac{EF}{2} + AB\right)}{3}.$$

PROBLÈME 1. — *Quel est le volume d'un tas de sable (figure 661 ter, 1°), dont la hauteur OP égale 0 m. 6; la longueur inférieure AB=3 m. 40, la longueur supérieure EF=2 m. 50, et la largeur AD=0 m. 8?*

Ce volume $= \dfrac{0,80 \times 0,60 \times (3,40 + 3,40 + 2,50)}{6} = 4$ m. cub. 464.

PROBLÈME 2. — *Quel est le volume d'un tas de pierres (figure 661 ter, 2°), ayant 26 m. de longueur sur 12 m. de largeur pour la base inférieure, 16 m. de longueur sur 8 m. de largeur pour la base supérieure; enfin 3 m. pour la hauteur?*

Ce volume $= \dfrac{8 \times 3 \times \left(\frac{26}{2} + 16\right) + 12 \times 3 \times \left(\frac{16}{2} + 26\right)}{3} = 720$ m. cub.

662. PROPOSITION. — *On obtient le volume d'un cône droit ou oblique, en multipliant sa base par le tiers de sa hauteur.*

Car le cône peut être considéré comme une pyramide qui a pour base un polygone d'un nombre infini de côtés.

663. PROBLÈME 1. — *Quel est le volume d'un cône dont la hauteur égale 5 mètres et le rayon de la base 2 mètres?*

La surface du cercle de la base $= 3,1416 \times 2^2 = 12$ m. car. 5664.

---

662. *Comment obtient-on le volume d'un cône?*

D'où volume du cône $= \dfrac{12,5654 \times 5}{3} = 20$ mètres cub. 945.

664. Problème 2. — *Quel est le volume d'un cône droit dont le côté égale 2 mètres 5 et le rayon 1 mètre 5 ?*

Cherchons d'abord la hauteur du cône. Cette hauteur, le rayon et le côté du cône forment un triangle rectangle dont l'hypoténuse est le côté du cône; appelant h la hauteur, on a

$h^2 = \overline{2,50}^2 - \overline{1,50}^2 = 6,25 - 2,25 = 4$ m.; donc $h = \sqrt{4} = 2$ m.

La surface de la base $= 3,1416 \times \overline{1,5}^2 = 7$ m. car. 0686.

D'où volume du cône $= \dfrac{7,0686 \times 2}{3} = 4$ mètres cubes 7124.

665. Problème 3. — *Quel est le rayon d'un cône dont le volume égale 20 mètres cubes 944 et la hauteur 5 mètres ?*

Le tiers de la surface de la base $= \dfrac{20,944}{5} = 4$ m. car. 1888.

La surface de la base $= 4,1888 \times 3 = 12$ m. car. 5664.

Le carré du rayon de la base $= \dfrac{12,5674}{3,1416} = 4$ m.

D'où enfin le rayon de la base $= \sqrt{4} = 2$ m.

666. Proposition. — *On obtient la hauteur d'un cône tronqué, à bases parallèles, en multipliant la hauteur du tronc par le diamètre ou le rayon de la grande base, et divisant le produit par la différence des diamètres ou des rayons des deux bases.*

On le démontrerait comme pour la pyramide tronquée (*n*° 659).

667. Problème. — *Quelle est la capacité d'une cuve dont le fond a 1 mètre 20 de rayon, l'ouverture supérieure 1 mètre 36 de rayon, et la pronfondeur 1 mètre 50 ?*

La hauteur totale du cône $= \dfrac{1,56 \times 1,56}{1,36 - 1,20} = 13$ mètres 26.

La hauteur du cône enlevé $= 13,26 - 1,56 = 11$ mètres 70.

La surface du fond $= 3,1416 \times \overline{1,20}^2 = 4$ m. car. 5239.

La surface du cercle du bord $= 3,1416 \times \overline{1,36}^2 = 5$ m. car. 8107.

Le vol. du cône total $= \dfrac{5,8107 \times 13,26}{3} = 25$ m. cub. 683294.

Le vol. du cône enlevé $= \dfrac{4,5239 \times 11,70}{3} = 17$ m. cub. 643210.

Enfin vol. du tronc $= 25,683294 - 17,643210 = 8$ m. cub. 040084.

668. Proposition. — *Pour obtenir le volume d'un tronc de cône à bases parallèles, il faut faire le carré du plus grand rayon, le carré du plus petit, le produit du plus grand par le plus petit, et ajouter ces résultats; puis multiplier cette somme par la hauteur du tronc et par le rapport de la circonférence au diamètre, enfin prendre le tiers du produit.*

(Voyez pour la démonstration, Legendre, Sonnet, etc.)

Le problème du *n*° 667, résolu d'après cette formule, donne :

Le carré du grand rayon $= 1,36 \times 1,36 = 1,8496$.

Le carré du petit rayon $= 1,20 \times 1,20 = 1,4400$.

Le produit des deux rayons $= 1,36 \times 1,20 = 1,6320$.

---

666. *Comment obtient-on la hauteur d'un cône tronqué à bases parallèles ?* — 668. *Que faut-il faire pour obtenir le volume d'un tronc de cône à bases parallèles ?*

Le volume du tronc $= 3,1416 \times 1,56 \times (1,8496 + 1,4400 + 1,6320)$ $= 8$ mètres cubes 040084.

669. *Remarque.*—1° Un tonneau peut être considéré comme formé de deux troncs de cônes égaux réunis par leur plus grande base. On pourrait donc jauger un tonneau, ou, autrement dit, évaluer sa capacité d'après ce qui a été dit sur le tronc de cône. Mais, comme ce mode d'évaluation donne toujours un résultat trop faible à cause de la forme convexe que présente la surface du tonneau, les règlements ministériels prescrivent de jauger un tonneau, *comme s'il s'agissait d'évaluer le volume d'un cylindre ayant pour hauteur la longueur intérieure du tonneau, et pour diamètre celui du bouge, diminué du tiers de la différence qui se trouve entre ce diamètre et celui du jable.*

(*La circonférence des deux fonds porte le nom de jable, et celle du milieu, où se trouve la bonde, porte le nom de bouge.*)

670. PROBLÈME. — *Quelle est la capacité d'un tonneau dont le diamètre du bouge est de 0 mètre 60, le diamètre du jable de 0 mètre 50, et la longueur du tonneau de 0 mètre 90?*

Le tiers de la différence des deux diamètres $= \dfrac{0.60 - 0.50}{3} =$ 0,0333,... et par suite le diamètre du cylindre équivalent serait 0,60 — 0,0333 $=$ 0,566, et le volume du cylindre ou du tonneau $= \pi \times \dfrac{0.566^2}{4} \times 0,90 = \dfrac{3.1416 \times 0.566^2 \times 0.90}{4} =$ 226 litres 45.

671. *Remarque.*—2° Le bois en grume, c'est-à-dire recouvert de son écorce, présente, lorsqu'il est droit, la forme d'un cône tronqué et se mesure comme il a été dit (*n°* 668). Une poutre équarrie présente un tronc de pyramide quadrangulaire et se mesure d'après le (*n°* 631). Mais comme ces calculs sont longs, on se contente, dans la pratique, d'évaluer le volume d'un cylindre ou d'un prisme dont la base serait égale à une section faite perpendiculairement à l'axe sur le milieu de la longueur.

672. PROBLÈME 1. — *Quel est le volume d'une poutre équarrie de 11 mètres 25 de longueur, la section du milieu étant un rectangle de 0 mètre 36 sur 0 mètre 30?*

La surface de la section $= 0,30 \times 0,36 =$ 0 m. car. 1080.

Et le volume de la poutre $= 0,1080 \times 11,25 =$ 1 m. cube 215.

673. PROBLÈME 2. — *Quel est le volume d'un arbre dont la circonférence moyenne égale 0 mètre 691 et la longueur 12 mètre 25?*

Le diamètre de la section moyenne $= \dfrac{0.691}{3.1416} =$ 0 m. 22.

Le rayon de la section moyenne $= \dfrac{0.22}{2} =$ 0 m. 11.

La surf. de la section moyenne $= 0,691 \times \dfrac{0.11}{2} =$ 0 m. car. 0380.

Et le volume $= 0,0380 \times 12,25 =$ 0 mètre cube 465500.

674. PROBLÈME 3. — *Quel est le volume d'un arbre dont la longueur égale 6 mètres 75, et les circonférences des deux bouts 1 mètre 445 et 0 mètre 628?*

La circonférence moyenne $= \dfrac{1.445 + 0.628}{2} =$ 1 mètre 0,365.

Le diamètre de la circonférence moyenne $= \dfrac{1.0365}{3.1416} =$ 0,329.

La surf. de la section moyenne $= 3,1416 \times \dfrac{0.329}{4} =$ 0 m. car. 2584.

Et le volume de l'arbre $= 0,2584 \times 6,75 =$ 1 m. cub. 74400.

675. Proposition. — *On obtient le volume d'une sphère, en multipliant sa surface par le tiers du rayon.*

Car la sphère peut être considérée comme composée d'une infinité de pyramides qui ont leurs sommets au centre, et dont les bases composent la surface de la sphère.

Appelons R le rayon de la sphère; la surface de la sphère $= 4 \pi R^2$; multipliant par le tiers du rayon, on a: volume de la sphère $= 4 \pi R^2 \dfrac{R}{3} = \dfrac{4 \pi R^3}{3}$. Or les $\frac{4}{3}$ de $\pi = 3,1416 \times \frac{4}{3} = \dfrac{12,5664}{3} = 4,1888$, et la formule de la sphère $\frac{4}{3} \pi R^3$ revient à $4,1888 \times R^3$; ce qui prouve que *le volume d'une sphère a pour mesure le produit du cube du rayon par le nombre constant 4,1888.* C'est la seule formule que nous emploierons.

676. Problème 1. — *Quel est le volume d'une boule de 2 mètres de rayon?*

Le volume $= 4,1888 \times 2^3 = 4,1888 \times 8 = 33$ m. cub. 5104.

677. Problème 2. — *Quel est le rayon d'une sphère dont le volume égale 44 décimètres cubes 6023424?*

Le cube du rayon $= \dfrac{44,6023424}{4,1888} = 10,648.$

D'où rayon $= \sqrt[3]{10,648} = 2$ décimètres 2.

678. Problème 3. — *Quel est le diamètre d'un boulet qui pèse 40 kilogrammes 179, sachant que le décimètre cube de fonte pèse 7 kilogrammes 207?*

Le volume du boulet $= \dfrac{40,179}{7,207} = 5$ décim. cub. 575.

Le cube du rayon $= \dfrac{5,575}{4,1888} = 1,330.$

D'où rayon $= \sqrt[3]{1,330} = 1$ décim. 099 $= 1$ décim. 1.

Et enfin diamètre $= 1,1 \times 2 = 2$ décimètres 2.

679. Proposition. — *On obtient le volume d'une enveloppe sphérique, en cherchant la différence des deux sphères concentriques qui la comprennent.*

On démontrerait, comme pour la couronne, que la formule, pour le volume d'une enveloppe sphérique, est $4,1888 \times (R^3 - r^3)$.

680. Problème 1. — *Quel est le volume de la partie solide d'une sphère creuse dont le diamètre extérieur égale 28 centimètres, et le diamètre intérieur 26 centimètres?*

Le vol. de la sphère extérieure $= 4,1888 \times \overline{1,4}^3 = 11$ déc. cub. 494.
Le vol. de la sphère intérieure $= 4,1888 \times 1,3^3 = 9$ déc. cub. 2033.
D'où le volume de l'enveloppe $= 11,491 - 9,215 = 2$ déc. cub. 491.

681. Problème 2. — *Quelle est l'épaisseur d'une enveloppe sphérique dont le volume égale 2044 décimètres cubes 1344, sachant que le rayon extérieur égale 10 décimètres?*

La sphère extérieure égale $4,1888 \times \overline{10}^3 = 4188$ décim. cub. 8;
La sphère intérieure égale $4188,8 - 2044,1344 = 2144,6656.$

---

675. Comment obtient-on le volume d'une sphère? — 679. Comment obtient-on le volume d'une enveloppe sphérique?

On n'a donc plus qu'à chercher le rayon d'une sphère qui aurait pour volume 2144 décim. cub. 6656.

Ce problème, traité comme celui du n° 677, donne pour le rayon intérieur, 8 décimètres; donc l'épaisseur de l'enveloppe $= 10 - 8 = 2$ décimètres.

682. Proposition. — *On obtient le volume d'un secteur sphérique, en multipliant la surface de la calotte qui lui sert de base par le tiers du rayon.*

En effet, un secteur sphérique peut être considéré comme un cône qui a la calotte sphérique pour base.

683. Problème. — *Quel est le volume d'un secteur sphérique pris dans une sphère de 4 décimètres de rayon, sachant que la calotte a 2 décimètres de hauteur?*

La circonf. d'un grand cercle $= 3,1416 \times 8 = 25$ décim. 1328.
La surface de la calotte $= 25,1328 \times 2 = 50$ décim. car. 2656.
Le volume du secteur $= \frac{50,2656 \times 4}{3} = 67$ décim. cub. 020800.

684. Proposition. — *On obtient le volume d'un segment sphérique à une base, en prenant la différence du secteur et du cône qui le comprennent.*

685. Problème 1. — *Quel est le volume d'un segment extrême de 3 décimètres de hauteur pris dans une sphère de 15 décimètres de diamètre?*

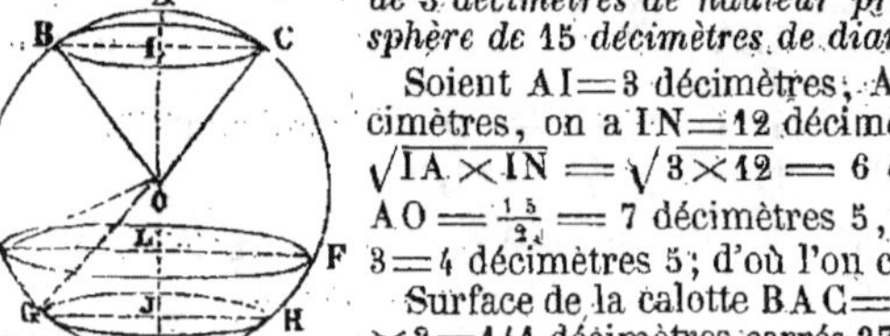

Soient $AI = 3$ décimètres; $AN = 15$ décimètres, on a $IN = 12$ décimètres, $BI = \sqrt{\overline{IA} \times \overline{IN}} = \sqrt{3 \times 12} = 6$ décimètres; $AO = \frac{15}{2} = 7$ décimètres 5, $IO = 7,5 - 3 = 4$ décimètres 5; d'où l'on conclut:

Surface de la calotte $BAC = 3,1416 \times 15 \times 3 = 141$ décimètres carrés 3720.

Volume du secteur $= \frac{141,3720 \times 7,5}{3} = 353$ décim. cub. 430.
Surf. de la base de la calotte $= 3,1416 \times 6^2 = 113$ décim. car. 0976.
Vol. du cône $OBC = \frac{113,0976 \times 4,5}{3} = 169$ décim. cub. 646.
Et enfin volume du segment $= 353,430 - 169$ décim. cub. $= 183$ décim. cub. 784.

686. Problème 2. — *Calculez le rayon de la sphère, connaissant les rayons de deux bases d'un segment, ainsi que sa hauteur.*

Représentons par r, R les rayons GJ, EL des deux bases, par P le rayon de la sphère, par h la hauteur LJ, et par x, OL. Si l'on menait les rayons OE, OG, les triangles rectangles OEL, OGJ donneraient:

$\overline{OE}^2 = \overline{EL}^2 + \overline{OL}^2$ ou $\overline{P}^2 = R^2 + x^2$.
$\overline{OG}^2 = \overline{GJ}^2 + \overline{OJ}^2$ ou $P^2 = r^2 + (x+h)^2 = r^2 + x^2 + 2hx + h^2$.
Les deux valeurs égales de P^2 donnent:
$r^2 + x^2 + 2hx + h^2 = R^2 + x^2$; supprimant x^2, on a

$r^2 + 2hx + h^2 = R^2$; d'où, faisant passer r^2 et h^2 dans le deuxième membre, on a

$2hx = R^2 - r^2 - h^2$; d'où enfin $x = \dfrac{R^2 - r^2 - h^2}{2h}$.

Soient GJ$=8$ décim., EL$=12$ décim., LJ$=6$ décim., on a :

1° $x = \dfrac{12^2 - 8^2 - 6^2}{6 \times 2} = \dfrac{144 - 64 - 56}{12} = 3$ décimètres 66.

2° P$= \sqrt{R^2 + x^2} = \sqrt{12^2 + 3,66^2} = 12$ décimètres 54.

3° NJ$=$ON$-$OJ$=$P$-x-h=12,54 - 3,66 - 6 = 2$ déc. 88.

687. *Remarque.* — La formule $x = \dfrac{R^2 - r^2 - h^2}{2h}$ donne là distance du centre de la sphère au plan de la plus grande base, lorsque le centre est en dehors du segment. Pour appliquer cette formule au cas particulier où le centre serait dans l'intérieur du segment, il suffit de faire $h = -h$. La formule devient alors

$$x = \frac{R^2 - r^2 - h^2}{-2h} = \frac{r^2 + h^2 - R^2}{2h}.$$

688. Proposition. — *On obtient le volume d'un segment sphérique compris entre deux plans parallèles, en multipliant la demi-hauteur par la somme de ses bases et ajoutant au produit le volume de la sphère qui a pour diamètre la hauteur du segment.*

(Pour la démonstration de cette proposition, voyez Legendre.)

689. Problème 1. — *Quel est le volume d'un segment sphérique à bases parallèles de 6 décimètres de hauteur, sachant que les bases ont pour rayons 8 décimètres et 5 décimètres ?*

La surface de la grande base$= \pi \times 8^2 = 201$ décim car. 0624 ;

La surface de la petite base$= \pi \times 5^2 = 78$ décim. car. 54 ;

Le volume de la sphère $= \frac{4}{3} \pi 3^3 = 113$ décim. cub. 0976 ;

Le vol. du segment$= \frac{6}{2} \times (201,0624 + 78,54) + 113,0976 = 951$ décimètres cubes 9048.

690. Problème 2. — *Quel est le volume d'un segment sphérique à une base, sachant qu'il a 4 décimètres de hauteur et que le rayon de la base égale 6 décimètres ?*

Tout segment sphérique à une base peut être considéré comme compris entre deux plans parallèles dont l'un serait tangent à la sphère, et présenterait une base nulle.

Cela posé on aurait, pour la solution du problème,

La surface de la base$=3,1416 \times 6^2 = 113$ décim. car. 0976 ;

Le volume de la sphère$=4,1888 \times 2^3 = 33$ décim. cub. 5104 ;

Le vol. du seg. $= (\frac{4}{2} \times 113,0976) + 33,5104 = 259$ déc. cub. 7056.

691. Proposition. — *On obtient le volume du coin ou onglet sphérique, en multipliant la surface du fuseau qui lui sert de base par le tiers du rayon de la sphère.*

Car le coin ou onglet sphérique peut être considéré comme composé d'une infinité de pyramides qui ont leurs sommets réunis au centre de l'angle tranchant du coin, et dont les bases composent le fuseau sphérique.

---

691. *Comment obtient-on le volume du coin ou onglet sphérique ?*

692. Proposition. — *On obtient le volume d'un polyèdre régulier quelconque, en multipliant sa surface par le tiers du rayon de la sphère inscrite.*

Ceci est évident, car tout polyèdre régulier peut se décomposer en pyramides droites qui ont leurs sommets au centre de la sphère inscrite au polyèdre, et pour bases les bases du polyèdre.

693. *Remarque.* — Pour avoir le volume des corps irréguliers, comme seraient une pierre, une chaîne, on les plonge dans un vase contenant assez d'eau pour couvrir entièrement l'objet. On pèse ou on mesure le volume de l'eau déplacée, ou bien celui de l'eau restante, et on en déduit le volume de l'objet.

694. Problème 1. — *Quel est le volume d'une pierre qui, plongée dans un vase d'eau, déplace 2 kilogrammes 250 grammes?*

Un kilogramme d'eau représente en volume 1 décimètre cube; donc la pierre a pour volume 2 décimètres cubes 250 cent. cubes.

695. Problème 2. — *Dans un vase plein d'eau et contenant 13 litres 25 cent., on plonge un objet, puis on le retire; le volume de l'eau restante est 10 litres, quel est le volume de l'objet?*

13,25 — 10 = 3 25; donc le volume cherché = 3 décimètres cubes 250 centimètres cubes.

696. *Remarque.* — On peut obtenir le volume de certains corps en les décomposant en pyramides, ou autres solides dont on peut évaluer facilement le volume. La décomposition la plus facile consiste à prendre pour sommet des pyramides, le sommet d'un angle solide, et pour bases les faces qui n'aboutissent pas à cet angle. Pour déterminer d'une manière très-simple la hauteur de ces diverses pyramides, on prolonge le plan de chaque base, au moyen d'une surface plane comme serait une planchette, et sur le sommet on place une règle parallèle à ce plan; la plus courte distance de la règle au plan donne la hauteur de la pyramide.

PROBLÈMES NUMÉRIQUES.

P. 706. Quel est le volume d'un cube de 6 m. 25 de côté?

P. 707. Quel est le volume d'un prisme dont la base a 5 mètres carrés, et la hauteur 2 m. 40?

P. 708. Quel est le volume d'un prisme pentagonal régulier, sachant qu'il a 3 mètres de hauteur, et que le côté du pentagone égale 0 m. 60?

P. 709. Une classe a 8 m. 25 de longueur, 7 m. de largeur, et 3 m. 45 de hauteur, on demande : 1° le volume d'air qu'elle contient, 2° le poids de cet air, sachant qu'un litre d'air pèse 1 gramme 3.

P. 710. Quel est le volume d'un prisme triangulaire régulier

---

692. *Comment obtient-on le volume d'un polyèdre régulier?* — 673. *Que faut-il faire pour avoir le volume des corps irréguliers?*

de 2 mètres 24 de hauteur, sachant que le périmètre de la base est de 3 mètres 75?

P. 711. Quelle est la hauteur d'un prisme de 5 mètres cubes 76, sachant que la surface de la base égale 3 mètres carrés 05?

P. 712. Le volume d'un prisme hexagonal régulier est de 71 mètres cubes 1126, le côté de l'hexagone est de 2 m. 34, on demande : 1° la surface de la base, 2° la hauteur du prisme.

P. 713. Un bassin rectangulaire plein d'eau a 12 m. 25 de longueur, 0 m. 75 de largeur, et 0 m. 75 de profondeur, on demande : 1° le volume de l'eau en hectolitres, 2° le poids de cette eau?

P. 714. Un mur en briques a 4 m. 5 de longueur, 0 m. 25 d'épaisseur et 3 m. 20 de hauteur, on demande : 1° le volume de ce mur, 2° son poids, sachant qu'un décimètre cube de brique pèse 2 kilogrammes 2.

P. 715. Combien de stères contient une pile de bois qui a 15 m. 50 de longueur, 4 m. de largeur, et 7 m. 25 de hauteur?

P. 716. Quelle est la surface de la base d'un prisme quadrangulaire qui a pour hauteur 1 mètre 15, et pour volume 4 mètres cubes 250?

P. 717. Quelle est la hauteur d'un prisme dont la surface de la base égale 3 m. car. 05, et le volume 5 mètres cubes 750?

P. 718. Quel est le volume d'un cylindre dont la base égale 2 m. car. 15, et la hauteur 1 m. 46?

P. 719. Quelle est la solidité d'un cylindre dont la hauteur a 0 m. 85, et le rayon de la base de 0 m. 35?

P. 720. Quelle est la solidité d'un cylindre dont la circonférence de la base égale 3 m. 08, la hauteur étant 1 m. 50?

P. 721. Quelle est la hauteur d'un cylindre dont le volume égale 2 mètres cubes 7, et la base 2 mètres carrés 25?

P. 722. Quelle profondeur faut-il donner à un réservoir cylindrique dont le rayon de la base a 12 mètres, pour qu'il puisse contenir 7640 hectolitres?

P. 723. Quel rayon faut-il donner à la base d'un réservoir cylindrique de 5 m. de profondeur, dont la contenance doit être de 5000 hectolitres?

P. 724. Quelle est la surface de la base d'un cylindre dont le volume égale 3 m. cub. 60, et la hauteur 1 m. 5?

P. 725. Quelle est la solidité d'une pyramide dont la base égale 4 mètres carrés, et la hauteur 2 mètres 4?

P. 726. Quelle est la solidité d'une pyramide triangulaire de 2 m. 55 de hauteur, sachant que le triangle de la base a 0 m. 75 de hauteur et 0 m. 80 de base?

P. 727. Quel est le volume d'une pyramide triangulaire de 3 mètres de hauteur, sachant que les trois côtés du triangle qui lui sert de base ont 1 m. 5, 1 m. 9, et 2 m. 6?

P. 728. Quel est le volume d'une pyramide triangulaire droite de 2 m. de hauteur, et dont le côté du triangle équilatéral de la base a 0 m. 8?

P. 729. Quel est le volume d'une pyramide hexagonale régulière dont la hauteur a 3 m. 6, et le côté de l'hexagone 3 m. 6?

P. 730. Quel est le volume d'une pyramide hexagonale régulière dont le côté de l'hexagone est de 1 m. 6, et les arêtes partant du sommet de 4 mètres?

P. 731. Quelle est la hauteur d'une pyramide dont le volume égale 1 m. cube. 35, et la surface de la base 3 mètres carrés?

P. 732. Quelle est la base d'une pyramide dont le volume est de 5 m. cubes 445, et la hauteur de 3 m. 63?

P. 733. Quelle est la hauteur d'une pyramide triangulaire dont le volume égale 8 m. cubes 6957, sachant que les trois côtés de la base sont respectivement égaux à 2 m., 2 m. 15, et 1 m. 85?

P. 734. Quel est le volume d'un tronc de pyramide à bases parallèles, sachant qu'il a 2 m. de hauteur, et que les deux bases sont deux hexagones ayant pour côtés 0 m. 70 et 0 m. 20?

P. 735. Quel est le volume d'un prisme triangulaire tronqué dont la surface de la base est de 8 m. car. 75, et la hauteur des trois sommets de la base supérieure de 3 m. 75, 3 m. 50 et de 3 m. 25?

P. 736. Quel est le volume d'un tas de sable à arête saillante dont la hauteur est de 0 m. 80, la longueur de l'arête supérieure de 3 m. 40, et la base un rectangle de 4 m. 25 sur 2 m. 15?

P. 737. Quel est le volume d'un monceau de pierres présentant la forme d'un pétrin renversé de 4 m. 50 de hauteur, sachant que la base supérieure est un rectangle de 18 m. 75 sur 12 m. 40; et la base inférieure un rectangle de 30 m. 60 sur 18 m. 75?

P. 738. Quel est le volume d'un cône dont la hauteur est de 1 m. 35, et la surface de la base de 3 mètres carrés 40?

P. 739. Quel est le volume d'un cône dont la hauteur est de 2 m. 1, et le rayon de la base de 0 m. 56?

P. 740. Quel est le volume d'un cône dont la hauteur est de 1 m. 23, et la circonférence de la base de 1 m. 98?

P. 741. Quel est le volume d'un cône dont la hauteur est de 4 mètres, et le côté de 5 mètres?

P. 742. Quelle est la base d'un cône dont le volume est de 1 mètre cube 6, et la hauteur de 0 m. 80?

P. 743. Quelle est la hauteur d'un cône dont le volume est de 4 mètres cubes, et la base de 3 mètres carrés 60?

P. 744. Quelle est la hauteur d'un cône dont le volume est de 3 mètres cubes 077, et le rayon de la base de 0 m. 35?

P. 745. Quelle est la hauteur d'un cône dont le volume est de 0 m. cube 18865, et la circonférence de la base de 1 m. 54?

P. 746. Quel est le volume d'un tronc de cône à bases parallèles, sachant que la base inférieure a 2 m. car. 25, la base supérieure 1 m. car. 21, et la hauteur du tronc 0 m. 90?

P. 747. Quel est le volume d'un tronc de cône à bases parallèles dont le rayon de la base supérieure a 0 m. 42, celui de la base inférieure 0 m. 63, et la hauteur du tronc 2 m. 1?

P. 748. Quelle est la hauteur d'un tronc de cône de 84 m. car., sachant que la base supérieure est de 3 m. car. et la base inférieure de 12 m. car.?

P. 749. Quelle est la capacité d'un tonneau dont le diamètre du bouge est de 0 m. 50, le diamètre du jable de 0 m. 40, et la longueur du tonneau 0 m. 80?

P. 750. Quel est le volume d'un arbre dont la longueur égale 8 m. 75, et les diamètres des deux bouts 0 m. 30 cent. et 0 m. 12?

P. 751. Quel est le volume d'un arbre dont la longueur égale 9 m. 25, et les circonférences des deux bouts 1 m. 50 et 0 m. 55?

P. 752. Quel est le volume d'une poutre équarrie de 12 m. 75 de longueur, la section du milieu étant un rectangle de 0 m. 35 sur 0 m. 25 cent.?

P. 753. Quelle est la solidité d'une sphère de 0 m. 84 de rayon?

P. 754. Quel est le volume d'une sphère dont la surface égale 55 mètres carrés 44?

P. 755. Quel est le volume d'une sphère dont la circonférence d'un des grands cercles a 4 mètres 62?

P. 756. Quel est le volume d'une sphère dont la surface d'un des grands cercles égale 6 mètres carrés 16?

P. 757. Quel est le rayon d'une sphère dont le volume égale 179 décimètres cubes?

P. 758. Quelle est la circonférence d'un grand cercle d'une sphère dont le volume égale 4 mètres cubes 345?

P. 759. Le volume d'une sphère est de 4 mètres cubes 62, on demande : 1° son diamètre, 2° la circonférence d'un de ses grands cercles, 3° la surface de la sphère.

P. 760. Dans une sphère de 1 m. 71 de rayon, on demande le volume d'un secteur sphérique dont la surface de la calotte est de 2 mètres carrés 75.

P. 761. Quel est le volume d'un secteur sphérique dont la calotte qui lui sert de base a pour hauteur 0 mètre 25, sachant que le rayon de la sphère est de 0 mètre 84?

P. 762. Quelle est la surface de la calotte qui sert de base à un secteur sphérique dont le volume est de 1 mètre cube 545, sachant que le rayon de la sphère est de 1 mètre 50?

P. 763. Quel est le rayon de la sphère dont un secteur sphérique de 0 m. cube 663 a pour surface une calotte de 1 m. car. 2?

P. 764. La hauteur d'un segment sphérique est de 0 m. 42, la surface de sa calotte de 1 mètre carré 6632, on demande : 1° le rayon de la sphère, 2° le volume du secteur sphérique?

P. 765. Quel est le volume d'une enveloppe sphérique de 2 centimètres d'épaisseur, le diamètre extérieur étant de 2 m. 22?

P. 766. Quel est le poids d'une enveloppe sphérique en cuivre de 25 millimètres d'épaisseur, sachant : 1° que le diamètre extérieur égale 1 m. 35, 2° que le poids d'un décimètre cube de cuivre est 8 kilog. 788?

P. 767. Dans une masse d'eau, il s'évapore sur toute l'étendue de la surface, en 24 heures, une couche de 1 millimètre; on demande le volume et le poids de l'eau que perdrait, en 24 heures, une rivière qui a 688 kilomètres de parcours, dont la largeur moyenne est de 30 mètres.

P. 768. Le chemin de fer de Paris à Nantes a 431 kilomètres, quel est le poids d'un fil télégraphique établi sur cette ligne, sachant qu'il a 4 millimètres de diamètre, et qu'un décimètre cube de fil de fer pèse 7 kilog. 80 ?

P. 769. Quelle est l'épaisseur d'une feuille de verre qui pèse 1687 gram., sachant qu'elle a 0 m. 60 de long sur 0 m. 75, et que le centimètre cube de verre pèse 2 grammes 5 ?

P. 770. Quelle est l'épaisseur d'une feuille d'or du poids de 14 centigram., sachant qu'elle a 0 m. 20 de longueur sur 0 m. 12 de largeur, et que le centimètre cube d'or pèse 19 gram. 36 ?

P. 771. Quel est le diamètre d'un fil de fer du poids de 7 gram. 34, sachant qu'il a 30 centim. de longueur, et que le poids d'un centimètre cube de fer pèse 7 gram. 79 ?

P. 772. Un homme en respirant vicie, par jour, 35 hectolitres d'air, combien de fois, pendant douze heures, doit se renouveler l'air d'une chambre de 17 mètres de long, 6 mètres de large et 4 mètres de haut, dans laquelle on a réuni soixante personnes ?

P. 773. La section de la colonne liquide qui s'échappe d'un robinet est un cercle de 3 centim. de rayon, la vitesse d'écoulement ou la longueur de la colonne liquide qui s'échappe en une seconde, est de 15 centim., on demande en litres le volume de l'eau qui s'écoule pendant une minute.

P. 774. L'ouverture d'un robinet a 2 centim. de rayon, dites en centimètres quelle doit être la vitesse d'écoulement en une seconde, sachant qu'un seau de 15 centim. de rayon et de 35 centim. de hauteur se remplit en une minute ?

P. 775. Une feuille de tôle de 40 cent. de longueur sur 25 cent. de largeur pèse 1 kilog., quelle est son épaisseur en centimètres si le centimètre cube de fer pèse 7 grammes 80 ?

P. 776. Combien faut-il de briques de 30 centim. de longueur, 20 centim. de largeur et 10 centim. de hauteur pour construire un mur de 18 mètres de longueur, 0 m. 75 d'épaisseur et 6 mètres de hauteur, sachant que le mortier entre pour ¹/₆ dans le volume d'un mur ?

P. 777. Quel est le poids d'une cloison en briques de 12 mètres de longueur, 5 mètres de hauteur et 0 m. 12 d'épaisseur, si le décimètre cube de briques pèse 2 kilog. ?

P. 778. Quel est le poids d'une colonne cylindrique de fonte de 0 m. 25 de diamètre sur 6 mètres de hauteur, sachant que le décimètre cube de fonte pèse 7 kilog. 207 ?

P. 779. Quel est le poids de l'air contenu dans une salle de 12 mètres de long, 8 mètres de large, 5 mètres de haut, si le litre d'air pèse 1 gramme 29 ?

§ V. — COMPARAISON DES SOLIDES.

697. Deux pyramides triangulaires sont semblables lorsqu'elles ont leurs faces semblables chacune à chacune, et semblablement placées.

698. Deux polyèdres sont semblables, lorsqu'ils peuvent se décomposer en un même nombre de pyramides triangulaires semblables chacune à chacune, et semblablement disposées.

699. Deux cylindres ou deux cônes sont semblables, lorsque les hauteurs sont entre elles comme les rayons des bases.

700. Deux sphères quelconques sont toujours deux solides semblables.

701. PROPOSITION. — *Dans deux solides semblables, les surfaces sont entre elles comme les carrés des côtés homologues, et les volumes comme les cubes des côtés homologues.*

La première partie de cette proposition doit être regardée comme démontrée, puisque les surfaces sont entre elles comme les carrés des côtés homologues (n° 464); pour la seconde, nous choisirons deux exemples particuliers.

702. PROPOSITION. — *Les volumes de deux sphères sont entre eux comme les cubes de leurs rayons ou de leurs diamètres.*

Désignons par V et v les volumes de deux sphères, et par R, r leurs rayons, on a $V = \frac{4}{3} \pi R^3$, $v = \frac{4}{3} \pi r^3$; d'où l'on conclut la proportion identique $V : v :: \frac{4}{3} \pi R^3 : \frac{4}{3} \pi r^3$. Si nous supprimons le facteur $\frac{4}{3} \pi$, commun aux deux termes du second rapport, il reste $V : v :: R^3 : r^3$. Les diamètres étant le double des rayons, on aurait évidemment $R : r :: D : d$; d'où élevant au cube, $R^3 : r^3 :: D^3 : d^3$; donc, etc.

703. PROPOSITION. — *Les volumes de deux cylindres semblables sont entre eux comme les cubes de leurs hauteurs, ou comme les cubes de leurs diamètres.*

Appelons V et v les volumes de deux cylindres semblables, H et h leurs hauteurs, et R et r les rayons des deux bases.

---

697. *Quand deux pyramides triangulaires sont-elles semblables?* — 698. *Quand est-ce que deux polyèdres sont semblables?* — 699. *Quand est-ce que deux cylindres ou deux cônes sont semblables?* — 700. *Quand est-ce que deux sphères sont semblables?* — 701. *Quel est le rapport des surfaces et des volumes de deux solides semblables?* — 702. *Quel est le rapport entre les volumes des deux sphères?* — 703. *Quel est le rapport entre les volumes de deux cylindres semblables?*

On a $V = \pi R^2 H$, et $v = \pi r^2 h$; d'où la proportion identique
$$V : v :: \pi R^2 H : \pi r^2 h.$$
Supprimant π dans le second rapport, il vient la proportion
$$V : v :: R^2 H : r^2 h \ (a).$$

Les cylindres étant semblables, on a $R : r :: H : h$; d'où $H = \dfrac{R\,h}{r}$.

Remplaçant H par cette valeur dans la proportion (a), il vient
$$V : v :: R^2 \frac{R\,h}{r} : r^2 h, \text{ ou } V : v :: \frac{R^3 h}{r} : r^2 h.$$

Divisons par h et multiplions par r les deux termes du dernier rapport, il vient $V : v :: R^3 : r^3$. Mais $R : r :: H : h$ donc $R^3 : r^3 :: H^3 : h^3$; et l'on a encore $V : v :: H^3 : h^3$; donc, etc.

On peut à l'aide des propositions qui précèdent résoudre pour les solides des problèmes analogues à ceux qui ont été traités pour les surfaces (n°s 475, 476).

704. PROBLÈME 1. — *On demande la base et la hauteur d'un cylindre qui contient 1570 litres 80, sachant que la hauteur est la moitié du rayon de la base.*

Calculons d'abord le volume d'un cylindre semblable qui aurait 1 décimètre de hauteur et 2 décimètres de rayon; on a pour le volume de ce cylindre $\pi \times 2^2 \times 1 = 12$ litres 5664.

Pour avoir la hauteur du cyl., j'écris $12,5664 : 1570,80 :: 1^3 : h^3$;

d'où $h^3 = \dfrac{1570,80}{12,5664} = 125$; et enfin $h = \sqrt[3]{125} = 5$ décim.; $r = 5 \times 2 = 10$ décimètres ou 1 mètre.

705. PROBLÈME 2. — *On sait que les mesures de capacité destinées pour le lait et pour l'huile sont en fer-blanc et qu'elles ont la forme d'un cylindre dont la profondeur égale le diamètre; on demande le diamètre d'un litre.*

Calculons le volume d'un cylindre semblable ayant 1 décimètre de rayon et 2 décimètres de hauteur; ce volume $= \pi \times 1^2 \times 2 = 6$ litres 2832.

Appelons h la hauteur cherchée du litre; j'écris la proportion $6,2832 : 1 :: 2^3 : h^3$;

d'où $h^3 = \dfrac{8}{6,2832} = 1$ décimètre cube 273...;

d'où $h = \sqrt[3]{1,273...} = 1$ décim. 08;
c'est aussi la longueur du diamètre du litre.

PROBLÈMES NUMÉRIQUES.

P. 780. Un parallélipipède a 5 m. de longueur, 4 m. de largeur, 3 m. de hauteur; un autre, semblable au premier, a 6 m. de largeur; on demande les deux autres dimensions.

P. 781. Une pyramide triangulaire droite a pour hauteur 4 m. 50, et pour côtés de la base 2 m. 25; on demande le côté de la base d'une seconde pyramide semblable qui aurait 3 m. de hauteur.

P. 782. Un cône tronqué a 3 m. 25 de hauteur, et les rayons des deux bases égalent 5 m. et 1 m. 50; quels sont les rayons d'un tronc de cône semblable qui a 4 m. 75 de hauteur?

P. 783. Quels sont les rapports des surfaces et des volumes: 1° de deux cubes qui ont pour côtés 2 m. et 4 m., 2° de deux sphères qui ont pour rayons 1 m. et 3 m., 3° de deux cônes semblables qui ont pour hauteurs 3 m. et 5 m., 4° de deux cônes semblables qui ont pour diamètres 4 m. et 10 m., 5° de deux cylindres semblables qui ont pour rayons 6 m. et 9 m.?

P. 784. Un prisme a pour surface latérale 12 m. 25; on demande la surface d'un second prisme semblable, sachant que ses arêtes sont trois fois plus longues que celles du premier.

P. 785. Une sphère a 24 m. car., quelle est la surface d'une autre sphère qui aurait un rayon deux fois moindre?

P. 786. Un parallélipipède a 16 m. cubes, quel est le volume d'un parallélipipède semblable qui aurait des arêtes trois fois plus longues?

P. 787. Quel côté faut-il donner à un cube pour que sa surface soit deux fois moindre que celle d'un autre de 16 m. de côté?

P. 788. Un prisme régulier à base hexagonale a les dimensions suivantes : hauteur $= 12$ mètres, côté de la base $= 8$ mètres; on demande les dimensions d'un second prisme semblable, sachant que sa surface est trois fois moindre.

P. 789. Quel rayon faut-il donner à une sphère pour que sa surface soit quatre fois moindre que celle d'une autre sphère qui a 3 m. 2 de rayon?

P. 790. Un cône a 9 décimètres de rayon et 27 décimètres de hauteur, quels seraient le rayon et la hauteur d'un cône semblable qui aurait un volume trois fois moindre?

P. 791. Un cylindre a 16 décimètres de diamètre et 24 décimètres de hauteur, quels seraient le diamètre et la hauteur d'un cylindre semblable qui aurait un volume deux fois moindre?

P. 792. Un tronc de pyramide droite à base pentagonale, a 2 m. 20 de hauteur, les côtés des deux bases sont 4 m. 30 et 1 m. 50 ; quelles seraient les dimensions d'un tronc de pyramide semblable qui aurait un volume quatre fois plus grand?

P. 793. Quel rayon faut-il donner à une sphère pour que son volume soit quatre fois moindre que celui d'une autre ayant pour rayon 1 mètre 92?

P. 794. Quelles sont les dimensions d'une cuve de forme cylindrique dont la contenance doit être de 1600 litres, sachant que la hauteur égale les $^2/_3$ du rayon de la base?

P. 795. Quelles sont les dimensions qu'il faut donner à une caisse ayant la forme d'un prisme régulier à base quadrangulaire, pour que sa contenance égale 4 mètres cubes, sachant que la hauteur est le triple du côté de la base?

P. 796. Quelles dimensions faut-il donner à un tronc de cône pour que son volume égale 16 mètres cubes, sachant: 1° que le petit rayon égale les $^2/_5$ du plus grand, 2° que la hauteur égale deux fois $^1/_2$ le plus grand rayon?

P. 797. Quelles dimensions faut-il donner à un cône pour que son volume égale 1 mètre cube 350, sachant que le rayon de la base doit être les $^2/_5$ de la hauteur?

DIFFÉRENTS
PETITS TRAITÉS.

CHAPITRE Ier.

ARPENTAGE.

§ Ier. — INSTRUMENTS.

706. L'arpentage est l'art de mesurer la superficie d'un terrain.

707. La surface d'un terrain présente en général des ondulations dont la mesure pourrait offrir de grandes difficultés. Mais on sait que dans les terrains en pente les eaux pluviales, qui ne peuvent y séjourner, entraînent la terre végétale, en sorte que ces terrains sont moins productifs que ceux qui sont horizontaux. De plus, les végétaux croissent verticalement, et non perpendiculairement au sol : d'où il résulte qu'un terrain, quelle qu'en soit la pente, ne peut contenir plus de végétaux que s'il était de niveau. C'est pour cela que, dans la mesure des terres, on s'occupe, non de leur superficie réelle, mais de leur base productive.

708. On appelle base productive d'un terrain la projection horizontale de ce terrain, ou, en d'autres termes, l'étendue qu'on obtient en abaissant des divers points de son contour des perpendiculaires sur un même plan horizontal que l'on suppose mené par le point le plus bas du terrain.

709. Les principaux instruments employés dans l'arpentage sont la chaîne, les fiches, les jalons et l'équerre d'arpenteur.

710. La chaîne d'arpenteur est un instrument qui a un décamètre ou dix mètres de longueur. Elle se compose de cinquante chaînons de fer ayant chacun deux décimètres, et réunis par des anneaux. Les mètres sont indiqués par des anneaux en cuivre, et la moitié du décamètre par un bout de fil de fer de trois centimètres suspendu à l'anneau.

711. Les fiches sont des morceaux de fil de fer ayant un demi-mètre de hauteur, terminés en pointe à l'extrémité qui doit pénétrer dans la terre, et courbés à l'autre extrémité.

---

706. *Qu'est-ce que l'arpentage ? —* 708. *Qu'appelle-t-on base productive d'un terrain ? —* 709. *Quels sont les principaux instruments employés dans l'arpentage ? —* 710. *Qu'est-ce que la chaîne d'arpenteur ? —* 711. *Qu'est-ce que les fiches ?*

712. Les jalons sont des morceaux de bois ferrés à l'extrémité qui doit être enfoncée en terre, et surmontés à l'autre extrémité d'une petite plaque peinte de deux couleurs, qui sert à les faire distinguer dans l'éloignement. On prend quelquefois pour jalons des brins de fil de fer ou des baguettes de bois, ayant environ un mètre et demi de longueur. L'extrémité supérieure reçoit un *morceau de* papier pour servir de point de mire.

713. Les jalons servent à prendre un alignement, c'est-à-dire à indiquer un certain nombre de points d'une ligne qu'on imagine tracée sur le terrain. Il est essentiel que les jalons soient plantés verticalement. On se sert pour cet effet d'un fil *à plomb* avec lequel on vise sur le jalon. Il faut que dans deux positions différentes, l'observateur trouve le jalon et le fil à plomb dans un même plan, c'est-à-dire qu'ils soient cachés l'un par l'autre.

714. L'équerre d'arpenteur est un prisme de cuivre d'environ un décimètre de hauteur, creux dans l'intérieur et ayant la forme d'un octogone régulier. Les huit faces sont munies chacune d'une fente verticale appelée pinnule; quatre d'entre elles CB qui se croisent à angle droit sont moitié pinnule C et moitié fente rectangulaire B. Les quatre autres D qui font des angles de 45° avec les premières, et des angles droits entre elles, sont des traits de scie en ligne droite, surmontés d'une ouverture appelée fenêtre ronde. L'équerre s'adapte à un bâton au moyen de la douille E; cette douille peut se dévisser et se placer dans l'intérieur de l'instrument par l'ouverture A.

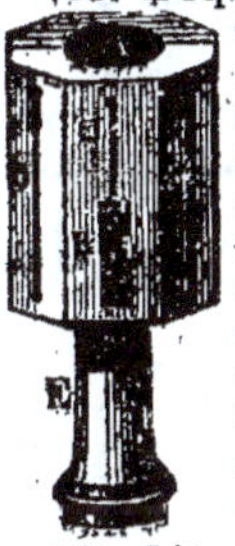
E

715. L'équerre d'arpenteur sert : 1° à élever une perpendiculaire sur une droite donnée; 2° à abaisser, sur une droite, une perpendiculaire par un point donné; 3° à tracer sur le terrain des angles de 45°.

716. Vérifier une équerre, c'est reconnaître si les directions marquées par les fils des pinnules sont perpendiculaires. Pour cela, il suffit de vérifier si les quatre angles sont égaux entre eux. On dresse l'équerre d'aplomb sur le terrain, et, à une distance un peu considérable, comme serait 50 à 60 mètres, on fait planter un premier jalon dans la direction des deux pinnules à fenêtres rectangulaires, et un second dans la direction des deux autres. On fait ensuite tourner l'instrument sur son pied, de manière que le diamètre qui regarde le second jalon soit dans la direction du premier. Si alors l'autre diamètre est dans la direction du second jalon, ou, en d'autres termes, si les deux diamètres se remplacent mutuellement, c'est une preuve que l'instrument est exact.

---

712. *Qu'est-ce que les jalons?* — 713. *A quoi servent les jalons?* — 714. *Qu'est-ce que l'équerre d'arpenteur?* — 715. *A quoi sert l'équerre d'arpenteur?* — 716. *Qu'est-ce que vérifier une équerre?*

§ II. — OPÉRATIONS SUR LE TERRAIN.

747. PROBLÈME 1. — *Tracez sur le terrain une ligne droite entre deux points donnés.*

Une ligne est dite tracée sur le terrain, lorsque quelques-uns de ses points sont indiqués par des jalons. Pour les lignes qui ont peu d'étendue, il suffit d'un jalon à chaque extrémité ; mais, si la distance est considérable, on place des jalons intermédiaires.

Soit la ligne A B, dont les points extrêmes sont marqués par deux jalons, et supposons que l'on veuille en placer un intermédiaire. On se posera en avant du jalon A, et l'on fera planter un jalon C de manière qu'il cache celui du point B. Ce jalon se trouvant ainsi sur le rayon visuel qui va de A à B, fait partie de la droite A B.

718. PROBLÈME 2. — *Prolongez sur le terrain une ligne déjà tracée.*

Soit à prolonger une ligne jalonnée, dont A et C sont les derniers jalons. On se place en avant du jalon A, de façon qu'il cache le jalon C, et l'on fait planter un jalon B au delà du point C, de manière qu'il soit caché par les jalons A et C. Les deux droites ayant une partie commune AC, ne font qu'une seule et même ligne droite. On pourrait ainsi prolonger indéfiniment une ligne donnée.

719. PROBLÈME 3. — *Jalonnez une ligne dont les deux extrémités sont invisibles l'une à l'autre.*

1° On examine si le terrain offre, dans la direction de la droite, un espace intermédiaire d'où l'on puisse découvrir à la fois les deux jalons extrêmes, et l'on cherche, en tâtonnant, un point tel, que, l'équerre d'arpenteur y étant dressée, on puisse apercevoir les deux jalons dans la direction d'un même diamètre, l'un d'un côté, l'autre de l'autre. On fait ensuite planter, de chaque côté, un nombre convenable de jalons intermédiaires sur le rayon visuel qui joint les deux points extrêmes ; tous ces jalons appartiennent évidemment à la droite cherchée.

2° S'il n'est pas possible de trouver un espace intermédiaire d'où l'on puisse découvrir à la fois les deux points extrêmes, on trace d'abord, dans la direction présumée de la droite (1), trois jalons, dont les deux derniers sont éloignés le plus possible du premier ; on plante ensuite un quatrième jalon dans la direction du 2me et du 3me, comme s'il était question de prolonger la droite des trois

---

(1) Pour reconnaître la direction de cette droite, on envoie à l'extrémité invisible un homme qui crie à haute voix, qui tire un coup de fusil, ou, mieux encore, qui lance une fusée.

premiers jalons. En continuant indéfiniment, on arrivera vers l'extrémité de la ligne à jalonner à gauche ou à droite de cette extrémité. Ce ne sera qu'à la suite d'un certain nombre de tâtonnements qu'on finira par tomber exactement sur le point extrême.

720. *Remarque.* — On pourrait, à l'aide du calcul, résoudre le problème par deux opérations. Soient la droite à jalonner de 1400 mètres; la distance du premier au second jalon de 350 mètres; et supposons que la première opération nous ait jetés sur la gauche à 80 mètres du dernier jalon, on aura $\frac{1400}{350} = 4$ et $\frac{80}{4} = 20$ mètres.

Il faudra transporter le second jalon de 20 mètres sur la droite *et recommencer à jalonner la ligne comme la première fois.* Si les mesures ont été prises exactement, on devra tomber sur le jalon extrême.

721. **Problème 4.** — *Mesurez une ligne sur le terrain à l'aide de la chaîne.*

Lorsqu'on désire mesurer une ligne sur le terrain, on commence par la jalonner. La personne qui aide l'arpenteur se nomme *porte-chaîne.* Elle marche devant, ayant 10 fiches dans sa main gauche, et tient, avec la main droite, l'anneau qui est à l'une des extrémités de la chaîne; l'anneau qui est à l'autre extrémité est tenu par l'arpenteur lui-même, qui l'appuie contre le jalon du point de départ. La chaîne étant tendue horizontalement, et dans la direction de la droite, le porte-chaîne fait passer, de la main gauche dans la droite, une fiche, qu'il enfonce fortement en terre au point où répond son anneau. Cela fait, on se remet en marche, en évitant de déranger la fiche par le frottement de la chaîne. Le porte-chaîne s'avance dans la direction de la droite, et, s'il s'en écarte, l'arpenteur lui crie *d'appuyer à gauche* ou *à droite.* D'ailleurs le porte-chaîne doit avoir soin, s'il n'a pas deux jalons devant lui, de se donner, au delà du dernier jalon, un point de la droite pour repère, comme serait un arbre, une maison, etc., afin de s'empêcher de dévier. Lorsque l'arpenteur est arrivé à la fiche, on tend de nouveau la chaîne, le porte-chaîne plante sa seconde fiche, l'arpenteur ramasse la première, et l'on recommence la marche. Lorsque l'arpenteur a ainsi ramassé les dix fiches, il les remet au porte-chaîne, qui l'attend après avoir planté la dixième. On remplace cette fiche par un piquet, et l'arpenteur note sur une feuille de papier dix ou une *portée.* On continue de cette manière jusqu'à l'extrémité de la droite, en notant exactement chaque *portée* ou dizaine de chaînes.

722. **Problème 5.** — *Élevez, à l'aide de l'équerre, une perpendiculaire sur une droite en un point donné.*

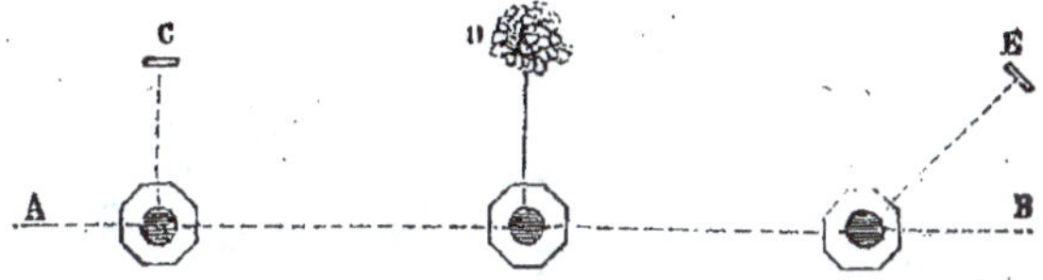

Lorsqu'il s'agit d'élever, en un point, une perpendiculaire sur une ligne jalonnée A B, on place verticalement l'équerre au point donné, puis on la fait tourner jusqu'à ce que deux pinnules opposées soient dans la direction A B; la direction des deux autres pinnules donne la perpendiculaire cherchée, sur laquelle on fait planter un jalon C.

723. PROBLÈME 6. — *Abaissez, à l'aide de l'équerre, une perpendiculaire sur une droite, par un point donné hors de cette droite.*

Pour abaisser par un point D une perpendiculaire sur une droite A B, on dispose l'équerre de manière que deux pinnules opposées soient dirigées suivant A B; on promène ensuite l'équerre le long de A B, en la tenant constamment dans la même position, jusqu'à ce que le point D soit sur la direction des deux autres pinnules. Le pied de l'instrument appartient alors à la perpendiculaire demandée, que l'on peut ensuite jalonner.

724. PROBLÈME 7. — *Tracez, à l'aide de l'équerre, un angle de 45°, qui ait son sommet sur une droite en un point donné.*

Pour tracer, à l'aide de l'équerre, un angle à 45° en un point donné sur la droite A B, on place verticalement l'équerre à ce point, puis on la fait tourner jusqu'à ce que deux pinnules à fenêtres rectangulaires soient dans la direction A B; les pinnules adjacentes, à fenêtres rondes, donnent la direction de la droite faisant un angle de 45° avec A B. On fait dresser un jalon E dans la direction de la droite (1).

725. *Remarque.* — Avant d'arpenter un terrain, on le parcourt dans tous les sens pour en reconnaître la forme, et l'on en trace, à vue d'œil, un plan approximatif nommé croquis, destiné à recevoir les lignes d'opération, et les cotes provenant des mesures à la chaîne.

726. PROBLÈME 8. — *Évaluez, à l'aide de la chaîne seulement, la superficie d'un terrain ayant la forme d'un polygone irrégulier.*

Soit le terrain A B C D E. On mène les diagonales A C, A D, qui le décomposent en trois triangles, dont on mesure les côtés. On évalue ensuite séparément la superficie de chaque triangle, d'après ce qui a été dit n° 425.

Supposons que la chaîne ait donné A B = 10 m., B C = 16 m., A C = 20 m., A D = 14 m., D C = 30 m., D E = 11 m., A E = 13 m. Préparons les nombres nécessaires à l'opération.

---

(1) Dans les opérations destinées à l'étude et qui ne demandent pas une grande précision, on peut très-économiquement remplacer l'équerre d'arpenteur : 1° par un morceau de bois tourné d'environ 1 décimètre de diamètre et fendu en croix avec une scie ; les fentes doivent être très-étroites, bien perpendiculaires l'une à l'autre, et n'avoir que 3 à 4 centimètres de profondeur ; 2° par une planche carrée ou à peu près, d'environ 20 centimètres de côté, sur 12 à 14 millimètres d'épaisseur. On joint les milieux des côtés par des droites qui se coupent à angle droit, et à l'extrémité de chaque ligne on enfonce une aiguille bien fine, destinée à fixer les rayons visuels.

Les côtés de ABC donnent $\frac{10+16+20}{2}=23$; $23-10=13$; $23-16=7$; $23-20=3$. Les côtés de ACD donnent $\frac{14+20+30}{2}=32$; $32-14=18$; $32-20=12$; $32-30=2$. Les côtés de AED donnent $\frac{13+11+14}{2}=19$; $19-13=6$ $19-11=8$; $19-14=5$. Et l'on a pour la surface des triangles :

$$ABC=\sqrt{23\times13\times7\times3}=\sqrt{6279}=79,24.$$
$$ACD=\sqrt{32\times18\times12\times2}=\sqrt{13824}=117,57.$$
$$AED=\sqrt{19\times6\times8\times5}=\sqrt{4560}=67,52.$$

Donc, surface du polygone ABCDE$=79,24+117,57+67,52$ $=264$ mètres carrés 33, ou 2 ares 64 centiares 33.

727. PROBLÈME 9. — *Évaluez la superficie d'un terrain à l'aide de la chaîne et de l'équerre.*

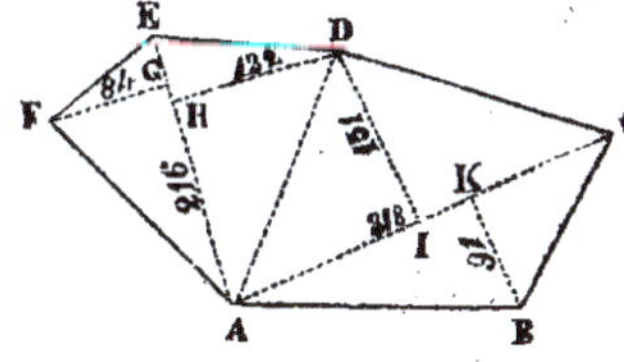

1° Soit le terrain ABCDEF; On le décompose en triangles par les diagonales AC, AD, AE, puis, au moyen de l'équerre, on mène les perpendiculaires BK, DI, DH, FG, qui sont les hauteurs de ces divers triangles.

Supposons que la chaîne ait donné : AC$=318$ m., AE$=216$ m., BK$=91$ m., DI$=151$ m., DH$=132$ m., FG$=84$ m.

On a ABC $=\frac{1}{2}(318\times91)=\frac{1}{2}(28938)$.
ADC $=\frac{1}{2}(318\times151)=\frac{1}{2}(48018)$.
ADE $=\frac{1}{2}(216\times132)=\frac{1}{2}(28512)$.
AFE $=\frac{1}{2}(216\times84)=\frac{1}{2}(18144)$.

D'où ABCDEF$=\frac{1}{2}(28938+48018+28512+18144)=61806$ mètres carrés ou 618 ares 06 centiares.

On pourrait diminuer le nombre des multiplications, car, les triangles ayant mêmes bases deux à deux, on a

ABC$+$ADC$=\frac{318}{2}\times(91+151)=159\times242=38478$ m. car.,
ADE$+$AFE$=\frac{216}{2}\times(132+84)=108\times216=23328$ m. car.;
D'où ABCDEF$=38478+23328=61806$ m. c. ou 618 ares 06;

2° On pourrait décomposer le terrain en une série de trapèzes et de triangles rectangles par le procédé suivant, qui est généralement employé.

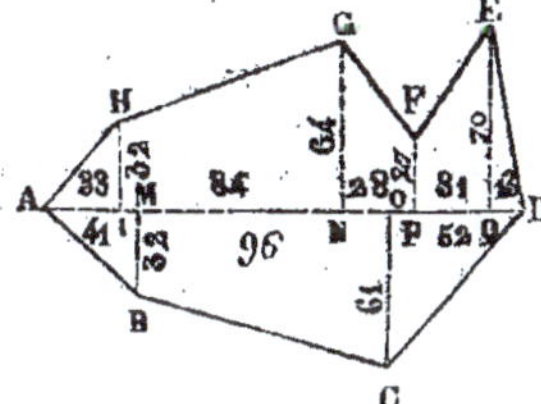

Soit le terrain ABCDEFGH; on commence par mener une ligne AD, appelée directrice, la plus grande possible et qui traverse le polygone en joignant deux sommets opposés; puis, au moyen de l'équerre, on abaisse, de chacun des sommets du polygone, des perpendiculaires sur cette directrice.

Supposóns qu'au moyen de la chaîne on ait obtenu :

AI = 33	AM = 41	HI = 32	MB = 32
IN = 84	MO = 96	GN = 64	CO = 61
NP = 28	OD = 52	FP = 27	
PQ = 31	————	EQ = 70	
QD = 13	189		
————			
189			

Il est bon de s'assurer de l'exactitude des mesures de la directrice, en examinant si les cotes, situées des deux côtés, donnent deux sommes égales ; ici on aurait $33 + 84 + 28 + 31 + 13 = 189$, et $41 + 96 + 52 = 189$. Cette verification faite, on passe à l'évaluation des diverses figures dont se compose le terrain.

$$\text{On a AIH} = \frac{33 \times 32}{2} = \frac{1056}{2},$$

$$\text{HING} = 84 \times \frac{(32 + 64)}{2} = \frac{8064}{2},$$

$$\text{GNPF} = 28 \times \frac{(64 + 27)}{2} = \frac{2548}{2},$$

$$\text{FPQE} = 31 \times \frac{(27 + 70)}{2} = \frac{3007}{2},$$

$$\text{EQD} = \frac{13 \times 70}{2} = \frac{910}{2},$$

$$\text{AMB} = \frac{41 \times 32}{2} = \frac{1312}{2},$$

$$\text{BMOC} = 96 \times \frac{(32 + 61)}{2} = \frac{8928}{2},$$

$$\text{OCD} = \frac{52 \times 61}{2} = \frac{3172}{2}.$$

D'où la surface du terrain représentée par ABCDEFGH $=$

$$\frac{1056 + 8064 + 2548 + 3007 + 910 + 1312 + 8928 + 3172}{2} = \frac{29207}{2} =$$

14603 mètres carrés, ou 146 ares 03 centiares 50.

728. **Problème 10.** — *Evaluez la superficie d'un terrain dont l'intérieur est inaccessible.*

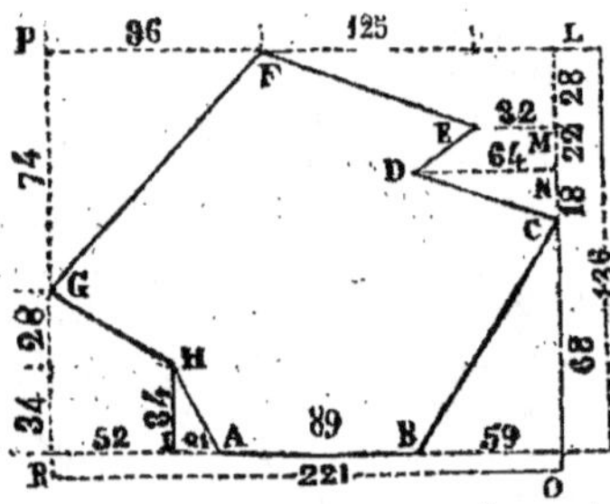

On commence d'abord par inscrire le terrain dans un rectangle. Pour cela on prolonge AB, et l'on abaisse sur cette ligne, des sommets les plus éloignés à gauche et à droite, les deux perpendiculaires PR, LO ; on mène de même PL perpendiculaire à PR. Il est évident que pour avoir la superficie du terrain il suffit de retrancher de la surface du rectangle la surface comprise entre le contour du terrain et celui du rectangle. Supposons qu'au moyen de l'équerre, on ait, des sommets, abaissé des perpendiculaires sur les côtés du rectangle, et que la chaîne ait donné :

$$\text{RO} = 221 \text{ m.} \quad \left\{ \begin{array}{l} \text{RI} = 52 \\ \text{IA} = 21 \\ \text{AB} = 89 \\ \text{BO} = 59 \end{array} \right\} = 221 \quad \left\{ \begin{array}{l} \text{PF} = 96 \\ \text{FL} = 125 \end{array} \right\} = 221$$

$$RP = 136\text{ m.} \quad \left\{ \begin{array}{l} RG = 62 \\ GP = 74 \end{array} \right\} = 136 \quad \left\{ \begin{array}{l} OC = 68 \\ CN = 18 \\ NM = 22 \\ ML = 28 \end{array} \right\} = 136$$

On évalue d'abord les surfaces suivantes :

$$HIA = \frac{34 \times 21}{2} = \frac{714}{2},$$
$$RIHG = 52 \times \left(\frac{34 + 62}{2}\right) = \frac{4992}{2},$$
$$GPF = \frac{74 \times 96}{2} = \frac{7104}{2},$$
$$FEML = 28 \times \left(\frac{52 + 125}{2}\right) = \frac{4296}{2},$$
$$EMND = 22 \times \left(\frac{32 + 64}{2}\right) = \frac{2112}{2},$$
$$DNC = \frac{18 \times 64}{2} = \frac{1152}{2},$$
$$CBO = \frac{68 \times 59}{2} = \frac{4012}{2}.$$

D'où l'on voit que la surface comprise entre le contour du terrain ABCDEFGH et celui du rectangle PLOR égale

$$\frac{214 + 4992 + 7104 + 4596 + 2112 + 1152 + 4012}{2} = 12241 \text{ mètres carrés.}$$

Or le rectangle PLOR $= 221 \times 136 = 30056$ mètres carrés, donc la superficie du terrain égale $30056 - 12241 = 17815$ mètres carrés, ou 178 ares 15 centiares.

729. Problème 10. — *Évaluez la superficie d'un terrain dont le contour est composé de lignes courbes.*

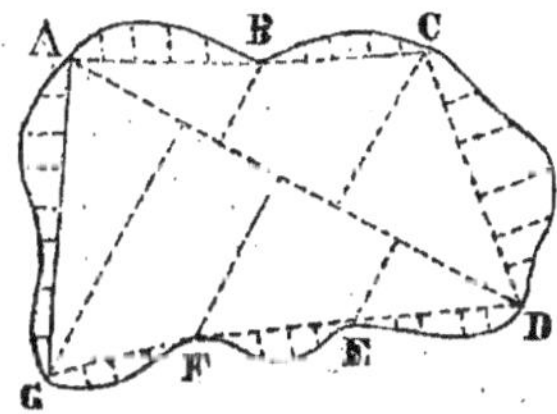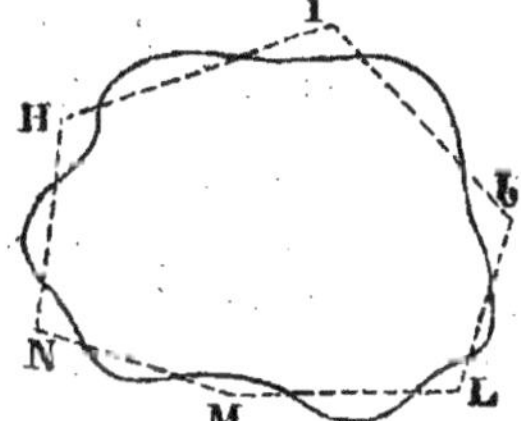

1° On partage le contour en parties assez petites pour avoir des arcs peu différents des lignes droites, et l'on décompose le terrain, soit en triangles, en joignant deux à deux, par des diagonales, les extrémités des arcs, soit en trapèzes, en abaissant de ces mêmes points des perpendiculaires sur une ou plusieurs directrices AB, BG, CD, DE, EF, FG, GA, AD. Ce procédé qui est d'une exécution fort longue, est celui que l'on préfère, lorsqu'on désire se servir des mesures pour lever le plan du terrain.

2° Le second moyen qui est beaucoup plus rapide consiste à couper le contour du terrain par des lignes droites, de manière que les parties retranchées soient sensiblement égales aux parties ajoutées. On évalue ensuite comme à l'ordinaire, la surface du polygone rectiligne qui en résulte HIJLMN.

730. Problème 11. — *Divisez un terrain en parties équivalentes par des droites issues d'un même point intérieur.*

Nous supposerons que le terrain doit être partagé en trois parties égales, à partir d'un même point, comme un puits, une fontaine, dont les partageants veulent également conserver la jouissance. La ligne de séparation qui sert de point de départ pourrait être donnée d'avance par un sentier, une haie, un ruisseau. Dans le cas contraire, on la choisit arbitrairement. Soit OA cette droite; on commencera par évaluer la superficie du terrain par les procédés ordinaires, et l'on aura soin de coter exactement les mesures nécessaires à cette première opération. Supposons que la superficie du terrain égale 555 mètres, le tiers donne 185 mètres pour la surface de chaque part. En menant du point O des lignes aux divers sommets du polygone, on le partage en quatre triangles. Le premier $AOB = 27 \times 8 = 216$ mètres carrés. Comme chaque part égale 185 mètres carrés, le triangle AOB doit être diminué de $216 - 185, = 31$ mètres carrés. Divisons 31 par 8, qui est la moitié de la hauteur, et portons le quotient 3 mètres 875 de B en E, puis menons OE, nous aurons AOE pour la première part.

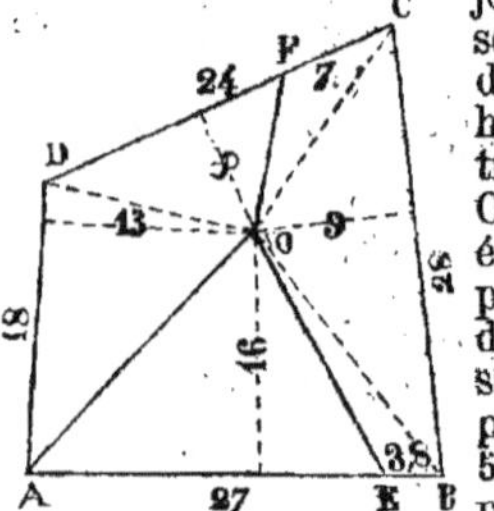

Soit à chercher la seconde part:

1º Le triangle $OEB = 3,875 \times 8 = 31$ mètres carrés.
2º Le triangle $OBC = 14 \times 9 = 126$ »» »»

La surface de ces deux triangles = donc 157 mètres carrés.

Or $185 - 157 = 28$ mètres carrés, dont il faut augmenter la superficie de ces deux triangles. Divisons 28 par 4, le quotient est 7, que nous porterons en CF; joignons OF, nous aurons pour la seconde part FOBC. Le reste du polygone constitue la troisième part, que l'on peut vérifier en additionnant les triangles qui la composent.

$$FOD = 17 \times 4 = 68$$
$$DOA = 9 \times 13 = 117$$

Total . . . . 185 mètres carrés.

CHAPITRE II.

DU NIVELLEMENT.

731. Niveler un terrain, c'est déterminer la distance de ses points les plus remarquables à un même plan horizontal, que l'on imagine mené par un certain point du terrain.

732. Les instruments particuliers au nivellement sont le niveau d'eau et la mire.

733. Le niveau d'eau se compose d'un tube de fer-blanc 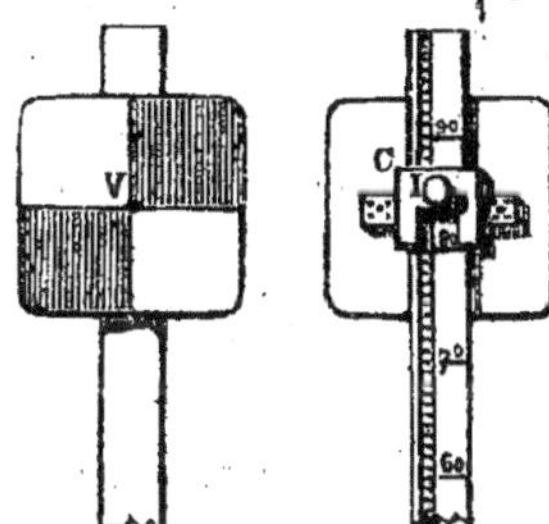 relevé verticalement à ses deux extrémités et terminé par deux fioles de verre. Le tube est rempli d'une eau colorée qui, d'après la loi de l'équilibre des liquides, s'élève dans les fioles, de manière à offrir deux surfaces appartenant à un même plan horizontal. L'instrument se pose sur un pied, comme l'équerre ou le graphomètre.

734. Lorsqu'on transporte le niveau d'un lieu à un autre, il faut avoir soin d'appliquer le doigt sur l'ouverture de l'une des deux fioles, ou d'y adapter un bouchon, pour empêcher le liquide de se répandre. Quelquefois la branche horizontale est munie d'un robinet, que l'on ouvre lorsqu'on donne un coup de niveau, et que l'on ferme en allant d'une station à une autre. La pression atmosphérique qui s'exerce par la branche ouverte empêche le liquide d'osciller, en sorte qu'il serait possible, avec un peu de précaution, de renverser l'instrument sens dessus dessous.

735. Une mire se compose : 1° d'une règle épaisse de trois à quatre centimètres, divisée sur l'une de ses faces en mètres, décimètres et centimètres; 2° d'une feuille de fer-blanc nommée *voyant*, divisée par deux lignes formant quatre carrés, dont deux blancs et deux rouges ou noirs. L'intersection de ces deux lignes détermine un point V, nommé *point de visée*. Le voyant est susceptible de glisser le long de la règle, et peut s'y fixer, au point qu'on désire, par une vis de pression.

736. PROBLÈME 1. — *Déterminez la différence de niveau de deux points.*

Après avoir placé le niveau en un point quelconque C, et fait dresser verticalement la mire en A, on fait signe de monter ou de descendre le voyant jusqu'à ce que le point de visée se trouve sur le rayon visuel horizontal mené suivant la surface de l'eau. On note la hauteur du voyant; et, sans déranger le niveau, on transporte la mire en B; on mesure de même la hauteur du voyant en B. C'est ce qui s'appelle donner un coup de niveau. La différence des deux hauteurs donne la différence des niveaux.

Soit la hauteur du voyant, au point A, égale 0 mètre 88,

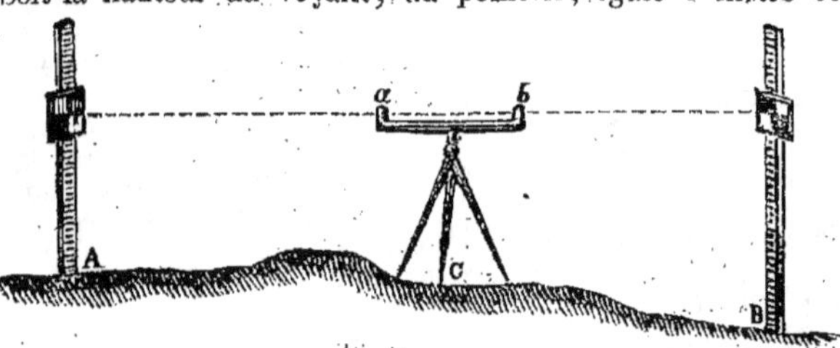

celle du voyant, au point B, égale 2 mètres 35; la différence des niveaux égale 2,35 — 0,88 = 1 mètre 47.

Si la distance de A à B était de 147 mètres, et que la pente fût sensiblement en ligne droite, il est évident que, dans l'intervalle de ces deux points, le terrain offrirait une pente de 1 centimètre par mètre.

737. En général, on détermine la différence de niveau par mètre, pour deux points, en divisant la différence de niveau de ces deux points par leur distance.

738. *Remarque.* — Lorsqu'on donne un coup de niveau, on appelle *coup d'arrière* la hauteur que donne la mire placée du côté qui a servi de point de départ à l'opération, et l'on appelle *coup d'avant* la hauteur que donne la mire placée du côté vers lequel on se dirige.

739. PROBLÈME 2. — *Déterminez la différence respective du niveau de plusieurs points.*

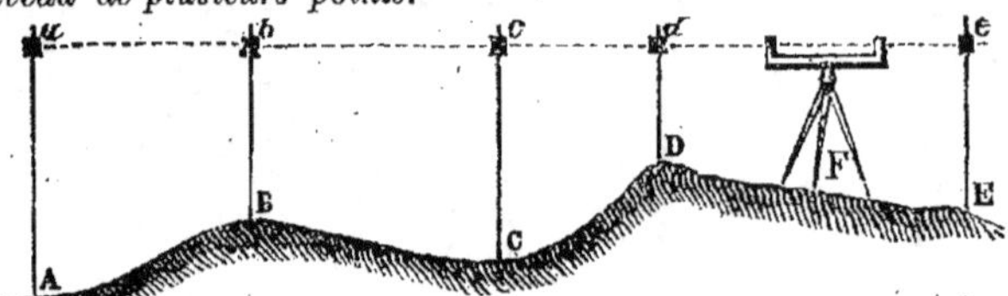

1° Soit à déterminer la différence de niveau des points ABCDE, on place le niveau quelque part, en F, et l'on envoie présenter successivement la mire aux points A, B, C, D, E, afin de déterminer la différence de niveau de chacun de ces points, à l'horizontale ae. On obtient ensuite, à l'aide de simples soustractions, la différence du niveau entre deux points consécutifs.

Suppposons que l'on ait trouvé aA = 3 m. 40; bB = 2 m. 40; cC = 3 m.; dD = 1 m. 60; eE = 2 m. 30, on aurait:

$$a\text{A} - b\text{B} = 3,40 - 2,40 = 1 \text{ m.,}$$
$$c\text{C} - b\text{B} = 3,00 - 2,40 = 0 \text{ m. } 60,$$
$$c\text{C} - d\text{D} = 3,00 - 1,60 = 1 \text{ m. } 40,$$
$$e\text{E} - d\text{D} = 2,30 - 1,60 = 0 \text{ m. } 70;$$

---

d'où, comparant avec le point le plus bas A, il vient

$aA - bB = \ldots\ldots\ldots\ldots\ldots\ldots\ldots 1$ m.,
$aA - cC = 1 - 0,60 \ldots\ldots\ldots\ldots = 0$ m. 40,
$aA - dD = 1 - 0,60 + 1,40 \ldots\ldots = 1$ m. 80,
$aA - eE = 1 - 0,60 + 1,40 - 0,70 = 1$ m. 10,

Si donc on voulait niveler au point A, il faudrait baisser le point B de 1 m., C de 0 m. 40, D de 1 m. 80 et E de 1 m. 10.

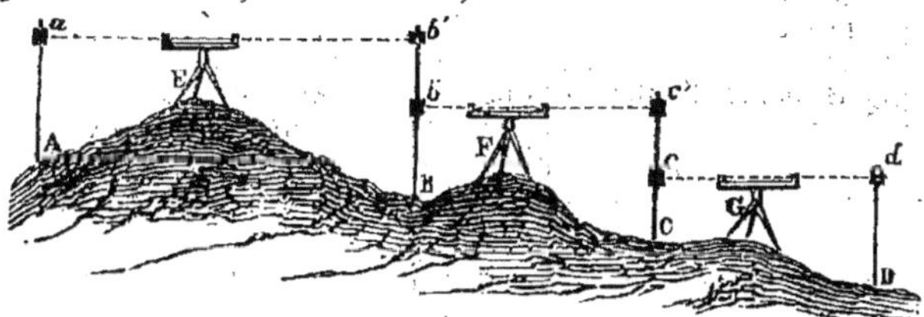

2° Lorsque le nivellement a pour but de chercher la différence de niveau de deux points donnés, et que l'opération nécessite plusieurs coups de niveau, on a soin d'écrire sur une première colonne les coups de niveau d'arrière, et sur une seconde les coups de niveau d'avant; on fait la somme de ces deux colonnes, et l'on retranche la plus petite de la plus grande: le reste sera la différence de niveau entre les deux points donnés, le plus élevé des deux étant toujours celui qui répond à la plus petite somme.

Supposons que l'on cherche la différence de niveau des points A, B, C, D, et que les trois coups de niveau aient donné $aA = 2$ m. 85; $b'B = 3$ m. 98, $bB = 2$ m. 34; $c'C = 3$ m. 15; $cC = 1$ m. 50; $dD = 2$ m. 70, on dresserait le tableau suivant.

Pour les points A et D.

	Coups d'arrière	Coups d'avant
Station E	2 m. 85	3 m. 98
Station F	2 m. 34	3 m. 15
Station G	1 m. 50	2 m. 70
Total	6 m. 69	9 m. 83

9 m. 83 — 6 m. 69 = 3 m. 14; d'où l'on conclut que le point A est plus élevé que le point D de 3 m. 14.

Pour les points B et D.

	Coups d'arrière	Coups d'avant
Station F	2 m. 34	3 m. 15
Station G	1 m. 50	2 m. 70
Total	3 m. 84	5 m. 85

5 m. 85 — 3 m. 84 = 2 m. 01; d'où l'on conclut que le point B est plus élevé que le point D de 2 m. 01.

Pour les points C et D.

	Coup d'arrière	Coup d'avant
Station G	1 m. 50	2 m. 70

2 m. 70 — 1 m. 50 = 1 m. 20; d'où l'on conclut que le point C est plus élevé que le point D de 1 m. 20.

Si l'on admet que la hauteur du niveau soit, pour le point
E, de 1 m. 40; pour le point F de 1 m. 60, et pour le point G
de 1 m. 30, il en résulte :

que le point E est au-dessus de A de 2,85 — 1,40 = 1 m. 45;
que le point F est au-dessus de B de 2,34 — 1,60 = 0 m. 74;
que le point G est au-dessus de C de 1,50 — 1,30 = 0 m. 20;

D'où l'on conclut :

que le point E est au-dessus de D de 1,45 + 3,14 = 4 m. 59;
que le point F est au-dessus de D de 0,74 + 2,01 = 2 m. 75;
que le point G est au-dessus de D de 0,20 + 1,20 = 1 m. 40.

Si donc on voulait niveler le terrain suivant un plan horizontal, passant par D, il faudrait baisser le point G de 1 m. 40, C de
1 m. 20, F de 2 m. 75, B de 2 m. 01, E de 4 m. 59, A de 3 m. 14.

CHAPITRE III.

USAGE DE LA SIMILITUDE DES TRIANGLES.

§ Ier. — MESURE DES DISTANCES.

740. Pour la mesure des distances, on se sert, comme dans
l'arpentage, des jalons pour fixer des points ou prendre des ali-
gnements; des fiches et de la chaîne pour mesurer les lignes,
de l'équerre d'arpenteur pour mener des perpendiculaires ou
tracer des angles de 45 degrés, du graphomètre et du goniomètre ou pantomètre pour mesurer ou tracer des angles.

741. Le graphomètre est un demi-cercle de cuivre évidé,
dont le limbe est di-
visé en 180° numé-
rotés dans deux sens
comme le rappor-
teur; le diamètre AB,
que l'on nomme *la
ligne de foi*, est muni
à ses deux extrémités
de deux petites fenê-
tres appelées pinnu-
les, qui sont parta-
gées, dans le sens de
la hauteur, par un
fil très-fin destiné à

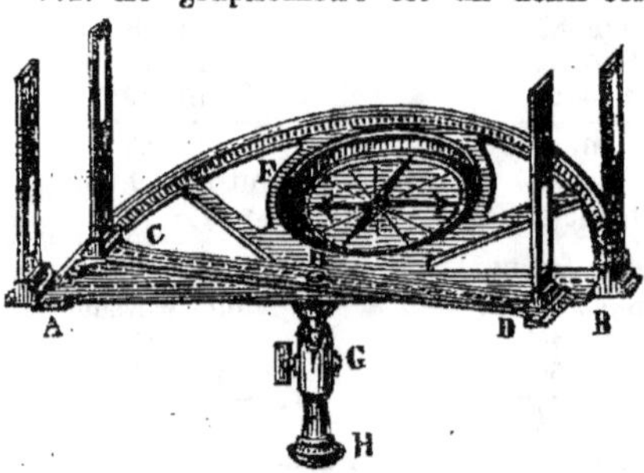

fixer les rayons visuels que l'on dirige vers les objets. Au centre
du demi-cercle est un pivot R autour duquel tourne, à frottement doux, une règle mobile CD nommée alidade, munie,

---

740. *De quels instruments se sert-on pour la mesure des distances?*
—741. *Qu'est-ce que le graphomètre?*

comme le diamètre, de deux pinnules; elle porte en outre un vernier circulaire qui s'applique exactement contre le limbe, et dont la graduation, variable suivant les dimensions du cercle, permet, assez souvent, d'apprécier les minutes; quelquefois, au lieu de pinnules, chacun de ces diamètres porte une lunette pour *observer les objets à de grandes distances*. Au milieu du graphomètre se trouve une petite boussole F, qui sert à s'orienter, c'est-à-dire à faire connaître la position des objets que l'on observe, par rapport aux quatre points cardinaux. Le graphomètre est supporté au moyen d'une douille H, par un pied composé de trois branches terminées par des pointes de fer, mobiles autour de leur origine commune; cette douille se lie au genou G, en sorte qu'on peut placer l'instrument dans une position et à une hauteur convenables.

742. Le limbe des plus grands graphomètres est divisé en degrés et demi-degrés. Pour apprécier des divisions plus petites, on a recours à un arc de même rayon, appelé vernier, porté à l'extrémité de l'alidade, et offrant une graduation variable, suivant l'appréciation que l'on désire.

1º Si le vernier offre un arc de 29 demi-degrés du limbe divisé en 30 parties égales, une division du vernier égale les $\frac{29}{30}$ d'une division du limbe, égale 29' puisqu'une division du limbe est un demi-degré ou 30'. c'est-à-dire qu'une division du vernier est plus petite d'une minute que celle du limbe; donc (n° 172), selon que la coïncidence aura lieu au premier, cinquième, douzième trait, etc., le vernier accusera 1, 5, 12, minutes qu'il faudra ajouter au nombre de degrés et demi-degrés qui se lit immédiatement sur le limbe. Lorsque le vernier accuse ainsi les minutes, il porte les nombres 5, 10, 15, 20, 25, 30.

2º Si le vernier porte un arc de 29º divisés en 30 parties égales, il ne peut apprécier que des arcs de 2', car les divisions du vernier $= \frac{29^o}{30} = \frac{29 \times 60'}{30} = 58'$. Si donc la coïncidence avait lieu à la douzième division, le vernier accuserait $12 \times 2 = 24'$ qu'il faudrait ajouter à la graduation marquée par le limbe. Ce vernier porte, de 5 en 5 divisions, les nombres 10, 20, 30, 40, 50.

3º Si le vernier porte un arc de 5º divisé en six parties égales, chacune de ses divisions $= \frac{5^o}{6} = \frac{5 \times 60'}{6} = 50'$ et vaut 10' de moins qu'une division du limbe. Si la coïncidence avait lieu à la quatrième division, elle accuserait $4 \times 10' = 40'$.

743. Pour vérifier la graduation d'un graphomètre, on peut employer l'un des deux procédés suivants :

1º On imagine sur le terrain un triangle dont on mesure séparément les trois angles. Si l'on trouve, en faisant la somme, 180º à quelques minutes près, l'instrument est exact.

2º On dispose horizontalement le graphomètre en un point du terrain, et l'on fait un tour d'horizon, visant les principaux objets que l'on rencontre, tels que bornes, arbres, etc., jusqu'à ce que l'on soit arrivé au point de départ; la somme de tous les

---

742. *Comment est divisé le limbe des plus grands graphomètres?*

angles successifs doit donner 360°. Si la différence n'est que de quelques minutes, le graphomètre pourra être regardé comme suffisamment bon.

744. Pour vérifier la position des pinnules, on dispose l'alidade de manière que les zéros des verniers coïncident avec la ligne de foi, et l'on examine si les quatre fils se confondent dans un même plan. On fait ensuite décrire à l'alidade une demi-circonférence, en sorte que le vernier qui était sur le zéro du limbe, se trouve ramené sur 180°, et réciproquement. Si les quatre fils coïncident encore, on peut être certain que la position des pinnules est exacte.

745. Le goniomètre ou pantomètre est un instrument qui sert à la fois d'équerre d'arpenteur et de graphomètre. Il est en cuivre et a la forme d'un cylindre droit, divisé en deux parties. La partie supérieure, qui est mobile, peut tourner sur son axe au moyen d'une vis; elle est percée de quatre ouvertures à angles droits, et sa circonférence est munie d'un vernier, comme l'alidade du graphomètre. La partie inférieure est fixe et ne porte que deux ouvertures en ligne droite; sa circonférence est divisée en 360°. A la base est adaptée une douille destinée à recevoir le bout arrondi d'un trépied ou d'un bâton. Quelquefois le pantomètre est muni d'une ou de deux lunettes pour apercevoir les objets situés à de grandes distances (1).

746. PROBLÈME 1. — *Mesurez un angle à l'aide du graphomètre.*

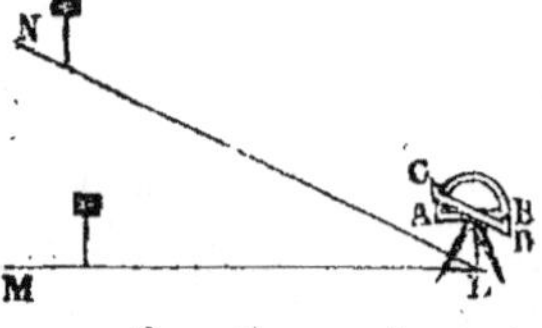

Soit à mesurer l'angle MLN; on fait planter deux jalons aux points N et M, pris sur la direction des deux droites, et l'on place le graphomètre de manière que son centre réponde exactement au sommet L, ce que l'on reconnaît au moyen d'un fil à plomb que l'on suspend au-dessous du centre. On dispose ensuite le limbe dans un plan horizontal, en se servant du niveau à esprit-de-vin; puis le maintenant toujours dans cette position, on dirige la ligne de foi vers le point M, et l'alidade vers le point N. On s'assure si les fils des pinnules correspondent aux points observés, et on lit l'angle sur le limbe, comme sur un rapporteur.

447. PROBLÈME 2. — *Mesurez la distance d'un point inaccessible, à l'aide du graphomètre.*

Soit à mesurer la distance des points A et B, séparés par une rivière. On choisit, en avant de l'obstacle, un troisième point C

---

(1) Dans les opérations destinées à l'étude et qui ne demandent pas une grande précision, on peut très-économiquement remplacer le graphomètre ou le goniomètre par un rapporteur de 1 à 2 décimètres de rayon, fait sur bois ou sur carton et divisé en 180°; une règle tiendrait lieu d'alidade.

tel, que la distance AC soit directement mesurable; puis, avec le graphomètre, on mesure les angles BAC, BCA, formés par la droite AC et les rayons visuels menés de ses extrémités au point B; soit BAC=60°, ACB=100°, et AC = 20 mètres. Supposons que l'on ait adopté le double décimètre pour échelle, et que l'on représente 1 mètre par 1 millimètre. On construira sur le papier un triangle semblable à

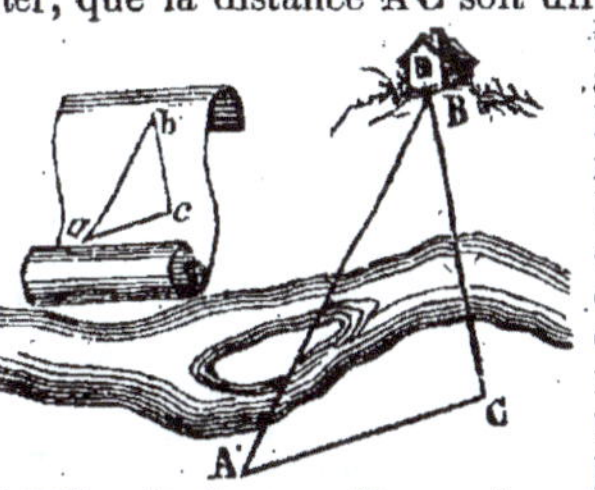

ABC, de la manière suivante. On tracera une ligne ac de 20 millimètres; on construira au point a, à l'aide du rapporteur, un angle de 60°, et au point c, un angle de 100°. La ligne ab, mesurée au double décimètre, donne 40 mill. Donc son homologue sur le terrain, qui n'est autre que la distance cherchée, égale le même nombre de mètres, égale 40 mètres.

748. *Remarque.*—A cause des erreurs inévitables à toute opération graphique, on fait en sorte de construire le triangle abc le plus grand possible. Pour cet effet, on représente le mètre par 2, 3, 4, etc., millimètres, suivant les dimensions de la feuille dont on dispose. Mais on a soin, alors, de diviser la longueur en millimètres de ab, par le nombre de millimètres qui représentent le mètre. Si, dans l'exemple ci-dessus, on avait adopté 4 millimètres pour représenter 1 mètre, il est évident qu'un millimètre aurait représenté $\frac{1}{4}$ de mètre. Dans la construction du triangle abc, on aurait d'abord fait $ac=4\times20=80$ millimètres, puis on aurait tracé les deux angles, comme il a été dit. La ligne ab, mesurée au double décimètre, aurait donné 160 millimètres, qui représentent pour le côté homologue AB sur le terrain $\frac{160}{4}$ du mètre ou 40 mètres.

749. PROBLÈME 3.— *Mesurez la distance d'un point inaccessible à l'aide de l'équerre d'arpenteur.*

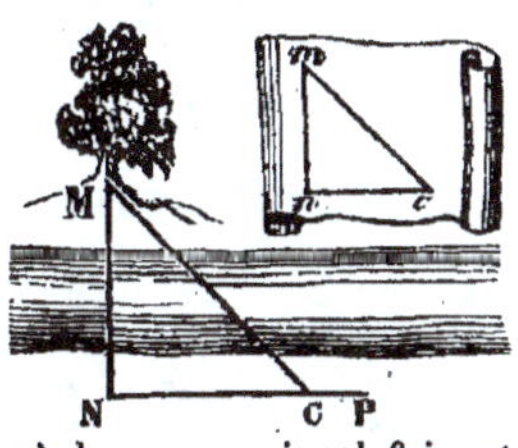

1° Soit N un point donné dont il s'agit de déterminer la distance à un point inaccessible M. On élèvera en N sur MN, au moyen de l'équerre, une perpendiculaire NP d'une longueur arbitraire, puis promenant l'équerre le long de cette perpendiculaire, on cherchera un point C, où le rayon visuel faisant un angle de 45° avec NC, passe par le point M. Le triangle MNC, ainsi formé sur le terrain, est rectangle isocèle, car l'angle N est droit, l'angle C = 45°, et par suite M=45°. Donc le côté MN = NC, c'est-à-dire que, pour avoir la distance cherchée MN, il suffit de mesurer directement sur le terrain la longueur NC. Si par exemple NC =45 mètres, on en conclut que MN égale aussi 45 mètres.

2° Après avoir mené la droite indéfinie **MP**, perpendiculaire à **MN**, on choisit à volonté un point **P**, et l'on mène la perpendiculaire **PR**. On choisit de même à volonté le point **R**, et l'on fixe le point **I**, où la droite **MP** est coupée par le rayon visuel mené de **R** au point **N**. On forme ainsi sur le terrain deux triangles semblables **MNI**, **IPR**, dont les côtés homologues donnent la proportion IP : IM :: PR : MN. Il suffit donc, pour déterminer **MN**, de mesurer les distances IP, IM, PR, et de résoudre ensuite la proportion ci-dessus. Soient IP=12, IM=24, PR=9; on a évidemment

$$12 : 24 :: 9 : MN; \text{ d'où } MN = \frac{24 \times 9}{12} = 18 \text{ mètres.}$$

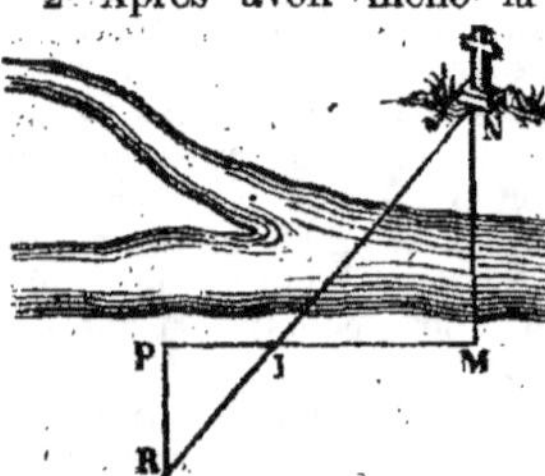

750. Próblème 4. — *Mesurez la distance d'un point inaccessible, sans graphomètre, ni équerre d'arpenteur.*

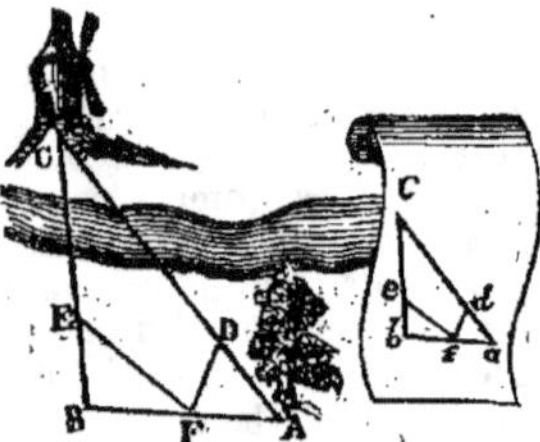

Soit à mesurer la distance de l'arbre A au moulin C. Faites planter un jalon en B, à une certaine distance de l'arbre; un autre en D dans la direction de l'arbre et du moulin; un troisième en E dans la direction du point B et du moulin, et un quatrième en un endroit quelconque F sur la direction de AB; mesurez les distances AF, AD, FD, FE, FB, BE; tracez sur le papier une droite *ab*, d'autant de parties d'une échelle adoptée qu'on a trouvé de mètres à AB; construisez sur cette ligne des triangles *adf*, *fbe* proportionnels à ceux qu'on forme sur le terrain en imaginant les droites qui joignent les jalons. Ensuite prolongez les côtés *ad* et *be* de ces triangles jusqu'à ce qu'ils se rencontrent; et le nombre de parties de l'échelle que contient *ac* est égal au nombre de mètres que contient la distance de l'arbre A au moulin C; car, à cause de la similitude des triangles, on a *ab* : AB :: *ac* : AC.

751. Problème 5. — *Mesurez la distance de deux points inaccessibles.*

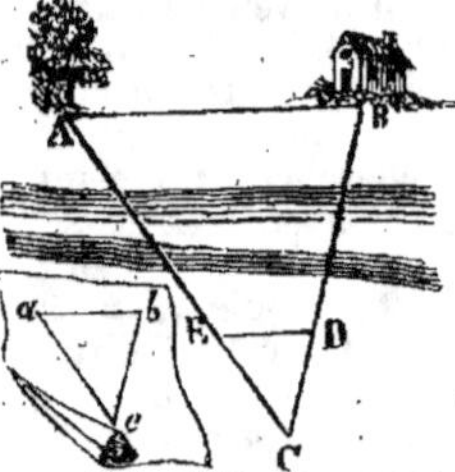

Soit à déterminer la distance des deux points inaccessibles A et B : 1° choisissez à volonté un point C, et par l'un des trois procédés ci-dessus, mesurez des distances inaccessibles CA, CB; mesurez aussi l'angle ACB, avec le graphomètre; faites ensuite, sur le papier, un angle *acb* égal à ACB; portez, sur les deux côtés de cet angle, des longueurs qui aient, avec CA, CB, un rapport connu, qui contiennent, par exemple, autant de millimètres que ces côtés contiennent de mètres. Joignez ab, les deux triangles abc, ABC seront semblables comme ayant un angle égal compris entre côtés proportionnels. Donc le nombre de millimètres contenus dans ab exprime le nombre de mètres contenus dans la distance inaccessible AB.

2° Après avoir déterminé CA, CB d'après l'un des problèmes qui précèdent, prenez sur CB une longueur arbitraire CD, et posez la proportion (a) CB : CA :: CD : X. Portez la valeur de X sur l'autre côté CA, soit CE cette valeur, joignez ED, vous formerez deux triangles CDE, CBA, qui seront semblables comme ayant un angle égal compris entre côtés proportionnels. Pour avoir la valeur de AB, il suffit donc de mesurer DE et de poser la proportion (b) CD : CB :: DE : BA. Par exemple, soient CB = 42 m., CA = 48 m., CD = 14 m., ED = 12 m., on aurait :

(a) 42 : 48 :: 14 : CE; d'où CE, $= \frac{48 \times 14}{42} = 16$ mètres.

(b) 14 : 42 :: 12 : AB; d'où AB, $= \frac{42 \times 12}{14} = 36$ mètres.

3° Tracez, à volonté, la droite NM, dont vous déterminerez la longueur, et mesurez les angles ONM, OMN, RNM, RMN, que l'on forme en menant par les extrémités N et M de la droite NM des rayons visuels aux points donnés O et R, dont il s'agit de déterminer la distance. Construisez ensuite sur le papier, à l'aide d'une échelle, les triangles onm, rnm semblables aux triangles ONM, RNM. La ligne or, mesurée avec l'échelle, donne la distance cherchée OR.

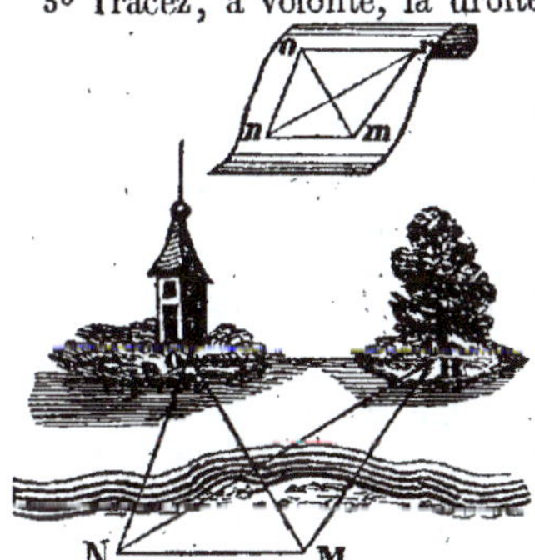

§ II. — DE LA MESURE DES HAUTEURS.

752. PROBLÈME 1. — *Mesurez la hauteur d'un édifice par son ombre.*

Soit SA la hauteur d'un édifice et AB son ombre; plantez verticalement un bâton sa en terre, mesurez l'ombre ab qu'il donne. Les rayons solaires SB, sb, qui, en rasant les extrémités de l'édifice et du bâton, rencontrent le sol aux extrémités des ombres, déterminent deux triangles rectangles SAB, sab qui sont semblables comme équiangles. Les côtés homologues de ces triangles donnent $ab : as ::$

AB : AS. Soient $ab = 3$ m. 30, $as = 2$ m. 20; AB = 15 m., on a
3,30 : 2,20 :: 15 : AS; d'où AS $= \frac{2,2 \times 15}{3,3} = 10$ mètres.

Ainsi la hauteur est donnée par le quatrième terme d'une proportion dont les trois premiers sont : 1° l'ombre du bâton, 2° la longueur du bâton, 3° l'ombre de l'édifice. Il faut avoir soin, en mesurant l'ombre de l'édifice, de commencer au pied de la verticale abaissée du point qui projette le sommet de l'ombre.

753. Problème 2. — *Mesurez une hauteur au moyen d'un miroir.*

Soit à mesurer la hauteur d'un arbre AB. A une certaine distance du pied de l'arbre, on dispose un miroir de manière que sa surface soit horizontale, ce dont on s'assure soit par un niveau à bulle d'air, soit simplement au moyen d'une bille bien polie qui ne doit rouler d'elle-même dans aucun sens.

On se place ensuite de manière à voir l'image dans le miroir. La direction du rayon lumineux détermine deux triangles rectangles ABC, abC. Mais, d'après un principe de physique, l'angle d'incidence ACB égale l'angle de réflexion aCb; d'où l'on conclut que les deux triangles sont semblables comme équiangles. On mesurera donc ab, bC, CB, et l'on déterminera AB par la proportion Cb : CB :: ab : AB; ce qui donne AB $= \frac{CB \times ab}{Cb}$. Soient C$b = $ 0 m. 80, CB = 6 m. 20, $ab = 1$ m. 60; on a AB $= \frac{6,20 \times 1,60}{0,80} = 12$ m. 40.

754. Problème 3. — *Mesurez la hauteur d'un édifice au moyen de deux perches.*

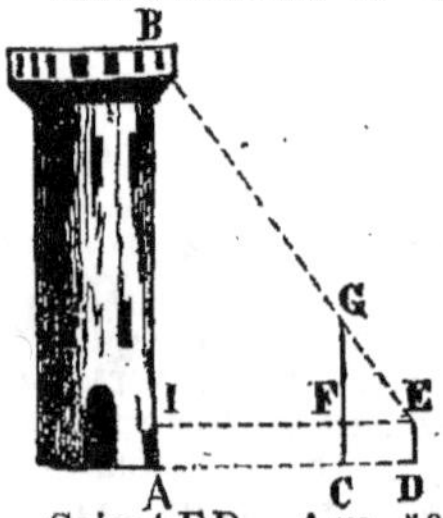

Placez verticalement une première perche G C assez grande, puis une autre DE d'environ 1 m. 50 que vous disposerez de manière que le rayon visuel EG passe par le point B. Les triangles semblables EFG, EIB, que détermine l'horizontale EI, donnent la proportion EF : EI :: FG : IB; d'où IB $= \frac{EI \times FG}{EF}$ et BA = BI + IA ou BI + ED.

Soient ED = 1 m. 50, GC = 4 m., EF = 2 m., EI = 8 mètres;
On en conclut GF = GC — ED = 4 m. — 1 m. 50 = 2 m. 50;
D'où IB $= \frac{18 \times 2,50}{2} = 22$ m. 50 et BA = 22 m. 50 + 1 m. 50 = 24 mètres.

755. Problème 4. — *Mesurez, à l'aide du graphomètre, une hauteur dont le pied est accessible.*

Disposez le graphomètre en un point C de manière que sa

ligne de foi soit dirigée suivant une horizontale CB, et que son limbe soit dans un plan vertical. Mesurez l'angle ACB et la droite CB, puis faites sur le papier un triangle semblable à ABC; pour cela menez une ligne bc qui contienne autant de demi-centimètres, par exemple, que BC contient de mètres. Elevez une perpendiculaire au point b, faites en c un angle égal à C, ce qui déterminera le triangle abc semblable à ABC. Le nombre de demi-centimètres contenus dans ab exprime le nombre de mètres contenus dans AB.

En ajoutant à AB la hauteur du graphomètre, on aura l'élévation du point A au-dessus du sol.

756. **Problème 5.** — *Mesurez, à l'aide du graphomètre, une hauteur dont le pied est inaccessible.*

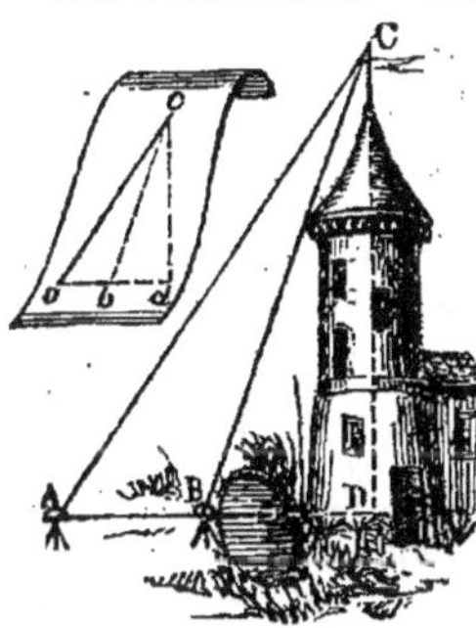

Prenez une base AB dont le prolongement rencontre la verticale CD, puis mesurez les angles CAB, CBA, ayant soin de disposer chaque fois le graphomètre de manière que sa ligne de foi soit sur l'horizontale ABD et son limbe dans un plan vertical; puis faites sur le papier un triangle abc semblable à ABC, en représentant le mètre par un ou plusieurs millimètres. Prolongez ab jusqu'à la rencontre de la perpendiculaire abaissée du point c. Le nombre d'unités de l'échelle contenues dans cd indique le nombre de mètres de CD. On ajoute ensuite à CD la hauteur du graphomètre, pour avoir l'élévation du point C au-dessus du sol.

757. *Remarque.* — La ligne cb, mesurée à l'échelle, fait connaître CB : on pourrait donc, par le procédé ci-dessus, déterminer la distance qui sépare deux points dont l'un est sur le sol et l'autre élevé au-dessus de l'horizon.

758. **Problème 6.** — *Mesurez la hauteur d'une montagne.*

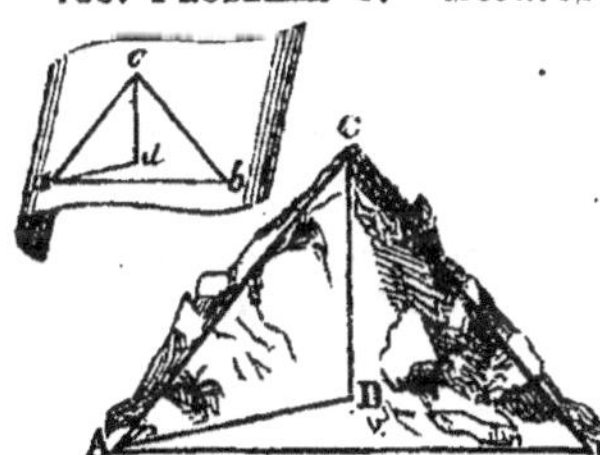

Prenez une base AB, et mesurez les angles CAB, CBA, en plaçant le graphomètre de manière que sa ligne de foi soit sur la ligne AB et son alidade suivant les directrices AC, BC. Le limbe est alors dans une position inclinée, et fait partie du plan du triangle ACB. Tracez ensuite sur le papier une ligne ab, d'autant de parties de l'échelle adoptée que AB contient de mètres, puis à l'aide du rapporteur, faites les angles *a* et *b* égaux aux angles A et B. Les lignes *a c*, *b c* mesurées avec l'échelle donnent les longueurs des rayons visuels A C, B C.

Replacez le graphomètre au point A, et disposez-le de manière que son limbe étant dans un plan vertical, la ligne de foi soit dirigée horizontalement et l'alidade mobile suivant AC, mesurez l'angle C A D. Tracez ensuite sur le papier au point *a* un angle *c a d* égal à C A D, qu'on vient de trouver. La ligne *c d*, abaissée perpendiculairement sur *a d* et mesurée avec l'échelle, déterminera l'élévation C D du sommet C au-dessus du plan horizontal mené suivant A B.

§ III. — MANIÈRE DE PROLONGER LES LIGNES SUR LE TERRAIN, LORSQU'IL SE RENCONTRE DES OBSTACLES.

759. Problème 7. — *Prolongez une ligne* AB *au delà d'une montagne.*

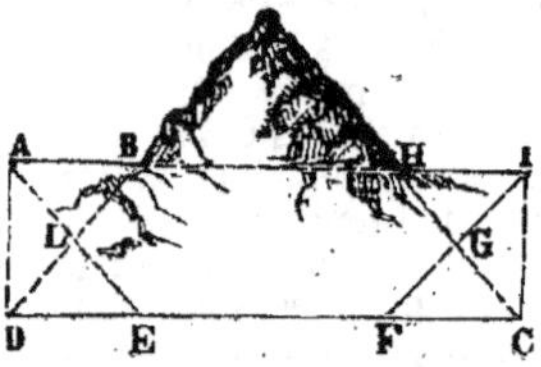

Prenez sur la ligne AB une longueur quelconque, et faites un triangle isocèle A L B, dont vous prolongerez les côtés d'une quantité égale en DL, LE. Vous aurez deux triangles égaux, et le prolongement de la ligne D E sera parallèle à la ligne demandée. Prenez à volonté sur ce prolongement une longueur FC égale à A B, et formez le triangle isocèle F C G = A L B; prolongez ses côtés et prenez G I = G H = A L. La ligne H I fera partie du prolongement de A B.

On pourrait aussi abaisser une perpendiculaire A D; faire un angle droit en D, et prolonger D E jusqu'en C; former au point C un angle droit, et prendre la longueur C I égale à A D : la ligne I H, élevée perpendiculairement au point I serait la ligne demandée.

760. Problème 8. — *Joignez, par une droite, deux points séparés par une montagne.*

Choisissez un point C visible de chacun des points donnés A et B; tirez les lignes A C, C B, et, par le milieu de chacune, menez E D, qui sera dans une direction parallèle à la droite demandée; abaissez des points A et B les perpendiculaires A E, B D, et des points K et I élevez les perpendiculaires K M et I J; prenez la longueur de B D ou de A E, et portez-la de K en M et de I en J; et enfin joignez A J, M B. Ces droites seront sur le prolongement l'une de l'autre et ne feront par conséquent qu'une seule ligne droite.

CHAPITRE IV.

LEVER DES PLANS.

§ Ier. — DU LEVER DES PLANS EN GÉNÉRAL.

761. Lever le plan d'un terrain, c'est tracer, en petit, sur le papier, une figure semblable à celle que présente le terrain.

762. On lève le plan non de la superficie réelle du terrain, mais de sa base productive; en sorte que le plan est la projection horizontale du terrain.

763. Avant de lever un plan, il faut fixer, au moyen d'une échelle de convention, le rapport qui existe entre le plan et le terrain représenté. Cette échelle, d'une composition tout à fait arbitraire, doit être néanmoins subordonnée aux dimensions de la feuille de papier destinée à recevoir le plan. On prend généralement le millimètre pour représenter 1, 2, 3, 4, etc., mètres, ou $\frac{1}{2}$, $\frac{1}{3}$, $\frac{1}{4}$, etc., de mètre; ce qui permet de se servir avec avantage du double décimètre, qui offre une échelle toute tracée, et propre, par son biseau, à être appliqué sur le papier.

764. Avant de lever un plan, on parcourt le terrain et l'on en trace, à vue d'œil, sur une feuille de papier, un plan approximatif nommé croquis, destiné à recevoir les cotes provenant de la mesure des lignes et des angles.

§ II. — LEVER D'UN PLAN A L'AIDE DE LA CHAÎNE, DE L'ÉQUERRE OU DU GRAPHOMÈTRE.

765. PROBLÈME 1. — *Levez le plan d'un terrain à l'aide de la chaîne seulement*

On partage le terrain en triangles en menant des diagonales d'un même sommet. On mesure les trois côtés de chaque triangle, en ayant soin de tendre la chaîne horizontalement, et l'on marque avec soin, sur le croquis, les nombres trouvés; puis, à l'aide d'une échelle do proportion, on construit des triangles semblables à ceux qui sont figurés sur le terrain, et l'on a le plan demandé.

766. PROBLÈME 2. — *Levez le plan d'un terrain à l'aide de l'équerre d'arpenteur.*

Décomposez le terrrain en trapèzes droits et en triangles rectangles dont vous mesurerez les bases et les hauteurs, comme s'il

---

s'agissait d'en évaluer la superficie (*n° 727-2°* et *n° 728*), puis, à l'aide d'une échelle de proportion, construisez des figures semblables à celles du terrain, et vous aurez le plan demandé.

767. PROBLÈME 3. — *Levez le plan d'un terrain à l'aide d'instruments propres à mesurer les angles.*

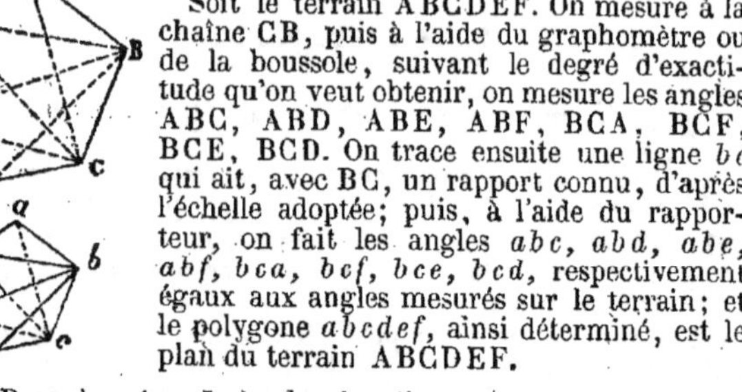

Soit le terrain ABCDEF. On mesure à la chaîne CB, puis à l'aide du graphomètre ou de la boussole, suivant le degré d'exactitude qu'on veut obtenir, on mesure les angles ABC, ABD, ABE, ABF, BCA, BCF, BCE, BCD. On trace ensuite une ligne bc qui ait, avec BC, un rapport connu, d'après l'échelle adoptée; puis, à l'aide du rapporteur, on fait les angles abc, abd, abe, abf, bca, bcf, bce, bcd, respectivement égaux aux angles mesurés sur le terrain; et le polygone $abcdef$, ainsi déterminé, est le plan du terrain ABCDEF.

768. PROBLÈME 4. — *Levez le plan d'un terrain dont quelques-uns des côtés forment des sinuosités.*

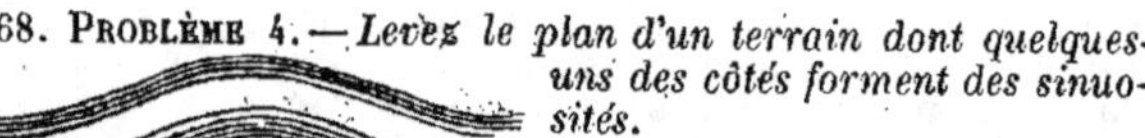
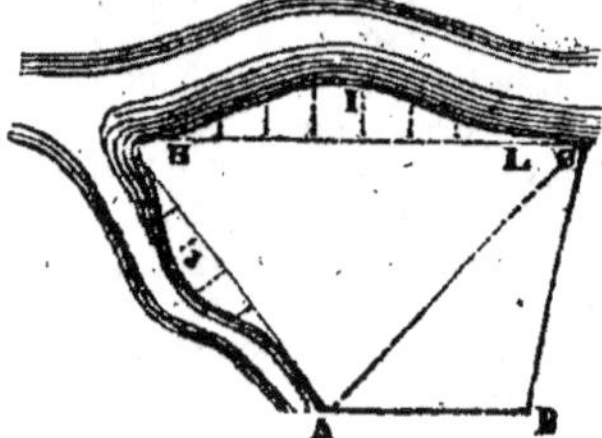

Après avoir divisé le terrain en triangles ABC, ACH, on élève, au moyen de l'équerre, des perpendiculaires de distance en distance sur les droites CH, AH. La construction du plan se fait ensuite facilement d'après une échelle adoptée.

§ III. — LEVER D'UN PLAN AU MOYEN DE LA PLANCHETTE.

769. La planchette est une petite table rectangulaire d'environ huit décimètres de longueur sur cinq décimètres de largeur, et reposant par son centre sur un support à trois pieds. La tablette est liée au support par une douille surmontée d'un genou à vis qui permet de lui faire prendre toutes les positions possibles à l'égard de ce support. Une feuille de papier est fixée sur la surface de la planchette, soit avec de la colle à bouche, soit avec des *punaises* ou épingles à têtes plates, ou enfin avec des rouleaux adaptés le long de deux bords opposés.

770. On dispose la planchette de manière que sa surface soit dirigée horizontalement. Pour cet effet, on se sert d'une bille aussi polie que possible, qui doit rester en repos si la surface est horizontale; car, dans le cas où elle présenterait une inclinaison, la bille roulerait en suivant la ligne de la plus

grande pente. Lorsqu'on désire une plus grande exactitude, on se sert du niveau à bulle d'air, que l'on place sur la planchette dans deux positions successives à peu près rectangulaires entre elles. Si, dans chacune de ces positions, la bulle d'air se maintient au milieu du tube, on peut être assuré que la planchette est disposée horizontalement.

771. L'alidade est une règle en cuivre sur laquelle est tracée 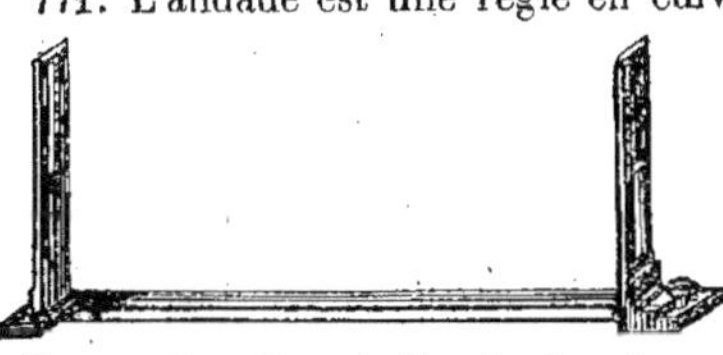 une échelle de proportion et qui est terminée par deux pinnules verticales très-hautes, afin de pouvoir viser les objets élevés ou déprimés. Elle sert à tracer, sur la planchette, des droites dans la direction indiquée par les pinnules. Quelquefois les pinnules sont remplacées par des lunettes.

772. Pour vérifier une alidade, on enfonce verticalement deux aiguilles dans la planchette, puis, plaçant l'alidade contre ces aiguilles, on fait planter, à une certaine distance, un jalon de chaque côté dans la direction du rayon visuel qui passe par les fils des pinnules. On retourne ensuite l'alidade, et on l'applique de nouveau contre les aiguilles; si les jalons se trouvent encore sur le rayon visuel des deux pinnules, on peut être certain que l'instrument est exact.

773. PROBLÈME 1. — *Levez un plan au moyen de la planchette.*

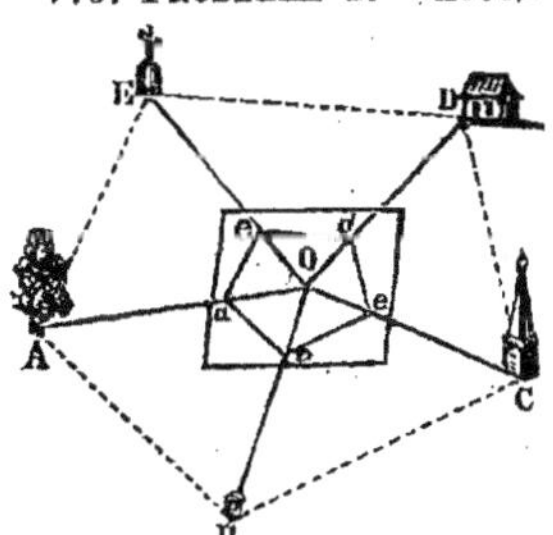 1° Soit le terrain ABCDE; supposons que du point O on puisse apercevoir tous les points remarquables du terrain. On transporte la planchette à ce point, et l'on y enfonce une aiguille précisément au-dessus du point O. On applique l'alidade contre l'aiguille, puis on la dirige selon OA; lorsqu'on aperçoit le point A à travers les pinnules, on fait glisser une pointe de crayon le long de l'alidade. En faisant pivoter l'alidade autour de l'aiguille, on trace de même les droites Ob, Oc, Od, Oe, dirigées vers les points B, C, D, E, que l'on veut fixer sur le plan. On mesure à la chaîne les lignes OA, OB, OC, OD, OE; puis, avec une échelle, on porte les distances proportionnelles Oa, Ob, Oc, Od, Oe, et l'on joint les points a, b, c, d, e. La figure $abcde$, qui en résulte, est le plan du terrain; car, d'après la construction, les triangles figurés sur le terrain et sur le plan sont semblables chacun à chacun comme ayant un angle égal compris entre côtés proportionnels.

2° Lorsqu'on ne peut apercevoir les divers sommets d'un

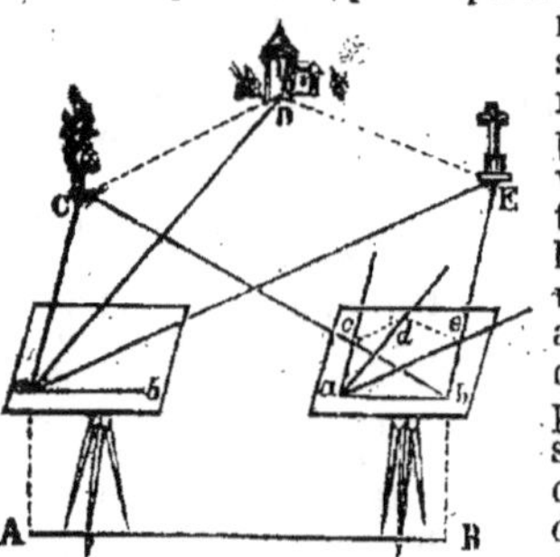

même point intérieur, on choisit deux points A et B suffisamment éloignés, que l'on joint par une ligne AB, qui doit servir de base à l'opération. On trace sur la planchette une ligne ab qui ait avec AB un rapport connu, suivant l'échelle adoptée. On transporte la planchette au point A, et on la dispose de manière que le point a soit sur la verticale du point A, ce dont on s'assure au moyen d'un fil à plomb, et que la ligne ab soit dans la direction AB, c'est-à-dire qu'en dirigeant l'alidade suivant ab, on aperçoive le point B derrière les fils des pinnules. On plante une aiguille au point a, puis faisant pivoter l'alidade autour de cette aiguille, on trace les droites aC, aD, aE, dirigées vers les points que l'on veut fixer sur le plan. Cela fait, on transporte la planchette au point B; et on la dispose de manière que le point b soit sur la verticale du point B, et que ba soit dirigée suivant BA; puis on vise de nouveau les points C, D, E, A, en faisant tourner l'alidade autour d'une aiguille plantée au point b. Les intersections de ces droites avec les premières déterminent, sur le papier, un polygone $abedc$ semblable à celui qué forme le terrain ABEDC. La raison de ce procédé repose sur une proposition démontrée (n° 375).

§ IV. — LEVER D'UN PLAN A L'AIDE DE LA BOUSSOLE.

774. La boussole d'arpenteur est une boîte carrée dans laquelle se trouve une aiguille aimantée très-mobile, reposant sur un pivot fort aigu, au centre d'un cercle divisé en degrés. Cette aiguille a la propriété remarquable, non pas de se tourner précisément vers le nord, comme on a l'habitude de le dire, mais de prendre une position constante, ou à peu près, dans un même lieu, et d'y revenir, par une suite d'oscillations, quand elle en a été écartée. A Paris, l'aiguille aimantée se dirige vers l'ouest, et fait avec la méridienne un angle d'environ 20°. Sur une des faces latérales de la boussole est appliquée une lunette, ou un système de pinnules appelé la *visière*, dont l'axe se meut dans un plan vertical parallèle à la ligne de foi du cadran, c'est-à-dire au diamètre à partir duquel se comptent les divisions. L'instrument, porté sur un pied, comme le graphomètre, est susceptible d'un mouvement de rotation horizontale.

775. PROBLÈME 1. — *Mesurez, à l'aide de la boussole, un angle dont on ne peut atteindre le sommet.*

Soit l'angle CAB; on place horizontalement la boussole de

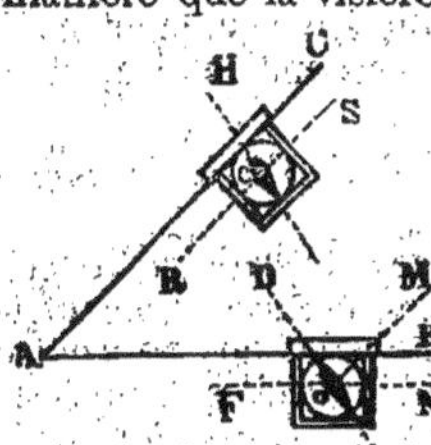

manière que la visière soit dirigée suivant le côté AB; la ligne de foi Fo est parallèle à ce côté. On note à quelle graduation correspond la pointe bleue de l'aiguille; on a alors la mesure de l'angle DoN formé par la ligne de foi et la direction de l'aiguille. On transporte la boussole sur l'autre côté, et l'on dirige la visière suivant AC; la ligne de foi est parallèle à ce côté. On note la nouvelle graduation, à laquelle répond la pointe bleue de l'aiguille. On a encore, comme dans le premier cas, la mesure de l'angle formé par la ligne de foi et la direction de l'aiguille. La différence des deux angles est la mesure de l'angle cherché.

En effet, menons oM parallèlement à AC, on a MoN=A comme ayant leurs côtés parallèles chacun à chacun; les deux directions de l'aiguille Do, Hc étant de même parallèles, on a DoM=HoS. Or MoN=DoN—DoM. D'où, en remplaçant MoN par A et DoM par HoS, on obtient enfin A=DoN—HcS. Ce qu'il fallait démontrer.

Lorsqu'on peut placer l'instrument sur le sommet même de l'angle, on le fait simplement tourner de manière à amener successivement la visière sur chaque côté. On note les graduations auxquelles correspond la pointe bleue dans ces deux positions. Leur différence est la mesure cherchée.

776. *Remarque.* —Plusieurs motifs font préférer le graphomètre à la boussole dans la mesure des angles dont on peut atteindre le sommet. Les oscillations de l'aiguille aimantée empêchent de lire avec précision sur le limbe de la boussole, et la présence de matières ferrugineuses, dans le lieu de l'opération, peut, à l'insu de l'opérateur, déranger la direction de l'aiguille. La boussole ne doit être employée que lorsqu'on désire un résultat prompt, sans tenir à une exactitude rigoureuse, ou qu'il s'agit de mesurer un angle dont on ne peut atteindre le sommet.

777. Problème 2. —*Levez un plan à l'aide de la boussole.*

Dans le lever des plans à l'aide de la boussole, on suit la même marche qu'avec le graphomètre. On fait un croquis sur lequel on porte les diverses cotes provenant des lignes mesurées avec la chaîne, et des angles mesurés avec la boussole; puis on dresse le plan à l'aide du rapporteur et d'une échelle.

778. Problème 3. —*Orientez un plan à l'aide de la boussole.*

Pour orienter un plan, c'est-à-dire indiquer sur ce plan, par deux lignes croisées perpendiculairement, la direction des quatre points cardinaux, disposez la boussole, sur le terrain, de manière que la visière soit dans la direction de deux points déjà tracés dans le plan, notez le nombre de degrés que marque la pointe bleue de l'aiguille, et ajoutez la déclinaison de l'aiguille dans le lieu de l'opération. Vous aurez l'angle que la méridienne, ou la ligne qui va du nord au sud, forme avec la droite du terrain. Portez cette méridienne sur le plan, à l'aide du rapporteur, croisez-la par une perpendiculaire, et le plan sera orienté.

779. **Problème 4.** — *Orientez un plan à l'aide de la méridienne.*

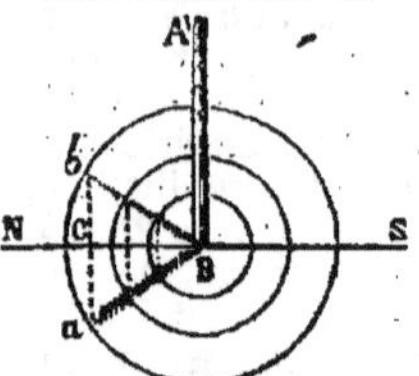

1º Sur une surface horizontale, décrivez plusieurs circonférences concentriques, et élevez verticalement au centre une tige de fer bien droite; marquez, avant et après midi les points où l'extrémité de l'ombre rencontre chaque circonférence; joignez par une corde les deux points d'un même arc comme on le voit en *a b*, et divisez chaque corde en deux parties égales. En général, ces trois perpendiculaires rencontreront le dernier arc en des points différents; vous choisirez à l'œil un point moyen que vous joindrez au pied de la verticale. Vous aurez alors une méridienne NS sur le terrain lui-même, et vous la reporterez sur le plan comme une ligne ordinaire. Le point N indique le nord et le point S le sud.

Si la tige n'est pas verticale, mais se trouve surmontée d'une plaque percée d'un très-petit trou pour livrer passage aux rayons solaires, vous déterminerez, à l'aide d'un fil à plomb, le point du sol qui répond verticalement au trou, et à partir de ce point vous décrirez plusieurs circonférences concentriques; vous marquerez avant et après midi les intersections des circonférences par les rayons solaires, puis vous déterminerez la méridienne, comme il a été dit ci-dessus.

2º L'étoile polaire peut servir au tracé de la méridienne pour les pays situés, comme la France, au nord de l'équateur, et assez éloignés du pôle. Cette étoile n'est pas précisément au pôle, elle décrit autour de ce point, par la rotation diurne de la terre, un cercle qui l'en écarte de près de deux degrés, lorsqu'elle se trouve au point le plus oriental ou le plus occidental. Il faut donc attendre qu'elle soit dans la méridienne du lieu, ce qui lui arrive deux fois en 24 heures. On reconnaît ces instants parce que l'étoile polaire se trouve alors dans un même plan vertical avec la première étoile de la queue de la Grande-Ourse, c'est-à-dire la première des trois qui suivent le corps du Chariot de David. On suspend un fil à plomb, et, se plaçant à quelque distance, on attend que les deux étoiles soient cachées par le fil. On fait ensuite placer dans cet alignement deux lumières qui serviront à tracer la méridienne sur le terrain.

§ V. — PROFILS ET COUPES D'UN TERRAIN.

780. Pour donner une idée juste de la configuration d'un terrain, il faut, après en avoir tracé le plan, indiquer la hauteur de ses points les plus remarquables au-dessus du plan horizontal de projection.

Pour cet effet, on peut employer l'un des deux procédés suivants :

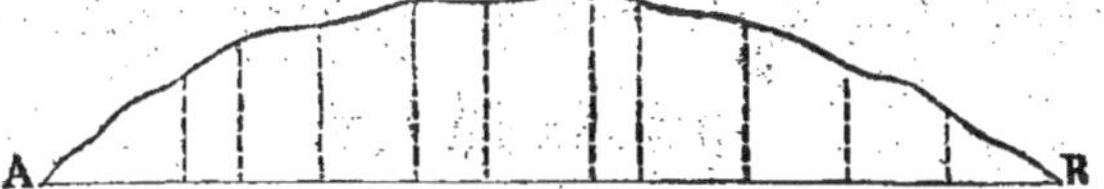

1° On suppose le terrain coupé par une série de plans verticaux et l'on détermine les courbes de ces coupes, comme il a été dit à l'article du Nivellement. Pour chaque coupe, on a soin que la mire se trouve toujours sur une même ligne droite, comme lorsqu'on jalonne une distance. On note les intervalles des positions successives de la mire, ainsi que la hauteur du voyant pour chaque station. Cela fait, on tire une droite AB sur laquelle on porte, à l'aide d'une échelle, des distances proportionnelles à celles qui séparent les diverses positions de la mire ; puis, par les points de division, on élève des perpendiculaires proportionnelles aux hauteurs observées, et l'on joint les sommets de ces perpendiculaires par une courbe qui se rapproche d'autant plus des inflexions du terrain que les stations ont été plus rapprochées. On dessine plusieurs de ces coupes, et l'on indique sur le plan, par des lignes droites, les directions dans lesquelles elles ont été faites.

2° On suppose le terrain coupé par une série de plans équidis-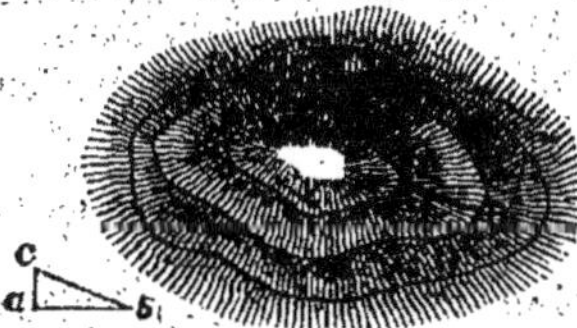tants, à un mètre de distance, par exemple, et l'on cherche les projections des courbes qui résultent de l'intersection du terrain par ces plans. Pour cet effet, on marque d'abord sur le terrain les points que l'on a reconnus à un mètre de hauteur du plan horizontal de comparaison. On les suppose liés par des lignes droites. Leur ensemble forme un polygone dont on lève le plan, comme on a fait pour le terrain lui-même. On agit de même pour les points dont les hauteurs ont été reconnues de 2 m., 3 mètres, etc. On trace toutes ces courbes les unes dans les autres, et, dans les divers points de leurs contours, elles indiquent une pente d'autant plus rapide qu'elles sont plus rapprochées. Lorsque plusieurs courbes se confondent en quelques parties, cela indique que le terrain est à pic dans toute la hauteur que comprennent les courbes qui se rencontrent. On remplit l'espace compris entre ces courbes par des hachures d'un trait fin et espacé sur les pentes douces, et d'un trait plus large et plus serré sur les pentes roides, ce qui donne à ces dernières une teinte obscure, propre à les faire reconnaître au premier coup d'œil.

On peut même, au moyen de ces courbes, évaluer exactement quelle est la pente du terrain dans une région quelconque. Soit, par exemple, à déterminer la pente du point a au point b, on mesure ab avec l'échelle du plan ; supposons que cette distance soit reconnue de 4 mètres, et que les plans soient à 1 mètre de distance ; on construit un triangle rectangle dont les côtés ac, ba égalent 1 m. et 4 mètres. L'inclinaison de bc sur ac indique la pente cherchée.

CHAPITRE V.

DES PROJECTIONS.

§ Ier. — DÉFINITIONS.

781. On peut représenter les corps par le dessin de deux manières : 1° par la perspective, 2° par les projections.

782. Le but de la perspective est de représenter les objets tels qu'on les voit d'un seul coup d'œil. De cette manière les dimensions, sous lesquelles s'offrent à nous les différentes faces des corps, dépendent souvent plus de la place d'où nous les regardons que de leur véritable grandeur.

783. Le but des projections est de faire connaître les dimensions réelles des corps, et de les décrire de manière à pouvoir les exécuter. Ainsi, au moyen des projections, on peut préparer d'avance les diverses pièces qui entrent dans une voûte, dans un comble, etc., sans qu'elles aient besoin ensuite d'aucune correction pour occuper leur place et se lier aux pièces voisines.

784. On appelle plans de projection deux plans perpendiculaires entre eux, l'un vertical et l'autre horizontal, auxquels on rapporte un corps donné pour le déterminer.

785. La ligne de terre est la ligne formée par l'intersection des deux plans de projections.

786. On appelle projections horizontales ou simplement plans, les projections tracées sur le plan horizontal; et projections verticales ou élévations les projections tracées sur le plan vertical.

787. Lorsqu'on veut représenter l'intérieur d'un objet, d'une machine, d'un bâtiment, etc., on le suppose coupé par un plan sur lequel on projette la surface de section. Ces projections prennent les noms de section ou coupe, et de profil.

788. Une section ou coupe est une projection faite sur un plan de section, qui renferme à la fois les parties qui sont coupées et celles qui ne le sont pas.

789. Un profil est une projection faite sur un plan de section qui ne renferme que les parties coupées par le plan.

790. On désigne, sous le nom de dessins géométraux, les

---

781. De combien de manières peut-on représenter les corps par le dessin? — 782. Quel est le but de la perspective? — 783. Quel est le but des projections? — 784. Qu'appelle-t-on plans de projection? — 785. Qu'est-ce que la ligne de terre? — 786. Quels noms donne-t-on aux diverses projections? — 787. Comment peut-on représenter l'intérieur d'un objet? — 788. Qu'est-ce qu'une section ou coupe? — 789. Qu'est-ce qu'un profil? — 790. Que désigne-t-on sous le nom de dessins géométraux?

plans, les coupes, les élévations, les profils, et généralement toutes les projections.

791. Les lignes de projection sont les diverses lignes de construction dont on se sert pour déterminer les projections; elles sont parallèles entre elles, et abaissées de chacun des points du corps perpendiculairement sur les deux plans de projection.

792. Les lignes de projection se représentent, dans le dessin, comme les autres lignes de construction, c'est-à-dire par des ponctués formés de petits traits séparés par des points.

793. On désigne par des majuscules les points de l'espace, par des minuscules analogues leurs projections horizontales, et par les mêmes minuscules accentuées leurs projections verticales.

§ II. — PROJECTIONS DU POINT.

794. La projection d'un point sur un plan est le pied de la perpendiculaire abaissée de ce point sur le plan.

795. PROBLÈME 1. — *Que faut-il faire pour déterminer les projections d'un point de l'espace situé entre les deux plans de projections?*

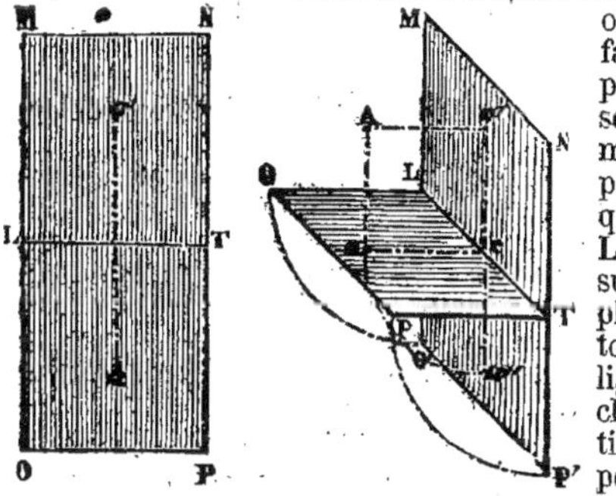

On abaisse du point donné A sur le plan horizontal OLTP la perpendiculaire A a; le point a, où cette perpendiculaire rencontre le plan horizontal, est la projection horizontale du point donné A. On abaisse ensuite, du point A, sur le plan vertical MNTL, la perpendiculaire A a'; le point a', où elle rencontre le plan vertical, est la projection verticale du point donné.

796. Comme en dessinant on opère sur une feuille de papier ou sur toute autre surface plane, les plans de projections sont représentés sur le prolongement l'un de l'autre; pour cela on suppose que le plan horizontal LTPO a été rabattu sur le prolongement du plan vertical MNTL, en tournant autour de la ligne de terre LT comme charnière. Les projections a, a' d'un même point A jouissent alors

---

de la propriété très-remarquable de se trouver sur une même ligne $a'a$ perpendiculaire à la ligne de terre. En effet, si on abaisse sur la ligne de terre les deux perpendiculaires $a'c$, ac, elles concourront en un même point c', puisqu'elles ne sont autres que les intersections des deux plans de projection, par un même plan vertical mené suivant Aa', Aa. Or, dans le mouvement de rotation, la ligne ac continue d'être perpendiculaire à la ligne de terre, et doit se placer sur le prolongement de $a'c$, en sorte que $a'a$ est une ligne droite.

797. De là il résulte les principes suivants, qui servent de base à la théorie des projections :

1° *que les deux projections d'un même point sont toujours sur une même ligne perpendiculaire à la ligne de terre ;*

2° *que la distance d'un point dans l'espace au plan horizontal est indiquée sur le plan vertical par la perpendiculaire abaissée de la projection verticale sur la ligne de terre ;*

3° *que la distance d'un point dans l'espace au plan vertical est indiquée sur le plan horizontal par la perpendiculaire abaissée de la projection horizontale sur la ligne de terre.*

798. Les principales positions que peut prendre un point de l'espace à l'égard des deux plans de projection sont au nombre de quatre, car le point peut être situé : 1° au-dessus du plan horizontal et en avant du plan vertical ; 2° sur le plan horizontal et en avant du plan vertical ; 3° sur le plan vertical et au-dessus du plan horizontal ; 4° en même temps dans les deux plans de projection, c'est-à-dire sur la ligne de terre.

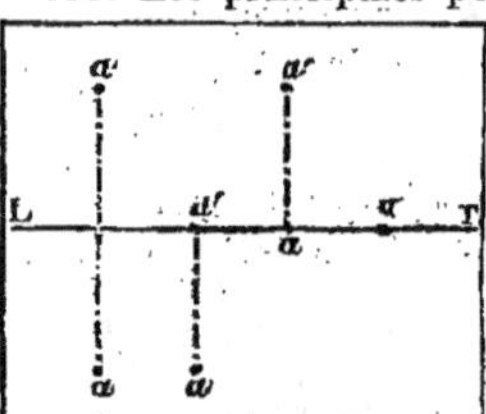

799. **Problème 1.** — *Déterminez les projections d'un point placé entre les deux plans de projection, à une distance de 20 millimètres du plan horizontal et à 25 millimètres du plan vertical.* (Voyez Atlas, pl. 18, fig. 1 et 2.)

Tracez à volonté la ligne de terre LT, qui est l'intersection du plan vertical LTNM avec le plan horizontal LTPO. Ce dernier est censé rabattu sur le prolongement du plan vertical ; l'élève pourra le supposer redressé, pour l'intelligence de la construction.

On a vu précédemment : 1° que les projections d'un même point sont sur une même perpendiculaire à la ligne de terre ; 2° que la distance du point dans l'espace au plan vertical doit se porter dans le plan horizontal à partir de la ligne de terre, et que la distance du point au plan horizontal doit se porter sur le plan vertical à partir de la ligne de terre. On mènera donc une perpendiculaire indéfinie à la ligne de terre, et l'on portera 20 millimètres au-dessus de la ligne de terre et 25 millimètres au-dessous. Les points a et a' seront les deux projections cherchées.

---

798. *Quelles sont les principales positions que peut prendre un point de l'espace à l'égard des plans de projection ?*

800. Problème 2. — *Tracez les projections d'un point situé dans le plan horizontal, et à 18 millimètres du plan vertical.* (Atl., pl. 18, fig. 3 et 4.)

Comme dans la construction précédente, menez d'abord une perpendiculaire à la ligne de terre; portez en aa une longueur de 18 millimètres égale à la distance du point au plan vertical. Le point a est la projection horizontale cherchée. Quant à la projection verticale, elle est au point a sur la ligne de terre, puisque la distance du point au plan horizontal est nulle, attendu que le point est situé dans ce plan.

§ III. — PROJECTIONS DES LIGNES.

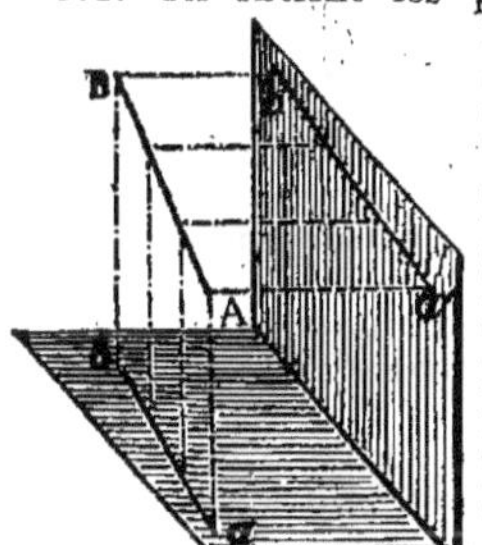

801. On obtient les projections d'une ligne, située d'une manière quelconque dans l'espace, en déterminant les projections des divers points de cette ligne.

Supposons que, par tous les points de AB, on ait abaissé des perpendiculaires sur les deux plans de projection; la ligne ab, qui passe par les pieds de toutes les perpendiculaires abaissées sur le plan horizontal, est la projection horizontale de la droite située dans l'espace; de même la projection verticale est la ligne $a'b'$, qui passe par les pieds de toutes les perpendiculaires abaissées des divers points de AB sur le plan vertical.

Dans la pratique, lorsqu'il s'agit de déterminer les projections d'une droite quelconque AB (Pl. 18, fig. 9 et 10), on cherche d'abord les projections verticales et horizontales des deux extrémités de la ligne donnée; on joint les deux projections horizontales a et b par une droite ab, et les deux projections verticales a', b' par une droite $a'b'$; et ces droites ab, $a'b'$ sont les projections cherchées.

802. Pour avoir les projections d'une ligne brisée, il faut chercher les projections des droites qui la composent.

803. Pour avoir les projections d'une ligne courbe, il faut chercher les projections de plusieurs de ses points, et les joindre ensuite par une autre ligne que l'on trace à la main, ou à l'aide d'une pièce de raccord.

804. Les principales positions que peut prendre une droite à l'égard des plans de projection sont au nombre de 10, comme l'indique le tableau ci-dessous, qui en figure les projections.

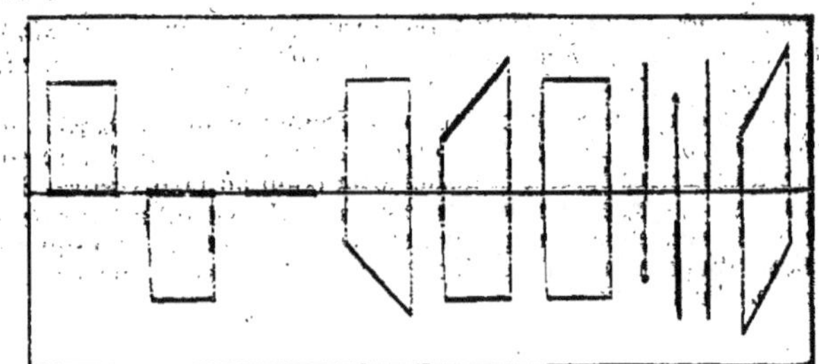

Une ligne peut être : 1° située dans le plan vertical; 2° située dans le plan horizontal; 3° située à la fois dans les deux plans; 4° parallèle au plan horizontal; 5° parallèle au plan vertical; 6° parallèle à la fois aux deux plans; 7° perpendiculaire au plan horizontal; 8° perpendiculaire au plan vertical; 9° perpendiculaire à la ligne de terre; 10° oblique à la fois aux deux plans.

805. Ces projections donnent lieu aux principes suivants :

1° Toute droite située sur l'un des plans de projection se projette sur ce plan par une droite égale, et sur l'autre par une droite qui est sur la ligne de terre;

2° Toute droite parallèle à l'un des plans de projection se projette sur ce plan par une droite égale, et sur l'autre par une parallèle à la ligne de terre;

3° Toute droite perpendiculaire à l'un des plans de projection se projette sur ce plan par un point, et sur l'autre par une perpendiculaire égale sur la ligne de terre;

4° Toute droite oblique à la fois aux deux plans de projection se projette en raccourci sur chacun de ces plans.

806. **Problème 1.** — *Tracez les projections d'une droite de 19 mill., perpendiculaire au plan horizontal, sur lequel elle est élevée de 5 mill., et éloignée de 15 mill. du plan vertical. (Atlas, pl. 18; fig. 5 et 6.)*

La ligne donnée étant perpendiculaire au plan horizontal, doit se projeter sur le plan vertical, auquel elle est parallèle, par une droite de même longueur perpendiculaire, sur la ligne de terre, à une distance de 5 millimètres de cette ligne. La projection horizontale, qui se réduit à un point, doit se trouver sur le prolongement de cette perpendiculaire à une distance de 15 millimètres de la ligne de terre. D'où il résulte la construction suivante : par un point quelconque de la ligne de terre, élevez une perpendiculaire indéfinie, et à partir de ce point portez dans le plan vertical une première distance de 5 millimètres, à la suite une seconde distance de 19 millimètres, ce qui donne a' b' pour la projection verticale. Quant à la projection horizontale, il suffit de marquer le point a à une distance de 15 millimètres de la ligne de terre.

807. **Problème 2.** — *Tracez la projection verticale d'une droite de 20 millimètres, perpendiculaire au plan vertical et éloignée de 18 millimètres du plan horizontal, sachant que la projection horizontale qui est égale à la ligne est une perpendiculaire de 20 millimètres partant de la ligne de terre. (Atlas, pl. 18, fig. 7 et 8.)*

Pour déterminer la projection verticale, remarquons que la ligne étant perpendiculaire au plan vertical, elle doit se projeter sur ce plan par un point; de plus, sa distance au plan horizontal étant de 18 millimètres, ce point doit être placé au dessus de la ligne de terre à une hauteur égale, c'est-à-dire 18 millimètres. Or ce point doit se trouver sur le prolongement de ab; donc, pour le déterminer il suffit de porter sur cette perpendiculaire, à partir de la ligne de terre, une longueur ba' de 18 millimètres; le point a' est la projection cherchée.

808 PROBLÈME 3. — *Déterminez les projections d'une droite de 30 millimètres, parallèle aux deux plans de projection, éloignée de 20 millimètres du plan horizontal et de 24 millimètres du plan vertical. (Atlas, pl. 18, fig. 9 et 10.)*

La ligne étant parallèle aux deux plans de projection, doit se projeter sur chacun de ces plans suivant deux droites parallèles à la ligne de terre, et d'une longueur de 30 mill., égale à celle de la ligne donnée. Comme les extrémités des deux projections doivent se trouver sur une perpendiculaire à la ligne de terre, on peut, pour résoudre ce problème, suivre le procédé suivant.

Prenez sur la ligne de terre une longueur de 30 millimètres, égale à celle de la ligne donnée, et élevez deux perpendiculaires indéfinies. Dans le plan horizontal, portez sur ces perpendiculaires à partir de la ligne de terre une longueur de 24 millimètres, égale à la distance de la ligne au plan vertical, et menez ab, qui sera la projection horizontale cherchée. Dans le plan vertical, portez de même une longueur de 20 millimètres, égale à la distance de la ligne au plan horizontal, et menez $a'b'$, qui sera la projection verticale cherchée.

809. PROBLÈME 4. — *Tracez les projections d'une droite de 31 millimètres parallèle au plan vertical, dont elle est éloignée de 24 millimètres, et oblique au plan horizontal, qu'elle rencontre sous un angle de 40°. (Atlas, pl. 18, fig. 11 et 12.)*

La droite étant parallèle au plan vertical, se projette sur ce plan dans sa vraie grandeur. Pour construire cette projection, faites, à l'aide du rapporteur, en un point quelconque de la ligne de terre, un angle de 40°, et portez en $b'a'$ une longueur de 31 millimètres, égale à celle de la ligne donnée. Pour la projection horizontale, abaissez des extrémités a' et b' deux perpendiculaires indéfinies sur la ligne de terre, et portez sur ces perpendiculaires une longueur de 24 mill., égale à la distance de la ligne au plan vertical, et menez ab; ce sera la projection horizontale cherchée.

810. PROBLÈME 5. — *Étant données les deux projections ab, $a'b'$, d'une droite, oblique aux deux plans de projection, déterminez, à l'aide de ces projections, la grandeur de la droite située dans l'espace. (Atlas, pl. 18, fig. 13 et 14.)*

Commencez par construire les deux projections, qui sont supposées connues. Élevez sur la ligne de terre les deux perpendiculaires aa', bb', et menez, à volonté, les deux obliques ab, $a'b'$. Il s'agit de déterminer la ligne de l'espace qui a pour projections les droites ab, $a'b'$.

La droite étant oblique aux deux plans de projection, se projette en raccourci sur chacun de ces plans. Pour résoudre le problème, il suffirait donc de déterminer sa projection sur un plan auquel elle serait parallèle, puisqu'elle se projetterait sur ce plan dans sa vraie grandeur. Pour cela, supposons que le plan vertical change de place et vienne se poser parallèlement à la droite, à une distance quelconque. La nouvelle ligne de terre sera $c'd'$ menée parallèlement à ab, et à une distance arbitraire, comme le nouveau plan vertical. La projection horizontale est toujours ab, car la droite dans l'espace et le plan horizontal n'ont éprouvé aucun changement. Pour déterminer la nouvelle projection verticale, menez à la nouvelle ligne de terre les perpendiculaires indéfinies ac', bd'. La distance de la droite de l'espace au plan horizontal, étant toujours la même, est encore représentée par les droites ca', db'; portez ca' en $c'a^2$ et db' en $d'b^2$, menez $a^2 b^2$; ce qui sera la nouvelle projection verticale égale à la droite cherchée.

811. PROBLÈME 6. — *Tracez les projections d'une ligne brisée, située dans un plan parallèle au plan vertical, à une distance de 20 millimètres de ce plan.* (Atlas, pl. 18, fig. 16 et 17.)

La ligne brisée étant parallèle au plan vertical, se projette sur ce plan dans sa vraie grandeur. Il suffit donc de tracer dans ce plan une ligne brisée $a'b'c'd'$ égale à la ligne donnée. Quant à la projection horizontale, remarquons que la ligne étant parallèle au plan vertical, elle se projette sur le plan horizontal suivant une droite ad menée parallèlement à la ligne de terre, à une distance de 20 millimètres. En abaissant des divers points a', b', c', d', des perpendiculaires sur la ligne de terre on détermine ab, bc, cd pour la projection horizontale des trois droites dont se compose la ligne brisée.

812. PROBLÈME 7. — *Tracez les nouvelles projections de la ligne brisée ci-dessus, en supposant qu'elle ait tourné autour du point dont les projections sont a et a' sans changer de distance à l'égard du plan horizontal, et que la projection horizontale fasse un angle de 45 degrés avec la ligne de terre.* (Atlas, pl. 17, fig. 18 et 19.)

La ligne brisée ayant effectué son mouvement de rotation parallèlement au plan horizontal, sa projection sur ce plan est encore une droite égale à ad. Pour la tracer, prolongez ad jusqu'en a^2, et par ce point menez une ligne $a^2 d^2$ faisant un angle de 45° avec la ligne de terre ou avec aa^2; puis portez ab en $a^2 b^2$, bc en $b^2 c^2$, et cd en $c^2 d^2$. Si des points a^2, b^2, c^2, d^2, on mène des perpendiculaires indéfinies sur la ligne de terre, les projections verticales seront quelque part sur ces perpendiculaires. Pour les fixer, remarquons que les divers sommets de la ligne brisée se sont mus parallèlement au plan horizontal, et que leurs projections verticales doivent se trouver sur des parallèles à la ligne de terre menées suivant les points a', b', c', d'. La rencontre de ces parallèles avec les perpendiculaires donne pour projections les points $a^3 b^3 c^3 d^3$, en sorte que la projection verticale cherchée est $a^3 b^3 c^3 d^3$.

Comme vérification, *cherchez la ligne brisée qui a pour projection horizontale* $a^2 d^2$ (Atlas, pl. 18, fig. 19.), *et pour projection verticale* $a^3 b^3 c^3 d^3$.

Menez parallèlement à $a^2\, d^2$, et à une distance quelconque, la nouvelle ligne de terre $e'\, h'$; abaissez sur cette ligne les perpendiculaires indéfinies $a^2\, e'$, $b^2\, f'$, $c^2\, g'$, $d^2\, h'$, et portez $e a^3$ en $e'\, a^4$, $f b^3$ en $f'\, b^4$, $g c^5$ en $g'\, c^4$, et $h d^3$ en $h'\, d^4$, et tracez la ligne brisée $a^4\, b^4\, c^4\, d^4$, que vous vérifierez en examinant (Pl. 18, *fig.* 16 et 20), si $a^4\, b^4$ égale $a'\, b'$, $b^4\, c^4$ égale $b'\, c'$, et $c^4\, d^4$ égale $c'\, d'$.

§ IV. — PROJECTIONS DES SURFACES.

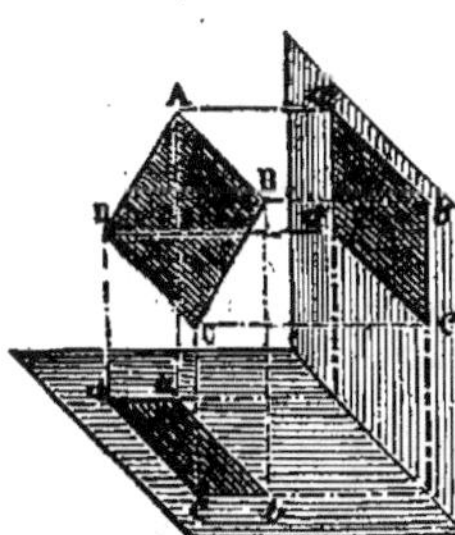

813. On détermine les projections d'une surface plane en cherchant les projections des lignes qui lui servent de limites.

Soit le carré A BCD. On abaisse de chacun des points A, B, C, D, des perpendiculaires sur les deux plans de projection, on joint les pieds de ces perpendiculaires, et l'on a $abcd$ pour la projection horizontale du carré donné, et $a'\, b'\, c'\, d'$ pour sa projection verticale.

814. Une surface plane peut se trouver dans huit positions différentes à l'égard des deux plans de projection; elle peut être : 1° située dans le plan horizontal, 2° située dans le plan vertical, 3° parallèle au plan horizontal, 4° parallèle au plan vertical, 5° perpendiculaire au plan vertical, 6° perpendiculaire au plan horizontal, 7° perpendiculaire à la fois aux deux plans, 8° oblique à la fois aux deux plans.

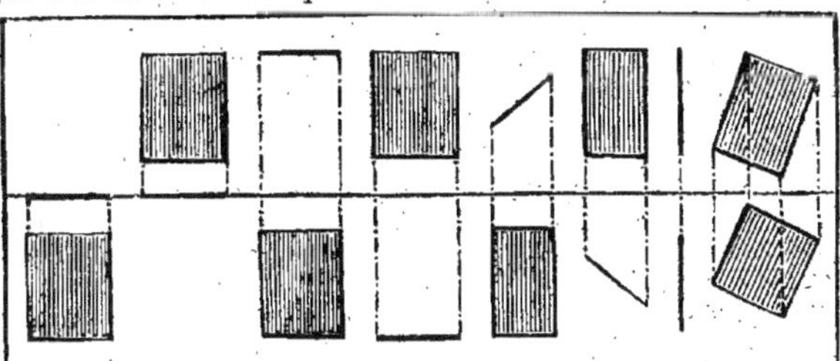

815. Ces projections donnent lieu aux principes suivants :

1° *Toute surface plane, située sur l'un des plans de projection, se projette sur ce plan par une figure égale, et sur l'autre par une droite située sur la ligne de terre.*

2° *Toute surface plane parallèle à l'un des plans de projection se projette sur ce plan par une figure égale, et sur l'autre par une parallèle à la ligne de terre.*

---

813. *Comment détermine-t-on les projections d'une surface plane?* —814. *Quelles sont les positions que peut prendre une surface plane à l'égard des plans de projection, et comment se projette-t-elle?*

3° Toute surface plane oblique à la fois aux deux plans de projection se projette en raccourci sur chacun de ces plans.

4° Toute surface plane, perpendiculaire à l'un des plans de projection, se projette sur ce plan par une ligne droite; sa projection sur l'autre plan est ou une ligne droite, ou une figure égale, ou une figure en raccourci, suivant que cette surface est en même temps dans une position perpendiculaire, ou parallèle, ou oblique, à l'égard de ce second plan.

816. **Problème 1.** — *Tracez les projections d'un rectangle de 20 mill. sur 25, parallèle au plan horizontal à une hauteur de 20 mill., la base de ce rectangle étant parallèle au plan vertical, dont elle est éloignée de 5 mill.* (Atlas, pl. 18, fig. 21 et 22.)

Comme ce rectangle se projette dans sa vraie grandeur sur le plan horizontal, auquel il est parallèle, construisez dans ce plan, à 5 millimètres de la ligne de terre et parallèlement à cette ligne, un rectangle *abcd* de 20 mill. de base sur 25 de hauteur, vous aurez la projection horizontale cherchée *abcd*. La projection verticale est une parallèle à la ligne de terre élevée de 20 millimètres au-dessus de cette ligne. Pour la déterminer, prolongez les perpendiculaires indéfinies *bc*, *ad*, et portez une longueur de 20 mill. à partir de la ligne de terre, puis menez *a' b'*, qui sera la projection verticale du rectangle.

817. **Problème 2.** — *Projetez ce rectangle dans une position inclinée au plan horizontal, de telle manière qu'après avoir tourné autour de BC parallèlement au plan vertical, sa projection verticale soit une droite inclinée de 45° sur la ligne de terre.* (Atlas, pl. 18, fig. 23 et 24.)

La droite BC n'ayant pas changé de position, a toujours le point *b* pour projection verticale; mais, pour ne pas mettre deux projections l'une dans l'autre, supposons que le rectangle, après avoir tourné, a été transporté parallèlement aux deux plans. De cette manière, la nouvelle projection verticale de BC est quelque part en *b'*, fig. 23, sur le prolongement de *a'b'*. Le rectangle étant resté perpendiculaire au plan vertical, sa projection sur ce plan est une droite *a' b'*, fig. 23, égale à *a' b'*, fig. 21, menée par le point *b'* et faisant avec la ligne de terre un angle de 45°. On construira cette projection au moyen du rapporteur, d'après ce qui a été dit n° 809. Quant à la projection horizontale, remarquons que le mouvement de rotation et de transport ayant eu lieu parallèlement au plan vertical, les points A, B, C, D ont conservé leur distance à ce plan, et ont leurs projections sur deux parallèles à la ligne de terre, que l'on obtient en prolongeant *dc*, *ab*; ces projections se trouvent aussi sur deux perpendiculaires à la ligne de terre abaissées des points *a'*, *b'*, fig. 23; donc elles se trouvent à leurs points d'intersection; et l'on a *abcd*, fig. 24, pour la projection horizontale cherchée.

818. Comme vérification, *cherchons le rectangle dont la projection verticale est la droite* ab, fig. 23, *et la projection horizontale le rectangle* abcd, fig. 24.

Nous nous servirons du procédé déjà donné pour les lignes, et nous supposerons que c'est le plan horizontal qui devient parallèle au rectangle. Menons à une distance quelconque la nouvelle ligne de terre *e'f'*, *fig.* 25, parallèlement à *a'b'*; abaissons sur cette ligne les perpendiculaires indéfinies *b'f'*, *a'e'*; et portons *fc* en *f'c²*, *ed* en *e'l²*, *da* en *l²a²*; *cb* en *c²b²*, et joignons *a²b²*, *l²c²*, nous aurons le rectangle cherché, qu'il est facile de vérifier en examinant s'il est égal au premier rectangle, *fig.* 22.

819. PROBLÈME 3. — *Tracez les projections d'un cercle de 12 mill. de diamètre, parallèlement au plan vertical, à une distance de 12 mill. du plan vertical, le centre étant élevé de 13 mill. au-dessus du plan horizontal.* (Atlas, pl. 18, *fig.* 26 et 27).

La projection verticale est un cercle de même grandeur. Élevez sur la ligne de terre une perpendiculaire de 13 mill., pour avoir le centre du cercle, que vous décrirez avec un rayon de 12 mill. Pour déterminer la projection horizontale, menez à une distance de 12 mill. une parallèle à la ligne de terre; menez, également dans la projection verticale, le diamètre *a'e'* parallèlement à la ligne de terre; par les points *a'*, *e'*, abaissez deux perpendiculaires, qui déterminent *ae* pour la projection horizontale du cercle.

820. PROBLÈME 4. — *Faites tourner le cercle parallèlement au plan horizontal de manière que sa projection, sur ce plan, soit une droite faisant un angle de 45° avec la ligne de terre, et déterminez les nouvelles projections de ce cercle.* (Pl. 18, *fig.* 28 et 29.)

Fixez quelques points à volonté, *g'*, *h'* et *f'*, *a'* et *e'*, *b'* *d'*, et *c'*, situés sur des parallèles à la ligne de terre, et déterminez les projections horizontales correspondantes en abaissant, de ces points, des perpendiculaires indéfinies sur la ligne de terre; copiez *ae* on *a²c²* sur une ligne faisant un angle de 45° sur la ligne de terre; des points *a²*, *h²*, *g²*, *f²*, *c²*, menez des perpendiculaires indéfinies sur la ligne de terre; par les points *g'*, *h'*, *a'*, *b'*, *c'*, *d'*, *e'*, *f'*, menez des parallèles à la ligne de terre : les points d'intersection *g³*, *h³*, *a³*, *b³*, *c³*, *d³*, *e³*, *f³*, donneront le passage de la courbe qui sera la projection verticale du cercle. Cette courbe est une ellipse.

§ V. — PROJECTIONS DES SOLIDES.

821. On détermine les projections d'un polyèdre en cherchant celles de ses sommets; car les projections des sommets donnent celles des arêtes, par suite celles des faces, et permettent ainsi de reconnaître toutes les dimensions du polyèdre.

Soit à projeter la pyramide S B A F E; on abaisse de chacun des sommets des perpendiculaires sur les plans de projection; on joint les pieds de ces perpendiculaires, de manière à avoir les projections des arêtes. La figure *s a b c d e f* est la projection horizontale de la pyramide, et la figure *s' c' b' a' e'* en est la projection verticale.

---

821. *Comment détermine-t-on les projections d'un polyèdre ?*

822. *Remarque.* — Si le dessinateur se place successivement de manière que le solide soit entre son œil et chacun des plans de projection, il ne verra, chaque fois, qu'un certain nombre d'arêtes; afin d'éviter toute confusion, on est convenu de représenter les lignes vues par des lignes pleines, et les lignes cachées par des lignes ponctuées. On se rappelle que les lignes de construction sont formées de petits traits séparés par des points.

823. PROBLÈME 1. — *Tracez les projections d'un prisme droit de 50 mill. de hauteur, à base pentagonale qui serait inscrite dans un cercle de 20 mill. de rayon, le centre étant à 30 mill. de la ligne de terre.* (Atl., pl. 19, fig. 1 et 2.)

Tracez d'abord la ligne de terre, puis, à une distance de 30 mill. de cette ligne, avec un rayon de 20 mill., décrivez une circonférence dans laquelle vous inscrirez un pentagone régulier, qui sera la projection horizontale du prisme. Pour la projection verticale, abaissez des points a, b, c, d, e, les perpendiculaires indéfinies el, af, di, bg, ch. La base inférieure du prisme se projette suivant la ligne totale lh, et les divers côtés de cette base, qui se projettent horizontalement suivant ab, bc, cd, de, ea, se projettent verticalement en fg, gh, ih, li, lf. Pour les arêtes verticales, portez en le' une longueur de 50 mill., égale à la hauteur du prisme, et par le point e' menez parallèlement à la ligne de terre la ligne $e'c'$, qui sera la projection verticale de la base supérieure du prisme. L'arête id' est en ponctué, parce qu'elle ne serait pas visible pour un œil placé en avant du prisme.

824. PROBLÈME 2. — *Tracez les projections d'une pyramide pentagonale de 50 mill. de hauteur, la base étant inscrite dans un cercle de 20 mill. de rayon, et disposée de manière, que l'un de ses côtés soit parallèle à la ligne de terre.* (Atl., pl. 19, fig. 3 et 4.)

Du point s comme centre, avec un rayon de 20 millimètres, décrivez une circonférence dans laquelle vous inscrirez un pentagone régulier, qui sera la projection horizontale de la base de la pyramide; afin que l'un des côtés soit parallèle à la ligne de terre, abaissez du centre, sur cette ligne, une perpendiculaire se; le point e servira de départ pour la division de la circonférence en cinq parties égales. Menez ensuite sa, sb, sc, sd, se, qui seront les projections horizontales des diverses arêtes partant du sommet de la pyramide pour se rendre aux angles de la base. Pour la projection verticale, abaissez les perpendiculaires aa', bb' ss' cc', dd'. La hauteur se projette suivant la perpendiculaire $e's'$, abaissée du point s. Portez sur cette ligne une longueur de 50 mill., égale à la hauteur de la pyramide; le point s' sera la projection du sommet. Joignez $s'a'$, $s'b'$, $s'c'$, $s'd'$, $s'e'$, qui seront les projections verticales des diverses arêtes latérales. La ligne se est en ponctué, pour la même raison que dans le prisme. Cette même ligne a servi à déterminer le sommet de la pyramide, parce qu'elle est à la fois la projection verticale de la hauteur, et de l'arête qui se projette horizontalement en sc.

825. **Problème 3.** — *Projetez cette pyramide dans une position inclinée à l'horizon, de manière, qu'après avoir tourné sur le point d parallèlement au plan vertical, la ligne a' d' fasse un angle de 40° avec la ligne de terre. (Atl., pl. 19, fig. 5 et 6.)*

Le mouvement de rotation ayant eu lieu parallèlement au plan vertical, la projection sur ce plan est la même que la précédente, à part l'inclinaison. On copiera la figure 3 sur une ligne $d^2 a^2$ faisant un angle de 40° avec la ligne de terre *figure* 5. Pour la projection horizontale, remarquons que les divers points du solide ont conservé leur même distance au plan vertical : le point E, par exemple, a sa projection quelque part sur une ligne $e e^5$, parallèle à la ligne de terre. D'ailleurs cette projection est également sur la perpendiculaire, abaissée du point e^2; donc elle est au point d'intersection e^5. En faisant le même raisonnement pour les divers points, on arrive à la construction suivante : Des divers points a, b, c, d, e, s, *fig.* 4, menez des parallèles à la ligne de terre; et des points $a^2, b^2, c^2, e^2, d^2, s^2$, *fig.* 5, abaissez des perpendiculaires sur cette même ligne. Joignez deux à deux les points d'intersection, vous formerez la figure $s^5 a^5 b^5 c^5 d^5 e^5$ pour la projection horizontale, dont les arêtes $a^5 d^5$, $e^5 d^5$, $c^5 d^5$, $s^5 d^5$, sont ponctuées, parce qu'elles sont cachées par le solide vu d'en haut.

826. **Problème 4.** — *Les projections d'une pyramide hexagonale régulière étant données, ainsi que la trace d'un plan perpendiculaire au plan vertical et incliné à l'horizon, on demande :*

1° De projeter horizontalement la section faite par ce plan ;

2° De rabattre la surface de section dans sa vraie grandeur ;

3° De tracer le développement du tronc de pyramide. (Pl. 19, fig. 7, 8, 9, 10 et 11.)

Soit la hauteur de la pyramide égale 50 mill., le rayon du cercle de la base 21, la distance du centre de la base à la ligne de terre 28. Commencez par construire les données du problème. Du point s, distant de 28 millimètres de la ligne de terre, et avec un rayon de 21 millimètres, décrivez une circonférence, dans laquelle vous inscrirez un hexagone régulier, que vous disposerez de telle sorte qu'aucun de ses côtés ne soit parallèle à la ligne de terre; ou, en d'autres termes, que deux sommets ne soient pas sur une même perpendiculaire à cette ligne. De cette manière, toutes les arêtes latérales se projetteront séparément sur le plan vertical. Joignez sa, sb, sc, sd, se, sf; vous aurez alors la projection horizontale de la pyramide supposée entière. Pour la projection verticale, abaissez les perpendiculaires aa', $bb', cc', dd', ee', ff', ss'$; portez la hauteur de la pyramide, et menez $sa', sb', sf', sc', se', sd'$. Tracez à volonté la droite $g'j'$, qui sera la trace du plan sécant.

1° Pour projeter horizontalement la section faite par le plan $g'j'$, remarquons que les arêtes sont coupées en des points qui se projettent verticalement en g', h', l', i', k', j'; donc les projections horizontales de ces mêmes points sont aux intersections g, h, i, j, k, l, des perpendiculaires abaissées de g', h', l', i', h', j', avec les projections horizontales des arêtes correspondantes. Joignez gh, hi, ij, jk, kl, lg, vous aurez la projection horizontale cherchée.

2° *Pour rabattre la surface de section dans sa vraie grandeur*, imaginons qu'on ait tracé sur cette surface, à partir de l'axe de la pyramide, une droite nt parallèle au plan vertical. Transportons cette surface parallèlement à elle-même, et faisons-la tourner autour de $m'n'$ jusqu'à ce qu'elle se rabatte dans le plan vertical (*fig. 9*). Dans ce mouvement, un point quelconque h' s'est éloigné suivant une ligne $h'h^2 o'$ perpendiculaire à $g'j'$, et se trouve distant de mn d'une longueur $o'h^2$ égale à oh pris dans la projection horizontale (*fig. 8*). De là le procédé suivant :

Menez, à une distance quelconque, $m'n'$ parallèlement à $g'j'$; abaissez sur cette ligne les perpendiculaires $g'g^2$, $h'o'$, $l'l^2$, $i'q'$, kk^2, $j'd^2 m'$; portez (*fig. 8 et 9*) ng en $n'g^2$, oh en $o'h^2$, pl en $p'l^2$, qi en $q'i^2$, rk en $r'k^2$, mj en $m'j^2$, et menez $g^2 h^2$, $h^2 i^2$, $i^2 j^2$, $j^2 k^2$, $k^2 l^2$, $l^2 g^2$: la figure qui en résulte est le rabattement de la surface de section.

3° *Pour tracer le développement du tronc de pyramide*, il est nécessaire de déterminer d'abord la portion de chaque arête enlevée par le plan sécant, ainsi que la longueur totale d'une arête. Pour cet effet, faisons tourner la pyramide autour de son axe, de manière à amener successivement les points d, c, b, a, f, e au point t. Dans toutes ces diverses positions, chaque arête devenant parallèle au plan vertical, se projette horizontalement, en raccourci, suivant st, et verticalement dans sa vraie grandeur suivant $s't'$. Dans ce mouvement, les divers points g', h', l', i', k', j' se sont mus parallèlement au plan horizontal, suivant des parallèles à la ligne de terre, pour se transporter sur $s't'$ aux points j^3, k^3, i^3, l^3, h^3, g^3. Prenez une ouverture de compas égale à $s't'$, et du point s^2, (*fig. 10*), décrivez un arc indéfini; portez ensuite un côté ab du polygone (*fig. 8*), six fois sur cet arc, et menez $a^2 b^2$, $b^2 c^2$, $c^2 d^2$, $d^2 e^2$, $e^2 f^2$, $f^2 a^2$, $s^2 a^2$, $s^2 b^2$, $s^2 c^2$, $s^2 d^2$, $s^2 e^2$, $s^2 f^2$, $s^2 a^2$; vous aurez le développement de la pyramide supposée entière. Pour le développement du tronc, portez $s'g^3$, *fig. 7*, en $s^2 g^4$, $s'h^3$ en $s^2 h^4$, $s'i^3$ en $s^2 i^4$, $s'j^3$ en $s^2 j^4$, $s'k^3$ en $s^2 k^4$, $s'l^3$ en $s^2 l^4$ et joignez $g^4 h^4$, $h^4 i^4$, $i^4 j^4$, $j^4 k^4$, $k^4 l^4$, $l^4 g^4$.

Une feuille de zinc, de carton ou de papier, coupée et pliée suivant ce développement, donnerait exactement le solide projeté (*figures 7 et 8*), et dont les dimensions ont été données en tête de ce problème. La base supérieure devrait être coupée suivant la *figure 9*, et la base inférieure suivant la *figure 11*, qui n'est autre chose que le polygone extérieur $abcdef$ (*fig. 8*).

827. PROBLÈME 5. — *Les projections d'un cône étant données, ainsi que la trace d'un plan perpendiculaire au plan vertical et incliné à l'horizon, on demande :*

1° *De projeter horizontalement la section faite par ce plan ;*

2° *De rabattre la surface de section dans sa vraie grandeur ;*

3° *De tracer le développement du tronc de cône.* (Pl. 20, *fig. 1, 2, 3 et 4.*)

Soit la hauteur du cône égale 50 mill., le rayon de la base 24, la distance du centre à la ligne de terre 50.

Commencez par construire les données du problème. Du point w, éloigné de 28 millimètres de la ligne de terre, et avec un rayon de 24 millimètres, décrivez une circonférence qui sera la projection de la base du cône; menez le diamètre ag parallèlement à la ligne de terre, et abaissez les perpendiculaires aa', gg', $w\,d'w'$; portez en $d'w'$ une longueur de 50 millimètres, égale à la hauteur du cône, et joignez $w'a'$, $w'g'$, vous aurez la projection verticale du cône supposé entier; enfin, menez à volonté la ligne $h'n'$, qui sera la trace du plan sécant.

1° *Soit à projeter horizontalement la section faite par le plan $h'n'$*. Pour ramener ce problème à celui qui précède, imaginez sur le cône un certain nombre de génératrices que vous traiterez comme les arêtes de la pyramide. Pour cet effet, divisez la circonférence de la base à partir de a en douze parties égales, et menez des rayons, wa, wb, etc., qui seront les projections horizontales d'autant de génératrices. Abaissez des divers points a, b, c, d, e, f, g, des perpendiculaires, à la ligne de terre, et joignez les points a', b', c', d', e', f', g', au sommet w; chacune de ces lignes est à la fois la projection de deux génératrices, situées l'une en avant, et l'autre en arrière du cône; cette disposition diminue le nombre des lignes de construction. Cela fait, abaissez, comme dans la pyramide, de chacun des points h', i', j', k', l', m', n' (*fig. 1*), des perpendiculaires que vous prolongerez jusqu'à la rencontre des projections horizontales correspondantes, et par les points d'intersection h, i, j, k, l, etc., faites passer une courbe, qui sera la projection horizontale cherchée. — Cette courbe est une ellipse.

2° *Pour rabattre la surface de section dans sa vraie grandeur*, transportez-la parallèlement à elle-même jusqu'en h^3n^3, et faites-la tourner autour de cette ligne jusqu'à ce qu'elle se rabatte sur le plan vertical; abaissez des perpendiculaires indéfinies des points h', i', j', k', l', m', n', et portez (*fig. 2 et 3*), sm en $s'm^3$ et sz^3, rl en $r'l^3$ et $r'y^3$, wk en $w'k^3$ et $w'x^3$, pj en $p'j^3$ et $p'v^3$, oi en oi^3 et ou^3, et, tracez à la main ou avec une pièce de raccord la courbe de rabattement, qui doit être une ellipse.

3° *Pour le développement du tronc de cône*, l'arête Wa, Wa' étant parallèle au plan vertical, se projette dans sa vraie grandeur en $w'a'$; si l'on fait tourner le cône autour de son axe, les portions de chaque génératrice enlevées par le plan sécant se déterminent en menant à la ligne de terre les parallèles $i'i^2$, $j'j^2$, $k'k^2$, $l'l^2$, $m'm^2$, $n'n^2$, jusqu'à la rencontre de la génératrice $w'a'$. Cela fait, du point w^2 comme centre (*fig. 4*), avec le rayon $w'a'$, décrivez un arc de cercle sur lequel vous porterez douze fois ab, joignez les points de division au centre w^2, vous aurez le développement du cône supposé entier. Pour tracer celui du tronc de cône, supposons que ce développement se fasse suivant la génératrice wg, vous porterez $w'n^2$ en w^2n^4 et w^2n^3, $w'm^2$ en w^2m^4 et w^2z^3, $w'l^2$ en w^2l^4 et w^2y^3, $w'k^2$ en w^2k^4 et w^2x^3, $w'j^2$ en w^2j^4 et w^2v^3, $w'i^2$ en w^2i^4 et w^2u^3, $w'h^2$ en w^2h^4, joignez les points n^4, m^4, l^4 etc., par une courbe de raccord.

828. **Problème 6.** — *Les projections d'un cylindre étant données* (Atl., pl. 20, *fig.* 5 *et* 6.), *ainsi que la ligne* a e *tracée d'un plan perpendiculaire au plan vertical et inclinée à l'horizon, déterminez la projection verticale de ce cylindre, en supposant que le plan vertical se place successivement en* ko *et* jn (*fig.* 7 *et* 8), *de manière à être d'abord perpendiculaire et ensuite oblique à sa première position.*

Soit le rayon de la base du cylindre égale 22 mil., la distance du centre à la ligne de terre 30; construisez d'abord les données des problèmes. Pour arriver aux deux projections demandées, commencez par figurer un certain nombre de génératrices *fig.* 5 et 6, comme dans le cône. Il est d'abord évident que dans chaque plan vertical les projections des génératrices doivent conserver leur même grandeur, puisque le cylindre et le plan horizontal n'éprouvent aucun changement. Cela posé, abaissez sur les deux nouvelles lignes de terre, des perpendiculaires de chacun des points *a*, *b*, *c*, *d*, *e*, *f*, *g*, *h*; puis portez les génératrices de la *figure* 5 dans les *figures* 7 et 8, ainsi que l'indiquent les lettres, et tracez enfin les deux ellipses qui sont les nouvelles projections de la surface de section.

§ VI. — APPLICATION DES PROJECTIONS.

829. **Hélice** (*Atlas, pl.* 20, *fig.* 9). — L'hélice est une courbe tracée sur la surface d'un cylindre droit à base circulaire par un point qui tourne autour de ce cylindre en s'élevant toujours de la même quantité.

830. On appelle spire l'arc décrit par une révolution entière du point générateur de l'hélice.

831. Le pas de l'hélice est la distance qui sépare les deux extrémités d'une spire.

832. On appelle surface gauche hélicoïde une surface produite par une droite qui, s'appuyant d'une part sur une hélice, et de l'autre sur l'axe du cylindre, se meut, en faisant toujours le même angle avec cet axe.

833. **Problème.** — *Construisez la projection verticale d'une hélice tracée sur un cylindre projeté horizontalement suivant le cercle extérieur de 23 mill. de rayon.* (Atl., pl. 20, *fig.* 9 *et* 10.)

Supposons que la hauteur de la spire soit de 35 millimètres, c'est-à-dire que le point qui décrit l'hélice, étant parti de *a'*, arrive en *m'* après une révolution entière. Partagez *a'm'* en douze parties égales, et par les points de division menez des parallèles à la ligne de terre. Partagez la circonférence en autant de parties égales, et abaissez des perpendiculaires sur la ligne de terre. Les points d'intersection *a'*, *b'*, *c'*, *d'*, *e'*, *f'*, *g'*, *h'*, *i'*, *j'*, *k'*, *l'*, *m'*, appartiendront à l'hélice, que vous tracerez à la main ou à l'aide

---

829. *Qu'est-ce que l'hélice?* — 830. *Qu'apelle-t-on spire?* — 831. *Qu'est-ce que le pas de l'hélice?* — 832. *Qu'appelle-t-on surface gauche hélicoïde?*

d'une pièce de raccord. Si, à partir de la troisième division, on trace une seconde hélice égale et parallèle à la première $a^2 b^2 c^2 d^2 e^2 f^2 g^2$, on aura un ruban enroulé en hélice autour d'un cylindre. Si le cylindre est creux et que l'on trace deux hélices intérieures semblables aux premières, on aura un solide terminé par des surfaces hélicoïdes et des surfaces cylindriques.

834. VIS (*Atlas, pl.* 20, *fig.* 11).—Une vis est un cylindre autour duquel on a creusé une gorge ou rainure en forme d'hélice.

835. Le pas de la vis est la distance d'une rainure à l'autre, prise après une révolution.

836. Le filet do la vis est la partie solide conservée entre deux gorges consécutives. Le filet est triangulaire ou carré, selon que la coupe faite, suivant l'axe du cylindre, est un triangle où un carré.

837. PROBLÈME.—*Tracez les projections d'une vis à filet triangulaire* (Atl., pl. 20, fig. 11 et 12).

Soit le rayon du cylindre extérieur égale 23 mil., le rayon du cylindre intérieur 16, le pas de la vis 9; tracez, avec les rayons donnés, les demi-cercles adg, hkn, et menez les perpendiculaires $a'r$, $h's$, $n't$, $g'u$. Portez sur $a'r$, $n't$, une hauteur de 9 millimètres, égale au pas de la vis, autant de fois que vous voulez avoir de filets; sur les deux autres lignes $h's$, $g'u$, portez d'abord un demi-pas de vis; à partir des points $h'g$, portez autant de pas de vis que la première fois. Cela fait, construisez par le procédé ordinaire les deux demi-hélices $a'b'c'd'e'f'g'$ et h', i', j', k', l', m', n'; reportez ensuite ces deux hélices sur un morceau mince de bois et de carton, que vous découperez avec soin et dont vous vous servirez comme d'un patron pour le tracé des hélices qui suivent.

838. ROUE D'ENGRENAGE (*Atlas, pl.* 21).—Les roues d'engrenage sont des organes mécaniques fréquemment employés pour la transmission du mouvement.

Dans la roue de la *planche* 21, on distingue la jante où couronne A, qui porte les dents, et le moyeu C, percé d'un trou qui doit recevoir l'extrémité d'un arbre. Les rainures D, D' sont destinées à recevoir des clavettes qui servent à fixer la roue sur son arbre. Quand les roues ont de grandes dimensions, on en diminue la masse en évidant la partie comprise entre la jante et le moyeu, en sorte que ces deux parties ne se lient que par un certain nombre de bras ou croisillons. On trouvera une roue de ce genre dans la partie mécanique du Cours industriel.

TRACÉ.—1° Tracez les cercles de la vue de face à l'aide des cotes indiquées sur om. 2° Divisez la circonférence extérieure $imje'$ en 22 parties égales, et menez les rayons oq, op, etc. 3° Divisez pq en 4 parties égales; du point p comme centre,

---

avec *pr* pour rayon, décrivez un demi-cercle; du point *s*, et avec le même rayon, tracez une autre demi-circonférence; et ainsi à tous les points de division. 4° Du centre o, menez tangentiellement à ces demi-cercles des droites telles que *rt.* 5° Tracez les rainures D. 6° Préparez les projections de la vue de côté et de la coupe verticale, en menant, d'après les cotes, les verticales *ab*, *cd*, *ef*, *gh*, et tirez les horizontales de ces deux projections qui sont suffisamment indiquées par les lignes de construction. 7° Enfin tracez les moulures de la coupe d'après les cotes. La coupe donne l'épaisseur des diverses parties de la roue, et fait connaître la nature des moulures qui, sur la vue de face, se projettent suivant des circonférences concentriques.

839. ROBINET (*Atlas, pl.* 22). — Un robinet est un organe mécanique destiné à établir ou à interrompre la communication d'un vase quelconque contenant un gaz ou un liquide.

Dans un robinet on distingue le boisseau A, et la clef B, qui est ajustée et mobile dans le boisseau. Le boisseau fait corps avec deux tubulures C, terminées par des brides D, lesquelles sont destinées à recevoir d'autres brides auxquelles sont soudés des tuyaux. Ces brides sont maintenues deux à deux et serrées par des boulons et des écrous. La clef est de forme conique, afin de présenter plus d'adhérence avec le boisseau, et elle est surmontée d'une poignée qui sert à la faire tourner avec plus de facilité. Dans la partie inférieure se trouve un écrou F qui sert à la retenir dans le boisseau ou à la serrer quand l'usure a fini par lui donner du lâche. On remarque, vers le milieu de la clef, l'ouverture H, à laquelle on donne une forme rectangulaire, afin qu'elle offre un espace considérable à l'écoulement sans trop affaiblir la clef.

TRACÉ. — Les projections (*fig.* 1 *et* 2) n'offrant aucune difficulté, nous ne croyons pas devoir nous y arrêter. On portera d'abord toutes les dimensions sur les lignes d'axe dans les deux figures, et l'on mènera à la fois toutes les lignes parallèlement aux directrices. Les courbes qui raccordent les tubulures C au boisseau A, ne peuvent se tracer au compas. On se donnera quelques points, ainsi que l'indique le modèle, puis on fera ces courbes au crayon à la main, et on les passera à l'encre avec une pièce de raccord. On suivra pour la poignée E le tracé indiqué sur le modèle.

840. *Remarque.* — Nous n'avons pas imaginé la clef ni les boulons et leurs écrous coupés, pour nous conformer à l'usage, généralement admis dans les dessins de machines, de ne pas représenter dans un dessin d'ensemble les coupes des tiges et autres parties peu importantes dont les sections n'offriraient aucun intérêt, et ne serviraient même qu'à embrouiller le dessin.

841. ÉCROU (*Atlas, pl.* 22, *fig.* 3, 4 *et* 5). — Un écrou est une pièce percée d'un trou qui a la même forme en creux que la vis en saillie, de manière que les filets de cette vis entrent exactement dans les creux pratiqués à la paroi du trou de l'écrou.

---

839. *Qu'est-ce qu'un robinet?* — 841. *Qu'est-ce qu'un écrou?*

Comme les écrous présentent quelques difficultés, et qu'on aura souvent à en dessiner dans la partie mécanique du Cours *industriel*, nous en avons représenté un sur une échelle plus grande (*Atlas, pl.* 22, *fig.* 3, 4, 5), afin d'indiquer la marche à suivre pour les dessiner convenablement.

TRACÉ. — 1° Dessinez le plan (*fig.* 3), en décrivant dans un cercle l'hexagone *a b c d e f*, puis tracez le cercle, projection du trou destiné à recevoir le boulon, et l'arc *h i* projection d'une partie du filet de l'écrou. 2° Fixez parallèlement aux axes *a d*, *k l*, les lignes *q r*, *s t*, sur lesquelles vous projetterez verticalement les arêtes. 3° Fixez sur les lignes d'axe les points *u*, *v*, qui détermineront la hauteur de l'écrou, laquelle est à peu près moitié du diamètre. 4° Prenez un rayon un peu plus grand que le diamètre de l'écrou, et décrivez les axes *a' u d'* (*fig.* 4), *f v b'* (*fig.* 5), passant par les points *u*, *v*. Ces axes donneront la hauteur des arêtes *a' r*, *d' q*. 5° Comme toutes les arêtes sont égales, menez par le point *a'* (*fig.* 4), la droite *a' d'* parallèle à *r q*, afin d'avoir les points *b' c'*. Portez de même *a' r* pour avoir le point *a²* (*fig.* 5), et par ce point menez une parallèle à *s t*. 6° Décrivez l'arc *b' c'* (*fig.* 4), lequel doit être concentrique à *a' d'*, et menez-lui une tangente parallèlement à *a' d'*, afin de déterminer la hauteur des arcs *a' b'* et *c' d'*. Portez en *s f* (*fig.* 5) la hauteur de cette tangente, et décrivez les arcs, *a' b'*, *c' d'* (*fig.* 4), et les deux qui partent du point *a²* (*fig.* 5), en se donnant les rayons par la connaissance de la tangente et des deux points extrêmes de l'arc. 7° Enfin menez les droites *i j*, *k' l'*.

L'aspect de la figure 5 (*Pl.* 22) diffère de celui de la figure 4. Pour s'en rendre compte, il faut remarquer que les arcs *a² b²*, *a² f'*, sont les projections verticales des arcs qui se projettent horizontalement suivant les droites *a b*, *a f* (*fig.* 3), tandis que la ligne *f' k' l' b'* est la projection verticale de la courbe qui se projette suivant *k l* (*fig.* 3). Or, si l'on se rappelle que la surface d'un écrou est convexe, on comprendra sans peine qu'au point *b²*, par exemple, les deux arcs *a² b²*, *l' b²* soient séparés par une petite ligne droite qui doit être la projection de *b g*, ou, en d'autres termes, qui exprime la différence de niveau entre les deux points qui se projettent en *g* et *b* (*fig.* 3).

842. COUPE HORIZONTALE D'UNE MAISON (*Atlas, pl.* 23). — Comme il arrive souvent que l'on a besoin de prendre des plans de maison, nous allons entrer dans quelques détails sur ces sortes de dessins. Nous ferons d'abord remarquer que c'est très-improprement qu'on leur donne le nom de plans, puisqu'ils ne sont autre chose que des coupes horizontales que l'on fait ordinairement à un mètre du sol, suivant la hauteur des croisées, qu'il faut avoir soin d'indiquer dans une coupe de ce genre.

Murs. — Ils se représentent par deux lignes indiquant leur épaisseur, et dont l'intervalle est rempli par des hachures que l'on rapproche de manière à former une teinte noire pour les caves, et d'autres teintes de moins en moins foncées à mesure que les coupes appartiennent à des étages plus élevés. Aujourd'hui l'usage est généralement reçu de remplacer ces hachures par une couche d'encre de Chine aussi noire que possible. Lorsqu'il s'agit du plan d'une maison à rétablir, on met une teinte rouge sur la maçonnerie que l'on doit conserver ou construire, et une teinte jaune sur celle qui doit être démolie.

Caves. — Sur le plan d'une cave, on figure la projection : 1° des marches de l'escalier par lequel on y descend, 2° des murs ou cloisons de séparation, 3° des soupiraux. On indique assez souvent la courbure de la voûte au moyen d'une coupe verticale dont on dessine le rabattement en lignes ponctuées.

Rez-de-chaussée. — La coupe horizontale d'un rez-de-chaussée se prend toujours au-dessus de l'appui des croisées. Cette coupe doit contenir la projection des murs extérieurs, des murs de refend, des cloisons qui séparent les différentes pièces du rez-de-chaussée, des marches qui sont au-devant des portes d'entrée. La ligne parallèle qui se remarque à l'extérieur des gros murs indique la saillie du socle ou soubassement qui règne tout autour du bâtiment.

Étages divers. — Les plans des différents étages se prennent absolument comme celui du rez-de-chaussée, en ayant soin de représenter les gros murs par des teintes de moins en moins foncées, à mesure qu'on s'élève, ainsi qu'il a été dit.

Combles. — La coupe horizontale d'un comble se compose ordinairement de la projection horizontale des pièces de bois qui portent le plancher ou le carrelage. Quant aux pièces de charpente qui supportent la toiture, elles se représentent à part par des élévations ou des coupes verticales.

Portes. — Les portes s'indiquent par une interruption dans les murs, dont on figure la continuité par deux lignes pointillées. Lorsqu'elles ont une feuillure, ou une embrasure, on les représente, ainsi qu'on le voit dans les portes d'entrée (*Pl.* 23). Il y a alors trois lignes ponctuées.

Croisées. — Les croisées s'indiquent à peu près comme les portes. Les deux lignes figurant l'épaisseur du mur qui ferme la baie se tracent en lignes pleines ; il n'y a de ponctuée que la ligne intérieure de l'embrasure. Lorsque les plans sont sur une échelle assez grande, on figure la feuillure destinée à recevoir le bâti dormant de la croisée (*Pl.* 23).

Lits. — L'usage est de représenter les lits par un rectangle, avec deux diagonales (*Pl.* 23).

Cheminées. — On en figure simplement la coupe horizontale. Pour les grandes cheminées de cuisine, on donne de plus en lignes ponctuées le plan du manteau.

Escaliers. — Les escaliers s'indiquent au moyen de la projection horizontale de leurs marches. La partie comprise sous la section est en lignes pleines, et le reste en lignes ponctuées. Comme la coupe est ordinairement prise à un mètre de hauteur, il doit y avoir à peu près 6 marches en lignes pleines.

Poêles, fourneaux, éviers, etc. — Tous ces objets se représentent en projection horizontale.

Puits et pompes. — Un puits se projette suivant deux cercles concentriques dont le petit est rempli de hachures pour représenter l'eau. Des hachures interrompues indiquent que le puits est recouvert. Pour une pompe, on dessine la projection horizontale du montant et du corps de pompe.

Écuries.—Dans les écuries, on figure le plan des mangeoires ainsi que celui des pièces de bois formant séparation des chevaux. Ces séparations se représentent par deux parallèles que l'on termine par de petits cercles.

843. Topographie (*Atlas, pl.* 23).—Un dessin topographique n'est autre chose que la projection horizontale d'un terrain, d'un bois, d'un pays, etc. Comme ce genre de dessin se fait sur une échelle excessivement petite, il est en définitif plutôt le résultat de signes conventionnels que la véritable projection des objets qu'il représente.

844. Le dessin topographique s'exécute à la plume ou au lavis. L'un et l'autre de ces procédés demandent du soin et surtout beaucoup d'habitude.

845. Nous avons pensé qu'il était inutile d'indiquer la manière de représenter à la plume les différents accidents de terrain qui peuvent se rencontrer dans un plan topographique, et que nous serions plus facilement compris au moyen d'un simple dessin, que par des théories qui sont toujours très-insuffisantes, surtout pour des élèves. C'est pourquoi nous nous contenterons de faire connaître la signification de chaque partie du plan.

A fleuve, la flèche indique le côté du courant de l'eau, B rivière, C pont en pierre, D arche du pont, E route ou chemin, F maisons et jardins, G église, H cimetière, I vignes, J bois, L prairies, M marais, N terres labourées, O broussailles, P montagnes, Q rochers, R vergers, S haies.

846. Lever d'un dessin (*Atlas, pl.* 24).—Après avoir dessiné avec soin et bien compris tous les détails contenus dans les planches précédentes, on doit être en état d'appliquer la méthode des projections à la représentation d'un objet donné. La planche 24 offre deux exercices de ce genre : 1º une porte de placard, 2º un bureau d'inspecteur. Ces deux sujets, qui font partie du mobilier d'une école, ont été choisis afin que les élèves, qui les ont continuellement sous les yeux, n'éprouvent aucune difficulté pour l'intelligence des dessins. Cette planche ne doit pas être copiée; c'est un modèle à consulter toutes les fois que l'on aura *un levé* à faire, c'est-à-dire à dessiner un meuble, une machine, ou un appareil, de manière à pouvoir le faire exécuter. Ce travail se compose de deux opérations bien distinctes : 1º le croquis, 2º la mise au net.

847. Avant de commencer le tracé des croquis d'un meuble ou d'une machine, on cherche d'abord à bien se rendre compte de sa construction, de son jeu, afin de pouvoir déterminer quels sont les plans, les élévations ou les coupes, qu'il faut choisir pour bien faire connaître l'ensemble et tous les détails de l'objet.

848. Le croquis d'ensemble doit être très-simple et peu chargé de détails; il ne doit renfermer que les principales cotes des pièces formant comme le *canevas géométrique* de l'objet.

849. On fera à part le croquis de chaque pièce de détail vue sous plusieurs aspects, et avec des dimensions assez considérables

pour reproduire toutes les formes et placer toutes les cotes. Au-dessus de chacune de ces pièces on écrira un titre qui désignera son emploi, ou bien une lettre servant de repère avec l'ensemble.

850. Les croquis étant destinés à représenter les objets d'une manière approximative, seront généralement dessinés à la main et à vue; on pourra cependant se servir de la règle et du compas, et même d'une échelle, lorsqu'on désirera une plus grande netteté dans le croquis, et qu'on voudra donner aux diverses parties leurs proportions relatives.

851. On commencera toujours par tracer légèrement, à l'aide du double décimètre, les lignes d'axe, afin de pouvoir placer plus facilement ensuite les parties symétriques du croquis.

852. Les lignes des cotes doivent être très-fines, et les guillemets qui les limitent très petits.

853. Les chiffres des cotes doivent être écrits correctement et de petites dimensions, afin que le dessin du croquis reste apparent et domine les cotes.

854. Les cotes placées verticalement seront toujours écrites de manière à être lues de bas en haut, afin d'éviter les erreurs.

855. Les cotes s'expriment toujours en millimètres. Ainsi on écrit 75 pour 7 centimètres 5 millimètres; 2145 pour 2 mètres 1 décimètre 4 centimètres 5 millimètres.

856. On fera en sorte de prendre, en une seule fois, toutes les cotes essentielles, puis celles des points intermédiaires, et l'on s'assurera si la somme de ces dernières reproduit la cote principale. C'est un moyen de vérification qu'il faut toujours se ménager, et une garantie contre les oublis.

857. Enfin, pour la mise au net, on choisit une échelle, puis on fait le dessin d'après les croquis et les mesures cotées.

CHAPITRE VI.

DES OMBRES.

§ 1er. — DES TRAITS DE FORCE.

858. Pour faire distinguer les reliefs des creux, dans un dessin destiné à rester au simple trait, on est convenu de représenter par des lignes plus fortes, appelées traits de force, les arêtes de séparation d'ombre et de lumière, ou, en d'autres termes, les arêtes suivant lesquelles se rencontrent deux surfaces dont l'une est éclairée et l'autre dans l'ombre.

859. On suppose que les rayons lumineux qui éclairent le corps sont parallèles entre eux, et qu'ils se dirigent de gauche à droite suivant la diagonale d'un cube dont les faces adjacentes seraient parallèles aux deux plans de projection.

860. Les rayons lumineux se projettent sur chacun des plans de projection par des droites parallèles entre elles faisant, avec la ligne de terre, des angles de 45°.

Soit, par exemple, un cube qui ait pour projection horizontale $adbc$, et pour projection verticale $efd'a'$. La diagonale qui indique la direction des rayons lumineux se projette horizontalement en ab, et verticalement en $a'f$. Par conséquent, l'ensemble des rayons lumineux qui éclairent le cube se projetterait horizontalement par un faisceau de lignes parallèles à ab, et verticalement par un faisceau de lignes parallèles à $a'f$.

861. Il résulte de cette direction donnée à la lumière que toutes les faces qui paraissent éclairées sur l'un des plans de projection le sont également sur l'autre.

862. C'est un problème assez difficile à résoudre que de déterminer à l'aide des projections d'un objet les faces qui sont éclairées et celles qui sont dans l'ombre. Cependant la règle suivante, qui est très-simple et qui n'offre la solution que d'un cas particulier, trouve son application dans un grand nombre de dessins.

863. Si une surface se projette sur l'un des deux plans par une ligne droite, on reconnaît qu'elle est éclairée, lorsque la ligne droite qui en est la projection est rencontrée par une parallèle menée à la projection du rayon lumineux. Dans le cas contraire, elle est dans l'ombre.

Par exemple, dans le cube (*fig. n° 679*)? la projection horizontale ad fait connaître que le carré $cfd'a'$ est la projection verticale d'une face éclairée. Or sur ce carré les lignes $a'd'$, $a'e$ sont les projections verticales de deux faces éclairées, et les lignes ef, $d'f$, sont les projections verticales de deux faces dans l'ombre : donc les arêtes ef, $d'f$ sont les seules qui soient des arêtes de séparation d'ombre et de lumière, et par conséquent on les représentera par des traits de force. De même $adbc$ est une face éclairée, comme l'indique la projection verticale $a'd'$... Les côtés ac, ad sont les projections de deux faces éclairées, et les lignes db, cb, les projections de deux faces dans l'ombre : d'où il résulte que les traits de force seront sur db, cb.

864. Dans un corps rond, comme un cylindre, on mène, tangentiellement à la base, deux parallèles à la projection du rayon lumineux afin de reconnaître le demi-cercle qui est dans l'ombre et qui doit recevoir le trait de force. Dans la projection verticale, on en place sur la droite qui est la projection de la base inférieure, mais on n'en devrait pas mettre sur le côté, car cette ligne n'est ni une arête saillante, ni une séparation brusque d'ombre et de lumière. Cependant il faut savoir que l'usage a prévalu et que l'on s'écarte généralement de cette règle.

865. Dans le cône, la partie éclairée est plus grande que la partie dans l'ombre; dans les simples dessins au trait, on néglige la différence, et l'on place les traits de force comme dans le cylindre. Toutefois il est bon de remarquer que, lorsque la hauteur du cône est moindre que le diamètre de la base, sa surface est complétement éclairée, et le contour ne doit pas recevoir de traits de force.

§ II. — TRACÉ DES OMBRES.

866. On appelle lumière directe celle qui est transmise sans intermédiaire du corps lumineux à l'objet éclairé.

867. Les corps frappés par la lumière jouissent tous, à différents degrés, de la propriété de la réfléchir, c'est-à-dire de la renvoyer et de la disséminer dans l'espace plus ou moins régulièrement, suivant la nature et l'éclat de cette surface. C'est cette lumière réfléchie qui nous rend les corps visibles.

868. L'ombre est l'obscurité plus ou moins intense que produit sur la surface d'un corps la privation de la lumière directe.

869. On distingue deux sortes d'ombres : les ombres propres et les ombres portées.

870. L'ombre propre d'un corps est celle qui a lieu sur la partie de sa surface opposée à la lumière.

871. L'ombre portée est celle que produit un corps sur la surface d'un autre en interceptant les rayons lumineux, qui sans cela pourraient éclairer cette surface.

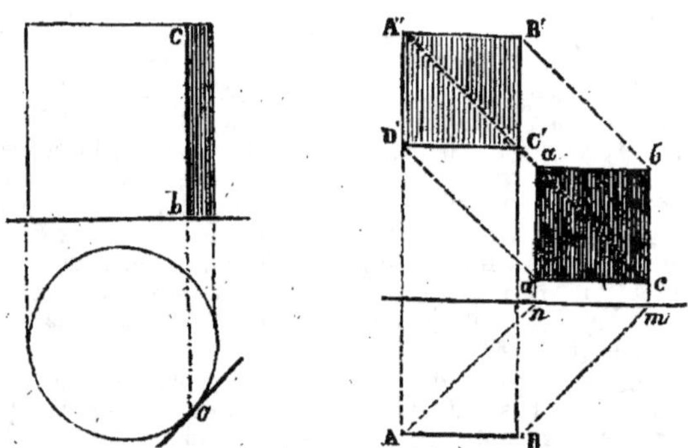

872. PROBLÈME 1. — *Déterminez la ligne de séparation d'ombre et de lumière sur un cylindre.*

Comme les rayons lumineux se projettent sur les deux plans de projection suivant des droites faisant des angles de 45° à la ligne de terre, on mènera à la projection horizontale une tangente parallèle à l'un de ses rayons. Soit a le point de contact. Abaissez de ce point sur la ligne de terre une perpendiculaire, qui donne bc pour la projection verticale de la droite séparative d'ombre et de lumière.

873. **Problème 2.** — *Déterminez l'ombre portée sur un plan vertical par un carré parallèle à ce plan.*

Par les points A et B menez des parallèles aux rayons lumineux, élevez aux points m et n deux perpendiculaires indéfinies, que vous couperez par des droites partant des points A', B', C', D', parallèlement aux rayons lumineux : vous aurez $abcd$ pour l'ombre portée du carré. Il est facile de reconnaître que l'ombre portée $abcd$ est égale au carré ABCD. Nous en conclurons ce premier principe, que *toute surface, parallèle à un plan, a son ombre portée sur ce plan par une surface égale et parallèle à la première.*

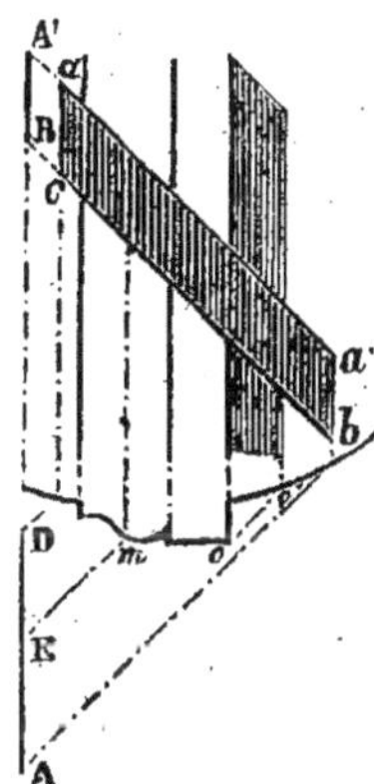 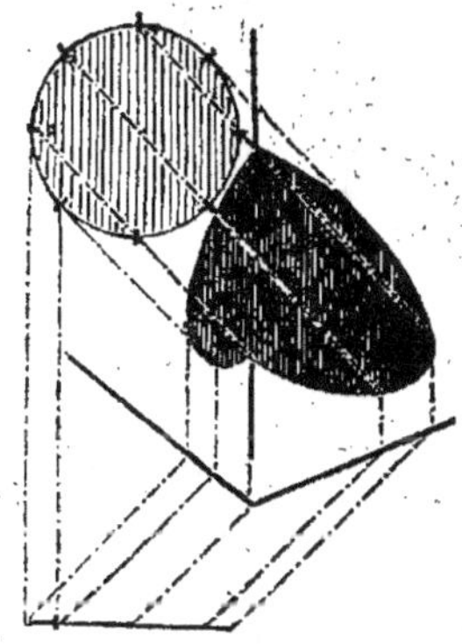

874. **Problème 3.** — *Déterminez l'ombre portée sur une surface verticale, revêtue de moulures, par un rectangle perpendiculaire aux deux plans de projection.*

L'ombre du premier côté horizontal, projeté horizontalement en DA et verticalement en A', est une droite A'a' traversant toute la surface des moulures et se prolongeant au delà sans se briser ; c'est ce dont il sera facile de se rendre compte en cherchant par les problèmes précédents l'ombre portée d'un ou plusieurs points, que l'on reconnaîtrait être toujours sur la droite Aa. L'ombre portée du second côté horizontal projeté en B a lieu de même suivant Bb. Pour avoir l'ombre portée de la moulure e, on mène eo parallèle aux rayons lumineux, et l'on élève une perpendiculaire au point o.

875. *Remarque.* — De l'exemple ci-dessus on peut déduire le principe suivant : *toute droite, perpendiculaire à un plan de projection, porte ombre sur ce plan suivant une droite qui fait un angle de 45° avec la ligne de terre.*

876. PROBLÈME 4. — *Déterminez l'ombre portée sur deux surfaces verticales par un cercle parallèle au plan vertical.*

A partir d'un diamètre horizontal, partagez la circonférence en huit parties égales, et fixez les projections horizontales de tous ces points, puis cherchez l'ombre portée, d'après ce qui a été dit dans les problèmes qui précèdent.

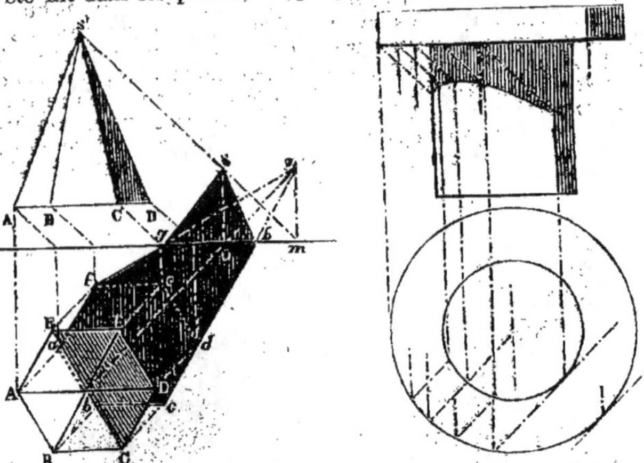

877. PROBLÈME 5. — *Déterminez l'ombre portée sur les deux lans de projection par une pyramide hexagonale régulière.*

Cherchez l'ombre portée de la base $abcdef$, d'après la marche indiquée par les lignes de construction; puis déterminez l'ombre portée du sommet. Pour cet effet, menez des points s et s' des lignes à 45°; élevez en m une perpendiculaire mn, qui donne un point d'intersection n situé derrière le plan vertical; car la pyramide est tellement rapprochée de la ligne de terre, que l'ombre portée du sommet ne peut rencontrer le plan horizontal qu'en traversant le plan vertical en un certain point s, que l'on obtient en élevant la perpendiculaire os. Cela fait, joignez sg, sh, gf, hd, vous aurez sgh pour la partie de l'ombre portée qui appartient au plan vertical.

878. PROBLÈME 6. — *Déterminez l'ombre portée d'un cylindre sur un autre cylindre.*

Les lignes de construction doivent suffire pour guider l'élève sans le secours de nouvelles explications.

§ III. — EFFETS D'OMBRE ET DE LUMIÈRE.

879. Jusqu'à présent, dans nos études d'ombre, nous n'avons fait qu'établir une simple distinction entre les parties éclairées et celles dans l'ombre, en mettant sur ces dernières une teinte pâle et grise. Il nous reste à faire connaître comment on peut,

à l'aide des dégradations de teintes convenablement ménagées, faire sentir les formes planes ou arrondies, les parties fuyantes et les positions respectives des objets.

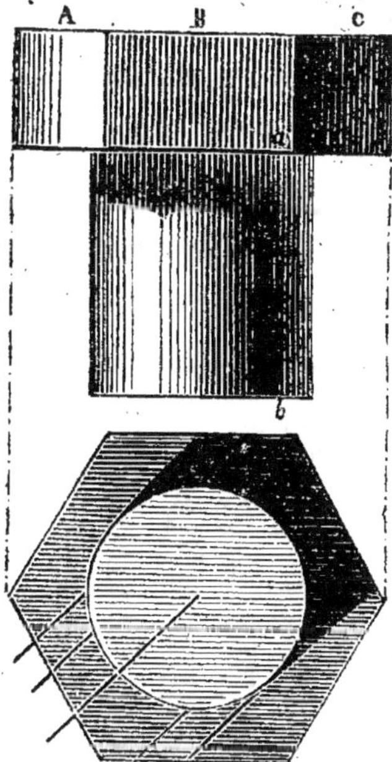

1º *Lorsqu'une surface plane est éclairée, si tous les points sont à égale distance de l'œil, elle reçoit sur toute son étendue une teinte claire et uniforme.*

Telle est la surface plane et verticale B.

2º *Lorsque deux surfaces sont parallèles, et par conséquent éclairées de la même manière, celle qui se trouve la plus proche de l'œil reçoit une teinte plus faible que l'autre.*

3º *Lorsqu'une surface éclairée est inclinée sur le plan de projection, elle doit recevoir une teinte inégale, parce qu'elle a ses points inégalement distants de l'œil.*

Ainsi on a donné à la face A une teinte faible et fondue, parce que cette face n'étant pas parallèle au plan vertical, les points éloignés de l'arête d'intersection doivent nécessairement nous paraître moins éclairés.

4º *De deux faces éclairées, c'est celle qui se présente le plus perpendiculairement à la lumière qui reçoit la teinte la plus claire.*

D'après ce principe, la face A recevant plus directement les rayons lumineux que la face B, reçoit une teinte qui, étant dégradée comme il a été dit ci-dessus, est en outre plus faible que la teinte uniforme posée sur cette seconde face.

880. Les dégradations de teintes qu'il faut faire sentir sur les surfaces arrondies se déterminent d'après les principes qui précèdent. En menant sur la projection horizontale un certain nombre de rayons lumineux, on voit que le rayon qui passe par le centre se présente perpendiculairement à la surface du cylindre; sa projection donne la génératrice la plus éclairée. Comme tous les autres rayons de lumière tombent de plus en plus obliquement sur la surface du cylindre, cette surface doit recevoir une teinte d'autant plus foncée qu'on s'approche davantage de la ligne *ab* séparation d'ombre et de lumière.

881. Les surfaces éclairées reçoivent des teintes d'autant plus faibles qu'elles s'offrent plus directement à la lumière ou qu'elles se trouvent plus proches du spectateur. L'effet contraire a lieu dans les surfaces non éclairées; c'est-à-dire que les surfaces dans

l'ombre sont d'autant plus foncées qu'elles seraient éclairées davantage si elles étaient frappées directement par les rayons de lumière.

Ainsi, dans la figure n° 879, on voit que la face C est plus foncée sur le devant que dans le fond, contrairement à la face éclairée A. Dans le cylindre, la dégradation doit avoir lieu depuis la ligne de séparation d'ombre et de lumière jusqu'à la ligne du contour; car les rayons réfléchis par l'air environnant et par la surface même sur laquelle on suppose le corps placé, éclairent la seconde partie du cylindre de la même manière que la lumière directe éclaire la première partie, avec la seule différence d'une intensité beaucoup plus faible. Or, comme ces rayons réfléchis reviennent précisément en sens contraire des premiers, ils ne peuvent frapper la ligne de séparation d'ombre et de lumière, qui doit être la génératrice la plus obscure du cylindre; par conséquent la surface ombrée diminuera de ton, à partir de cette ligne jusqu'à la génératrice du contour.

882. Les ombres portées suivent les mêmes lois que les ombres propres; c'est pourquoi on remarquera que l'ombre portée du prisme sur le cylindre a sa teinte la plus noire précisément sur la teinte la plus claire du cylindre, et de là, elle va en diminuant de ton de chaque côté, jusqu'à ce qu'elle arrive à la ligne de séparation d'ombre et de lumière, dans laquelle elle doit se confondre et se perdre. On remarquera aussi que cette ombre portée décroît de bas en haut, parce que la lumière réfléchie qui éclaire le dessous du prisme se réfléchit une seconde fois sur le prisme, et diminue d'intensité la partie supérieure de l'ombre.

883. Si l'on doit ménager une dégradation d'ombres dans des surfaces inclinées, pour faire sentir leur inclinaison, cette dégradation doit être observée avec soin lorsqu'il s'agit d'indiquer l'éloignement des objets.

884. Cette dégradation doit être très-sensible dans un dessin d'ensemble d'architecture où il y aurait des bâtiments sur des plans assez éloignés; il en est de même de certains dessins d'ensemble de machine. Quelquefois on se contente de mettre un ton gris et assez prononcé sur les plans les plus reculés, sans y déterminer d'ombres portées.

885. Il est d'usage, dans le lavis, de ménager, sur les arêtes saillantes qui terminent les surfaces éclairées, un filet clair et très-étroit nommé reflet, qui a pour but, dans un dessin d'ensemble, de bien faire distinguer qu'une surface est en saillie sur une autre. Ce filet peut rester blanc, si la teinte qui l'accompagne est assez faible; mais il doit être un peu teinté, si le contraire a lieu. Sur les parties cylindriques, il est blanc à côté de la génératrice brillante, et se teinte de plus en plus fort à mesure qu'il se rapproche de la ligne de séparation d'ombre et de lumière, où il doit se perdre avec cette ligne. On ménage quelquefois ce reflet sur des arêtes appartenant à des surfaces dans l'ombre : telles seraient, par exemple, deux surfaces planes dans l'ombre, peu saillantes l'une sur l'autre, qui par conséquent ne pourraient recevoir que la même teinte. On place alors un reflet assez pâle sur la ligne qui les sépare.

CHAPITRE VII.

DU LAVIS.

§ Ier. — NOTIONS GÉNÉRALES.

886. Les opérations du lavis se font ordinairement avec deux pinceaux montés sur une même hampe.

887. Pour qu'un pinceau soit bon, il faut qu'en le relevant de dessus le papier, il fasse naturellement la pointe, ou du moins qu'on puisse la rétablir promptement en passant le pinceau sur l'ongle.

888. Celui des deux pinceaux qui fait le mieux la pointe sert à mettre les teintes, et l'autre, qui doit toujours être trempé d'eau, sert au besoin à les adoucir. On ne doit jamais se servir d'un bon pinceau pour délayer des couleurs, ni du pinceau à eau pour prendre une teinte. Les pinceaux employés pour étendre l'encre de Chine ne peuvent plus servir à d'autres usages, car il est impossible de les nettoyer assez pour les empêcher d'altérer les autres couleurs.

889. Les godets en porcelaine sont préférables à ceux en faïence ; ils doivent être creux afin que les couleurs sèchent moins vite, et avoir un fond bien lisse.

890. Le papier employé pour le lavis doit être bien collé et parfaitement tendu. Pour fixer la feuille sur une planchette à dessin, on la mouille fortement du côté qui doit toucher le bois, au moyen d'une éponge humectée d'eau bien claire, et avec de la colle à bouche, on la fait ensuite adhérer à la planche, d'abord par ses angles, puis par les milieux des côtés, et l'on continue de coller ainsi partie par partie.

891. Les dégradations des teintes s'obtiennent de deux manières différentes : dans l'une on procède par teintes plates superposées les unes aux autres, et dans l'autre on procède par des teintes fondues. La première est aujourd'hui à peu près la seule suivie dans la plupart des grandes écoles.

§ II. — LAVIS A TEINTES PLATES.

892. Les teintes plates présentent d'assez grandes difficultés lorsqu'elles ont une certaine étendue. En s'y exerçant on reconnaîtra d'abord : 1° que l'endroit où l'on applique le pinceau en commençant donne presque toujours une tache ; 2° que chaque fois qu'on abandonne une teinte, soit pour reprendre de la couleur, soit pour aller continuer une autre partie qui menace de sécher, il se fait une autre tache à l'endroit abandonné ; 3° enfin que pour conserver la nuance, il est nécessaire de prendre toujours la même quantité de couleur avec le pinceau ; lorsqu'elle dépose il faut la remuer, pour avoir chaque fois la même quan-

tité de dépôt; ou bien ne jamais enfoncer le pinceau au fond du godet, pour n'attaquer que la partie supérieure du liquide.

893. Si la chaleur de l'atmosphère est un peu considérable, il faut prendre la précaution d'humecter le papier avec le pinceau à eau avant de passer la teinte. On donne à la planchette une position inclinée, et l'on opère avec un pinceau surchargé de couleur, de manière que la partie inférieure de la teinte que l'on étend, soit constamment une espèce de réservoir, qu'on abaisse peu à peu, et qui doit être toujours assez rempli pour que ses bords ne puissent sécher avant que le pinceau y revienne.

894. Une grande teinte plate un peu foncée ne doit jamais être faite en une fois. On met d'abord une première teinte très-faible, puis une seconde, une troisième, etc., en ayant soin de ne passer à une nouvelle teinte que lorsque la précédente est parfaitement sèche.

895. Pour qu'une teinte plate soit bien découpée sur ses bords, il faut avoir l'attention de tenir le pinceau presque perpendiculairement au papier. Cette précaution est particulièrement utile pour découper le côté droit, qui est une des difficultés du lavis pour les commençants.

896. Afin d'être compréhensible dans la marche que nous allons indiquer, pour obtenir, à l'aide de teintes plates superposées, les dégradations exigées par la forme des objets, nous prendrons pour exemples un prisme et un cylindre. Nous engageons l'élève à donner à ces figures au moins de 10 à 15 centimètres de hauteur sur 3 à 4 de rayon : ces dimensions sont nécessaires au nombre de teintes que nous allons indiquer.

Soit le prisme ABC : 1° divisez les faces A et C en quatre parties égales par trois lignes verticales tracées très-légèrement au crayon; 2° donnez sur la face B, une teinte plate faible, que vous étendrez également sur toute la face C, puisqu'elle est dans l'ombre; 3° mettez une teinte assez foncée sur la division 1 de la face C, une seconde teinte sur les divisions 1 et 2, une troisième sur les divisions 1, 2, 3, et enfin une quatrième sur les divisions 1, 2, 3, 4. Pour la face A, vous mettrez une première teinte assez faible sur la division 1, une seconde teinte sur les divisions 1 et 2, et enfin une troisième sur les divisions 1, 2, 3. La 4e division doit rester en blanc. Le lavis étant bien sec, vous effacerez les lignes au crayon en frottant légèrement avec la gomme.

Soit le cylindre ABCD : 1° divisez-le en quatre parties égales; A, B, C, D; 2° divisez les deux rectangles B et C chacun en trois parties égales, et reportez une de ces divisions en E pour avoir la génératrice brillante, et en O pour avoir la génératrice la plus foncée; 3° divisez le reste des rectangles A et D en quatre parties égales. Ces divisions faites, vous poserez la première teinte, qui doit être assez foncée, sur la génératrice la plus obscure O. Lorsqu'elle sera sèche, vous en poserez une seconde à cheval sur la première, et qui s'étende sur une division de chaque côté de la première de 2 à 2, une troisième de 3 à 3, une quatrième de 4 à 4, une cinquième de 5 à 5, une sixième de 6 à 6, une septième de 7 à 7. Vous laisserez en blanc la génératrice brillante E. Lorsque vous serez arrivés à la quatrième teinte, de 4 à 4, vous donnerez en même temps la première du côté gauche sur la division n° 4; lorsque vous serez à la cinquième à droite, de 5 à 5, vous donnerez la seconde à gauche sur les divisions 4 et 5. Lorsque vous serez à la sixième à droite, vous donnerez la troisième à gauche sur les divisions 4, 5, 6; enfin, lorsque vous serez à la septième à droite, vous donnerez la quatrième à gauche sur les divisions 4, 5, 6, 7.

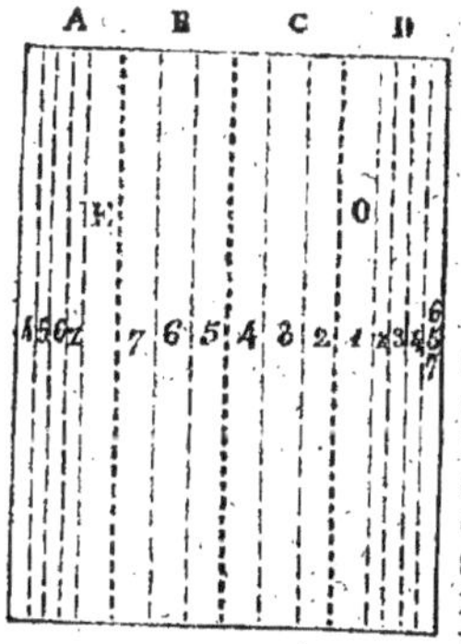

897. Pour que la dégradation soit plus sensible, et qu'elle produise un meilleur effet, on mettra quelques gouttes d'eau dans le godet chaque fois qu'on étendra une nouvelle teinte.

898. L'élève qui débute dans le lavis doit commencer par six ou huit solides tracés sur une même feuille de papier. Il les lavera simultanément en allant de l'un à l'autre, pour donner aux diverses teintes le temps de sécher, ce qui lui permettra de travailler constamment.

§ III. — LAVIS A TEINTES FONDUES.

899. Le lavis par teintes fondues est plus difficile et demande plus d'habitude que le lavis par teintes plates. C'est en partie pour cette raison que, dans un grand nombre d'écoles spéciales, il a été rejeté, même pour les dessins d'architecture. Il se fait cependant à peu près comme l'autre, au moyen d'un certain nombre de teintes plates superposées, avec cette différence que, dans le lavis à teintes plates, les teintes sont coupées net sur leurs bords, tandis que dans le lavis à teintes fondues on les dégrade à mesure qu'on les pose, avec un pinceau légèrement imbibé d'eau.

900. Les conseils que l'on peut donner sur ce genre de lavis, se réduisent à recommander : 1° de procéder avec des teintes très-pâles, car dans le cas contraire il est difficile d'éviter les taches; 2° que le pinceau à fondre soit le moins chargé d'eau possible, autrement le lavis prendrait un mauvais ton, et serait comme on dit *noyé*; c'est le grand inconvénient du lavis par teintes fondues; 3° quand les surfaces à laver sont grandes, on doit d'abord humecter le papier avant de donner la première teinte, et ne pas attendre que cette première teinte soit trop sèche pour donner les suivantes.

901. Quand un lavis présente des taches blanches, ou qu'il n'est pas bien uni, on met avec un pinceau presque sec quelques faibles tons dans les points les plus pâles, qu'on tâche de fondre avec les parties voisines. Lorsque les taches sont noires, on les enlève avec une éponge humectée d'eau bien propre.

§ IV. — LAVIS EN COULEUR.

902. Lorsqu'un dessin est destiné à être colorié, on peut d'abord le laver à l'encre de Chine, comme s'il devait rester noir. On applique ensuite, sur chaque objet, un ton de la couleur qui lui est propre. Ce genre de lavis est facile, mais il laisse à désirer, car les couleurs paraissent sales, et le dessin sans vigueur.

903. Un autre moyen, qui donne un bon résultat, consiste à poser tout de suite, et sans teintes préalables d'encre de Chine, des tons dégradés de couleur qui, en même temps qu'ils font ressortir la forme et le relief des objets, en indiquent encore la nature. Ce procédé a l'avantage de donner au dessin beaucoup de transparence et plus de chaleur.

904. La pose des teintes de couleur se fait exactement comme pour l'encre de Chine. Mais elle demande beaucoup plus d'habitude, surtout pour les dégradations des parties cylindriques. Dans ce cas, on commence par les teintes les plus faibles, c'est-à-dire par celles qui approchent le plus de la génératrice brillante; et, en avançant vers la ligne de séparation d'ombre et de lumière, on fonce le ton de chaque nouvelle teinte avec un peu d'encre de Chine. Du reste, il n'est guère possible de se guider d'après des théories dans le lavis avec les couleurs. Il est à peu près indispensable d'avoir vu dessiner un bon maître.

§ V. — COMPOSITION DES TEINTES CONVENTIONNELLES POUR UN DESSIN DE MACHINES.

905. La quantité de couleur de chaque mélange dépend du goût et de l'exercice; nous n'indiquerons que la couleur dominante.

Fonte. — Le ton de la fonte est un bleu violet qui se compose de bleu de Prusse, d'encre de Chine et de carmin. On fait entrer cette dernière couleur en plus grande quantité.

Fer. — Sur le fer on met une teinte bleuâtre composée de bleu de Prusse, de carmin, et quelquefois d'un peu d'encre de Chine. C'est le bleu qui domine.

Acier. — L'acier s'indique par le même ton que le fer, mais un peu plus clair.

Plomb et étain. — Ces métaux s'indiquent à peu près comme le fer, mais on rend le ton plus gris en mettant un peu plus d'encre de Chine.

Cuivre jaune et bronze. — Le ton du cuivre s'obtient par un mélange de gomme-gutte et de carmin. La gomme-gutte entre en plus grande quantité. Pour le bronze, on remplace le carmin par le vermillon, qui donne au ton un aspect plus brillant.

Cuivre rouge. — La teinte du cuivre rouge s'obtient par un mélange de carmin, d'encre de Chine, et d'une petite quantité de terre de Sienne brûlée; c'est le carmin qui doit dominer.

Bois. — Le bois généralement employé en mécanique étant le chêne, se représente par une teinte composée de terre de Sienne brûlée, de carmin et d'encre de Chine.

Pierre de taille. — Toute maçonnerie reçoit une teinte d'un ton jaune-gris composée de jaune et d'un peu de terre de Sienne.

Brique. — Le ton de la brique ordinaire s'obtient avec du *vermillon*, auquel on ajoute un peu de carmin et de l'encre de Chine. Pour la brique réfractaire, on ajoute à la teinte un peu de gomme-gutte.

§ VI. — TOPOGRAPHIE AU LAVIS.

906. Lorsqu'un dessin topographique doit être lavé, on en esquisse d'abord légèrement toutes les parties avec un crayon bien tendre, et l'on évite de se servir de la mie de pain pour enlever les lignes inutiles, parce qu'elle graisse le papier et qu'ensuite les couleurs ne prennent que difficilement.

907. Si le papier n'était pas bien collé comme cela est ordinairement pour le papier mécanique, il faudrait, après avoir effacé le crayon et nettoyé la feuille, passer sur toute la surface qui doit recevoir les teintes, de l'eau saturée d'alun.

908. Les couleurs généralement employées pour la topographie sont l'encre de Chine, le carmin, la gomme-gutte, le bleu de Prusse, la sépia et le vermillon.

909. Le mélange de ces couleurs, dans certaines proportions, donne les teintes conventionnelles employées pour la représentation des diverses parties d'un dessin topographique.

910. Il n'est guère possible d'indiquer *à priori* ces divers mélanges. Avant de se servir d'une teinte, il convient de l'étendre sur les bords de la feuille du dessin, et de la laisser sécher pour juger de sa nuance et de son intensité.

911. On délaie d'abord les couleurs primitives chacune dans un godet particulier, en frottant le pain de couleur jusqu'à ce qu'elles aient acquis le plus haut degré de force, sans cependant cesser d'être liquides; puis à l'aide d'un pinceau exclusivement destiné à mesurer les couleurs, les teintes se composent d'après les nombres indiqués plus loin.

912. On appelle unité ou partie la quantité de couleur que peut contenir un pinceau bien plein. On entend par pointe la quantité de couleur prise avec l'extrémité du pinceau.

913. Le pinceau doit être lavé pour chaque couleur; il faut le tenir constamment plongé dans l'eau pour l'empêcher de sécher et avoir plus de facilité à le nettoyer.

§ VII. — COMPOSITION DES TEINTES POUR LA TOPOGRAPHIE.

Fleuves et rivières. — On lave les fleuves et les rivières par des teintes claires de bleu de Prusse, posées sur les bords et adoucies en allant vers le milieu du courant. Lorsque ces teintes fondues sont bien sèches, on passe sur toute la surface des eaux une teinte plate de bleu de Prusse bien légère et transparente. On pourrait également ménager les teintes fondues bien légères, et filer les eaux, c'est-à-dire tracer à la plume ou au pinceau, avec du bleu de Prusse et parallèlement aux rives, des lignes fines très-serrées d'abord, et s'écartant progressivement à mesure qu'elles s'éloignent des bords. (*Voyez Atl., pl. 23.*)

Étangs, lacs. — Ils se lavent comme les rivières avec une teinte de bleu claire; mais, au lieu de les filer, on donne, des touches horizontales toujours plus fortes du côté opposé au jour.

Mer. — La mer se traite comme les rivières, en ajoutant un peu de jaune au bleu pour donner à l'eau un ton verdâtre.

Ponts. — Les ponts en pierre doivent être lavés en passant une teinte faible de carmin entre les parallèles qui forment le parapet. Les piles se recouvrent d'un léger ton de pierre composé de gomme-gutte et d'une pointe de carmin. On traite de même l'intervalle compris entre les parapets, mais avec une teinte encore plus faible. Les ponts en bois se lavent avec une légère teinte de sépia, posée sur les madriers du pont.

Maçonnerie. — Tous les ouvrages de maçonnerie, églises, maisons, murs, etc., ayant été mis au trait avec du carmin, on remplit les massifs avec une teinte de la même couleur, mais bien plus faible, relevée par une ligne plus foncée du côté opposé au jour. Quelquefois les monuments remarquables se représentent par le plan de leurs toits, qu'on lave avec une teinte légère de bleu et d'un peu d'encre de Chine.

Prés. — Pour laver les prairies, on se sert d'une teinte *vert d'herbes*, formée de six parties de bleu de Prusse, deux de gomme-gutte et huit d'eau. Quand le dessin est sur une échelle assez forte, on jette çà et là quelques touches larges et irrégulières de jaune et de carmin, mais très-faibles et très-légères.

Forêts, bois, haies. — Le trait étant esquissé, on passe, dans les intervalles laissés entre les masses d'arbres, une teinte plate de vert sombre et bleuâtre, composée de jaune, de bleu et d'encre de Chine. Les touffes d'arbres sont teintes de jaune du côté qui reçoit le jour, et de vert du côté opposé; on termine en donnant des touches avec de l'encre de Chine, assez pâle pour indiquer les ombres portées. Les haies se traitent comme les bois.

Arbres isolés. — On couvre de jaune verdâtre le côté qui reçoit le jour, et de vert très-foncé l'autre côté. L'ombre, qui suivra la direction ordinaire dans une projection horizontale, sera recouverte d'une teinte légère de sépia, et devra indiquer par sa forme la nature de l'arbre.

Vergers. — Le fond reçoit une teinte plate de vert bleuâtre, et les arbres se traitent comme il a été dit pour les arbres isolés.

Vignes. — Les vignes se lavent avec une teinte plate formée de parties égales de carmin et de bleu de Prusse; on y ajoute un peu d'encre pour lui donner le ton de la lie de vin. Les ceps et les échalas sont dessinés à la plume ou au pinceau, et les ombres indiquées par un trait d'encre de Chine donné au pinceau.

Jardins. — Pour les jardins potagers, on peut indiquer, si l'échelle le permet, les plates-bandes, les bordures, et imiter les arbustes, les fleurs, en mettant sur ces parties les teintes qui leur conviennent. Si le dessin est sur une petite échelle, on met une teinte plate sur chaque carré, ayant soin de la relever par un petit trait bleu du côté de l'ombre. Quant aux jardins d'agrément, on lave les pelouses avec la teinte des prés, et les massifs d'arbres avec celle des bois. Sur les allées, on met une teinte légère formée d'une partie de jaune et d'une pointe de carmin.

Terres labourées. — Elles se lavent avec une teinte légère formée de six parties de sépia, d'une partie de carmin et d'une pointe de gomme-gutte. On peut aussi indiquer les sillons par des lignes parallèles un peu interrompues et tremblotées.

Montagnes. — Les montagnes se lavent avec une teinte formée d'une partie d'encre de Chine, d'une partie de sépia et d'une pointe de bleu de Prusse. Le côté éclairé sera le moins foncé.

Rochers. — Ils se traitent par des teintes de différentes couleurs suivant leur nature; les creux et les parties qui sont dans l'ombre sont indiqués à l'aide de tons foncés d'encre de Chine.

CHAPITRE VIII.

ARCHITECTURE.

§ Ier. — DE L'ARCHITECTURE EN GÉNÉRAL.

914. L'architecture est l'art de construire.

915. On appelle ordre d'architecture l'assemblage des différentes parties dont les formes et les proportions ont été établies d'après les plus beaux édifices antiques.

916. Il y a cinq ordres d'architecture : le toscan, le dorique, l'ionique, le corinthien et le composite.

917. On distingue, dans chaque ordre, trois parties : le piédestal, la colonne et l'entablement.

918. Le piédestal, la colonne et l'entablement ne se trouvent pas toujours dans l'exécution de chaque ordre, car l'attribution d'un nom d'ordre à un édifice ne dépend pas toujours de ses colonnes, mais encore des proportions observées dans sa construction; quelquefois même il n'a pas de colonnes, et souvent le piédestal est remplacé par une seule plinthe. Quand le piédestal règne autour du bâtiment, on l'appelle stylobate ou soubassement; quand l'entablement n'a pas de frise et que la corniche pose immédiatement sur l'architrave, on dit alors qu'elle est architravée.

919. On distingue l'ordre toscan par sa simplicité, n'ayant aucun ornement (*Atl*, *pl* 25); le dorique par les triglyphes qui ornent sa frise (*Atl., pl.* 26); l'ionique par les volutes de son

---

914. *Qu'est-ce que l'architecture?* — 915. *Qu'appelle-t-on ordre d'architecture?* — 916. *Combien y a-t il d'ordres d'architecture?* — 917. *Que distingue-t-on dans chaque ordre?* — 919. *Comment distingue-t-on les cinq ordres?*

chapiteau (*Atl.*, *pl.* 27); le corinthien par les feuilles d'acanthe qui ornent son chapiteau (*Atl.*, *pl.* 28); et le composite par le chapiteau corinthien réuni aux volutes de l'ionique (*Atl.*, *pl.* 28).

920. Chaque ordre se divise en trois parties : le piédestal, la colonne et l'entablement; le piédestal comprend (*Atl.*, *pl.* 25, *fig.* 1 *et* 2) : la base H, le dé I et la corniche J; la colonne, la base K, le fût L et le chapiteau M; l'entablement, l'architrave N, la frise O et la corniche P.

921. Dans tous les ordres, l'entablement a pour hauteur le quart de la colonne, et le piédestal le tiers.

922. La hauteur de la colonne toscane, base et chapiteau compris, est sept fois son diamètre inférieur; celle de la dorique huit fois, celle de l'ionique neuf fois, celle de la corinthienne et de la composite dix fois.

923. Le module est une longueur égale à la moitié du diamètre inférieur de la colonne; il se divise en 12 minutes pour les ordres toscan et dorique, et en 18 pour les autres.

924. La colonne est ordinairement cylindrique jusqu'au tiers de sa hauteur; à partir de ce point elle va en diminuant, de sorte que le diamètre de sa partie supérieure se trouve un sixième moins fort que celui de sa partie inférieure. Les sentiments sont cependant partagés sur cet article, certains architectes la faisant diminuer du bas.

925. Pour tracer la diminution de la colonne au tiers de la hauteur, menez l'horizontale ab (*Atl.*, *pl.* 25, *fig.* 9), et du point a décrivez l'arc brs; par le point c menez cr parallèlement à l'axe, et divisez rb en un nombre quelconque de parties égales, six par exemple, à l'aide d'un arc auxiliaire db. Divisez ap en un même nombre de parties égales, et par ces points menez des parallèles à ab; par les points de division de rl menez des parallèles à l'axe; la rencontre des parallèles à l'axe avec les parallèles à ab donne les points c, f, g, h, i, l, pour le passage de la courbe qui détermine la diminution de la colonne.

926. Les pilastres sont des colonnes carrées ou plates, auxquelles on donne les mêmes moulures et les mêmes dimensions qu'aux autres colonnes, dont elles reçoivent les noms. Quand ils accompagnent des colonnes, ils diminuent de largeur de la même manière que ces colonnes; mais, lorsqu'ils sont employés seuls, ils conservent la même largeur dans toute la hauteur.

927. Les cannelures sont des cavités pratiquées au pourtour des colonnes ou sur les faces des pilastres. Elles sont séparées par un filet qui a ordinairement le tiers de la cannelure pour les colonnes ionique, corinthienne et composite; elles sont à vive arête pour l'ordre dorique. L'ordre toscan n'en admet pas. Les cannelures sont plus ou moins creuses, suivant le goût de l'architecte.

---

920. *Comment se divise chaque ordre?* — 921. *Quelles relations établit-on entre les trois parties principales des ordres?* — 922. *Quelle est la hauteur de chaque colonne?* — 923. *Qu'est-ce que le module?* — 924. *Quelle est la forme de la colonne?* — 926. *Qu'est-ce que les pilastres?* — 927. *Qu'est-ce que les cannelures?*

§ II. — MANIÈRE D'ÉLEVER UN ORDRE.

928. Pour construire un ordre dans une hauteur donnée, il faut diviser cette hauteur AB (*Atl., pl.* 25, *fig.* 1) en dix-neuf parties égales, en donner quatre au piédestal, douze à la colonne et trois à l'entablement. Ce sont les proportions que Vignole a marquées, d'après les observations qu'il a faites scrupuleusement dans les plus beaux édifices antiques. Cette opération étant faite, la hauteur de la colonne se trouve fixée en EF. Si c'est l'ordre toscan qu'on veut élever, on le divise en sept parties égales; si c'est l'ordre dorique, en huit; si c'est l'ordre ionique, en neuf; et enfin, si c'est l'ordre corinthien ou le composite, en dix. Chacune de ces parties sera le diamètre inférieur de la colonne de l'ordre qu'on veut élever; le module de l'échelle sur laquelle on déterminera les autres parties de l'ordre doit être, comme il a été dit, égal à la moitié de ce diamètre.

929. Pour élever un ordre dans une hauteur donnée, on peut encore déterminer le module de l'échelle en divisant la hauteur par le nombre de modules que l'ordre doit avoir. Supposons, qu'on donne 0 m. 665 pour la hauteur de l'ordre toscan; je divise cette quantité par 22 mod. 2', hauteur de cet ordre, et j'ai pour quotient 0 m. 03, qui sera la longueur du module de l'échelle de construction.

930. Si l'on ne voulait élever que certaines parties d'ordre, comme serait un piédestal (*Atl., pl.* 25, *fig.* 3), on commencerait par chercher le module qui doit servir d'échelle en divisant la hauteur dont on peut disposer par la somme des modules renfermés dans l'ensemble des parties d'ordre à élever.

Supposons qu'on dispose d'une hauteur de 12 centimètres :

Le piédestal a 4 modules 8', marquons. . . . 5 mod.
La base de la colonne a . . . . 1 mod.
Prenons une portion de fût d'une hauteur de 1 mod.
Pour la marge en haut et en bas, prenons 1 mod.

TOTAL. . . . . 8 mod.

Je divise 12 centimètres par 8, et j'ai un centimètre et demi pour le module; il reste seulement à vérifier si la feuille offre une largeur suffisante pour les plus grandes saillies.

L'échelle construite, tirez la ligne de base QR, et la perpendiculaire SU, qui est l'axe de la colonne; placez une échelle volante le long de l'axe, portez immédiatement la hauteur des différentes moulures, puis, par ces points, menez, avec l'équerre, des parallèles à la base QR. Les saillies doivent être portées pour chaque moulure à partir de l'axe. On pourrait se servir de la même échelle, mais il est plus expéditif d'en employer une autre composée de deux parties symétriques, et dont le milieu doit toujours se trouver sur l'axe de la colonne. On termine en copiant l'échelle au bas du dessin.

---

928. Que faut-il faire pour construire un ordre dans une hauteur donnée? — 929. Comment peut-on encore élever un ordre dans une hauteur donnée?

N. B. — Les planches 25, 26, 27, 28 de l'Atlas ne doivent pas être copiées telles qu'elles sont; les élèves en dessineront chaque sujet sur une feuille séparée, avec la plus grande échelle possible, construite comme il a été dit ci-dessus. (Ceux qui désireront de plus grands détails pourront consulter le Traité des cinq ordres d'architecture, format in-folio, qui fait partie du cours de dessin en usage dans nos écoles.)

§ III. — ORDRE TOSCAN.

931. L'ordre toscan est le plus simple et le plus solide des ordres d'architecture; il doit son origine à d'anciens peuples de Lydie qui vinrent peupler la Toscane. On l'emploie pour les prisons, les casernes, les arsenaux, les bains, les halles, etc., etc.

932. La hauteur de l'ordre toscan est de 22 mod. 2'.

La colonne a 7 diamètres ou . . . . 14 mod.
Le piédestal égale le tiers. . . . . 4, 8'
L'entablement le quart . . . . 3, 6'
____
TOTAL . . . . 22 m. 2'

933. Le tableau suivant donne la hauteur des subdivisions ou détails et la saillie des profils à partir de l'axe.

PIÉDESTAL, 4 *modules* 8 *min.*

		HAUTEUR mo. mi.	SAILLIE mo mi.
Base, 6 min.	Plinthe	0, 5	1, 8 1/2
	Filet	0, 1	1, 6 1/2
Dé, 3 m. 8.	Congé	0, 2	1, 4 1/2
	Socle	3, 6	1, 4 1/2
Corn., 6 min.	Talon	0, 4	1, 8
	Filet	0, 2	1, 8 1/2

COLONNE, 14 *modules*.

		HAUTEUR mo. mi.	SAILLIE mo mi.
Base, 1 mod.	Plinthe	0, 6	1, 4 1/2
	Tore	0, 5	1, 4 1/2
	Filet	0, 1	1, 1 1/2
Fût, 12 modules.	Congé	0, 1 1/2	1, 0
	Fût	11, 8	1, 0
	Congé	0, 1	0, 9 1/2
	Filet	0, 1/2	0, 10 1/2
	Baguette	0, 1	0, 11

Suite de la **COLONNE.**

		HAUTEUR mo. mi.	SAILLIE mo. mi.
Chapiteau, 1 module.	Gorgerin	0, 3	0, 9 1/2
	Congé	0, 1	0, 9 1/2
	Filet	0, 1	0, 10 1/2
	Qt de rond	0, 3	1, 1 1/4
	Larmier	0, 2	1, 1 1/2
	Congé	0, 1	1, 1 1/2
	Filet	0, 1	1, 2 1/2

ENTABLEMENT, 3 *mod.* 6 *min.*

		HAUTEUR mo. mi.	SAILLIE mo. mi.
Archi-trave.	Pl.-bande	0, 8	0, 9 1/2
	Congé	0, 2	0, 9 1/2
	Filet	0, 2	0, 11 1/2
Frise	. .	1, 2	0, 9 1/2
Corniche, 1 module 4 min.	Talon	0, 4	1, 1 1/2
	Filet	0, 1/2	1, 2
	Larmier	0, 5	1, 10 1/2
	Congé	0, 1	1, 10 1/2
	Filet	0, 1/2	1, 11 1/2
	Baguette	0, 1	2, 0
	Qt de rond	0, 4	2, 3 1/2

931. Quel est le caractère de l'ordre toscan et quand l'emploie-t-on? — 932. Quelle est la hauteur de l'ordre toscan?

IMPOSTE ET ARCHIVOLTE, 10 *minutes.*

		HAUTEUR.	SAILLIE.			HAUTEUR.	SAILLIE.
		mo. mi.	mo. mi.			mo. mi.	mo. mi.
Imp.	1ᵉ Pl.-bande	0, 4	0, $^1/_2$	Imp.	Congé	0, 1 $^1/_2$	0, 1
	2ᵉ Pl.-bande	0, 5	0, 1		Filet	0, 1 $^1/_2$	0, 2$^1/_2$

934. Les saillies des moulures de l'ordre doivent être portées à partir de la ligne d'axe, et celles des moulures de l'imposte et de l'archivolte à partir du nu du pied-droit.

935. La distance entre les colonnes, qu'on nomme entre-colonnement, est de 6 modules; avec portiques sans piédestaux, il est de 9 modules 6'; et avec piédestaux de 13 modules 5'. Les distances entre les colonnes sont cotées d'axe en axe.

§ IV. — ORDRE DORIQUE.

936. L'ordre dorique porte un caractère de virilité qui l'a fait surnommer l'ordre des héros; il est le plus ancien des ordres d'architecture. On l'emploie pour les temples, les palais de justice, les hôtels de ville, etc.

937. L'ordre dorique a deux sortes d'entablements, l'un appelé mutulaire et l'autre denticulaire. Le premier est tiré des antiquité romaines et prend son nom des espèces de larmiers qui couronnent les triglyphes et qu'on nomme mutules. Le deuxième est tiré du théâtre de Marcellus à Rome, et prend son nom des denticules qui ornent sa corniche.

938. La différence des deux entablements doriques se remarque dans plusieurs moulures, tant de l'entablement que du chapiteau ; mais la plus remarquable est que le premier est orné de mutules A, A (*Atl., pl. 26*), sortes de modillons carrés placés au-dessus des triglyphes, tandis que le second est orné de denticules B, espèces de dents de forme carrée dont l'une doit toujours être coupée par l'axe de la colonne.

939. L'entablement dorique se reconnaît aux triglyphes, ornements faisant saillie sur la frise, et composés de deux canaux et de deux demi-canaux séparés par des listels. Les triglyphes C (*Atl., pl. 26*) sont séparés par un intervalle carré D, appelé métope, destiné à recevoir des sculptures caractéristiques.

940. La hauteur de l'ordre dorique est de 25 modules 4' :
La hauteur de la colonne a 8 diamètres ou 16 mod.
Le piédestal égale le tiers. . . . .   5, 4'
L'entablement le quart . . . .   4, 0'

TOTAL. . . . . 25 m. 4'

---

936. *Quel est le caractère de l'ordre dorique, et quand l'emploie-t-on ? — 937. Combien l'ordre dorique a-t-il de sortes d'entablements ? — 938 Comment se remarque la différence des deux entablements doriques ? — 939. Comment se reconnaît l'entablement dorique ? — 940. Quelle est la hauteur de l'ordre dorique ?*

941. Le tableau suivant donne les hauteurs et les saillies.

PIÉDESTAL, 5 *modules* 4 *min.*

		HAUTEUR (mo. mi.)	SAILLIE (mi. mo.)
Base, 10 minutes.	1re Plinthe	0, 4	1, 9 $\frac{1}{2}$
	2e Plinthe	0, 2 $\frac{1}{2}$	1, 9
	Tal. renv.	0, 2	1, 7
	Baguette	0, 1	1, 6 $\frac{3}{4}$
	Filet	0, $\frac{1}{2}$	1, 6
Dé, 4 m.	Congé inf.	0, 1	1, 5
	Socle	3,11	1, 5
Corniche, 6 minutes.	Talon	0, 1 $\frac{1}{2}$	1, 6 $\frac{1}{2}$
	Larmier	0, 2 $\frac{1}{2}$	1, 9
	Congé	0, 0 $\frac{3}{4}$	1, 9
	Filet	0, $\frac{1}{2}$	1, 9 $\frac{3}{4}$
	Qt de rond	0, 1	1,10 $\frac{3}{4}$
	Filet	0, $\frac{1}{2}$	1,11

COLONNE, 16 *modules.*

		HAUTEUR (mo. mi.)	SAILLIE (mi. mo.)
Base, 1 module.	Plinthe	0, 6	1, 5
	Tore	0, 4	1, 5
	Baguette	0, 1 $\frac{1}{3}$	1, 2 $\frac{3}{4}$
	Filet	0, $\frac{2}{3}$	1, 2
Colonne, 16 modules.	Congé inf.	0, 2	1, 0
	Fût	14, 0	1, 0
	Congé sup.	0, 1	0,10
	Filet	0, $\frac{1}{2}$	0,11
	Baguette	0, 1	0,11 $\frac{1}{2}$

CHAP. ET ENTABL. MUTULAIRES, 5 *modules.*

		HAUTEUR (mo. mi.)	SAILLIE (mi. mo.)
Chapiteau, 1 module.	Gorgerin	0, 3 $\frac{1}{2}$	0,10
	Congé	0, $\frac{3}{4}$	0,10
	Filet	0, $\frac{1}{2}$	0,10 $\frac{3}{4}$
	Baguette	0, 1	0,11 $\frac{1}{2}$
	Qt de rond	0, 2 $\frac{1}{2}$	1, 1 $\frac{3}{4}$
	Tailloir	0, 2 $\frac{1}{2}$	1, 1 $\frac{1}{2}$
	Talon	0, 1	1, 3 $\frac{1}{4}$
	Filet	0, $\frac{1}{2}$	1, 3 $\frac{1}{2}$
Architrave, 1 module.	1re Pl.-b.	0, 4	0,10
	2e Pl.-b.	0, 4	0,10 $\frac{1}{2}$
	Gouttes	0, 1 $\frac{1}{2}$	0,11 $\frac{1}{2}$
	Ch. des G.	0, $\frac{1}{2}$	0,11 $\frac{1}{2}$
	Filet	0, 2	1, 0
	Trigl. et métope.	1, 6	0,10

Suite de l'ENTABLEMENT.

		HAUTEUR (mo. mi.)	SAILLIE (mo. mi.)
Corniche, 1 module 6 minutes.	Ch. des tr.	0, 2	0,11
	Filet	0, $\frac{1}{2}$	0,11 $\frac{1}{2}$
	Qt de rond.	0, 2	1, 1 $\frac{1}{2}$
	G de la mut.	0, $\frac{1}{2}$	2, 2 $\frac{1}{2}$
	Mutule	0, 3	2, 4
	Talon	0, 1	2, 5 $\frac{1}{2}$
	Larmier	0, 3 $\frac{1}{2}$	2, 6
	Talon	0, 1	2, 6 $\frac{3}{4}$
	Filet	0, $\frac{1}{2}$	2, 7
	Doucine	0, 3	2,10
	Filet	0, 1	2,10

CHAP. ET ENTABL. DENTIC., 5 *mod.*

		HAUTEUR (mo. mi.)	SAILLIE (mo. mi.)
Chapiteau, 1 module.	Gorgerin	0, 3 $\frac{1}{2}$	0,10
	Congé	0, $\frac{1}{2}$	0,10
	1er Filet	0, $\frac{1}{2}$	0,10 $\frac{1}{2}$
	2e Filet	0, $\frac{1}{2}$	0,11
	3e Filet	0, $\frac{1}{2}$	0,11 $\frac{1}{2}$
	Qt de rond	0, 2 $\frac{1}{2}$	1, 1 $\frac{1}{2}$
	Tailloir	0, 2 $\frac{1}{2}$	1, 2
	Talon	0, 1	1, 3 $\frac{1}{4}$
	Filet	0, $\frac{1}{2}$	1, 3 $\frac{1}{2}$
Archir., 1 module.	Pl.-bande	0, 8	0,10
	Gouttes	0, 1 $\frac{1}{2}$	0,11
	Ch. des Gtes	0, $\frac{1}{2}$	0,11
	Filet	0, 2	0,11 $\frac{1}{2}$
	Trigl. et métope.	1, 6	0,10
Corniche, 1 module 6 minutes.	C. des trig.	0, 2	0,11
	Talon	0, 2	1, $\frac{1}{2}$
	Filet	0, $\frac{1}{2}$	1, 1
	Denticules	0, 2 $\frac{1}{2}$	1, 3
	Filet	0, $\frac{1}{2}$	2, 1 $\frac{1}{2}$
	Cavet	0, $\frac{1}{2}$	2, 2
	Larmier	0, 4	2, 4 $\frac{1}{2}$
	Talon	0, 1 $\frac{1}{2}$	2, 6
	Filet	0, $\frac{1}{2}$	3, 6 $\frac{1}{2}$
	Cavet	0, 3	2, 7
	Filet	0, 1	2,10

IMPOSTE ET ARCHIVOLTE.

		HAUTEUR (mo. mi.)	SAILLIE (mo. mi.)
Imposte et archivolte.	1re Pl.-b.	0, 3	0, $\frac{1}{2}$
	2e Pl.-b.	0, 3 $\frac{1}{2}$	0, 1
	Congé	0, $\frac{1}{2}$	0, $\frac{1}{2}$
	Filet	0, $\frac{1}{2}$	0, $\frac{1}{2}$
	Baguette	0, 1	0, 1
	Qt de rond	0 2 $\frac{1}{2}$	3, $\frac{3}{4}$
	Filet	0, 1	0, 4

§ V. — ORDRE IONIQUE.

942. L'ordre ionique emprunte son nom d'Ion, chef d'une colonie athénienne envoyée en Asie, lequel fit élever à Éphèse trois temples de ce style. Cet ordre, qui se distingue par son élégante simplicité, est surtout employé pour les maisons de plaisance, les hôtels ou petits palais, et les intérieurs.

943. La hauteur de l'ordre ionique est de 28 modules 9' :

La hauteur de la colonne égale 9 diamètres ou 18 mod.
Le piédestal égale le tiers 6,
Et l'entablement le quart . . . . 4, 9'

TOTAL . . . . 28 m. 9'

944. Le tableau suivant donne les hauteurs et la saillie.

PIÉDESTAL, 6 modules.

Partie	Membre	HAUTEUR (mo. mi.)	SAILLIE (mo. mi.)
Corniche, 10 minutes.	Plinthe	0, 4	1,15
	Filet	0, 2/3	1,13 2/3
	Dou. renv.	0, 3	1,13 2/3
	Baguette	0, 1 1/3	1,10
	Filet	0, 1	1, 9 1/3
	Congé	0, 2	1, 9
Dé, 4 m.16.	Socle	4,12 3/4	1, 7
Base, 10 minutes.	Congé	0, 1 1/4	1, 7
	Filet	0, 1	1, 8 1/4
	Baguette	0, 1	1, 9
	Qt de rond	0, 3	1,11 1/2
	Larmier	0, 3	1,15 1/2
	Talon	0, 1 1/3	1,16 1/4
	Filet	0, 2/3	1,17

COLONNE, 18 modules.

Partie	Membre	HAUTEUR (mo. mi.)	SAILLIE (mo. mi.)
Base, 1 module.	Plinthe	0, 6	1, 7
	Filet	0, 1/4	1, 6 1/2
	Scotie	0, 2	1, 6 1/2
	Filet	0, 1/4	1, 4
	1re Baguet.	0, 1	1, 4 1/2
	2e Baguette	0, 1	1, 4 1/2
	Filet	0, 1/4	1, 4
	Scotie	0, 2	1, 4
	Filet	0, 1/4	1, 2 1/2
	Tore	0, 5	1, 4 1/4

Suite de la COLONNE.

Partie	Membre	HAUTEUR (mo. mi.)	SAILLIE (mo. mi.)
Base attique, 1 module.	Plinthe	0, 6	1, 7
	Tore	0, 4 1/2	1, 7
	Filet	0, 1/2	1, 5
	Scotie	0, 3	1, 1 1/2
	Filet	0, 1/2	1, 2 1/2
	Tore	0, 3 1/2	1, 4
Fût, 16 mod. 9 m 1/2.	Filet	0, 1 1/2	1, 2
	Congé	0, 2	1, 2
	Fût	15, 1/2	1, 0
	Congé	0, 2	0,15
	Filet	0, 1	0,17
	Baguette	0, 2	1, 0
Chapiteau, 12 minutes.	Qt de rond	0, 5	1, 4
	C. de la v.	0, 3	0,17
	Filet	0, 1	0,17 1/2
	Talon	0, 2	1, 1 1/2
	Filet	0, 1	1, 2

ENTABLEMENT, 4 mod. 9 min.

Partie	Membre	HAUTEUR (mo. mi.)	SAILLIE (mo. mi.)
Arch., 1 m. 4' 1/2.	1re Face	0, 4 1/2	0,15
	2e Face	0, 6	0,16
	3e Face	0, 7 1/2	0,17
	Talon	0, 3	1, 1 1/2
	Filet	0, 1 1/2	1, 2
Frise		1, 9	0,15

942. Dites quelque chose de l'ordre ionique et de son emploi? — 943. Quelle est la hauteur de l'ordre ionique?

Suite de l'Entablement.

Corniche, 1 mod. 13 min. 1/2	Hauteur.	Saillie.
	mo. mi.	mo. mi.
Talon	0, 4	1, 1 1/2
Filet	0, 1	1, 2
Denticules	0, 4 1/2	1, 6
Cordon	0, 1 1/2	1, 3 1/2
Filet	0, 1/2	1, 7
Baguette	0, 1	1, 7 1/2
Qt de rond	0, 4	1,10 1/2
Larmier	0, 6	2, 2 1/2
Talon	0, 2	2, 4
Filet	0, 1/2	2, 4 1/2
Doucine	0, 5	2, 5
Filet	0, 1 1/2	2,10

Imposte et archivolte.

Imposte et archivolte.	Hauteur.	Saillie.
	mo. mi.	mo. mi.
1re Face	0, 4	0, 1/2
2e Face	0, 4 1/4	0, 1
Congé	0, 3/4	0, 1 3/4
Filet	0, 1/2	0, 1 3/4
Baguette	0, 1	0, 2 1/2
Qt de rond	0, 2	0, 4
Pl.-bande	0, 3	0, 4 1/2
Talon	0, 1 1/2	0, 5 3/4
Filet	0, 1	0, 6

945. L'entre-colonnement simple de l'ordre ionique est de 6 modules 12'; avec portiques sans piédestaux, il est de 11 modules 9 minutes; et avec piédestaux, 15 modules.

946. La base de la colonne (*Atl., pl. 27, fig. 1*) n'étant presque jamais employée, nous avons donné à la *fig. 2* la base dite attique, que l'on substitue généralement à celle de Vignole; comme la scotie présente quelques difficultés, nous en avons figuré le tracé.

947. Pour tracer la volute ionique (*Atl., pl. 27, fig. 13*), prolongez la droite *omp*, qui sépare le quart de rond et la baguette; menez la verticale *vns* par l'extrémité inférieure *v* du talon; puis de l'intersection des deux lignes, et avec un rayon égal à une partie de module, décrivez l'œil de la volute. Cet œil est représenté à part sur une plus grande échelle, pour mieux faire sentir les détails de l'opération. Faites le carré *mnrs*, joignez les milieux des côtés par les droites 1, 3 et 2, 4; divisez chacune de ces droites en six parties égales, et cotez chaque division comme il est indiqué dans la *fig. 14*; menez les droites indéfinies 4, 5; 8, 9, les horizontales 1, 2; 5, 6; etc., les verticales 2, 3; 6, 7, etc., toutes ces droites sont destinées à limiter les divers arcs de la volute. Le point 1 sera le centre de l'arc *ab*, 2 celui de l'arc *bc*, 3 celui de l'arc *cd*, 4 celui de l'arc *de*, 5 celui de l'arc *ef*, et ainsi de suite. Les centres de la seconde révolution, qu'on décrit dans le même ordre, sont au-dessous des premiers, à une distance égale au quart de l'une des divisions des diagonales.

§ VI. — ORDRE CORINTHIEN.

948. L'ordre corinthien, qui se distingue par son élégante délicatesse, est susceptible d'ornements variés qui en font le plus riche des ordres d'architecture. Un groupe de feuilles d'acanthe

---

945. *Comment trace-t-on la volute ionique?* — 948. *Dites un mot de l'ordre corinthien et de son emploi?*

qui croissaient autour d'une corbeille recouverte d'une tuile, inspira, dit-on, au sculpteur Callimaque la forme et la décoration gracieuse de son chapiteau. La richesse de l'ordre corinthien limite son emploi aux grands édifices publics.

949. La hauteur totale de l'ordre corinthien est de 31 modules 12 minutes :

La hauteur de la colonne égale 10 diamètres ou 20 mod.
Le piédestal égale le tiers de la colonne. . . 6, 12'
Et l'entablement le quart. 5,

TOTAL. . . . . 31 m. 12'

950. Le tableau suivant donne la hauteur des détails, et la saillie des profils à partir de l'axe.

PIÉDESTAL, 6 modules 12 min.

Partie	Élément	Hauteur (mo. mi)	Saillie (mo. mi)
Base, 14 min. 1/4	Plinthe	0, 6	1,14 1/2
	Tore	0, 3	1,14 1/2
	Filet	0, 1	1,12 3/4
	Douc. renv.	0, 3	1,12 3/4
	Baguette	0, 1 1/4	1, 9 1/4
Dé, 5 m. 1 m. 1/2. 14 min. 1/4	Filet	0, 3/4	1, 8 1/2
	Congé	0, 1 1/2	1, 7
	Socle	4,15 1/4	1, 7
	Congé	0, 1 1/4	1, 7
	Filet	0, 3/4	1, 8 1/4
Corniche, 14 minutes	Baguette	0, 1 1/4	1, 9
	Frise	0, 5	1, 7
	Filet	0, 3/4	1, 7 3/4
	Baguette	0, 1	1, 8 1/2
	Qt de rond.	0, 1 1/4	1,10 1/2
	Larmier	0, 3	1,14
	Talon	0, 1 1/3	1,15 1/4
	Filet	0, 2/3	1,15 1/2

COLONNE, 20 modules.

Partie	Élément	Hauteur (mo. mi)	Saillie (mo. mi)
Base de la colonne, 1 module	Plinthe	0, 6	1, 7
	Tore	0, 4	1, 7
	Filet	0, 1/4	1, 5
	Scotie	0, 1 1/2	1, 3 1/8
	Filet	0, 1/4	1, 3 5/8
	1re Bag.	0, 1/2	1, 4
	2e Baguette	0, 1/2	1, 4
	Filet	0, 1/4	1, 3 3/8
	Scotie	0, 1 1/2	1, 2
	Filet	0, 1/4	1, 2 1/2
	Tore	0, 3	1, 4

Suite de la COLONNE.

Partie	Élément	Hauteur (mo. mi)	Saillie (mo. mi)
Fût, 16 modules 12'	Filet	0, 1 1/2	1, 2 5/8
	Congé	0, 2	1, 2
	Fût	16, 3 1/2	1, 0
	Congé	0, 2	0,15
	Filet	0, 1	0,17
	Baguette	0, 2	0,18
Chapiteau, 2 modules 6 minutes	Pet. files	0, 9	0,15
	C. des p. f.	0, 3	1, 2
	Gr. files	0, 9	0,16
	C. des gr. f.	0, 3	1, 6
	Caulicoles	0, 4	0,17
	Volutes	0, 6	1, 5
	L. de la c.	0, 2	1, 3
	Larmier	0, 3	1, 5 1/2
	Filet	0, 1	1, 6
	Qt de rond	0, 2	1, 9

ENTABLEMENT, 5 modules.

Partie	Élément	Hauteur (mo. mi)	Saillie (mo. mi)
Architrave, 1 mod. 9 min.	1re Face	0, 5	0,15
	Baguette	0, 1	0,15 1/2
	2e Face	0, 6	0,15 1/2
	Talon	0, 2	0,16 1/2
	3e Face	0, 7	0,17
	Baguette	0, 1	0,17 1/2
	Talon	0, 4	1, 1 2/3
	Filet	0, 1	1, 2
Frise, 1 m. 9 m.	Frise	1, 6 1/4	0,15
	Congé	0, 1 1/4	0,15
	Filet	0, 1/2	0,16 1/4
	Baguette	0, 1	0,16 3/4

949. *Quelle est la hauteur totale de l'ordre corinthien ?*

Suite de l'ENTABLEMENT.

Corniche, 2 modules.		HAUTEUR. mo. mi.	SAILLIE. mo. mi.
	Talon	0, 3	1, 1 $^1/_2$
	Filet	0, $^1/_2$	1, 2 $^1/_4$
	Denticules	0, 4 $^1/_2$	1, 6
	Cordon	0, 1 $^1/_2$	1, 5
	Filet	0, $^1/_2$	1, 6
	Baguette	0, 1	1, 7
	Q^t de rond	0, 4	1,10
	Filet	0, $^1/_2$	1,10 $^1/_2$
	Modillons	0, 6	2, 8 $^1/_2$
	Talon	0, $^1/_2$	2, 5 $^1/_2$
	Larmier	0, 5	2,10
	Talon	0, 1 $^1/_2$	2, 1 $^1/_2$
	Filet	0, $^1/_2$	2,12
	Doucine	5	2,17
	Filet	0, 1	2,17

IMPOSTE ET ARCHIVOLTE.

Imposte et archivolte.		HAUTEUR. mo. mi.	SAILLIE. mo. mi.
	Congé	0, 4 $^1/_2$	0, 0
	Filet	0, $^1/_2$	0, 1 $^1/_2$
	Baguette	0, 1	0, 2
	Frise	0, 4 $^1/_2$	0, 0
	Congé	0, 1 $^1/_2$	0, 0
	Filet	0, $^1/_2$	0, 1 $^1/_2$
	Baguette	0, 1	0, 2
	Q^t de rond	0, 2	0, 3 $^3/_4$
	Pl.-bande	0, 4	0, 4
	Talon	0, 2	0, 5 $^3/_4$
	Filet	0, 1	0, 6

951. Le chapiteau corinthien (*Atl., pl.* 28, *fig.* 6) se compose du vase C ou corps du chapiteau, et de l'abaque D. Le vase ou campane est recouvert des petites feuilles G, des grandes feuilles H, des caulicoles E, des feuilles des caulicoles F, des grandes volutes I, des petites volutes J, et de la rosace L. L'entrecolonnement simple est de 6 mod. 12'; avec portique sans piédestaux, de 12 mod.; avec portique et piédestaux, 16 mod.

§ VII. — ORDRE COMPOSITE.

952. L'ordre composite fut créé par les Romains à l'occasion d'un arc de triomphe qu'ils érigèrent en l'honneur de l'empereur Titus, après la conquête de Jérusalem. Ils le formèrent de l'ionique et du corinthien, dont cet ordre réunit les caractères. On emploie le composite pour les extérieurs, comme les cours, les vestibules; mais dans les intérieurs, le corinthien est préféré.

953. La hauteur de l'ordre composite est de 31 modules 12'.

La colonne a 10 diamètres ou. . . . . 20 mod.
Le piédestal égale le tiers de la colonne. . . 6, 12'
Et l'entablement le quart 5,

        TOTAL. . . . . 31 m. 12'

954. Le tableau suivant donne les hauteurs et les saillies.

PIÉDESTAL, 6 *mod.* 12 *min.*

Base, 12 minutes.		HAUTEUR. mo. mi.	SAILLIE. mo. mi.
	Plinthe	0, 4	1,15
	Tore	0, 3	1,15
	Filet	0, 1	1,13 $^1/_2$
	Talon renv.	0, 3	1,12 $^1/_2$
	Baguette	0, 1	1, 9 $^3/_4$

Suite du PIÉDESTAL.

Dé, 5 mod. 4 min.		HAUTEUR. mo. mi.	SAILLIE. mo. mi.
	Filet	0, 1	1, 9
	Congé	0, 2	1, 7
	Socle	4,16 $^3/_4$	1, 7
	Congé	0, 1 $^1/_4$	1, 7
	Filet	0, 1	1, 8 $^1/_4$

Suite du Piédestal.

Corniche, 14 minutes.

	Hauteur (mo. mi.)	Saillie (mo. mi.)
Baguette	0, 1	1, 9
Frise	0, 5	1, 7
Cavet	0, 1	1, 7 1/2
Filet	0, 1/2	1, 8 1/2
Doucine	0, 1 1/2	1,10 1/2
Larmier	0, 3	1,13 1/2
Talon	0, 1 1/2	1,14 3/4
Filet	0, 2/3	1,15

Colonne, 20 modules.

Base de la colonne, 1 module.

	Hauteur (mo. mi.)	Saillie (mo. mi.)
Plinthe	0, 6	1, 7
Tore	0, 4	1, 7
Filet	0, 1/4	1, 4 1/2
Scotie	0, 2	1, 2 2/3
Filet	0, 1/4	1, 3 1/3
Baguette	0, 1/2	1, 3 3/4
Filet	0, 1/4	1, 3 1/3
Scotie	0, 1 1/2	1, 2
Filet	0, 1/4	1, 2 1/2
Tore	0, 3	1, 4

Fût, 16 modules 12'.

	Hauteur (mo. mi.)	Saillie (mo. mi.)
Filet	0, 1 1/2	1, 2
Congé	0, 2	1, 2
Fût	16, 3 1/2	1, 0
Congé	0, 2	0,15
Filet	0, 1	0,17
Baguette	0, 2	1, 0 1/2

Chapiteau, 2 modules 6 minutes.

	Hauteur (mo. mi.)	Saillie (mo. mi.)
Petites f^lles	0, 9	0,15
C des p f^lles	0, 3	1, 2
Gr. feuilles	0, 9	0,16
C. des gr. f.	0, 3	1, 6
Enr^ments	0, 5	0, 0
Filet	0, 1/2	0,17
Baguette	0, 1	0,17 1/2
Q^t de rond	0, 3 1/2	1, 2 1/2
Canal	0, 2	0,15
Larmier	0, 4	1, 6
Filet	0, 1/2	1, 7 1/2
Q^t de rond	0, 1 1/2	1, 9

Entablement, 5 modules.

Architrave, 1 mod. 9 min.

	Hauteur (mo. mi.)	Saillie (mo. mi.)
1re Face	0, 8	0,15
Talon	0, 2	0,16 2/3
2e Face	0,10	0,17
Baguette	0, 1	0,17 1/2
Q. de rond	0, 3	1, 2
Cavet	0, 2	1, 2 1/2
Filet	0, 1	1, 4

Frise, 1 m. 9 m.

	Hauteur (mo. mi.)	Saillie (mo. mi.)
Congé	0, 7	0,15
Frise	0,17 1/2	0,15
Congé	0, 1	0,15
Filet	0, 1/2	0,16
Baguette	0, 1	0,17 1/2

Corniche, 2 modules.

	Hauteur (mo. mi.)	Saillie (mo. mi.)
Q^t de rond	0, 5	1, 4
Filet	0, 1	1, 5
Denticules	0, 5 1/2	1,11
Cordon	0, 2	1,10
Filet	0, 1/2	1,11 1/3
Talon	0, 4	1,14
Filet	0, 1	1,14 2/3
Doucine	0, 1 1/2	2, 5
Larmier	0, 5	2, 7
Baguette	0, 1	2, 7 3/4
Talon	0, 2	2, 9 1/2
Filet	0, 1	2,10
Doucine	0, 5	2,15
Filet	0, 1 1/2	2,15

Imposte et archivolte.

	Hauteur (mo. mi.)	Saillie (mo. mi.)
Congé	0, 1 1/4	0, 0
Filet	0, 1/2	0, 1 1/4
Baguette	0, 1	0, 2
Frise	0, 5	0, 0
Congé	0, 1/2	0, 0
Filet	0, 1/2	0, 1/2
Baguette	0, 1	0, 1
Doucine	0, 3	0, 3 2/3
Filet	0, 1/2	0, 3 2/3
Pl.-bande	0, 3 1/2	0, 4
Cavet	0, 2	0, 4 1/2
Filet	0, 1	0, 6

§ VIII. — FRONTONS, PIEDS-DROITS, IMPOSTES, ARCHIVOLTES.

955. C'est la nécessité d'avoir des toits inclinés pour l'écoulement des eaux pluviales qui a donné naissance aux frontons. On en a fait ensuite un ornement d'architecture. L'espace compris entre les corniches qui le forment se nomme tympan; il reçoit des sculptures, lorsqu'il a une certaine étendue.

956. La corniche rampante du fronton est la même que celle du bâtiment; mais, afin de donner plus de hauteur au tympan, on peut supprimer la cymaise supérieure.

957. Pour déterminer la hauteur du fronton (*Pl. 29*), on porte *db* en *dc*; du point *c*, avec *cb* pour rayon, on décrit l'arc *ba*, qui donne *da* pour la hauteur cherchée.

958. On appelle pied-droit un pilier carré servant de support à une arcade.

959. Une imposte est la saillie portant moulure d'une assise qui couronne le jambage ou pied-droit d'une arcade.

960. Une archivolte est un bandeau orné de moulures qui règne à la tête des voussoirs d'une arcade et porte sur les impostes (1).

---

955. Qu'est-ce qui a donné naissance aux frontons? — 956. Quelle est la nature de la corniche rampante du fronton? — 957. Comment détermine-t-on la hauteur du fronton? — 958. Qu'appelle-t-on pied-droit? — 959. Qu'est-ce qu'une imposte? — 960. Qu'est-ce qu'une archivolte?

(1) Les voussoirs sont les pierres qui forment une voûte ou une arcade.

CHAPITRE IX.

PERSPECTIVE.

961. La perspective est l'art de représenter les objets tels qu'on les voit, connaissant leurs positions relatives et leurs dimensions.

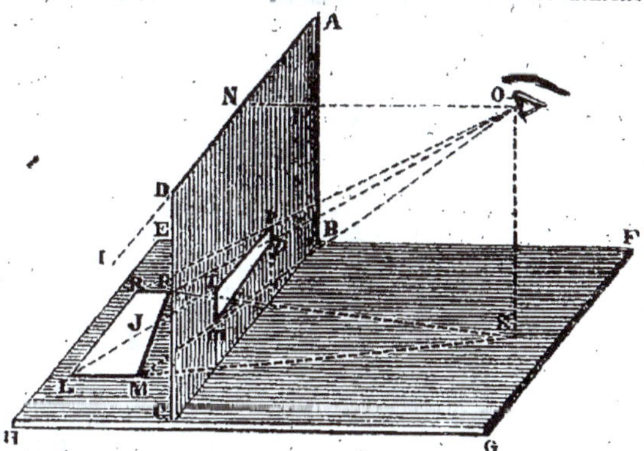

On suppose que l'objet est placé sur un plan horizontal E F G H et que, perpendiculairement à ce plan, on en a élevé un autre transparent A B C D, appelé *tableau*, placé entre l'objet J et l'œil O. Si par l'œil du spectateur, et par tous les points des arêtes visibles de l'objet, on fait passer des rayons visuels, leur intersection avec le tableau détermine une série de lignes dont chacune est la perpective de l'arête correspondante. L'ensemble de ces lignes procure à l'œil du spectateur une sensation entièrement analogue à celle du corps, puisque les rayons lumineux partant de ce contour suivent la même direction que ceux qui viennent des arêtes du corps. Si donc on donne à cette image des couleurs semblables à celles de l'objet, elle en tiendra lieu lorsqu'il sera enlevé. C'est à la perspective aidée du prestige des couleurs que nous devons les illusions de la peinture.

962. Le tableau en perspective est le plan transparent à travers lequel on regarde les objets, et sur lequel on dessine la perspective.

963. Le plan géométral est le plan horizontal sur lequel repose verticalement le tableau, et qui est destiné à recevoir les projections des objets qu'on veut mettre en perspective.

---

961. *Qu'est-ce que la perspective?* — 962. *Qu'est-ce que le tableau en perspective?* — 963. *Qu'est-ce que le plan géométral?*

964. La ligne de terre est la ligne d'intersection du tableau avec le plan géométral.

965. La ligne d'horizon est une horizontale menée dans le tableau à la hauteur de l'œil du spectateur.

966. Le point de vue est le point de la ligne d'horizon qui répond perpendiculairement à l'œil du spectateur.

967. Les points de distance sont deux points pris sur la ligne d'horizon, l'un à gauche et l'autre à droite du point de vue, à une distance égale à celle du spectateur au tableau.

968. Le point de vue et le point de distance jouissent des deux propriétés suivantes, qui servent de base à la théorie de la perspective :

1° *Toutes les lignes perpendiculaires au plan du tableau, ou, ce qui revient au même, toutes les lignes dont les projections horizontales sont perpendiculaires à la ligne de terre, vont concourir au point de vue, qui, pour cela, est désigné sous le nom de point de fuite principal.*

2° *Toutes les lignes parallèles entre elles, et dont les projections horizontales font un angle de 45 degrés avec la ligne de terre, vont concourir à l'un des deux points de distance.*

969. Les divers groupes de lignes horizontales parallèles entre elles, qui ne sont pas perpendiculaires à la ligne de terre, et qui ne font pas, avec cette ligne, des angles de 45°, vont concourir à autant de points particuliers de la ligne d'horizon, appelés points accidentels.

970. Dans la pratique, on suppose que le plan géométral tourne autour de la ligne de terre et se place sur le prolongement du tableau, en sorte que les projections nécessaires, comme données des problèmes, se construisent en avant de la ligne de terre. La ligne d'horizon est donnée par une parallèle à la ligne de terre menée par le point de vue, c'est-à-dire par la projection de l'œil du spectateur sur le tableau. Pour obtenir les points de distance, on porte, à partir du point de vue, des longueurs égales chacune à la distance du spectateur au tableau.

971. PROBLÈME 1. — *Déterminez la perspective d'un point B, situé sur le plan géométral* (Atl., pl. 30, fig. 1).

Soient TT la ligne de terre, DP la ligne d'horizon, V le point de vue, et D le point de distance. Du point donné B, abaissez sur la ligne de terre une perpendiculaire B *b*, et du point *b* décrivez l'arc B *d*. La ligne B *b*, qui est perpendiculaire à la ligne de terre, a sa perspective sur une droite *b* V, dirigée vers le point de vue ; la ligne B *d*, inclinée de 45° sur la ligne de terre, a sa perspective sur une droite *d* D, dirigée vers le point de distance. Ces deux droites se rencontrent en un point *b'*, qui est la perspective du point donné B.

972. PROBLÈME 2. — *Déterminez la perspective d'une droite A B, située sur le plan géométral parallèlement au tableau.*

Opérez comme il a été dit dans le problème précédent, pour avoir la perspective des extrémités A et B de la ligne donnée, et joignez les points *a'* et *b'* par une droite *a' b'*, qui sera la perspective demandée.

---

973. Problème 3. — *Déterminez la perspective d'un carré situé sur le plan géométral et parallèlement au tableau.*

1°. Cherchez la perspective de chacun de ses angles, comme il a été dit pour le point (n° 971); joignez ces points deux à deux, et vous aurez a' b' c e pour la perspective cherchée.

2° Dans la pratique on opère comme il est indiqué dans la figure 1, *planche* 30. Après avoir abaissé les perpendiculaires A a, B b, menez au point de vue V les droites a V, b V, qui sont la perspective indéfinie des côtés AD, BC, perpendiculaires à la ligne de terre. Par le point b, décrivez l'arc B d, et menez au point de distance D la droite d D, qui est la perspective indéfinie de la diagonale BD, inclinée de 45° sur la ligne de terre. Enfin, par les points b' et e, menez deux parallèles à la ligne de terre, et la figure a' b' c e sera la perspective demandée.

974. Problème 4. — *Déterminez la perspective d'un carré situé sur le plan géométral, et dont une diagonale serait perpendiculaire à la ligne de terre* (Atl., pl. 30, fig. 2).

Menez, par le point A, la droite AV au point de vue, et la droite AD au point de distance; ces lignes seront les perspectives indéfinies, la 1re de la diagonale C A, la seconde du côté A E. Abaissez les perpendiculaires B b, E e, et menez au point de vue les droites b V, e V, qui seront les perspectives indéfinies des droites B b, E e; vous déterminerez le point e' par la perspective du point E. Menez par le point e' une parallèle à la ligne de terre, pour avoir le point b', perspective du point B. Joignez le point b' au point de distance D, vous aurez b' c pour la perspective du côté B C. Enfin, menez b' A, c e, et vous aurez la figure A e' c b', qui sera la perspective demandée.

975. Problème 5. — *Mettez en perspective un carrelage formé de dalles carrées* (Atl., pl. 30, fig. 3).

Soit le carré ABCD donnant la projection de l'une des dalles dont se compose le carrelage. Portez de chaque côté sur la ligne de terre un certain nombre de fois A D, et par les points de division, menez des droites au point de vue V. Joignez le point B au point de distance D par une droite B D, qui sera la perspective indéfinie d'une diagonale du carrelage rencontrant la ligne de terre sous un angle de 45 degrés. Enfin, par chacun des points d'intersection de cette diagonale, avec les droites qui vont au point de vue, menez des parallèles à la ligne de terre, et vous aurez la perspective demandée.

Si l'on désirait ajouter quelques rangées de carreaux, on mènerait par le point b une droite au point de distance, et par d'autres points d'intersection, des parallèles à la ligne de terre, et ainsi de suite.

976. Problème 6. — *Mettez en perspective le triangle* A B C (Atl., pl. 30, fig. 4).

Déterminez séparément la perspective de chacun de ses sommets, (n° 971), vous aurez a b c pour la perspective cherchée.

977. Problème 7. — *Mettez en perspective un hexagone* A B C D E F (Atl., pl. 30, fig. 5).

Menez à la ligne de terre les perpendiculaires B b, A a, G g, F f, et au point de vue les droites V b, V a, V g, V f; cherchez ensuite par les procédés ordinaires la perspective e', f', g' des points E, F, G.

Puis, par les points e', f', g' menez des parallèles à la ligne de terre, vous déterminerez les points a', b', c, qui seront les perspectives des points A, B, C. Enfin joignez tous ces points deux à deux, et vous aurez la figure $a'b'c'e'f'g'$, pour la perspective de l'hexagone ABCEFG. Si l'on prolonge les lignes $f'g'$, $b'c$, qui sont les perspectives de deux droites parallèles, elles rencontreront la ligne d'horizon en un même point accidentel M. Il en serait de même des perspectives $a'b'$, $e'f'$, (n° 969). En général toutes les droites parallèles entre elles vont concourir en un même point.

978. PROBLÈME 8. — *Mettez en perspective un carrelage formé d'hexagones* (Atl., pl. 30, fig. 6).

Abaissez les perpendiculaires Bb, Ff, etc., et reportez de chaque côté de l'hexagone les distances AG, Gf en fh, hi, ij, jk, bi, im, mn, no, de manière à avoir sur la ligne de terre la projection d'une rangée d'hexagones parallèles à cette ligne; joignez tous ces points au point de vue, puis mettez en perspective, d'après les procédés connus, l'hexagone ABCEFG, vous obtiendrez la figure Ab' c e' f' G. Prolongez les côtés $b'c$ et Gf', $f'e'$, Ab', de manière à déterminer, par leurs concours, les points accidentels M et M'. Joignez ces points accidentels aux points marqués sur la ligne de terre, comme l'indique la figure. Enfin, par les divers points d'intersection de ces droites avec les premières, dirigées au point de vue, menez des parallèles à la ligne de terre.

979. PROBLÈME 9. — *Mettez en perspective un octogone* (Atl., pl. 30, fig. 7).

Mettez en perspective : 1° Le carré $lmnp$; 2° Les droites AG, BF, en menant au point de vue les droites aV, bV; 3° La diagonale pm, en menant au point de distance la droite Dr; par les points d'intersection de la droite Dr avec les droites Va, Vb, menez des parallèles à la ligne de terre, puis fixez les points h, e, d, c, et tracez enfin la perspective a b c f g h d.

980. PROBLÈME 10. — *Mettez en perspective : 1° un cercle; 2° un carrelage composé d'octogones* (Atl., pl. 30, fig. 8 et 9).

A l'aide du problème précédent, et d'après la simple inspection des figures, on résoudra sans peine ce problème.

981. PROBLÈME 11. — *Mettez en perspective un cube de 30 mill. de côté, à une profondeur de 10 mill. du tableau* (Pl. 30, fig. 1)

Mettez en perspective la base inférieure a b fe par les procédés indiqués plus haut, et élevez des perpendiculaires indéfinies de chacun des angles. Pour arrêter la hauteur de ces perpendiculaires, nous remarquerons que, la face de devant étant parallèle au tableau, elle doit être en perspective égale à un carré ayant pour côté ab. Portez ab en ad, bc, et joignez cd, puis menez au point de vue les droites dh, cg, qui fixent la hauteur des autres arêtes.

982. PROBLÈME 12. — *Mettez en perspective un prisme hexagonal* (Atl., pl. 30, fig. 3).

1° Mettez en perspective la base a b c d e f par les procédés ordinaires, en vous servant du plan A B C D, et élevez des perpendiculaires indéfinies de chacun des angles. 2° Portez la hauteur du prisme en H J sur une perpendiculaire à la ligne de terre, et menez au point de vue VH, VJ. Par les points cde, menez des parallèles à la ligne de terre, et élevez les perpendiculaires $o\,t$, $r\,u$, $s\,v$, qui donneront les hauteurs des diverses arêtes. 3° Portez ces diverses hauteurs et complétez la perspective du prisme, en joignant deux à deux les extrémités des arêtes par des droites qui, avec celles de la base, concourent à deux mêmes points pris sur la ligne de terre.

983. PROBLÈME 13. — *Mettez en perspective une pyramide quadrangulaire droite de 40 millimètres de hauteur, sachant que le côté de la base est de 30 millimètres et que le solide est à 10 millimètres du tableau* (Atl., pl. 31, fig. 2).

1° Portez sur la ligne de terre 30 millimètres de a en b, et menez deux fuyantes au point de vue. 2° Portez 10 mill. de b en d, égales à la profondeur du solide, et menez d D au point de distance, vous aurez $a\,b'\,c\,e$ pour la perspective de la base. Quant à la hauteur, joignez le milieu f de la base au point de vue par la droite $f\,h$, et élevez au point h une perpendiculaire de 40 millimètres ; joignez le sommet de cette perpendiculaire au point de vue, et vous déterminerez $s\,f$ pour la hauteur cherchée.

984. PROBLÈME 14. — *Déterminez la perspective d'un prisme quadrangulaire surmonté d'un cylindre.* (Atl., pl. 31, fig. 4).

Supposons que la figure ABCEFGIH donne la coupe verticale faite suivant l'axe des deux solides.

1° De chacun ds points A, B, C, E, F, G, I, H, menez des fuyantes au point de vue. 2° Par le point K, milieu de HG, menez une fuyante au point de distance. Son intersection avec la fuyante des points C, E, I, H, détermine $c\,c\,h'\,h$ pour la base supérieure du prisme, et $e\,e'\,i\,i'$ pour le carré qui circonscrit la base inférieure du cylindre. 3° Des points c et c, abaissez des perpendiculaires jusqu'à la fuyante du point B, et menez une parallèle à HC pour la perspective de la base inférieure du prisme. 4° Pour la perspective de la base du cylindre nous avons déjà le carré $e\,e'\,i\,i$, mais, comme il ne suffit pas, on se donnera d'abord les points k et k', en menant par le centre une fuyante au point de vue. Pour avoir d'autres points intermédiaires, tracez du point K, comme centre, et avec KE pour rayon, un arc de cercle Eom, puis menez l'horizontale $m\,n$, ainsi que la diagonale Kn, dont l'intersection avec l'arc donne un point o, par lequel vous abaisserez une verticale. Portez Ko' en Kr, et par les points o' et r menez deux fuyantes au point de vue. Les intersections de ces fuyantes avec les diagonales donneront quatre points intermédiaires de la courbe, qui se trouvera suffisamment déterminée. Cette courbe est une ellipse. Pour la base supérieure, on suivra la même marche. Du reste, les lignes de construction indiquent assez la marche suivie.

985. PROBLÈME 15. — *Mettez en perspective quelques marches d'un escalier.* (Atl. pl. 31, fig. 5).

1° Sur la verticale élevée au point a, portez la hauteur des marches ab, bc, cd, et par ces points menez des fuyantes au point de vue. 2° Fixez sur la ligne de terre en h, i, j, k, l', la longueur des marches, et par ces points menez des fuyantes au point de distance, et de leurs points d'intersection h', i', j', avec la fuyante a, élevez des verticales, qui donneront avec les fuyantes des points *a*, *b*, *c*, *d* le profil *a b*, *o m*, *p n*. 3° De tous les angles de ce profil, menez des horizontales indéfinies 4° Portez sur la ligne de terre en *e*, *f*, *g*, la profondeur des marches, et par ces points menez au point de vue, des fuyantes, dont l'intersection avec la fuyante *g* donnera les points *f'*, *e'*, par lesquels on élèvera des verticales qui détermineront la perspective de la vue de face des marches. Il ne restera qu'à mener de tous les angles tels que *s*, *n*, etc., des fuyantes au point de vue. Les intersections de ces fuyantes avec les horizontales correspondantes, complèteront la perspective de l'escalier.

986. **Problème 16.** — *Mettez en perspective un piédestal* (Atl., pl. 31, fig. 6).

1° Dessinez le profil vertical **ABCE**, et de tous les angles de ce profil menez des fuyantes au point de vue. 2° Du point *m*, menez une droite au point de distance, elle déterminera la perspective des carrés *a c g j*, *b' i f j'*. Des points *j*, *a*, *c*, *g* descendez des verticales, dont les intersections avec les fuyantes A et B détermineront la perspective de la base du piédestal. On obtiendra celle de la corniche en suivant absolument la même marche.

987. **Problème 17.** — *Mettez en perspective un fragment d'arcade* (Atl., pl. 31, fig. 7).

1° Portez sur la ligne de terre en *a b* la largeur de la moitié d'une arcade, et en *b c* la largeur d'un pilier; puis par ces points menez des fuyantes au point de vue. 2° Portez *c b* en *c d*, tracez la perspective de la base du premier pilier, et élevez des verticales indéfinies de chacun des angles *b*, *o*, *r*. 3° Fixez la hauteur du pilier par l'horizontale *h i*, et mettez en perspective le bandeau qui couronne le pilier. 4° Du point *h* comme centre, et avec *h j* pour rayon, décrivez le quart de cercle *j n k*; puis menez l'horizontale *k l*, la diagonale *h m*, ainsi que *n o*. 5° Pour l'arc *t n q*, menez la fuyante *h u* jusqu'à la rencontre de la verticale élevée au point *p*; puis du point *u* comme centre, avec *u t* pour rayon, décrivez l'arc *t n*. 6° Déterminez la profondeur de la première arcade fuyante, ainsi que celle du second pilier, en portant sur la ligne de terre deux fois *a b* de *d* en *e* et en *f*, et *c b* en *f g*; puis tracez la perspective du second pilier, ainsi que celle de son bandeau. 7° Pour la perspective de l'arc, menez les fuyantes des points *i*, *o*, *l*, et les diagonales *m' h'*, *m² h'*, qui donneront les points *j'*, *n'*, *k'*, *n²*, *j²*, par lesquels on fera passer une courbe. 8° Pour l'arc intérieur, menez au point de vue, par les points *m*, *o*, deux fuyantes, dont l'intersection avec des horizontales des points *n²*, *k'*, *n'*, donnera *n³*, *k²*, *n⁴*, qui, avec *t'* et *t* suffiront pour le tracé de la courbe. 9° Pour les autres fuyantes, suivez la même marche.

Le portique (*Atl.*, *pl. 32*) est une application de tous les exercices qui précèdent.

CHAPITRE X.

DESSIN D'ORNEMENT.

988. Le dessin d'ornement est de tous les genres de dessin celui qui se rapproche le plus du dessin linéaire; car tout ornement doit offrir la régularité et la symétrie géométrique unies à la grâce et à l'abandon de la nature.

989. Le dessin d'ornement trouve son application dans presque tous les arts et toutes les industries : la sculpture, l'architecture, l'orfévrerie, etc.; c'est sur lui que repose la fabrication des toiles peintes et des papiers de tenture; enfin il joue un grand rôle dans la plupart de nos ameublements.

990. Dans un dessin d'ornement, l'ensemble est l'objet unique qu'il faut indiquer tout d'abord, les détails ne sont que des accessoires qui viennent se ranger d'autant plus correctement, que l'ensemble aura fixé d'avance leur grandeur et leur importance relatives. On commencera donc par indiquer l'ensemble du dessin à l'aide de quelques grandes lignes droites tracées très-légèrement. On passera ensuite aux masses, et enfin aux détails. Après avoir enlevé les lignes de construction, on arrêtera définitivement les contours et les ombres.

991. Le dessin d'ornement donne de la rectitude au coup d'œil et de l'adresse à la main. Il remplace très-avantageusement le dessin linéaire à main levée, dont l'enseignement, à de grandes masses, présente de sérieuses difficultés, sous le rapport du temps qu'il exige et de l'ennui presque général qu'il inspire aux jeunes élèves, par le manque d'un nombre convenable d'exercices faciles et attrayants. Pour le dessin d'ornement, au contraire, il est aisé de réunir un grand nombre d'exercices variés, qui réveillent constamment les désirs de l'élève, et qui, étant bien classés, le conduisent insensiblement et sans dégoût à copier les formes les plus compliquées. Il est sans contredit le dessin le plus économique, puisqu'il n'exige qu'une feuille de papier, un simple crayon de mine de plomb, et un morceau de gomme élastique.

992. L'élève devra, dès le début, s'habituer à dessiner d'une manière large et prompte, car lorsqu'un jour il voudra communiquer ses idées, il lui faudra non des dessins complétement terminés, mais de simples esquisses, faites en quelques instants, avec précision, légèreté et hardiesse.

CHAPITRE XL

AVIS GÉNÉRAUX SUR LE DESSIN.

993. **Papier.** — Le papier employé pour le dessin linéaire doit être bien collé, avoir un grain fin, et présenter le plus d'épaisseur possible. On préfèrera toujours le papier fait à la forme, au papier fait à la mécanique, parce que ce dernier ne résiste pas assez au frottement de la gomme élastique.

994. **Crayon.** — Les crayons de mine de plomb sont les seuls employés pour le dessin linéaire. Un crayon est de bonne qualité lorsqu'on peut le tailler fin sans qu'il casse, et qu'il trace un trait également noir.

995. **Encre de Chine.** — Pour juger de la qualité de l'encre de Chine, il faut frotter l'extrémité du bâton dans un godet contenant quelques gouttes d'eau et laisser ensuite sécher séparément le bâton et l'encre délayée. Si les surfaces sont troubles, graveleuses et ternes, l'encre est de mauvaise qualité. Au contraire, l'encre est bonne, si les surfaces sont claires, unies, brillantes, et présentent des reflets bronzés. On pourrait encore faire de l'encre assez épaisse pour que l'on puisse tracer un trait bien pur et bien noir, laisser sécher, puis passer avec un pinceau une couche d'eau; si l'encre se délaie, si le trait s'élargit et devient inégal, c'est un signe de la mauvaise qualité de l'encre, car elle doit supporter le lavis sans altération.

996. Pour délayer de l'encre de Chine, il faut verser d'abord deux ou trois gouttes d'eau dans un godet, frotter le bout du bâton jusqu'à ce que l'on obtienne de l'encre très-noire; verser alors un peu plus d'eau, et, tenant le godet dans une position inclinée, continuer de frotter en promenant le bâton dans la partie supérieure du godet, afin d'éviter de mouiller une grande partie de l'encre, car en séchant elle se fendille, et se divise en morceaux.

997. **Tire-ligne.** — Pour qu'un tire-ligne soit bon, il faut que ses lames soient en acier, parfaitement égales, et assez fortes afin que leur écartement ne varie pas selon la pression que le dessinateur pourrait exercer contre la règle. L'encre de Chine s'introduit entre les palettes à l'aide d'un morceau de papier dont le bout a été plongé dans l'encre. Il faut avoir soin de ne pas trop charger le tire-ligne d'encre et éviter surtout d'en mettre à l'extérieur des lames. En traçant une ligne, on doit le tenir presque d'aplomb, le penchant seulement un peu vers la droite. Après s'en être servi, il faut l'essuyer avec soin, et le renfermer dans l'étui avec les lames écartées.

Pour égaliser les lames d'un tire-ligne, on peut se servir d'un morceau d'ardoise, ou encore mieux d'une feuille d'émeri collée sur un bout de planche, dont on se sert comme d'une lime extrêmement fine. Après avoir serré la vis de manière à joindre les lames, on les égalise en frottant dans le sens de la longueur. Cela fait, on arrondit le bout du tire-ligne en tournant de manière à faire décrire au manche une demi-circonférence.

998. L'encre de Chine doit être seule employée pour le dessin, car l'encre ordinaire attaque les palettes du tire-ligne, coule trop fort, et ne peut donner des traits fins et purs.

999. COMPAS. — Un compas, pour être bon, doit s'ouvrir et se fermer sans le moindre soubresaut, avoir les pointes égales, en acier trempé, et aussi fines que le permet la nature de la surface sur laquelle on opère.

En se servant d'un compas, il faut avoir soin de le tenir par la tête, de manière à n'exercer aucune pression sur les branches; et de n'appuyer que légèrement sur la pointe, pour éviter de percer le papier.

1000. Il est très-important de commencer un dessin par les principales lignes, c'est-à-dire par celles qui en limitent un grand nombre d'autres, afin de se donner la masse ou le canevas de ce dessin; on prend ensuite celles qui tiennent comme le second rang. De cette manière, on évite une multitude de lignes inutiles, qu'il est difficile de bien enlever avec la gomme.

1001. Le tracé au crayon doit être fait bien légèrement, ce qui demande un crayon assez ferme et taillé bien fin.

1002. On ne doit ordinairement passer un dessin à l'encre que lorsqu'il est entièrement terminé au crayon.

1003. Les traits à l'encre doivent être noirs et fins, proportionnés à l'échelle du dessin, plus forts pour des vues de détails que pour des vues d'ensemble.

1004. Il est d'usage de représenter par des lignes plus grosses, appelées traits de force, les contours qui appartiennent à des surfaces dans l'ombre, ainsi qu'il a été dit n° 858.

1005. Un dessin destiné à être lavé ne doit pas avoir de traits de force, tout le trait doit être fin et d'une teinte pâle (grise).

1006. Les commençants éprouvent en général beaucoup de difficulté à passer à l'encre. Ils pourront tracer les premiers exercices au crayon seulement; mais on exigera qu'ils fassent d'abord tout le dessin avec un trait aussi léger que possible, afin de pouvoir passer une seconde fois au crayon pour arrêter les traits de force. Ces exercices, faits au crayon, donneront aux élèves du goût et leur feront acquérir l'habitude de la règle, de l'équerre, du compas et des autres instruments employés dans le dessin. Nous les recommandons particulièrement.

1007. Quand on procède au tracé d'un dessin à l'encre, il faut toujours commencer par les arcs de cercle, parce qu'il est bien plus facile de raccorder une droite à une courbe, qu'une courbe à une droite.

1008. On fera d'abord tout le trait fin du dessin, puis desserrant convenablement les palettes du tire-ligne, on tracera les traits de force qui doivent être peu différents des traits fins.

1009. Le trait terminé, on reportera l'échelle au bas du dessin dans l'intérieur du cadre. Elle sera formée d'une seule ligne de la grosseur des traits fins, divisée par de petites lignes d'un millimètre, cotée à toutes ses divisions, et portera en tête l'expression du rapport de son unité de division avec l'unité réelle de mesure, qui est généralement le mètre ou le décimètre.

1010. Les lignes des cadres seront tracées à l'encre de Chine, de la même grosseur que les traits fins, les lignes trop fortes étant de fort mauvais goût; il faut éviter de nuire à l'effet d'un dessin par des accessoires trop apparents; car ce qui doit le plus ressortir, c'est le dessin.

1011. On évitera, pour la même raison, de faire des titres trop lourds. Les lettres auront des pleins de même grosseur que les traits fins, et l'on observera avec soin la hauteur adoptée dans les modèles. La capitale ordinaire servira pour les titres généraux, le romain pour les titres particuliers, et l'italique pour toutes les notes intérieures du dessin. Les majuscules des deux dernières sortes de caractères doivent avoir une hauteur double des autres lettres.

TABLE DES CORDES.

D.	0'	10'	20'	30'	40'	50'
0°	0	0,0029	0,0058	0,0087	0,0116	0,0145
1	0,0175	0,0204	0,0233	0,0262	0,0291	0,0320
2	0,0349	0,0378	0,0407	0,0436	0,0465	0,0494
3	0,0523	0,0553	0,0582	0,0611	0,0640	0,0669
4	0,0698	0,0727	0,0756	0,0785	0,0814	0,0843
5	0,0872	0,0901	0,0931	0,0960	0,0989	0,1018
6	0,1047	0,1076	0,1105	0,1134	0,1163	0,1192
7	0,1221	0,1250	0,1279	0,1308	0,1337	0,1366
8	0,1395	0,1424	0,1453	0,1482	0,1511	0,1540
9	0,1569	0,1598	0,1627	0,1656	0,1685	0,1714
10	0,1743	0,1772	0,1801	0,1830	0,1859	0,1888
11	0,1917	0,1946	0,1975	0,2004	0,2033	0,2062
12	0,2091	0,2120	0,2148	0,2177	0,2206	0,2235
13	0,2264	0,2293	0,2322	0,2351	0,2380	0,2409
14	0,2437	0,2466	0,2495	0,2524	0,2553	0,2582
15	0,2611	0,2639	0,2668	0,2697	0,2726	0,2755
16	0,2783	0,2812	0,2841	0,2870	0,2899	0,2927
17	0,2956	0,2985	0,3014	0,3042	0,3071	0,3100
18	0,3129	0,3157	0,3186	0,3215	0,3244	0,3272
19	0,3301	0,3330	0,3358	0,3387	0,3416	0,3444
20	0,3473	0,3502	0,3530	0,3559	0,3587	0,3616
21	0,3645	0,3673	0,3702	0,3730	0,3759	0,3782
22	0,3816	0,3845	0,3873	0,3902	0,3930	0,3959
23	0,3987	0,4016	0,4044	0,4073	0,4101	0,4130
24	0,4158	0,4187	0,4215	0,4244	0,4272	0,4300
25	0,4329	0,4357	0,4386	0,4414	0,4442	0,4471
26	0,4499	0,4527	0,4556	0,4584	0,4612	0,4641
27	0,4669	0,4697	0,4725	0,4754	0,4782	0,4810
28	0,4838	0,4867	0,4895	0,4923	0,4951	0,4979
29	0,5008	0,5036	0,5064	0,5092	0,5120	0,5148
30	0,5176	0,5204	0,5233	0,5261	0,5289	0,5317
31	0,5345	0,5373	0,5401	0,5429	0,5457	0,5485
32	0,5513	0,5541	0,5569	0,5598	0,5625	0,5652
33	0,5680	0,5708	0,5736	0,5764	0,5792	0,5820
34	0,5847	0,5875	0,5903	0,5931	0,5959	0,5986
35	0,6014	0,6042	0,6070	0,6097	0,6125	0,6153
36	0,6180	0,6208	0,6236	0,6263	0,6291	0,6319
37	0,6346	0,6374	0,6401	0,6429	0,6456	0,6484
38	0,6511	0,6539	0,6566	0,6594	0,6621	0,6649
39	0,6676	0,6704	0,6731	0,6758	0,6786	0,6813
40	0,6840	0,6868	0,6895	0,6922	0,6950	0,6977
41	0,7004	0,7031	0,7059	0,7086	0,7113	0,7140
42	0,7167	0,7195	0,7222	0,7249	0,7276	0,7303
43	0,7330	0,7357	0,7384	0,7411	0,7438	0,7465
44	0,7492	0,7519	0,7546	0,7573	0,7600	0,7627

D.	0'	10'	20'	30'	40'	50'
45°	0,7654	0,7680	0,7707	0,7734	0,7761	0,7788
46	0,7815	0,7841	0,7868	0,7895	0,7922	0,7948
47	0,7975	0,8002	0,8028	0,8055	0,8082	0,8108
48	0,8135	0,8161	0,8188	0,8214	0,8241	0,8267
49	0,8294	0,8320	0,8347	0,8373	0,8400	0,8426
50	0,8452	0,8479	0,8505	0,8531	0,8558	0,8584
51	0,8610	0,8636	0,8663	0,8689	0,8715	0,8741
52	0,8767	0,8794	0,8820	0,8846	0,8872	0,8898
53	0,8924	0,8950	0,8976	0,9002	0,9028	0,9054
54	0,9080	0,9106	0,9132	0,9157	0,9183	0,9209
55	0,9235	0,9261	0,9287	0,9312	0,9338	0,9364
56	0,9389	0,9415	0,9441	0,9466	0,9492	0,9518
57	0,9543	0,9569	0,9594	0,9620	0,9645	0,9671
58	0,9696	0,9722	0,9747	0,9772	0,9798	0,9823
59	0,9848	0,9874	0,9899	0,9924	0,9950	0,9975
60	1,0000	1,0025	1,0050	1,0075	1,0101	1,0126
61	1,0151	1,0176	1,0201	1,0226	1,0251	1,0276
62	1,0301	1,0326	1,0351	1,0375	1,0400	1,0425
63	1,0450	1,0475	1,0500	1,0524	1,0549	1,0574
64	1,0598	1,0623	1,0648	1,0672	1,0697	1,0721
65	1,0746	1,0771	1,0795	1,0819	1,0844	1,0868
66	1,0893	1,0917	1,0941	1,0965	1,0990	1,1014
67	1,1039	1,1063	1,1087	1,1111	1,1136	1,1160
68	1,1184	1,1208	1,1232	1,1256	1,1280	1,1304
69	1,1328	1,1352	1,1376	1,1400	1,1424	1,1448
70	1,1472	1,1495	1,1519	1,1543	1,1567	1,1590
71	1,1614	1,1638	1,1661	1,1685	1,1709	1,1732
72	1,1756	1,1779	1,1803	1,1826	1,1850	1,1873
73	1,1896	1,1920	1,1943	1,1966	1,1990	1,2013
74	1,2036	1,2060	1,2083	1,2106	1,2129	1,2152
75	1,2175	1,2198	1,2221	1,2244	1,2267	1,2290
76	1,2313	1,2336	1,2359	1,2382	1,2405	1,2427
77	1,2450	1,2473	1,2496	1,2518	1,2541	1,2564
78	1,2586	1,2609	1,2632	1,2654	1,2677	1,2699
79	1,2722	1,2744	1,2766	1,2789	1,2811	1,2833
80	1,2856	1,2878	1,2900	1,2922	1,2947	1,2965
81	1,2989	1,3011	1,3033	1,3055	1,3077	1,3099
82	1,3121	1,3143	1,3165	1,3187	1,3209	1,3231
83	1,3252	1,3274	1,3296	1,3318	1,3339	1,3361
84	1,3383	1,3404	1,3426	1,3447	1,3469	1,3490
85	1,3512	1,3533	1,3555	1,3576	1,3597	1,3619
86	1,3640	1,3661	1,3682	1,3704	1,3725	1,3746
87	1,3767	1,3788	1,3809	1,3830	1,3851	1,3872
88	1,3893	1,3914	1,3935	1,3956	1,3977	1,3997
89	1,4018	1,4039	1,4060	1,4080	1,4101	1,4122

D.	0'	10'	20'	30'	40'	50'
90	1,4142	1,4163	1,4183	1,4204	1,4224	1,4245
91	1,4265	1,4285	1,4306	1,4326	1,4348	1,4367
92	1,4387	1,4407	1,4427	1,4447	1,4467	1,4487
93	1,4507	1,4527	1,4547	1,4567	1,4587	1,4607
94	1,4627	1,4647	1,4667	1,4686	1,4706	1,4726
95	1,4745	1,4765	1,4785	1,4804	1,4824	1,4843
96	1,4863	1,4882	1,4902	1,4921	1,4940	1,4960
97	1,4980	1,4998	1,5018	1,5037	1,5056	1,5075
98	1,5094	1,5113	1,5132	1,5151	1,5170	1,5189
99	1,5208	1,5227	1,5246	1,5265	1,5283	1,5302
100	1,5321	1,5340	1,5358	1,5377	1,5395	1,5414
101	1,5432	1,5451	1,5470	1,5488	1,5506	1,5525
102	1,5543	1,5561	1,5579	1,5598	1,5616	1,5634
103	1,5652	1,5670	1,5688	1,5706	1,5724	1,5742
104	1,5760	1,5778	1,5796	1,5814	1,5832	1,5849
105	1,5867	1,5885	1,5902	1,5920	1,5938	1,5955
106	1,5973	1,5990	1,6007	1,6025	1,6042	1,6060
107	1,6077	1,6094	1,6112	1,6129	1,6146	1,6163
108	1,6180	1,6197	1,6214	1,6231	1,6248	1,6265
109	1,6282	1,6299	1,6316	1,6333	1,6350	1,6366
110	1,6383	1,6400	1,6416	1,6433	1,6449	1,6466
111	1,6482	1,6499	1,6515	1,6536	1,6548	1,6564
112	1,6581	1,6597	1,6613	1,6629	1,6645	1,6662
113	1,6678	1,6694	1,6710	1,6726	1,6742	1,6758
114	1,6773	1,6789	1,6805	1,6820	1,6836	1,6852
115	1,6868	1,6883	1,6899	1,6915	1,6930	1,6945
116	1,6961	1,6976	1,6991	1,7007	1,7022	1,7038
117	1,7053	1,7068	1,7083	1,7098	1,7113	1,7128
118	1,7143	1,7158	1,7173	1,7188	1,7203	1,7218
119	1,7233	1,7247	1,7262	1,7277	1,7281	1,7306
120	1,7320	1,7335	1,7350	1,7364	1,7378	1,7393
121	1,7407	1,7421	1,7436	1,7450	1,7464	1,7478
122	1,7492	1,7506	1,7520	1,7534	1,7548	1,7562
123	1,7576	1,7590	1,7604	1,7618	1,7632	1,7646
124	1,7659	1,7673	1,7686	1,7700	1,7713	1,7727
125	1,7740	1,7754	1,7767	1,7780	1,7794	1,7807
126	1,7820	1,7833	1,7846	1,7860	1,7873	1,7886
127	1,7899	1,7912	1,7924	1,7937	1,7950	1,7963
128	1,7976	1,7989	1,8001	1,8013	1,8026	1,8039
129	1,8052	1,8064	1,8077	1,8090	1,8102	1,8114
130	1,8126	1,8138	1,8151	1,8163	1,8175	1,8187
131	1,8199	1,8211	1,8223	1,8235	1,8247	1,8259
132	1,8271	1,8283	1,8294	1,8306	1,8318	1,8330
133	1,8341	1,8353	1,8364	1,8374	1,8387	1,8399
134	1,8410	1,8421	1,8433	1,8444	1,8455	1,8466

12*

D.	0'	10'	20'	30'	40'	50'
135	1,8478	1,8489	1,8500	1,8511	1,8522	1,8533
136	1,8544	1,8554	1,8565	1,8576	1,8587	1,8598
137	1,8608	1,8619	1,8630	1,8640	1,8651	1,8661
138	1,8672	1,8682	1,8692	1,8703	1,8713	1,8723
139	1,8733	1,8744	1,8754	1,8764	1,8774	1,8784
140	1,8794	1,8804	1,8814	1,8824	1,8833	1,8843
141	1,8853	1,8863	1,8872	1,8882	1,8891	1,8901
142	1,8910	1,8920	1,8929	1,8938	1,8948	1,8957
143	1,8966	1,8976	1,8985	1,8994	1,9003	1,9012
144	1,9021	1,9030	1,9039	1,9048	1,9057	1,9065
145	1,9074	1,9083	1,9091	1,9100	1,9109	1,9117
146	1,9126	1,9134	1,9143	1,9151	1,9160	1,9168
147	1,9176	1,9185	1,9193	1,9200	1,9209	1,9217
148	1,9225	1,9233	1,9241	1,9249	1,9257	1,9265
149	1,9273	1,9280	1,9288	1,9296	1,9303	1,9311
150	1,9318	1,9326	1,9334	1,9341	1,9348	1,9356
151	1,9363	1,9370	1,9377	1,9384	1,9391	1,9399
152	1,9406	1,9413	1,9420	1,9427	1,9434	1,9441
153	1,9447	1,9454	1,9461	1,9467	1,9474	1,9481
154	1,9487	1,9494	1,9500	1,9507	1,9513	1,9519
155	1,9526	1,9532	1,9538	1,9545	1,9551	1,9557
156	1,9563	1,9569	1,9575	1,9581	1,9587	1,9593
157	1,9598	1,9604	1,9610	1,9616	1,9621	1,9627
158	1,9632	1,9639	1,9644	1,9649	1,9654	1,9660
159	1,9665	1,9670	1,9676	1,9681	1,9686	1,9691
160	1,9696	1,9701	1,9706	1,9711	1,9716	1,9721
161	1,9726	1,9730	1,9735	1,9739	1,9744	1,9749
162	1,9754	1,9758	1,9763	1,9767	1,9772	1,9776
163	1,9780	1,9784	1,9789	1,9793	1,9797	1,9801
164	1,9805	1,9809	1.9813	1,9817	1,9821	1,9825
165	1,9829	1,9832	1,9836	1,9840	1,9844	1,9847
166	1,9851	1,9854	1,9858	1,9861	1,9865	1,9868
167	1,9871	1,9875	1,9878	1,9881	1,9884	1,9887
168	1,9890	1,9893	1,9896	1,9899	1,9902	1,9905
169	1,9908	1,9911	1,9913	1,9916	1,9919	1,9921
170	1,9924	1,9926	1,9929	1,9931	1,9934	1,9936
171	1,9938	1,9941	1,9943	1,9945	1,9947	1,9949
172	1,9951	1,9953	1,9955	1,9957	1,9959	1,9961
173	1,9963	1,9964	1,9966	1,9968	1,9969	1,9971
174	1,9973	1 9974	1,9975	1,9977	1,9978	1,9980
175	1,9981	1,9982	1,9983	1,9985	1,9986	1,9987
176	1,9988	1,9989	1,9990	1,9991	1,9992	1,9992
177	1,9993	1,9994	1,9994	1,9995	1,9996	1,9996
178	1,9997	1,9997	1,9998	1,9998	1,9999	1,9999
179	1,9999	1,9999	1,9999	1,9999	1,9999	1,9999
180	2,0000					

FIN

TABLE DES MATIÈRES.

FIN DE LA TABLE.

EXTRAIT DE L'ABRÉGÉ

DU

COURS DE GÉOMÉTRIE.

DÉFINITIONS PRÉLIMINAIRES.

1. La Géométrie est une science qui a pour objet la mesure de l'étendue, et l'étude de ses propriétés.

2. On distingue trois sortes d'étendue : l'étendue en longueur, qu'on appelle ligne ; l'étendue en longueur et largeur, qu'on appelle, selon les différents cas, surface, aire ou superficie ; et l'étendue en longueur, largeur et épaisseur ou profondeur, qu'on appelle volume, corps ou solide.

3. Le dessin linéaire est l'art de représenter, par de simples traits, les contours des surfaces et des corps.

4. La base du dessin linéaire est le tracé géométrique.

5. Le tracé géométrique est la partie de la géométrie qui enseigne l'usage du compas, de la règle et de l'équerre pour la construction des figures.

DES LIGNES.

6. Une ligne est une longueur sans largeur ni épaisseur ; on la définit encore, une trace indiquant le passage d'un point à un autre.

7. On appelle points les extrémités d'une ligne. Le point géométrique n'a donc aucune étendue ; on l'exprime par un point physique.

8. On appelle point d'intersection le point commun à deux lignes qui se rencontrent.

---

1. Qu'est-ce que la Géométrie ? — 2. Combien distingue-t-on de sortes d'étendue ? — 3. Qu'est-ce que le dessin linéaire ? — 4. Quelle est la base du dessin linéaire ? — 5. Qu'est-ce que le tracé géométrique ? — 6. Qu'est-ce qu'une ligne ? — 7. Qu'appelle-t-on points ? — 8. Qu'appelle-t-on point d'intersection ?

9. La **ligne droite est le plus court chemin d'un point** à un autre.

10. La **ligne brisée est une ligne composée de plusieurs** lignes droites.

11. La **ligne courbe est une ligne dont aucune partie** appréciable n'est rigoureusement droite. On peut la considérer comme une ligne brisée, composée d'une infinité de lignes droites infiniment petites que l'on appelle les éléments de la courbe.

12. Mesurer une ligne, c'est chercher combien de fois elle en contient une autre, prise pour terme de comparaison.

DU CERCLE.

13. La **circonférence, ou ligne circulaire, est une** courbe dont tous les points sont également éloignés d'un point intérieur qu'on nomme centre.

14. Le **cercle est la superficie renfermée par la circon**férence ; par extension, on donne quelquefois le nom de cercle à la circonférence même.

15. On **appelle circonférences concentriques plusieurs** circonférences qui ont le même centre.

16. On **appelle circonférences excentriques plusieurs** circonférences qui n'ont pas le même centre.

17. On **appelle circonférences tangentes des circon**férences qui n'ont qu'un seul point de commun, qu'on nomme point de tangence ou de contact.

18. L'**arc est une portion de circonférence, considé**rée séparément.

19. La **circonférence se divise en 360 parties, qu'on** appelle degrés, le degré en 60 minutes, la minute en 60 secondes, etc.

20. La **division du cercle est la base du calcul géomé**trique ; elle sert particulièrement à mesurer les angles et à déterminer leur valeur.

---

21. Les principales lignes considérées à l'égard du cercle sont : le rayon, le diamètre, la corde ou soustendante, la flèche, la sécante et la tangente.

22. Le rayon est une droite menée du centre à la circonférence.

23. Le diamètre est une droite qui, passant par le centre, se termine, de part et d'autre, à la circonférence.

24. La corde est une droite qui joint les deux extrémités d'un arc.

25. La flèche est une droite qui joint le milieu d'un arc au milieu de la corde qui le sous-tend.

26. La sécante est une droite qui coupe la circonférence.

27. La tangente est une ligne droite qui n'a qu'un point de commun avec la circonférence.

28. Le point de contact est le point commun à la tangente et à la circonférence.

DES ANGLES.

29. Un angle est l'ouverture plus ou moins grande de deux lignes qui se rencontrent en un point appelé sommet de l'angle.

30. On appelle côté d'un angle chacune des deux lignes qui, par leur rencontre, forment cet angle.

31. On nomme rectiligne un angle formé par deux lignes droites, curviligne un angle formé par deux lignes courbes, et mixtiligne un angle formé par une droite et une courbe.

32. La grandeur d'un angle dépend de son ouverture, et non de la longueur de ses côtés, qui sont toujours supposés indéfinis.

33. La mesure d'un angle est le nombre de degrés et parties de degré de l'arc compris entre ses côtés, et décrit de son sommet comme centre.

---

21. *Quelles sont les principales lignes considérées à l'égard du cercle?* — 22. *Qu'est-ce que le rayon?* — 23. *Qu'est-ce que le diamètre?* — 24. *Qu'est-ce que la corde?* — 25. *Qu'est-ce que la flèche?* — 26. *Qu'est-ce que la sécante?* — 27. *Qu'est-ce que la tangente?* — 28. *Qu'est-ce que le point de contact?* — 29. *Qu'est-ce qu'un angle?* — 30. *Qu'appelle-t-on côté d'un angle?* — 31. *Comment nomme-t-on les angles par rapport aux lignes dont ils sont formés?* — 32. *De quoi dépend la grandeur d'un angle?* — 33. *Quelle est la mesure d'un angle?*

34. On appelle angle droit un angle qui a pour mesure 90° ou le quart de la circonférence, aigu un angle qui a moins de 90°, et obtus un angle qui a plus de 90°.

35. On appelle bissectrice d'un angle, ou simplement bissectrice, la droite qui divise un angle en deux parties égales.

36. On appelle adjacents les deux angles qui sont formés du même côté d'une droite rencontrée par une autre.

37. On appelle complément d'un angle ce qui lui manque pour former un angle droit.

38. On appelle supplément d'un angle ce qui lui manque pour former deux angles droits.

39. On appelle angles opposés par le sommet deux angles qui ont pour sommet commun le point d'intersection de deux droites, et qui sont situés des deux côtés de chaque droite, leurs ouvertures étant dirigées dans un sens opposé.

DIFFÉRENTES ESPÈCES DE LIGNES DROITES.

40. On distingue quatre sortes de lignes droites par rapport à leur position : la perpendiculaire, l'oblique, la verticale et l'horizontale.

41. Une perpendiculaire est une ligne droite qui, tombant sur une autre, ne penche ni vers un côté ni vers l'autre de cette même ligne. On la définit encore : une droite qui en rencontre une autre en faisant deux angles adjacents qui sont égaux chacun à un angle droit.

42. La ligne oblique est une droite qui penche plus vers un côté d'une droite donnée que vers l'autre. On la définit encore : une ligne droite qui en rencontre une autre en faisant deux angles adjacents inégaux.

43. La ligne verticale est une droite qui suit la direction d'un fil à plomb.

44. La ligne horizontale est une droite qui est dirigée

---

34. *Qu'appelle-t-on angle droit? — Qu'appelle-t-on angle aigu? — Qu'appelle-t-on angle obtus? — 35. Qu'appelle-t-on bissectrice d'un angle? — 36. Qu'appelle-t-on angles adjacents? — 37. Qu'appelle-t-on complément d'un angle? — 38. Qu'appelle-t-on supplément d'un angle? — 39. Qu'appelle-t-on angles opposés par le sommet? — 40. Combien distingue-t-on de sortes de lignes droites par rapport à leur position? — 41. Qu'est-ce qu'une perpendiculaire? — 42. Qu'est-ce que la ligne oblique? — 43. Qu'est-ce que la ligne verticale? — 44. Qu'est-ce que la ligne horizontale?*

dans le sens de l'horizon ou qui suit le niveau de l'eau dormante. Elle est perpendiculaire à la ligne verticale.

DES PARALLÈLES.

45. Les parallèles sont des lignes de même espèce, droites ou courbes, qui sont partout également éloignées.

46. On appelle sécante toute droite qui rencontre deux lignes parallèles.

DES ANGLES CONSIDÉRÉS PAR RAPPORT AUX PARALLÈLES.

47. Deux parallèles, coupées par une sécante, forment huit angles, appelés angles correspondants, angles alternes internes, et angles alternes externes.

48. On appelle angles correspondants deux angles situés du même côté de la sécante, tous les deux au-dessus ou au-dessous des parallèles, et dont l'ouverture est dirigée dans le même sens.

49. On appelle angles alternes internes deux angles situés des deux côtés d'une sécante, à l'intérieur des parallèles et dont l'ouverture est dirigée dans un sens opposé.

50. On appelle angles alternes externes deux angles situés des deux côtés d'une sécante, à l'extérieur des parallèles, et dont l'ouverture est dirigée dans un sens opposé.

DES ANGLES CONSIDÉRÉS PAR RAPPORT AU CERCLE.

51. Les principaux angles considérés à l'égard du cercle sont: l'angle au centre, l'angle inscrit, et l'angle du segment.

52. On appelle angle au centre, tout angle qui a son sommet au centre du cercle, et pour côtés deux rayons.

53. On appelle angle inscrit tout angle qui a son sommet sur une circonférence, et dont les côtés sont des cordes.

---

45. Qu'est-ce que les parallèles? — 46. Qu'appelle-t-on sécante? — 47. Que forment deux parallèles coupées par une sécante? — 48. Qu'appelle-t-on angles correspondants? — 49. Qu'appelle-t-on angles alternes internes? — 50. Qu'appelle-t-on angles alternes externes? — 51. Quels sont les angles considérés à l'égard du cercle? — 52. Qu'appelle-t-on angle au centre? — 53. Qu'appelle-t-on angle inscrit?

54. On appelle angle du segment tout angle dont le sommet est sur la circonférence, et dont les côtés sont une corde et une tangente.

DES SURFACES.

55. On appelle surface toute étendue qui a longueur et largeur sans hauteur ou épaisseur.

56. On appelle surface plane ou plan, une surface sur laquelle on peut appliquer, en tous sens, une règle bien droite.

57. Une surface courbe est une surface qui n'est ni plane ni composée de surfaces planes.

58. On divise les surfaces courbes en surfaces concaves et en surfaces convexes.

59. Une surface concave est la surface intérieure d'un objet creux, comme l'intérieur d'un timbre.

60. Une surface convexe est la surface extérieure d'un objet relevé en bosse, comme l'extérieur d'un timbre.

61. Un polygone est une surface plane terminée par des lignes droites.

62. On appelle côtés d'un polygone les diverses lignes qui limitent ce polygone.

63. Les angles d'un polygone sont les angles que forment les côtés du polygone en se joignant deux à deux.

64. Les sommets d'un polygone sont les sommets de ses angles.

65. Le périmètre d'un polygone est la ligne formée par l'ensemble des côtés.

66. On appelle diagonale toute droite joignant deux sommets non adjacents dans un polygone quelconque.

67. Un polygone équilatéral est un polygone qui a tous ses côtés égaux.

68. Un polygone équiangle est un polygone qui a tous ses angles égaux.

---

54. Qu'appelle-t-on angle du segment? — 55. Qu'appelle-t-on surface? — 56. Qu'appelle-t-on surface plane? — 57. Qu'est-ce qu'une surface courbe? — 58. Comment divise-t-on les surfaces courbes? — 59. Qu'est-ce qu'une surface concave? — 60. Qu'est-ce qu'une surface convexe? — 61. Qu'est-ce qu'un polygone? — 62. Qu'appelle-t-on côtés d'un polygone? — 63. Qu'est-ce que les angles d'un polygone? — 64. Qu'est-ce que les sommets d'un polygone? — 65. Qu'est-ce que le périmètre d'un polygone? — 66. Qu'appelle-t-on diagonale? — 67. Qu'est-ce qu'un polygone équilatéral? — 68. Qu'est-ce qu'un polygone équiangle?

69. On désigne ordinairement un polygone en énonçant le nombre de ses côtés.

70. Les polygones qui ont un nom particulier sont : le triangle ou trilatère, qui a trois côtés ; le quadrilatère, qui en a quatre ; le pentagone, qui en a cinq ; l'hexagone, qui en a six ; l'heptagone, qui en a sept ; l'octogone, qui en a huit ; l'ennéagone, qui en a neuf ; le décagone, qui en a dix ; l'ondécagone, qui en a onze ; le dodécagone, qui en a douze ; le pentédécagone, qui en a quinze ; l'icoaigone, qui en a vingt.

DES TRIANGLES.

71. Un triangle est un espace renfermé entre trois lignes qui se joignent deux à deux.

72. On appelle côtés d'un triangle chacune des droites qui limitent ce triangle.

73. On distingue trois sortes de triangles par rapport à leurs côtés : le triangle équilatéral, le triangle isocèle, et le triangle scalène.

74. Le triangle équilatéral est un triangle dont les trois côtés sont égaux ; on l'appelle aussi équiangle parce que ses angles sont égaux.

75. Le triangle isocèle est un triangle dont deux côtés seulement sont égaux.

76. Le triangle scalène est un triangle dont les trois côtés sont inégaux.

77. On distingue trois sortes de triangles par rapport à leurs angles : le triangle rectangle, le triangle acutangle et le triangle obtusangle.

78. Le triangle rectangle est un triangle qui a un angle droit.

79. Le triangle acutangle est un triangle dont tous les angles sont aigus.

80. Le triangle obtusangle est un triangle qui a un angle obtus.

---

81. On appelle hypoténuse le côté opposé à l'angle droit, dans un triangle rectangle.

82. La hauteur d'un triangle est la perpendiculaire abaissée, de l'un quelconque de ses angles, sur le côté opposé, qu'on prolonge, si cela est nécessaire.

83. La base d'un triangle est le côté sur lequel le triangle semble appuyé, ou, en d'autres termes, celui sur lequel tombe perpendiculairement la hauteur.

DES QUADRILATÈRES.

84. On appelle quadrilatères toutes les figures de quatre côtés.

85. Les quadrilatères ayant un nom particulier sont: le parallélogramme, le carré, le rectangle, le rhombe ou losange, et le trapèze.

86. Le parallélogramme est un quadrilatère dont les côtés opposés sont parallèles.

87. Le carré est un quadrilatère de quatre côtés égaux, formant quatre angles droits.

88. Le rectangle est un quadrilatère dont les quatre angles sont droits, mais dont les quatre côtés ne sont pas égaux entre eux.

89. Le rhombe ou losange est un quadrilatère dont les quatre côtés sont égaux, mais dont les angles ne sont pas droits.

90. Le trapèze est un quadrilatère dont deux côtés seulement sont parallèles; ces côtés se nomment les deux bases du trapèze.

91. Le trapèze droit ou rectangle est un trapèze qui a un de ses côtés perpendiculaire aux deux bases.

92. Le trapèze symétrique est un trapèze dont les côtés non parallèles sont égaux.

93. Dans tout parallélogramme, ainsi que dans le trapèze, on distingue deux bases, la base inférieure et la

---

81. *Qu'appelle-t-on hypoténuse? —* 82. *Qu'est-ce que la hauteur d'un triangle? —* 83. *Qu'est-ce que la base d'un triangle? —* 84. *Qu'appelle-t-on quadrilatères? —* 85. *Quels sont les quadrilatères ayant un nom particulier? —* 86. *Qu'est-ce que le parallélogramme? —* 87. *Qu'est-ce que le carré? —* 88. *Qu'est-ce que le rectangle? —* 89. *Qu'est-ce que le rhombe ou losange? —* 90. *Qu'est-ce que le trapèze?* — 91. *Qu'est-ce que le trapèze droit ou rectangle? —* 92. *Qu'est-ce que le trapèze symétrique? —* 93. *Combien distingue-t-on de bases dans tout parallélogramme?*

base supérieure : la base inférieure est le côté sur lequel la figure paraît posée; la base supérieure est le côté parallèle à la base inférieure.

94. La hauteur d'un parallélogramme quelconque ou d'un trapèze est la perpendiculaire abaissée d'un point quelconque de la base supérieure, sur la base inférieure, qu'on prolonge, si cela est nécessaire.

DES POLYGONES RÉGULIERS, INSCRITS, CIRCONSCRITS.

95. Un polygone régulier est celui qui est en même temps équilatéral et équiangle, c'est-à-dire, qui a tous ses côtés et tous ses angles égaux.

96. Un polygone irrégulier est celui qui n'a pas ses côtés et ses angles égaux.

97. Un polygone inscrit à un cercle est celui dont tous les sommets se trouvent sur la circonférence, ou dont les côtés sont des cordes.

98. Un polygone circonscrit à un cercle est celui dont les divers côtés sont des tangentes à la circonférence.

99. Le centre d'un polygone régulier est le point qui est, à la fois, le centre du cercle inscrit, et celui du cercle circonscrit.

100. Le rayon d'un polygone régulier est la droite menée du centre du polygone au sommet de l'un des angles; ou, en d'autres termes, le rayon du cercle circonscrit à ce polygone.

101. L'apothème d'un polygone régulier est la perpendiculaire abaissée du centre sur un des côtés; ou, en d'autres termes, le rayon du cercle inscrit.

102. On appelle angle au centre d'un polygone régulier l'angle formé par les deux rayons menés aux extrémités d'un côté.

FIGURES CURVILIGNES.

103. On appelle figure curviligne toute surface terminée par une ou plusieurs lignes courbes.

---

94. Quelle est la hauteur d'un parallélogramme ou d'un trapèze? — 95. Qu'est-ce qu'un polygone régulier? — 96. Qu'est-ce qu'un polygone irrégulier? — 97. Qu'est-ce qu'un polygone inscrit? — 98. Qu'est-ce qu'un polygone circonscrit? — 99. Qu'est-ce que le centre d'un polygone régulier? — 100. Qu'est-ce que le rayon d'un polygone régulier? — 101. Qu'est-ce que l'apothème d'un polygone régulier? — 102. Qu'appelle-t-on angle au centre d'un polygone régulier? — 103. Qu'appelle-t-on figure curviligne?

104. Les principales figures curvilignes sont, après le cercle, la spirale, l'ove ou ovoïde, l'ovale, l'anse de panier et l'ellipse.

105. La spirale est une ligne qui, en tournant, s'éloigne de son centre.

106. L'ove est une courbe qui, par sa configuration, se rapproche de la forme d'un œuf; elle est fréquemment employée en architecture.

107. L'ovale est une courbe formée par des arcs de cercle, et ressemblant à une ellipse.

108. L'anse de panier est la ligne courbe formée par une demi-ovale.

109. L'ellipse est une courbe fermée, telle que la somme des distances de chacun de ses points aux deux foyers est égale au grand axe de l'ellipse.

110. On appelle foyers de l'ellipse deux points situés sur le grand axe, à égale distance du centre, de manière que la somme des lignes menées de ces deux points à un point quelconque de l'ellipse est partout égale au grand axe.

111. Le grand axe d'une ellipse est la droite qui passe par les deux foyers et se termine, de part et d'autre, à l'ellipse.

112. Le petit axe d'une ellipse est la droite menée perpendiculairement sur le milieu du grand axe, et qui se termine, de part et d'autre, à l'ellipse.

113. Les rayons vecteurs de l'ellipse sont deux droites menées d'un point quelconque de la courbe aux deux foyers; leur somme est partout égale au grand axe.

DE LA SIMILITUDE.

114. On appelle lignes proportionnelles des droites dont les longueurs, comparées entre elles ou représentées par des nombres, peuvent former une proportion.

115. Quatre lignes forment une proportion lorsque le

---

104. Quelles sont les principales figures curvilignes? — 105. Qu'est-ce que la spirale? — 106. Qu'est-ce que l'ove? — 107. Qu'est-ce que l'ovale? — 108. — Qu'est-ce que l'anse de panier? — 109. Qu'est-ce que l'ellipse? — 110. Qu'appelle-t-on foyers de l'ellipse? — 111. Qu'est-ce que le grand axe d'une ellipse? — 112. Qu'est-ce que le petit axe d'une ellipse? — 113. Qu'est-ce que les rayons vecteurs de l'ellipse? — 114. Qu'appelle-t-on lignes proportionnelles? — 115. Quand est-ce que quatre lignes forment une proportion?

rapport de la première à la seconde, est le même que celui de la troisième à la quatrième.

116. Une moyenne proportionnelle à deux lignes données, est une troisième ligne formant les deux moyens d'une proportion dont les deux lignes données forment les extrêmes.

117. Une troisième proportionnelle à deux lignes données, est une troisième ligne formant le quatrième terme d'une proportion dont les deux lignes données forment, l'une, le premier terme, et, l'autre, les deux moyens.

118. Une quatrième proportionnelle à trois lignes données, est une quatrième ligne formant le quatrième terme d'une proportion dont les lignes données forment les trois premiers termes.

119. Diviser une droite en moyenne et extrême raison, c'est la diviser en deux parties telles, que la plus grande soit moyenne proportionnelle entre la plus petite et la ligne entière.

120. Les triangles semblables sont des triangles qui ont les angles égaux chacun à chacun, et les côtés homologues proportionnels.

121. On appelle côtés homologues, dans des triangles semblables, les côtés qui sont opposés aux angles égaux.

122. On appelle sommets homologues des triangles semblables les sommets des angles égaux.

123. On appelle polygones semblables les polygones qui ont les angles égaux chacun à chacun, et les côtés homologues proportionnels.

124. On entend par côtés homologues dans des polygones semblables les côtés qui sont adjacents aux angles égaux.

ÉVALUATION DES SURFACES.

125. Évaluer une surface, c'est déterminer combien de fois elle contient une autre surface prise pour unité de mesure.

---

116. Qu'est-ce qu'une moyenne proportionnelle? — 117. Qu'est-ce qu'une troisième proportionnelle? — 118. Qu'est-ce qu'une quatrième proportionnelle? — 119. Qu'est-ce que diviser une droite en moyenne et extrême raison? — 120. Qu'est-ce que les triangles semblables? — 121. Qu'appelle-t-on côtés homologues dans des triangles semblables? — 122. Qu'appelle-t-on sommets homologues dans des triangles semblables? — 123. Qu'appelle-t-on polygones semblables? — 124. Qu'entend-on par côtés homologues dans des polygones semblables? — 125. Qu'est-ce qu'évaluer une surface?

126. On obtient la surface d'un rectangle en multipliant sa base par sa hauteur.

127. On obtient la surface d'un carré en multipliant un côté par lui-même.

128. On obtient la surface d'un parallélogramme quelconque en multipliant sa base par sa hauteur.

129. On obtient la surface d'un losange en prenant la moitié du produit de ses deux diagonales.

130. On obtient la surface d'un triangle en prenant la moitié du produit de sa base par sa hauteur.

131. Pour obtenir la surface d'un triangle dont on connaît les trois côtés, il faut faire la demi-somme des trois côtés, en retrancher séparément chacun des trois côtés, multiplier entre eux la demi-somme et les trois restes, et extraire la racine carrée du produit.

132. On obtient la surface d'un trapèze en multipliant sa hauteur par la demi-somme des bases.

133. On obtient la surface d'un polygone régulier en multipliant son périmètre par la moitié de l'apothème.

134. Pour avoir la surface des polygones irréguliers, on les décompose en triangles, trapèzes, etc., que l'on évalue séparément et dont on fait ensuite la somme.

DU CERCLE.

135. On obtient la longueur d'une circonférence dont on connaît le rayon ou le diamètre, en multipliant son diamètre par le rapport 3,1416.

136. On obtient le diamètre d'un cercle dont on connaît la circonférence, en divisant cette circonférence par le rapport 3,1416.

137. On obtient la longueur d'un arc dont on connaît le nombre de degrés, en multipliant la circonférence

---

126. Comment obtient-on la surface d'un rectangle? — 127. D'un carré? — 128. D'un parallélogramme? — 129. D'un losange? — 130. D'un triangle? — 131. Que faut-il faire pour avoir la surface d'un triangle dont on connaît les trois côtés? — 132. D'un trapèze? — 133. D'un polygone régulier? — 134. Que faut-il faire pour avoir la surface des polygones irréguliers? — 135. Comment obtient-on la longueur d'une circonférence dont on connaît le diamètre? — 136. Comment obtient-on le diamètre d'un cercle dont on connaît la circonférence? — 137. Comment obtient-on la longueur d'un arc dont on connaît le nombre de degrés?

dont l'arc fait partie par le rapport entre le nombre des degrés de l'arc et 360°.

138. On considère dans le cercle trois parties : le secteur, le segment et la couronne.

139. Le secteur est la partie de la surface du cercle comprise entre un arc et les deux rayons qui aboutissent à ses extrémités.

140. Le segment est la partie de la surface du cercle comprise entre un arc et sa corde.

141. La couronne est une partie de la surface du cercle comprise entre deux circonférences concentriques.

142. On obtient la surface d'un cercle dont on connaît la circonférence et le rayon, en multipliant la circonférence par la moitié du rayon.

143. On obtient la surface d'un cercle dont on connaît le rayon, en multipliant le carré du rayon par le rapport de la circonférence au diamètre.

144. On obtient la surface d'un cercle dont on connaît la circonférence, en divisant le carré de la circonférence par quatre fois le rapport.

145. On obtient le rayon d'un cercle dont on connaît la surface, en divisant la surface du cercle par le rapport 3,1416 et extrayant la racine carrée du quotient.

146. On obtient la surface d'une couronne en prenant la différence des deux cercles qui lui servent de limite, ou en multipliant le rapport 3,1416 par la différence entre les carrés des deux rayons.

147. On obtient la surface de l'ellipse en multipliant le rapport 3,1416 par le produit de ses deux demi-axes.

148. On obtient la surface d'un secteur en multipliant l'arc qui lui sert de base par la moitié du rayon.

149. On obtient encore la surface d'un secteur en multipliant la surface du cercle par le rapport de l'angle du secteur à 360 degrés.

---

138. *Quelles parties considère-t-on dans le cercle?* — 139. *Qu'est-ce que le secteur?* — 140. *Qu'est-ce que le segment?* — 141. *Qu'est-ce que la couronne?* — 142. *Comment obtient-on la surface d'un cercle dont on connaît la circonférence et le rayon?* — 143. *Comment obtient-on la surface d'un cercle dont on connaît le rayon?* — 144. *Comment obtient-on la surface d'un cercle dont on connaît la circonférence?* — 145. *Comment obtient-on le rayon d'un cercle dont on connaît la surface?* — 146. *Comment obtient-on la surface d'une couronne?* — 147. *Comment obtient-on la surface de l'ellipse?* — 148. *Comment obtient-on la surface du secteur?*

150. On obtient la surface d'un segment en multipliant la moitié du rayon par la différence entre l'arc qui lui sert de base, et la moitié de la corde qui sous-tendrait un arc double.

DES FIGURES ÉGALES, ÉQUIVALENTES

151. On appelle figures égales, deux figures semblables qui, étant appliquées l'une sur l'autre, coïncident dans toute leur étendue; tels sont deux cercles dont les rayons sont égaux, deux rectangles qui ont même base et même hauteur.

152. On appelle figures équivalentes, des figures dissemblables qui ont la même surface; tels sont un rectangle et un parallélogramme de même base et de même hauteur.

DES SOLIDES.

153. On appelle solide ou corps tout ce qui réunit longueur, largeur et épaisseur.

Parmi les solides, on distingue les polyèdres et les corps ronds.

DES POLYÈDRES.

154. On appelle polyèdre, tout solide terminé par des faces planes.

155. On appelle arête d'un polyèdre la ligne formée par l'intersection commune de deux faces adjacentes.

156. Les polyèdres se divisent en polyèdres réguliers et en polyèdres irréguliers.

157. Un polyèdre régulier est un solide dont toutes les faces sont des polygones réguliers égaux entre eux, et dont tous les angles solides sont aussi égaux entre eux.

158. Un angle solide est l'espace compris entre plusieurs plans qui se coupent en un même point.

159. Un polyèdre irrégulier est un solide dont toutes les faces ne sont pas des polygones réguliers égaux entre eux, et dont les angles solides sont inégaux.

---

160. Les polyèdres réguliers sont au nombre de cinq: trois formés avec des triangles équilatéraux : le tétraèdre, l'octaèdre, l'icosaèdre; un avec des carrés, l'hexaèdre ou cube; et un avec des pentagones, le dodécaèdre.

161. Le tétraèdre est un solide dont la surface présente quatre triangles équilatéraux.

162. L'octaèdre est un solide dont la surface présente huit triangles équilatéraux.

163. L'icosaèdre est un solide dont la surface présente vingt triangles équilatéraux.

164. L'hexaèdre ou cube est un solide dont la surface présente six carrés égaux.

165. Le dodécaèdre est un solide dont la surface présente douze pentagones réguliers.

166. Les principaux polyèdres irréguliers sont le prisme et la pyramide.

167. Le prisme est un solide dont les côtés sont des parallélogrammes, et les bases deux polygones égaux et parallèles.

168. Le prisme droit est un prisme dont les arêtes latérales sont perpendiculaires aux bases.

169. Le prisme oblique est un prisme dont les arêtes latérales ne sont pas perpendiculaires aux bases.

170. La hauteur d'un prisme est la distance de ses deux bases, ou la perpendiculaire abaissée d'un point quelconque de la base supérieure sur la base inférieure, qu'on prolonge s'il est nécessaire.

171. Un prisme triangulaire, quadrangulaire, pentagonal, hexagonal, etc., est un prisme qui a pour base un triangle, un quadrilatère, un pentagone, un hexagone, etc.

172. Le parallélipipède est un prisme dont les bases sont des parallélogrammes.

173. Le parallélipipède droit est un parallélipipède dont les arêtes sont perpendiculaires aux bases.

---

160. *Quel est le nombre des polyèdres réguliers?* — 161. *Qu'est-ce que le tétraèdre?* — 162. *Qu'est-ce que l'octaèdre?* — 163. *Qu'est-ce que l'icosaèdre?* — 164. *Qu'est-ce que l'hexaèdre?* — 165. *Qu'est-ce que le dodécaèdre?* — 166. *Quels sont les principaux polyèdres irréguliers?* — 167. *Qu'est-ce que le prisme?* — 168. *Qu'est-ce qu'un prisme droit?* — 169. *Qu'est-ce qu'un prisme oblique?* — 170. *Quelle est la hauteur d'un prisme?* — 171. *Qu'est-ce qu'un prisme triangulaire, quadrangulaire, etc.?* — 172. *Qu'est-ce que le parallélipipède?* — 173. *Qu'est-ce que le parallélipipède droit?*

174. Le parallélipipède rectangle est un parallélipipède droit dont la base est un rectangle.

175. La pyramide est un solide formé par plusieurs plans triangulaires partant d'un même point, qui en est le sommet, et terminés aux différents côtés d'un polygone, qui lui sert de base.

176. La hauteur d'une pyramide est la perpendiculaire abaissée du sommet sur le plan de la base, qu'on prolonge s'il est nécessaire.

177. Une pyramide est régulière lorsque la base est un polygone régulier et que la hauteur tombe sur le centre de la base.

178. L'apothème d'une pyramide régulière est la perpendiculaire abaissée du sommet sur un des côtés de la base.

179. Une pyramide triangulaire, quadrangulaire, pentagonale, etc., est une pyramide qui a pour base un triangle, un quadrilatère, un pentagone, etc.

180. Une pyramide tronquée ou tronc de pyramide est ce qui reste d'une pyramide quand on en retranche la partie supérieure, par un plan. Si la section est parallèle à la base, la pyramide est dite tronquée parallèlement à la base; si elle est oblique, la pyramide est dite tronquée obliquement.

CORPS RONDS.

181. Les corps ronds dont s'occupe la géométrie élémentaire sont: le cylindre, le cône et la sphère.

182. Le cylindre droit est un solide produit par la révolution d'un rectangle qu'on imagine tourner sur un de ses côtés.

183. On appelle bases du cylindre les cercles égaux décrits par les bases du rectangle générateur.

184. L'axe du cylindre est la droite qui joint les cen-

---

tres des deux bases, ou, en d'autres termes, le côté autour duquel tourne le rectangle générateur.

185. La génératrice, ou côté du cylindre, est la droite qui, dans le mouvement de rotation du rectangle, se ment parallèlement à l'axe et décrit la surface convexe du cylindre.

186. Le cylindre droit est un cylindre dont l'axe est perpendiculaire aux bases.

187. Le cylindre oblique est un cylindre dont l'axe est oblique aux bases. Dans ce cas, le cylindre ne peut pas être produit par la révolution d'un rectangle.

188. La hauteur d'un cylindre est la distance de ses deux bases, ou la perpendiculaire abaissée d'un point de la base supérieure sur le plan de la base inférieure, qu'on prolonge s'il est nécessaire. Dans le cylindre droit, la hauteur se confond avec l'axe.

189. Le cône droit est un solide produit par la révolution d'un triangle rectangle tournant sur un des côtés de l'angle droit.

190. La base du cône est le plan circulaire sur lequel repose le cône.

191. L'axe du cône est la droite qui joint le sommet au centre de la base.

192. La génératrice ou côté du cône est l'hypoténuse qui, dans le mouvement du triangle rectangle, décrit la surface latérale du cône.

193. Le cône droit est un cône dont l'axe est perpendiculaire au plan de la base.

194. Le cône oblique est un cône dont l'axe est oblique au plan de la base. Dans ce cas, le cône ne peut pas être produit par la révolution d'un triangle rectangle.

195. La hauteur du cône est la perpendiculaire abaissée du sommet sur le plan de la base, qu'on prolonge s'il est nécessaire. Dans le cône droit, la hauteur se confond avec l'axe.

196. Un cône tronqué ou tronc de cône est ce qui reste

---

185. *Qu'est-ce que la génératrice ou côté du cylindre? —* 186. *Qu'est-ce qu'un cylindre droit? —* 187. *Qu'est-ce qu'un cylindre oblique? —* 188. *Quelle est la hauteur d'un cylindre? —* 189. *Qu'est-ce que le cône droit? —* 190. *Qu'est-ce que la base du cône? —* 191. *Qu'est-ce que l'axe de cône? —* 192. *Qu'est-ce que la génératrice ou côté du cône? —* 193. *Qu'est-ce qu'un cône droit? —* 194. *Qu'est-ce qu'un cône oblique? —* 195. *Quelle est la hauteur du cône? —* 196. *Qu'est-ce qu'un cône tronqué?*

d'un cône quand on en retranche la partie supérieure par un plan. Si la section est parallèle de la base, le cône est dit tronqué parallèlement à la base; si elle est oblique, le cône est dit tronqué obliquement.

197. La sphère est un solide terminé par une surface courbe dont tous les points sont également éloignés d'un point intérieur qu'on appelle centre. On la définit encore : un solide produit par la révolution d'un demi-cercle tournant autour de son diamètre.

198. Le rayon de la sphère est une ligne droite menée du centre à un point de la surface.

199. Le diamètre ou axe de la sphère est une droite passant par le centre et terminée de part et d'autre à la surface.

200. On appelle pôles d'un cercle de la sphère, les extrémités du diamètre de la sphère perpendiculaire au plan de ce cercle.

201. En coupant la sphère par un plan, on obtient toujours un cercle.

202. On appelle grand cercle de la sphère toute section qui passe par le centre de la sphère, et petit cercle toute section qui n'y passe pas.

203. Les parties principales de la surface de la sphère sont : la zone, la calotte et le fuseau sphérique.

204. La zone est une partie de la surface de la sphère comprise entre deux cercles parallèles.

205. La calotte sphérique est une partie de la surface de la sphère comprise entre deux plans parallèles dont l'un est tangent à la sphère. Le solide qu'elle enveloppe se nomme segment extrême.

206. Le fuseau sphérique est une partie de la surface de la sphère comprise entre deux demi-grands cercles qui se terminent à un diamètre commun.

207. Les parties principales du volume de la sphère sont : le segment à deux bases, le segment extrême, le coin ou onglet sphérique, et le secteur.

---

197. *Qu'est-ce que la sphère?* — 198. *Qu'est-ce que le rayon de la sphère?* — 199. *Qu'est-ce que le diamètre ou axe de la sphère?* — 200. *Qu'appelle-t-on pôles d'un cercle de la sphère?* — 201. *Qu'obtient-on en coupant la sphère par un plan?* — 202. *Qu'appelle-t-on grand cercle et petit cercle de la sphère?* — 203. *Quelles sont les parties principales de la surface de la sphère?* — 204. *Qu'est-ce que la zone?* — 205. *Qu'est-ce que la calotte sphérique?* — 206. *Qu'est-ce que le fuseau sphérique?* — 207. *Quelles sont les parties principales du volume de la sphère?*

208. Le segment sphérique à deux bases est une partie du volume de la sphère comprise entre deux plans parallèles, ou, autrement dit, le solide enveloppé par la zone.

209. Le segment extrême est une partie du volume de la sphère comprise entre deux plans parallèles dont l'un serait tangent à la sphère, ou, autrement dit, le solide enveloppé par la calotte.

210. La hauteur de la zone ou du segment est la distance des deux plans parallèles.

211. Le coin ou onglet sphérique est une partie du volume de la sphère comprise entre les plans de deux demi-grands cercles qui se terminent à un diamètre commun. Il a pour base le fuseau sphérique.

212. Le secteur sphérique est une partie du volume de la sphère ayant la forme d'un cône à base convexe. Son sommet est au centre de la sphère, et sa base est une calotte sphérique.

SURFACES DES SOLIDES.

213. On obtient la surface totale d'un hexaèdre ou cube, en multipliant par 6 le carré de l'une de ses arêtes.

214. On obtient la surface latérale d'un prisme droit, en multipliant sa hauteur par le périmètre de sa base.

215. On obtient la surface latérale d'un prisme oblique, en multipliant une arête par le contour d'une section faite perpendiculairement à cette arête.

216. On obtient la surface latérale d'un cylindre droit, en multipliant sa hauteur par la circonférence de sa base.

217. On obtient la surface d'un cylindre oblique, en multipliant son côté par une section faite perpendiculairement à l'axe.

218. On obtient la surface latérale d'une pyramide régulière, en multipliant la moitié de son apothème par le périmètre de la base.

---

208. Qu'est-ce que le segment sphérique à deux bases? — 209. Qu'est-ce que le segment extrême? — 210. Quelle est la hauteur de la zone ou du segment? — 211. Qu'est-ce que le coin ou onglet sphérique? — 212. Qu'est-ce que le secteur sphérique? — 213. Comment obtient-on la surface totale d'un hexaèdre ou cube? — 214. Comment obtient-on la surface latérale d'un prisme droit? — 215. D'un prisme oblique? — 216. Comment obtient-on la surface latérale d'un cylindre droit? — 217. D'un cylindre oblique? — 218. Comment obtient-on la surface latérale d'une pyramide régulière?

219. On obtient la surface latérale d'un cône droit, en multipliant la moitié de son côté par la circonférence de sa base.

220. On obtient la surface latérale d'une pyramide régulière tronquée, en multipliant la hauteur de l'une des faces par la demi-somme des périmètres des bases.

221. On obtient la surface latérale d'un tronc de cône droit, en multipliant son côté par la demi-somme des circonférences des bases.

222. On obtient la surface d'une sphère, en multipliant son diamètre par la circonférence d'un grand cercle.

223. On obtient la surface d'une zone ou d'une calotte sphérique, en multipliant sa hauteur par la circonférence d'un grand cercle.

224. On obtient la surface d'un fuseau sphérique, en multipliant la surface de la sphère par le rapport de l'angle du fuseau à 360 degrés.

225. Pour avoir la surface des corps irréguliers, on procède de la manière suivante. S'ils sont terminés par des faces planes, on évalue chaque face séparément, et l'on fait la somme pour avoir la surface des corps; s'ils sont terminés par des faces courbes, on les décompose en faces assez petites pour qu'on puisse les regarder comme planes. On les évalue séparément, leur total est la surface du corps.

VOLUME DES CORPS.

226. Mesurer le volume d'un corps c'est déterminer combien de fois il contient un autre corps pris pour unité de mesure.

227. On obtient le volume d'un parallélipipède rectangle, en faisant le produit des trois arêtes qui aboutissent à un même sommet.

228. On obtient le volume d'un parallélipipède quelconque, droit ou oblique, en multipliant sa base par sa hauteur.

---

219. *Comment obtient-on le volume d'un cône droit?* — 220. *D'une pyramide régulière tronquée?* — 221. *Comment obtient-on la surface latérale d'un tronc de cône droit?* — 222. *Comment obtient-on la surface d'une sphère?* — 223. *Comment obtient-on la surface d'une zone ou d'une calotte sphérique?* — 226. *Qu'est-ce que mesurer le volume d'un corps?* — 227. *Comment obtient-on le volume d'un parallélipipède rectangle?* — 228. *Comment obtient-on le volume d'un parallélipipède quelconque, droit ou oblique?*

229. On obtient le volume de l'hexaèdre ou cube, en faisant le produit de l'une de ses arêtes prise trois fois comme facteur.

230. On obtient le volume d'un prisme quelconque, droit ou oblique, en multipliant sa base par sa hauteur.

231. On obtient le volume d'un cylindre quelconque droit ou oblique, en multipliant sa base par sa hauteur.

232. On obtient le volume d'une enveloppe cylindrique, en multipliant la surface de la couronne qui lui sert de base par sa hauteur.

233. On obtient le volume d'une pyramide quelconque, droite ou oblique, en multipliant sa base par le tiers de sa hauteur.

234. On obtient la hauteur totale d'une pyramide tronquée, à bases parallèles, en multipliant la hauteur du tronc de pyramide par un côté quelconque de la base inférieure, en divisant ce produit par la différence qui existe entre ce côté et son homologue dans la base supérieure.

235. On obtient le volume d'un tronc de pyramide à bases parallèles, en multipliant le tiers de sa hauteur par la somme de ses bases et d'une moyenne proportionnelle entre ces mêmes bases.

236. On obtient le volume d'un prisme triangulaire tronqué, à bases parallèles, en multipliant la surface de sa base inférieure par le tiers de la somme des trois perpendiculaires abaissées des sommets de la base supérieure sur la base inférieure.

237. On obtient le volume d'un cône droit ou oblique, en multipliant sa base par le tiers de sa hauteur.

238. On obtient la hauteur d'un cône tronqué, à bases parallèles, en multipliant la hauteur du tronc par le diamètre ou le rayon de la grande base, et divisant le produit par la différence des diamètres ou des rayons des deux bases.

---

229. Comment obtient-on le volume de l'hexaèdre ou cube? — 230. D'un prisme quelconque? — 231. Comment obtient-on le volume d'un cylindre? — 232. Comment obtient-on le volume d'une enveloppe cylindrique? — 233. Comment obtient-on le volume d'une pyramide quelconque? — 234. Comment obtient-on la hauteur totale d'une pyramide tronquée? — 235. Comment obtient-on le volume d'un tronc de pyramide? — 237. Comment obtient-on le volume d'un cône? — 238. Comment obtient-on la hauteur d'un cône tronqué à bases parallèles?

239. Pour obtenir le volume d'un tronc de cône à bases parallèles, il faut faire le carré du plus grand rayon, le carré du plus petit, le produit du plus grand par le plus petit, et ajouter ces résultats; puis multiplier cette somme par la hauteur du tronc et par le rapport de la circonférence au diamètre, enfin prendre le tiers du produit.

240. On obtient le volume d'une sphère, en multipliant sa surface par le tiers du rayon.

241. On obtient le volume d'une enveloppe sphérique, en cherchant la différence des deux sphères concentriques qui la comprennent.

242. On obtient le volume d'un secteur sphérique, en multipliant la surface de la calotte qui lui sert de base par le tiers du rayon.

243. On obtient le volume d'un segment sphérique à une base, en prenant la différence du secteur et du cône qui le comprennent.

244. On obtient le volume d'un segment sphérique compris entre deux plans parallèles, en multipliant la demi-hauteur par la somme de ses bases et ajoutant au produit le volume de la sphère qui a pour diamètre la hauteur du segment.

245. On obtient le volume du coin ou onglet sphérique, en multipliant la surface du fuseau qui lui sert de base par le tiers du rayon de la sphère.

246. On obtient le volume d'un polyèdre régulier quelconque, en multipliant sa surface par le tiers du rayon de la sphère inscrite.

247. Pour avoir le volume des corps irréguliers, comme seraient une pierre, une chaîne, on les plonge dans un vase contenant assez d'eau pour couvrir entièrement l'objet. On pèse ou on mesure le volume de l'eau déplacée, ou bien celui de l'eau restante, et on en déduit le volume de l'objet.

DES SOLIDES SEMBLABLES.

248. Deux pyramides triangulaires sont semblables lorsqu'elles ont leurs faces semblables chacune à chacune, et semblablement placées.

249. Deux polyèdres sont semblables, lorsqu'ils peuvent se décomposer en un même nombre de pyramides triangulaires semblables chacune à chacune, et semblablement disposées.

250. Deux cylindres ou deux cônes sont semblables, lorsque les hauteurs sont entre elles comme les rayons des bases.

251. Deux sphères quelconques sont toujours deux solides semblables.

252. Dans deux solides semblables les surfaces sont entre elles comme les carrés des côtés homologues, et les volumes comme les cubes des côtés homologues.

---

248. Quand deux pyramides triangulaires sont-elles semblables? — 249. Quand est-ce que deux polyèdres sont semblables? — 250. Quand est-ce que deux cylindres ou deux cônes sont semblables? — 251. Quand est-ce que deux sphères sont semblables? — 252. Quels sont les rapports des surfaces et des volumes des triangles semblables?

FIN

[illegible]